高等职业院校农林类专业"十三五"系列教材

植物与植物生理

（第2版）

顾立新　崔爱萍　主编

U0199233

中国林业出版社
China Forestry Publishing House

内 容 简 介

本教材根据高职高专职业教育特色，采用新颖的编写体系，介绍了植物与植物生理的基本理论及最新进展。全书内容共分8个部分：绪论、植物的组成单位、植物器官的形态、植物器官的结构、植物的分类、植物的新陈代谢、植物的生长发育、植物的抗逆生理。每个单元设有学习目标、理论知识、实践教学、知识拓展，并附有类型多样的自测题，以便学生更好地掌握各个单元的知识要点。教学内容由浅入深、循序渐进、通俗易懂、简明扼要、条理清晰，知识结构科学合理，突出必需、够用、适用、密切联系生产实际的原则。

本教材可作为高职高专院校园林类、林业技术、农学、农艺、生物技术、环境保护、植物保护等相关专业的教材，也可供农业技术人员及中等职业学校、职业高中师生参考。

图书在版编目(CIP)数据

植物与植物生理/顾立新，崔爱萍主编. —2版. —北京：中国林业出版社，2019.10(2023.8 重印)

高等职业院校农林类专业"十三五"系列教材

ISBN 978-7-5219-0363-8

Ⅰ.①植… Ⅱ.①顾…②崔… Ⅲ.①植物学—高等职业教育—教材②植物生理学—高等职业教育—教材 Ⅳ.①Q94

中国版本图书馆 CIP 数据核字(2019)第 267714 号

中国林业出版社·教育分社

数字资源

策划编辑：田　苗　　　　　　责任编辑：田　苗　曾琬淋

电话：(010)83143630　　　　　传真：(010)83143516

出版发行　中国林业出版社(100009　北京市西城区刘海胡同 7 号)
　　　　　　E-mail：jiaocaipublic@163.com
　　　　　　http://www.forestry.gov.cn/lycb.html
经　　销　新华书店
印　　刷　河北京平诚乾印刷有限公司
版　　次　2015 年 6 月第 1 版(共印 4 次)
　　　　　　2019 年 10 月第 2 版
印　　次　2023 年 8 月第 3 次印刷
开　　本　787mm×1092mm　1/16
印　　张　18.5
字　　数　470 千字(含数字资源)
定　　价　48.00 元

《植物与植物生理》
编写人员

主　编

顾立新

崔爱萍

副主编

阮淑明

王　建

殷华林

编写人员（按姓氏拼音排序）

陈　莉（河南林业职业学院）

崔爱萍（山西林业职业技术学院）

傅欣蕾（安徽林业职业技术学院）

顾立新（江苏农林职业技术学院）

阮淑明（福建林业职业技术学院）

王　建（河南林业职业学院）

殷华林（安徽林业职业技术学院）

袁玉虹（福建林业职业技术学院）

宗树斌（江苏农林职业技术学院）

第 2 版前言

《植物与植物生理》出版以来，作为多所高职院校教材或教学参考书，在教学中发挥了重要作用。随着教育的发展和新形势的需要，根据 2019 年 2 月国务院印发的《国家职业教育改革实施方案》中提出的"校企双元"培养模式要求，编写人员深入企业进行调研，校企共同研究制订人才培养方案和课程标准，根据课程标准对教材内容进行了反复研讨，提出了修订意见，及时将新技术、新规范纳入教学标准和教学内容中，使课程体系与教学内容符合企业岗位的任职需求。采用课堂与实习基地相结合的模式编写课程内容，强化学生实习实训，培养学生分析问题、解决问题、团结协作的能力。对各单元适当精简和补充，尤其是增加了一些图片，尽量做到图文并茂，更加形象直观地揭示植物的形态结构、植物生长发育规律，力求全面反映植物与植物生理教学和研究的新成果，同时也为后续的专业课程学习奠定基础。

本教材修订分工如下：由顾立新、崔爱萍主编。顾立新和傅欣蕾修订绪论和单元 5；殷华林修订单元 1；宗树斌修订单元 2；崔爱萍修订单元 3；陈莉修订单元 4；阮淑明和袁玉虹修订单元 6；王建修订单元 7；全书由顾立新负责统稿。

由于编者水平有限，教材中难免有不妥之处，敬请批评指正。

编 者

2019 年 5 月

第 1 版前言

　　植物与植物生理是高职高专农林类专业学生必修的一门专业基础课程。本教材从高等职业教育人才培养目标和教学改革的实际出发，通过职业岗位群所需技能与能力分析、相关课程间知识结构与关系分析，立足理论教学"必需、够用、适度"的原则，重点突出了理论与生产实际的结合，形成了涵盖专业能力培养所应知应会的知识结构和技能体系。

　　在拟定大纲和编写过程中，注意符合学生的认知规律，同时也参考了国内外同类教材的编写经验，充分吸收其优点的同时，注意更新内容、删繁就简，适度改革了教材体系。教学内容翔实，教学体系新颖，知识结构科学、合理。全书共分 7 个单元，每个单元设有学习目标、理论知识、实践教学、知识拓展，并附有自测题。编写中按照"植物组成单位—植物器官形态—植物器官结构—植物分类—植物新陈代谢—植物生长发育—植物的抗逆生理"的顺序，内容上由浅入深，循序渐进，力求通俗易懂、简明扼要、条理清晰，突出实际应用，使教材尽量反映高等职业教育的特点，着重加强实践技能的培养和扩展学生知识面。

　　本教材可作为高职高专院校园艺、园林、农学、生物技术、环保、农艺、植物保护等相关专业的教材，也可作为成人教育相关专业的教材。同时，还可供广大农林及生物科技工作者参考使用。

　　本教材由顾立新、崔爱萍担任主编。编写分工具体如下：顾立新编写绪论和单元 5；殷华林、傅欣蕾编写单元 1；宗树斌编写单元 2；崔爱萍编写单元 3；陈莉编写单元 4；袁玉虹、阮淑明合作编写单元 6 的 6.1~6.4 部分；阮淑明编写单元 6 的 6.5、6.6 部分；王建编写单元 7。全书由顾立新负责统稿。

　　在教材编写过程中，编写人员参阅和借鉴了有关专家和学者的一些资料和图片，同时得到中国林业出版社和编写人员所在院校的关心和大力支持，在此一并表示衷心感谢！

　　由于编者水平有限，不妥之处在所难免，恳切希望专家以及使用本教材的老师和同学提出宝贵意见，以便进一步修订。

编　者

2014 年 8 月

目 录

绪　论

1. 植物概述

自然界的物质分为非生物与生物两大类。非生物是没有生命的物质，如岩石、钢铁；生物是有生命的，如动物、植物。生物具有生长、发育、繁殖、遗传等生命现象，在生命活动过程中能不断地与外界进行物质交换，即进行新陈代谢。

按照原始的分类方法，生物分为动物与植物两大类。绝大多数的植物都具有绿色的质体，能进行光合作用合成有机养料供自身生长，具有自养能力，而动物不能进行光合作用供自身生长；植物的细胞具有细胞壁，动物的细胞没有细胞壁，只有细胞膜；植物的生长可以不断产生新的组织与器官，动物的器官在胚胎时期已经分化完成，它的生长主要是体积增大与成熟。此外，植物通常固定在一个地方生长，动物通常能自由移动、吞食食物。

但是，上述这些特征只能用来说明什么是高等的植物与动物，因为低等的动物、植物并不完全具备这些特征，它们之间没有明显的分界。例如，低等植物中的黏菌，它的营养体构造和生活方式都与低等动物中的变形虫一样，只是生殖能产生具有纤维素细胞壁的孢子，因而被列入植物界。生长在淡水池塘中的低等植物衣藻和低等动物草履虫，都是由一个具有鞭毛的细胞构成的，能在水中游动，但衣藻具有绿色的质体，被列入植物界。这都说明动物和植物是同出一源的，在低等的动植物之间有着相似的结构和特征，有些甚至很不容易区分。

为了把复杂的生物划分为符合自然的归类，不少动植物学家曾提出过多种生物分界系统。20世纪70年代，又提出将生物分为五界，即除植物界与动物界以外，将低等植物中无细胞核结构的细菌及蓝藻列入原核生物界，真菌列为真菌界，滤过性病毒列为病毒界。但是，为了便于教学仍然普遍沿用两界系统，即动物界与植物界，因此本书也按两界系统叙述。

在自然界中，植物种类繁多，目前已知的植物总数有50多万种，其中包括低等植物（如藻类、菌类、地衣）和高等植物（如苔藓、蕨类、种子植物）。这些植物在形态、结构、生活习性以及对环境的适应性上各不相同。在不同的环境中生长着不同的植物种类。

植物几乎遍布全球，从热带到寒带甚至地球的两极，从平原到高山，从海洋、湖泊到陆地，到处都分布着各种各样的植物。有的植物体形态微小，结构简单，仅有一个细胞，如衣藻；有的是比较复杂的有多细胞的群体，继而出现丝状体，逐步演化出具有根、茎、叶的高等植物体，其中最高级的裸子植物和被子植物还能产生种子繁殖后代。种子植物是现今地球上种类最多、形态结构最复杂、与人类经济生活关系最密切的一类植物。农作物、大多数园林绿化植物都是种子植物。

从营养方式来看，绝大多数植物种类其细胞中都具有叶绿体，能够进行光合作用，自制养分，它们被称为绿色植物或自养植物。但也有部分植物其体内无叶绿体，不能自制养分，而是从其他植物上吸取现成的营养物质过着寄生生活，称为寄生植物。许多菌类生长在腐朽的有机体上，通过对有机物的分解作用而摄取养分，称为腐生植物。非绿色植物中也有少数种类如硫细菌、铁细菌，可以借氧化无机物获得能量而自行制造营养，属于化学自养植物。

2. 植物在自然界和国民经济中的作用

太阳光能是一切生命活动过程中用之不竭的能量来源，但必须依赖绿色植物的光合作用，将光能转变成化学能贮存于光合产物中，才能被利用。绿色植物经光合作用制造的糖类，以及在植物体内进一步同化形成的脂类和蛋白质等物质，除了少部分用于自身生命活动或转化为组成躯体的结构材料之外，大部分贮存于细胞中。当动物食用绿色植物时，或异养生物从绿色植物躯体上或死亡的植株上摄取养分时，贮存物质被分解利用，能量再度释放出来，为生命活动提供能源。

非绿色植物、细菌、真菌、黏菌等具有矿化作用，能把复杂的有机物分解成简单的无机物，再为绿色植物所利用。植物在自然界通过光合作用和矿化作用进行合成、分解的过程，完成自然界物质循环。

植物是人们赖以生存的物质基础，是发展国民经济的主要资源。粮、棉、油、菜、果等直接来源于植物，肉类、毛皮、蚕丝、橡胶、造纸等也多依赖于植物提供原料。存在于地下的煤炭、石油、天然气，也是数千万年前由于地壳变迁，被埋藏在地层中的古代动植物所形成的，是人类生活的重要能源物资。

我国是世界上植物种类最多的国家之一，仅种子植物就有 3 万种以上，其中不少具有重要经济价值。许多原产于我国的植物被引种到国外。例如，裸子植物全世界共有 13 科，约 700 种，我国就有 12 科，近 300 种之多，它们多是经济用材树种。我国的银杏、水杉、银杉被称为三大"活化石"，还有许多特产树种，如金钱松、油松、红豆杉、榧树、福建柏等。被子植物中，粮食作物如水稻、谷子早在数千年前已有栽培，大豆也原产于我国。果树中的桃、杨梅、梨、枇杷、荔枝、柑橘等皆原产于我国。原产于我国的特种经济植物有茶、桑、油桐、苎麻等。我国是蔬菜种类最多的国家，观赏植物之多更是闻名于世，被誉为"世界园林之母"，如牡丹、芍药、茶花等均为我国特产。我国药用植物种类有数千种，是非常宝贵的植物资源。

此外，植物在净化环境、减少污染、防风固沙、水土保持等方面，具有显著的作用。在工业生产和人类生活过程中，不断索取利用植物资源，忽视生态环境的发展规律，从而导致了自然环境严重恶化，如全球性的臭氧层破坏、温室效应、酸雨、沙尘暴、河流海洋毒化和水资源短缺，导致全球性生态危机。而绿化造林、保护植物资源有助于改善人类的生存环境，保持自然界的生态平衡。

3. 植物与植物生理的研究内容和应用

植物与植物生理是研究植物的形态结构、植物分类、生命活动规律及植物与环境相互关系的科学。植物与植物生理总体分为植物的形态结构、植物分类、植物生理三大部分。其目的和任务是用科学的方法认识植物的形态类型与解剖结构，阐明植物的生命活动过程，介绍植物分类的基本知识和常见的植物类型，从而科学地利用植物和保护植物，满足人类生产和生活需要，实现植物资源的可持续利用。植物与植物生理是园艺技术、园林技术、生物类、植物生产类专业的一门专业基础课程。在内容安排上以常见园林花卉、农作物和蔬菜作物为主线，简明扼要地论述植物形态结构特点、植物生长发育过程和代谢生理要领、植物分类的基本知识。在各章内容的阐述上紧密联系园林、园艺和农业生产实践，结合实际需要选择和设定实验实训内容，着重加强学生智力开发和实践能力的培养。做到能运用植物与植物生理的理论和实践知识去指导生产实际，更好地利用和改造植物，科学地开发植物资源，提高农产品的产量和品质，使植物更好地为人类服务。

4. 学习本课程的方法和意义

对农林院校的学生而言，学习本课程有着重要的现实意义。各专业多以植物为研究对象，这为后续的专业基础课和专业核心课打下基础。植物与植物生理的基本知识和基本技能掌握不好，后续课程就很难学扎实。因此，必须努力学好这门课程。

学习本课程首先要有积极、主动的态度。在学习过程中不断培养对自然界的热爱、探索生命奥秘的兴趣、实事求是的作风、丰富的想象力、创造性的思维等良好素质，这是学好本课程的前提。

学习本课程需要掌握唯物辩证法的观点和方法。植物体的各个部分在整个生命活动中既相互联系、相互协调，又相互制约。在植物与环境之间，同样是既有矛盾，又有协调统一。学习本课程需要用联系的、发展的观点综合地观察、分析问题，而不停留于个别的现象上。各式各样的植物是在不同环境中有规律地演化而来的，各有一部长期演化的历史。

学习本课程必须理论联系实际。植物种类繁多，形态特征、生理特性各不相同，所以在学习理论知识的基础上，必须加强观察，增强感性认识。要加强基本技能训练，熟练地应用有关设备和技术，如放大镜、显微镜、各种切片染色技术、生物绘图技术等，掌握基本的实验技能。学会借助实验仪器和设备，测定植物的各种生理指标，通过实验探索植物生命现象的本质。同时还要增强自学意识，提高自学能力，在掌握知识的广度和深度上，分析、解决生产实际问题的能力上，以及技能的掌握上得到提高，以达到学以致用的目的。

单元 1 植物的组成单位

◇ **知识目标**

(1)了解细胞学说的基本内容,掌握真核细胞的一般构造与功能。

(2)熟悉植物细胞分裂分化的特点,掌握有丝分裂各过程的细胞特征,了解有丝分裂与减数分裂的生物学意义及区别。

(3)熟悉植物组织的概念,熟悉各种组织在植物中的分布,掌握植物组织的分类和各类组织的结构特点。

◇ **技能目标**

(1)能够熟练使用和保养光学显微镜。

(2)能够徒手切片,正确制作临时标本玻片。

(3)能够通过显微镜观察植物细胞的结构,分析细胞有丝分裂时期,识别植物组织特征,掌握生物绘图技术。

◇ **理论知识**

绿色开花植物具有根、茎、叶、花、果实、种子六大器官,各个器官内有着不同的组织,而各种组织都是由细胞组成的。所以,要了解植物的组成,必须先要了解植物的细胞。

1.1 植物的细胞

1665 年,英国物理学家虎克(Robert Hooke)用自制的复式显微镜观察了软木的结构(木栓)后,发现软木是由蜂巢式的小室构成的,从而将其定名为细胞。到了 19 世纪,1840 年前后,以德国植物学家施莱登(Matthias J. Schleiden)和动物学家施旺(Theodor Schwann)为代表的生物学家证明:所有的植物和动物都是由细胞组成的;所有的细胞都是细胞分裂或融合而来;精子和卵都是细胞;一个细胞可以分裂形成组织和器官。从而创立了细胞学说,确认细胞是一切动植物体的基本结构单位。

植物细胞具有全能性,即一个植物细胞可以通过繁殖、分化而长成一株完整的植物。一个植物细胞就是一个独立的个体,一切生命活动都可以由这一个细胞完成。植物细胞构成了植物体,植物的生命活动是通过细胞的生命活动体现出来的。所以说,植物细胞是植物体结构和功能的基本单位。

1.1.1　植物细胞的形状和大小

（1）植物细胞的形状

植物细胞的形状是多样的，有长梭形、多面体、纤维形和星形等（图1-1），这是因为细胞在系统演化中为了适应功能的变化而分化成不同的形状。种子植物的细胞具有精细的分工，因此它们的形状变化多端。例如，起支持作用的细胞（纤维）一般呈纤维形，并聚集成束，加强支持的功能；输送水分和养料的细胞（导管分子和筛管分子）呈长筒形，并连接成相通的"管道"，以利于物质的运输；幼根表面吸收水分的细胞常常向着土壤延伸出细管状突起（根毛），以扩大吸收表面。这些细胞形状的多样性，反映了细胞形态与其功能相适应的规律。

（2）植物细胞的大小

植物细胞的体积一般是很小的。在种子植物中，一般的细胞直径为 10～100μm，因此肉眼一般不能直接分辨出来，必须借助于显微镜。少数植物的细胞较大，如西瓜瓤的细胞直径可达1mm，肉眼可以分辨出来，棉花种子上的表皮毛可以延伸长达75mm，苎麻茎中的纤维细胞最长可达550mm，但这些细胞在横向直径上仍是很小的。

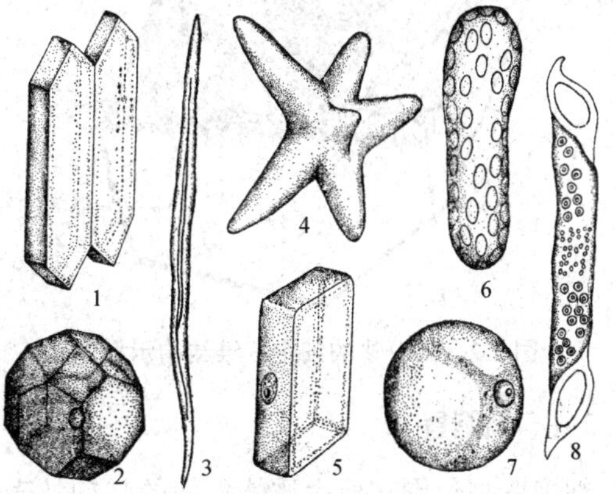

在同一植物体内，不同部位细胞的体积与各部分细胞的代谢活动及细胞功能有关。那些生理活跃的细胞，如根、茎顶端的分生组织细胞，就明显比代谢较弱的各种贮藏细胞小。

图 1-1　植物细胞的形状

1. 长梭形(形成层原始细胞)　2. 多面体　3. 纤维形　4. 星形
5. 长方形　6. 长柱形　7. 球形　8. 长筒形(导管)

细胞的大小也受水肥、光照等外界条件的影响。例如，植物种植过密时，植株往往长得细而高，这主要是因为它们的叶片相互遮光，导致体内生长素积累，引起茎干细胞特别伸长的缘故。

1.1.2　植物细胞的结构

植物细胞由细胞壁和原生质体两部分组成。细胞壁是包围在原生质体外面的坚韧外壳，细胞壁和原生质体之间有着结构和机能上的密切联系。原生质体是由生命物质——原生质构成，它是细胞进行各类代谢活动的主要场所，是细胞最重要的部分（图1-2）。

植物细胞结构可简要概括如图1-3所示。

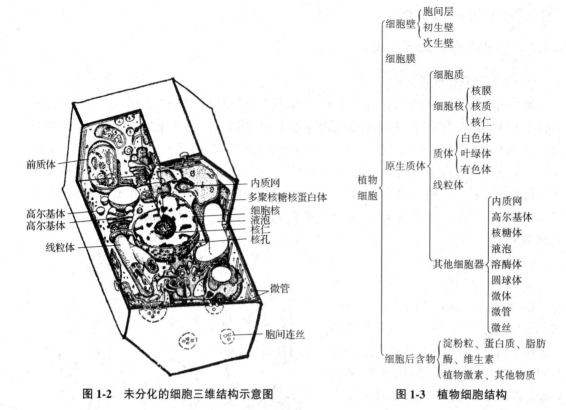

图 1-2 未分化的细胞三维结构示意图　　　　图 1-3　植物细胞结构

1.1.2.1　细胞壁

细胞壁是包围在原生质体外面的坚韧外壳，是植物细胞特有的结构，与液泡、质体一起构成了植物细胞区别于动物细胞的三大结构特征。

细胞壁的功能是对原生质体起保护作用。此外，在多细胞植物体中，不同细胞的细胞壁具有不同的厚度和成分，从而影响着植物的吸收、保护、支持、蒸腾和物质运输等重要的生理活动。有人将细胞壁比喻成植物的皮肤、骨骼。

(1) 细胞壁的层次

细胞壁根据形成的时间和化学成分的不同分成胞间层、初生壁和次生壁 3 层(图 1-4)。

①胞间层　又称中层，存在于细胞壁的最外面。它的化学成分主要是果胶。果胶很易被酸或酶等溶解，如番茄、苹果、西瓜等成熟时，果肉细胞的胞间层被溶解，致使细胞发生分离，果肉变得软而"面"。有些真菌能分泌果胶酶，溶解植物组织的胞间层而侵入植物体内。

②初生壁　是在细胞停止生长前原生质体分泌形成的细胞壁层，存在于胞间层内侧。它的主要成分是纤维素、半纤维素和果胶。初生壁的厚度一般较薄，为 $1 \sim 3 \mu m$，质地较柔软，能随着细胞的生长而延展。许多细胞在形成初生壁后，如果不再有新壁层的积累，初生壁便成为其永久的细胞壁。

③次生壁　是细胞停止生长后，在初生壁内侧继续积累的细胞壁层。次生壁较厚，一般为 $5 \sim 10 \mu m$，质地较坚硬，因此，有增强细胞壁机械强度的作用。次生壁的主要成分是纤维素，但常有其他物质填充其中，使细胞壁为适应一定的生理功能而发生角质化、木栓

化、木质化和矿质化等变化。

角质化　细胞外壁被角质所浸透，并常在细胞壁外表面堆积角质膜，称为角质化。角质化一般发生在植物地上部分的表皮细胞上，可以增强植物抵抗病菌和干旱的能力。

木栓化　木栓质渗入细胞壁称为木栓化。一般植物茎和老根的外面都有一层或多层木栓化的细胞，对植物体有很好的保护作用。

木质化　木质素渗入细胞壁称为木质化。细胞壁木质化后硬度加大，增强机械支持能力。

矿质化　细胞壁渗入了矿物质称为矿质化。最常见的是硅化和钙化。如禾本科植物的茎叶硅化以后增强了机械强度和抵抗病虫害的能力。

（2）纹孔和胞间连丝

细胞壁生长时并不是均匀增厚的。在初生壁上具有一些明显的凹陷区域，称为初生纹孔场。初生纹孔场区域在细胞壁形成次生壁时不增厚而形成孔状结构，称为纹孔。初生纹孔场上分布着许多微小孔眼，细胞的原生质细丝可以通过这些小孔与相邻细胞的原生质体相连。这种穿过细胞壁、沟通相邻细胞的原生质细丝称为胞间连丝，它是细胞原生质体之间物质和信息直接联系的桥梁。除初生纹孔场外，在细胞壁的其他部位也可分散存在少量胞间连丝(图1-5)。

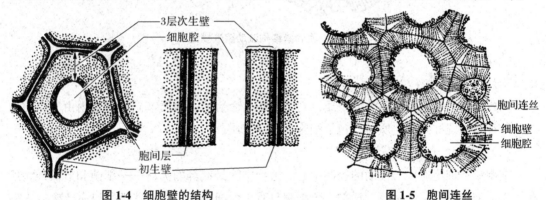

图 1-4　细胞壁的结构　　　　　　　　图 1-5　胞间连丝

细胞壁上的纹孔通常与相邻细胞壁上的 1 个纹孔相对，2 个相对的纹孔合称纹孔对，纹孔对中的纹孔膜由 2 层初生壁和 1 层胞间层组成。

细胞壁上初生纹孔场、纹孔和胞间连丝的存在，都有利于细胞与环境以及细胞之间的物质交流，尤其是胞间连丝，它把所有生活细胞的原生质体连接成一个整体，从而使多细胞植物在结构和生理活动上成为一个统一的有机体。

1.1.2.2　细胞膜

细胞膜又称质膜，是紧贴细胞壁，包围在细胞质表面的一层膜。

质膜的主要功能是控制细胞与外界环境的物质交换。这是因为质膜具有选择透性，此种特性表现为不同的物质透过能力不同。质膜的选择透性使细胞能从周围环境不断地取得所需要的水分、盐类和其他必需的物质，而又阻止有害物质的进入；同时，细胞也能将代谢的废物通过质膜排除，而又不使内部有用的成分任意流失，从而保证了细胞具有一个合适而相对稳定的内环境。此外，质膜还有许多其他重要的生理功能，如主动运输、接受和传递外界的信号、抵御病菌的感染、参与细胞间的相互识别等。

质膜和细胞内的其他各种膜统称为生物膜。生物膜的选择透性与它的分子结构密切相关，一般认为，生物膜是脂质层与蛋白质相结合的产物。为此，科学家提出了"膜的流动镶嵌模型"学说(图1-6)，即在膜上有许多球状蛋白，以各种方式镶嵌在磷脂双分子层中，构成膜的磷脂和蛋白质都具有一定的流动性，膜的选择透性主要与膜上蛋白质有关，膜蛋白大多是特异性的酶类，在一定的条件下，它们具有识别、捕捉和释放某些物质的能力，从而对物质的透过起到控制作用。

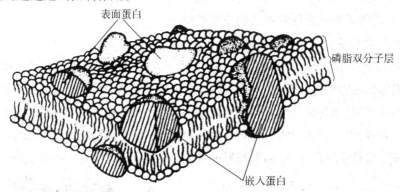

图1-6 生物膜结构流动镶嵌模型

1.1.2.3 原生质体

构成细胞的生活物质称为原生质，它是细胞生命活动的物质基础。细胞内由原生质组成的各种结构统称为原生质体，包括细胞核和细胞质。

（1）细胞核

细胞核是细胞遗传与代谢的控制中心。植物中除最低等的类群——细菌和蓝藻外，所有的生活细胞都具有细胞核。通常一个细胞只有 1 个细胞核，但有些细胞也有 2 个以上的细胞核。例如，乳汁管具多核，绒毡层细胞常具 2 个细胞核。

真核细胞的细胞核一般呈球形或椭圆形(图1-7)，在观察生活细胞时，可以看到细胞核外有一层薄膜，称为核膜。膜内充满均匀透明的胶状物质，称为核质，其中有一到几个折光性强的球状小体，称为核仁。当细胞固定染色后，核质中被染成深色的部分称为染色质，其余染色浅的部分称为核液。

核膜起着控制细胞核与细胞质之间物质交流的作用。核膜由外膜和内膜组成。膜上还具有许多核孔。这些孔能随着细胞代谢状态的不同进行启闭，所以，不仅小分子的物质能有选择地透过核膜，某些大分子物质如核糖核酸（RNA）或核糖核蛋白体颗粒等，也能通过核孔出入，使细胞核与细胞质之间能进行可控制

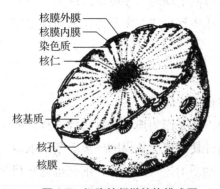

图1-7 细胞核超微结构模式图

核膜外膜
核膜内膜
染色质
核仁
核基质
核孔
核膜

的物质交换，对调节细胞的代谢具有十分重要的作用。

核仁是细胞核内合成和贮藏 RNA 的场所，它的大小随细胞生理状态而变化。代谢旺盛的细胞，如分生区的细胞，往往有较大的核仁；而代谢较慢的细胞，核仁较小。

染色质是细胞中遗传物质存在的主要形式，在电子显微镜下显出一些交织成网状的细丝，主要成分是脱氧核糖核酸（DNA）和蛋白质。当细胞进行有丝分裂时，这些染色质丝便转化成粗短的染色体。

核液是细胞核内没有明显结构的基质，含有蛋白质、RNA 和多种酶。

由于细胞内的遗传物质（DNA）主要集中在细胞核内，因此，细胞核的主要功能是储存和传递遗传信息，在细胞遗传中起重要作用。

（2）细胞质

真核细胞质膜以内、细胞核以外的原生质称为细胞质，是透明的无结构的基质，基质中包埋着一些称为细胞器的微小结构。

①胞基质　细胞质中除细胞器以外的较为均质的半透明液态胶状物质，称为胞基质。细胞器及细胞核都包埋于其中。它的化学成分很复杂，包含水、无机盐、溶解的气体、糖类、氨基酸、核苷酸等小分子物质，也含有一些生物大分子，如蛋白质、RNA 等，其中包括许多酶类。它们是细胞生命活动不可缺少的部分。

在生活的细胞中，胞基质处于不断的运动状态，它能带动其中的细胞器在细胞内做有规则的持续的流动，这种运动称为胞质运动。胞质运动对于细胞内物质的转运具有重要的作用，促进了细胞器之间的相互联系。胞基质不仅是细胞器之间物质运输和信息传递的介质，而且也是细胞代谢的一个重要场所。许多生化反应，如厌氧呼吸及某些蛋白质的合成等，就是在胞基质中进行的。同时，胞基质也不断为各类细胞器行使功能提供必需的原料。

②细胞器　细胞器是胞基质内具有一定形态、结构和功能的微结构或微器官。重要的细胞器有以下几种。

质体　是植物细胞特有的细胞器，有叶绿体、有色体和白色体 3 种类型。

叶绿体是进行光合作用的细胞器（图 1-8）。只存在于植物的绿色细胞中，每个细胞可以有几个到几十个叶绿体。叶绿体含有叶绿素、叶黄素和胡萝卜素，其中叶绿素是主要的光合色素，它能吸收和利用光能，直接参与光合作用。其他两类色素不能直接参与光合作用，只能将吸收的光能传递给叶绿素，起辅助光合作用的作用。植物叶片的颜色，与细胞叶绿体中这 3 种色素的比例有关。一般叶绿素占绝对优势，叶片呈绿色，但当营养不良、气温降低或叶片衰老时，叶绿素含量降低，叶片便出现黄色或橙黄色。某些植物秋天叶变红色，就是因叶片细胞中的花青素和类胡萝卜素（包括叶黄素和胡萝卜素）比例占了优

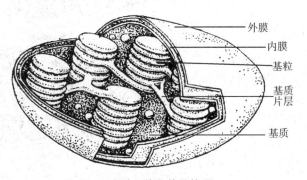

图 1-8　叶绿体立体结构图

外膜
内膜
基粒
基质片层
基质

势的缘故。在生产上，常可根据叶色的变化，判断植物的生长状况，及时采取相应的施肥、灌水等栽培措施。

有色体只含有胡萝卜素和叶黄素，由于二者比例不同，可分别呈黄色、橙色或橙红色。它们经常存在于果实、花瓣或植物体的其他部分，如胡萝卜的根，由于具有许多有色体而成为金黄色。有色体的形状多种多样，例如，红辣椒果皮中的有色体呈颗粒状，旱金莲花瓣中的有色体呈针状。有色体能积聚淀粉和脂类，在花和果实中具有吸引昆虫和其他动物传粉及传播种子的作用。

白色体不含色素，呈无色颗粒状。普遍存在于植物体各部分的贮藏细胞中，是淀粉和脂肪的合成中心。当白色体特化成淀粉贮藏体时，便称为淀粉体；当它形成脂肪时，则称为造油体。

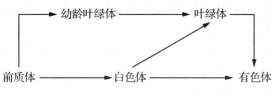

图1-9　3种质体之间的转化

以上3种质体随着细胞的发育和环境条件的变化，在一定条件下可以互相转化，其关系如图1-9所示。

线粒体　是细胞进行呼吸作用的细胞器。线粒体一般呈线状、颗粒状，直径$0.5\sim1.0\mu m$，长度变化很大，一般为$1.5\sim3.0\mu m$，长的可达$7\mu m$。线粒体有两层膜，外膜平滑，内膜向内突起形成许多形状不同的嵴。具有100多种酶，分别存在于内膜上和基质中，其中大部分参与呼吸作用。线粒体呼吸释放的能量，能透过膜转运到细胞的其他部分，满足各种代谢活动的需要，因此，线粒体被喻为细胞中的"动力工厂"。在电镜下线粒体的嵴可呈隔板状突起，称片嵴，或呈管状突起，称管嵴。

细胞中线粒体的数目以及线粒体中嵴的多少，与细胞的生理状态有关。当代谢旺盛、能量消耗多时，细胞就具有较多的线粒体，其内有较密的嵴；反之，代谢较弱的细胞，线粒体较少，内部嵴也较疏(图1-10)。

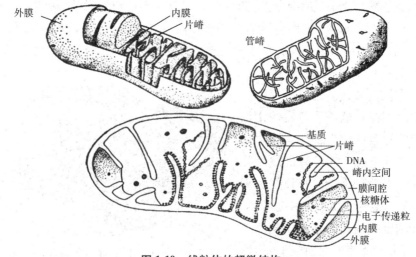

图1-10　线粒体的超微结构

内质网 是分布于细胞质中由一层膜构成的网状管道系统。管道以各种形状延伸和扩展，形成各类管、泡、腔交织的状态。在超薄切片中，内质网看起来是2层平行的膜，必须借助电子显微镜才能辨别（图1-11）。

内质网有两种类型：一类在膜的外侧附有许多核糖核蛋白体颗粒，这种附有颗粒的内质网称为粗糙型内质网；另一类在膜的外侧不附有颗粒，表面光滑，称为光滑型内质网。

内质网具有合成、包装与运输一些代谢产物等功能。

高尔基体 是由一叠扁平的囊所组成的结构（图1-12）。

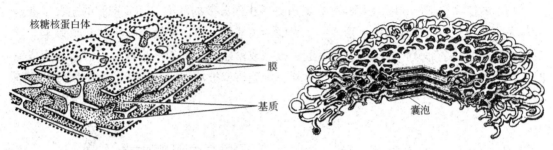

核糖核蛋白体 —— 膜 基质　　　　囊泡

图1-11　内质网的立体图　　　　图1-12　高尔基体的立体构型

高尔基体的功能是参与细胞的分泌。分泌物可以在高尔基体中合成，或来源于其他部分（如内质网），经高尔基体进一步加工后，再由高尔基小泡将它们携带转运到目的地。分泌物主要是多糖和多糖–蛋白质复合体。这些物质主要用来提供细胞壁的生长需要，或分泌到细胞外面。在细胞分裂形成新细胞壁的过程中，可以看到大量高尔基小泡，运送形成新细胞壁所需的多糖类物质，参与新细胞壁的形成。也有试验表明，根的根冠细胞分泌黏液，松树的树脂道上皮细胞分泌树脂等，都与高尔基体的活动有关。

核糖体 又称为核糖核蛋白体，是一种颗粒状无膜包被的细胞器。主要成分是RNA和蛋白质。在细胞质中，它们可以游离状态存在，也可以附着于粗糙型内质网的膜上。此外，在细胞核、线粒体和叶绿体中也存在。

核糖体是细胞中蛋白质合成的中心，氨基酸在其上被有规则地组装成蛋白质。所以，蛋白质合成旺盛的细胞，尤其在快速增殖的细胞中，往往含有更多的核糖体颗粒。

液泡 由单层膜包被，内含细胞液，是植物细胞特有的细胞器。细胞液是含有多种有机物和无机物的复杂的水溶液。这些物质中有的是细胞代谢产生的贮藏物，如糖、有机酸、蛋白质、磷脂等；有的是排泄物，如草酸钙、色素等。例如，甘蔗的茎具有浓厚的甜味，是因为细胞液中含有大量蔗糖；许多果实细胞液含有丰富的有机酸，产生强烈的酸味；柿子因细胞液含大量单宁而具涩味；许多植物细胞液含丰富的植物碱，如烟草含尼古丁，茶叶和咖啡含咖啡因等。许多植物细胞液中溶解有色素，从而使花瓣、果实或叶片显出红色、紫色或蓝色。色素的显色与细胞液pH有关，酸性时呈红色，碱性时呈蓝色，中性时呈紫色，常见的牵牛花在早晨为蓝色，以后渐转红色，就是这个缘故。细胞液还含有很多无机盐，有些盐类因过饱和而成结晶，常见的如草酸钙结晶。细胞液中各类物质的富集，使细胞液保持相当的浓度，这与细胞渗透压和膨压的维持，以及水分的吸收有着很大的关系，使细胞能保持一定的形状和进行正常的生理活动。同时，高浓度的细胞液，使细胞在低温时不易冻结，在干旱时不易丧失水分，提高了抗寒和抗旱的能力。

液泡中的代谢产物不仅对植物细胞本身具有重要的生理意义，而且是人们开发利用植物资源的重要来源之一。例如，从甘蔗的茎、甜菜的根中提取蔗糖，从盐肤木、化香树中提取单宁作为栲胶的原料等。近年来，开发新的野生植物资源正在引起人们越来越大的兴趣，如刺梨、酸枣等果实被用作制取新型饮料；从花、果实中提取天然色素，用于轻工业、化工业尤其是食品工业的着色。天然色素的开发已成为当前国内外十分重视的一个研究领域。

幼小的植物细胞(分生组织细胞)，具有许多小而分散的液泡。随着细胞的生长，液泡也长大、并合，最后在细胞中央形成一个大的中央液泡，可占据细胞体积的90%以上。这时，细胞质的其余部分，连同细胞核一起，被挤成紧贴细胞壁的一个薄层。有些细胞成熟时，也可以同时保留几个较大的液泡，这样，细胞核就被液泡所分割成的细胞质悬挂于细胞的中央(图1-13)。

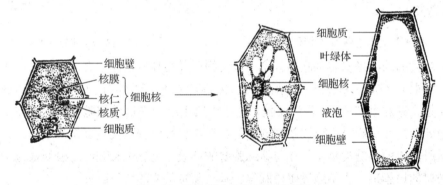

图1-13 细胞的生长和液泡的形成

植物细胞具有大的中央液泡，有着重要的生理功能。细胞代谢所需要的物质，必须通过细胞表面进入细胞，但植物细胞具有坚固的细胞壁，不能像动物细胞那样，通过改变细胞的形状来扩大吸收表面，因此，其通过借助于大的中央液泡，把细胞质挤压成贴壁的薄层，这样，便有利于原生质体与外界发生气体和养料的交换。

溶酶体 是由单层膜包围的内含多种水解酶类的囊形泡状结构。它们能分解所有的生物大分子，因此而得名。溶酶体在细胞内对贮藏物质的利用起重要作用，同时，在细胞分化过程中对消除不必要的结构组成，以及在细胞衰老过程中破坏原生质体结构也都起特定的作用。

圆球体 是膜包裹着的圆球状小体。圆球体是一种贮藏细胞器，是脂肪积累的场所。当大量脂肪积累后，圆球体便变成透明的油滴，内部颗粒消失。在圆球体中也检测出含有脂肪酶，在一定条件下，能将脂肪水解成甘油和脂肪酸。因此，圆球体具有溶酶体的性质。

微体 是一些由单层膜包围的小体。它的大小、形状与溶酶体相似，二者的区别在于含有不同的酶。植物细胞中有两种普遍存在的微体：过氧化物酶体和乙醛酸循环体。过氧化物酶体存在于高等植物叶肉细胞内，它与叶绿体、线粒体配合，参与乙醇酸循环，将光合作用过程中产生的乙醇酸转化成己糖。乙醛酸循环体主要出现在油料种子萌发时，它与圆球体和线粒体配合，把贮藏的脂肪转化成糖类。

微管和微丝　是细胞内呈管状或纤丝状的细胞器。它们在细胞中相互交织，形成一个网状的结构，成为细胞的骨架（图 1-14）。

微管的生理功能主要是保持细胞一定的形状，参与细胞壁的形成和生长，控制细胞内细胞器的运动方向。

微丝是比微管更细的纤丝，与微管共同构成细胞内的支架，维持细胞的形状，并支持各类细胞器。除了起支架作用外，它的主要功能是与微管配合，控制细胞器的运动。另外，微丝与细胞质流动有密切的关系。

综上所述，植物细胞的原生质体，是细胞内结构上具有复杂分化的原生质单位。内

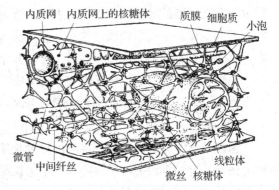

图 1-14　细胞骨架模型

膜系统在原生质体中起分隔化、区域化的作用。被膜分隔的不同小区，特化为不同的细胞器，从而实现细胞内的区域分工，使得细胞这样一个极小的空间中能同时进行多种不同的生化反应。内膜系统巨大的表面，又使各种酶能定位于不同的部位，保证了一系列复杂的生化反应能有顺序地、高效地进行。同时，内膜系统还与质膜相连，相邻细胞的内膜系统通过胞间连丝互相沟通，这就提供了一个细胞内及细胞间物质和信息传递的运输系统，从而使多细胞有机体能成为协调统一的整体。

1.1.2.4　细胞后含物

植物细胞的后含物是植物细胞内贮藏的营养物、代谢产物和植物次生物质的统称。它们可以在细胞生活的不同时期产生和消失，主要有淀粉、蛋白质、脂类、无机晶体和多种植物次生代谢物。

（1）淀粉

淀粉是细胞中糖类最普遍的贮藏形式，在细胞中以颗粒状态存在，称为淀粉粒。所有的薄壁细胞中都有淀粉粒的存在，尤其在各类贮藏器官中更为集中，如种子的胚乳和子叶中，植物的块根、块茎、球茎和根状茎中，都含有丰富的淀粉粒（图 1-15）。

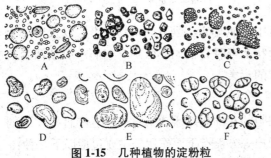

图 1-15　几种植物的淀粉粒

A. 小麦　B. 玉米　C. 水稻
D. 豌豆　E. 马铃薯　F. 甘薯

淀粉粒在形态上有 3 种类型：单粒淀粉粒，只有 1 个脐点，无数轮纹围绕这个脐点；复粒淀粉粒，具有 2 个以上的脐点，各脐点分别有各自的轮纹环绕；半复粒淀粉粒，具有 2 个以上的脐点，各脐点除有本身的轮纹环绕外，外面还包围着共同的轮纹。不同的植物淀粉粒的大小和形态不同，这些

性状可以作为品种鉴定的依据。

（2）蛋白质

细胞中的贮藏蛋白质呈固体状态，可以是结晶的或是无定形的。结晶的蛋白质因具有晶体和胶体的二重性，因此称为拟晶体。蛋白质拟晶体有不同的形状，但常呈方形，如马铃薯块茎近外围的薄壁细胞中，就有这种方形晶体的存在，因此，马铃薯削皮后会损失蛋白质营养。无定形的蛋白质常被一层膜包裹成圆球状的颗粒，称为糊粉粒。有的糊粉粒较大，由一团无定形的蛋白质包藏着1个至几个球晶体和拟晶体组成颗粒。球晶体是由球蛋白、磷酸和镁结合而成。糊粉粒较多地分布于植物种子的胚乳或子叶中（图1-16），在许多豆类种子（如大豆、花生等）子叶的薄壁细胞中，普遍具有糊粉粒。

（3）脂类

脂类是含能量最高而体积最小的贮藏物质。在常温下为固体的称为脂肪，为液体的则称为油类。它们常成为种子、胚和分生组织细胞中的贮藏物质，以固体或油滴的形式存在于细胞质中，有时在叶绿体内也可看到。

（4）无机晶体

在植物细胞的液泡中，无机盐常形成各种晶体。晶体有单晶、针晶和晶簇3种形状。单晶呈棱柱状或角锥状。针晶是两端尖锐的针状，并常集聚成束。晶簇是由许多单晶联合成的复式结构，呈球状，每个单晶的尖端都突出于球的表面（图1-17）。

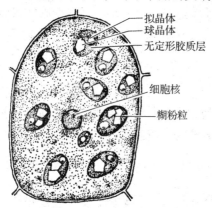

图 1-16　蓖麻胚乳的糊粉粒

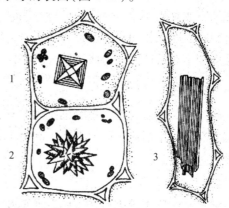

图 1-17　晶体常见的类型

1. 棱状单晶体　2. 晶簇　3. 针晶

晶体在植物体内分布很普遍，在各类器官中都能看到。但不同植物种类，以及同一个植物体不同部位的细胞中的晶体，在大小和形状上有时有很大的区别。它们一般被认为是新陈代谢的废物，形成晶体后便避免了对细胞的毒害。

（5）植物次生代谢物

植物次生代谢物是植物体内合成的、在细胞的基础代谢活动中没有明显和直接作用的一类化合物，但对植物适应不良环境和代谢调控等方面有重要作用。主要包括以下几种：

①酚类化合物　如酚、单宁（又称鞣酸）、木质素等，具有抑制病菌侵染、吸收紫外线的作用。

②类黄酮　如黄酮、黄酮苷以及在不同pH条件下显示不同颜色的花青素等，具有吸引昆虫传粉、防止病原菌侵入等功能。

③生物碱　如尼古丁具有抵抗生长素、抑制叶绿素合成和驱虫等作用。

1.1.3　植物细胞的繁殖

1.1.3.1　细胞周期

生命是从一代向下一代传递的连续过程，因此是一个不断更新、不断从头开始的过程。细胞的生命开始于产生它的母细胞的分裂，结束于它的子细胞的形成，或是细胞的自身死亡。通常将子细胞形成作为一次细胞分裂结束的标志。细胞周期是指从一次细胞分裂形成子细胞开始到下一次细胞分裂形成子细胞为止所经历的过程。在这一过程中，细胞的遗传物质复制并均等地分配给两个子细胞。

种子植物从受精卵发育成胚，再由胚形成幼苗，进而根、茎、叶不断生长，最后开花、结果，都是以细胞繁殖为前提的。细胞繁殖也就是细胞数目的增加，这种增加通过细胞分裂来实现。细胞分裂有3种方式：无丝分裂、有丝分裂和减数分裂。

1.1.3.2　无丝分裂

无丝分裂又称为直接分裂或非有丝分裂。它是一种简单、快速的分裂方式。分裂时，核内不出现纺锤丝和染色体。无丝分裂有多种形式，最常见的是横缢式分裂，细胞核先延长，然后在中间缢缩、变细，最后断裂成两个子核(图1-18)。另外，还有碎裂、芽生分裂、变形虫式分裂等多种形式，而且，在同一组织中可以出现不同形式的分裂。

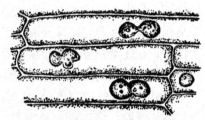

图1-18　无丝分裂

无丝分裂较普遍地出现在胚乳发育过程中以及植物形成愈伤组织时。在一些正常组织的细胞分裂中，如薄壁组织、表皮、顶端分生组织、花药的绒毡层细胞等，也有发生。对无丝分裂的生物学意义，还有待进一步深入地研究。

1.1.3.3　有丝分裂

有丝分裂又称为间接分裂，它是真核细胞分裂最普遍的形式。在细胞分裂过程中，细胞的形态尤其是细胞核的形态发生明显的变化，出现了染色体和纺锤丝，有丝分裂由此得名。

（1）有丝分裂的过程

有丝分裂是一个连续的过程，为了认识和研究上的便利，一般将这个连续过程划分成5个时期：

①间期　是从上一次分裂结束，到下一次分裂开始的一段时期，它是分裂前的准备时期。处于间期的细胞，在形态上一般没有十分明显的特征，细胞核的结构呈球形，具有核膜、核仁，染色质不规则地分散在核液中。然而，间期细胞的细胞质很浓，细胞核位于中央并占很大比例，核仁明显，反映出这时的细胞具有旺盛的代谢活动。间期细胞进行着大量的生物合成和DNA的复制，为细胞分裂进行物质上的准备。同时，细胞内也积累足够

的能量，满足分裂活动的需要。间期结束后，细胞便进入分裂期，分裂期又包括前期、中期、后期和末期4个时期。

②前期　从前期开始，细胞真正进入了分裂时期。前期的细胞特征是细胞核内出现染色体，随后核膜和核仁消失，同时纺锤丝开始出现。

细胞核内出现染色体是进入前期的标志。细胞分裂开始后，染色质通过螺旋化作用，逐渐缩短变粗，成为染色体。最初，染色体呈细丝状，以后越缩越短，逐渐成为粗线状或棒状体。在前期的稍后阶段，细胞核的核仁逐渐消失，最后核膜瓦解，核内的物质和细胞质混合。同时，细胞中出现了许多细丝状的纺锤丝。

③中期　中期的细胞特征是染色体排列到细胞中央的赤道面上，纺锤体非常明显。

当核膜瓦解后，由纺锤丝构成的纺锤体变得很清晰，染色体在染色体牵丝的牵引下，向着细胞中央移动，最后都排列到垂直于纺锤体轴的平面即赤道面上。这个时期染色体分开排列，有较固定的形状，是观察染色体形态和数目的最佳时期。

④后期　后期的细胞特征是染色体分裂成2组子染色体，2组子染色体分别朝相反的两极运动。

当所有的染色体排列到赤道面上以后，构成每一条染色体的2条染色单体便在着丝点处裂开，分成2条独立的子染色体。同一条染色体分裂成的2条子染色体，在大小和形态上是相同的。接着它们就分成2组，向相反的两极移动。这时可看到染色体牵丝牵引着子染色体，并逐渐缩短，而连续丝逐渐延长，细胞两极之间的距离也随之增大。

⑤末期　末期的细胞特征是染色体到达两极，核膜、核仁重新出现，形成新的子核。

当染色体到达两极以后，它们便成为密集的一团，外面重新出现核膜，进而染色体通过解螺旋作用，又逐渐变得细长，最后分散在核内，成为染色质。同时，核仁也重新出现，新的子核恢复到间期细胞核的状态。

在分裂后期，染色体接近两极时，纺锤体出现了形态上的变化，两极的纺锤丝消失，但位于赤道板的纺锤丝逐渐收缩增粗，形成成膜体，最后成膜体在2个子核之间的赤道板上由多糖类物质构成细胞板，将细胞质从中间隔开，同时在细胞板两侧形成新的质膜。以后出现新的细胞壁，形成两个子细胞。至此，有丝分裂的过程完成(图1-19)。

(2)有丝分裂的特点和意义

有丝分裂是一种普遍的细胞分裂方式，整个过程较为复杂，特别是细胞核的变化最

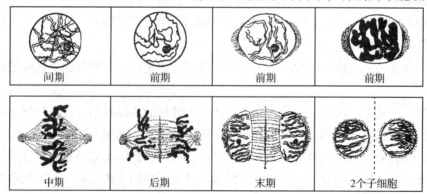

图1-19　有丝分裂模式图

大，有明显的纺锤丝出现。

在有丝分裂过程中，每次分裂前必须进行一次染色体的复制，在分裂时，每条染色体分裂为 2 条子染色体，平均地分配给 2 个子细胞，这样就保证了每个子细胞具有与母细胞相同数量和类型的染色体。因此，有丝分裂保证了子细胞具有与母细胞相同的遗传潜能，保持了细胞遗传的稳定性。

1.1.3.4　减数分裂

减数分裂是植物在有性生殖的过程中进行的细胞分裂。在减数分裂过程中，细胞连续分裂 2 次，但染色体只复制 1 次，因此，使同一母细胞分裂成的 4 个子细胞的染色体数只有母细胞的一半，减数分裂由此而得名。

1）减数分裂的过程

减数分裂的全过程包括 2 次紧相连接的分裂过程，每次分裂都与有丝分裂相似，根据细胞中染色体形态和位置的变化，各自划分成前期、中期、后期和末期，但减数分裂整个过程，尤其是第一次分裂比有丝分裂复杂得多。

（1）第一次分裂（简称分裂Ⅰ）

①前期Ⅰ　这一时期发生在细胞核内染色体复制已完成的基础上，整个时期比有丝分裂的前期所需时间要长，变化更为复杂。根据染色体形态，又分为 5 个阶段：

细线期　细胞核内出现细长、线状的染色体，细胞核和核仁继续增大。这时，每条染色体含有 2 条染色单体，它们仅在着丝点处连接。

偶线期　也称合线期。细胞内的同源染色体（来自父本和母本的 2 条相似形态的染色体）两两成对平列靠拢，这一现象也称联会。如果原来细胞中有 20 条染色体，这时候便配成 10 对。每一对含 4 条染色单体，构成一个单位，称为四联体。

粗线期　染色体继续缩短变粗，同时，在四联体内，同源染色体上的一条染色单体与另一条同源染色体的染色单体交叉组合，并在相同部位发生横断和片段的互换，使该 2 条染色单体都有了对方染色体的片段，从而导致了父母本基因的互换。由于交叉常常不只发生在一个位点，因此，使染色体呈现出"X""V""8""0"等各种形状。

双线期　发生交叉互换的染色单体开始分开。

终变期　染色体更为短缩，达到最小长度，并移向细胞核的周围靠近核膜的位置。以后，核膜、核仁消失，最后出现纺锤丝。

②中期Ⅰ　各成对的同源染色体双双移向赤道面。细胞质中形成纺锤体。这一时期与一般有丝分裂中期的区别在于：有丝分裂前期因无联会现象，所以有丝分裂的中期染色体在赤道面上排列不成对，而是单独的。

③后期Ⅰ　由于纺锤丝的牵引，成对的同源染色体发生分离，并分别向两极移动。这时，每一边的染色体数目只有原来的一半。

④末期Ⅰ　到达两极的染色体又聚集起来，重新出现核膜、核仁，形成 2 个子核；同时，在赤道面形成细胞板，将母细胞分隔为 2 个子细胞。由上可知，这 2 个子细胞的染色体数目只有母细胞的一半。然后，新生成的子细胞紧接着发生第二次分裂。也有新细胞板

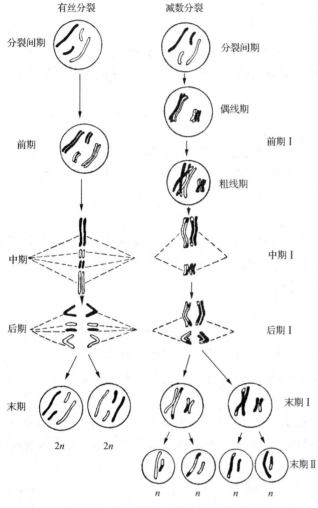

图 1-20 有丝分裂与减数分裂对照模式图

不立即形成,而连续进行第二次分裂的。

(2)第二次分裂(简称分裂Ⅱ)

分裂Ⅱ一般与分裂Ⅰ末期紧接,或出现短暂的间歇。这次分裂与前一次不同,在分裂前,细胞核不再进行 DNA 的复制和染色体的加倍,而整个分裂过程与一般有丝分裂相同,分成前期、中期、后期、末期 4 个时期,且前期较短,而不像分裂Ⅰ那样复杂。

由上可见,减数分裂中一个母细胞要经历 2 次连续的分裂,形成 4 个子细胞,每个子细胞的染色体数只有母细胞的一半。染色体的减半实际上是发生在第一次分裂过程中。

2)减数分裂的意义

减数分裂具有重要的生物学意义。减数分裂导致了有性生殖细胞(配子)的染色体数目减半,而在以后发生有性生殖时,2 个配子相结合,形成合子,合子的染色体重新恢复到亲本的数目。这样周而复始,使有性生殖的后代始终保持亲本固有的染色体数目和类型,从而保持了物种的稳定性。同时,在减数分裂过程中,由于同源染色体发生联会、交叉和片段互换,使同源染色体上父母本的基因发生重组,从而产生了新类型的单倍体细胞,使子代产生变异,有利于物种的进化。

3)有丝分裂与减数分裂的特点(表 1-1,图 1-20)

表 1-1 有丝分裂与减数分裂特点对照

对照	有丝分裂	减数分裂
不同	分裂后形成的是体细胞	分裂后形成的是有性生殖细胞
	1 个母细胞产生 2 个子细胞	1 个母细胞产生 4 个子细胞
	子细胞的染色体数目不变	子细胞的染色体数目减少一半
	同源染色体无联合、交叉互换、分离行为;非同源染色体无自由组合行为	同源染色体有联合、交叉互换、分离行为;非同源染色体发生自由组合
	子细胞之间、子细胞与母细胞之间遗传组成相同	杂合体产生的配子间,遗传组成出现不同
相同	细胞分裂的过程中均出现纺锤丝构成的纺锤体;减数分裂第二次分裂的特点与有丝分裂的特点相同	

◇**实践教学**

实训1-1　光学显微镜的使用及保养

一、实训目的

了解显微镜的结构和各部分的作用，能正确、熟练地使用显微镜观察植物材料，掌握显微镜的保养方法。

二、材料及用具

按每6人一组配备：显微镜6台、擦镜纸1本、软布1块；二甲苯1瓶；植物切片6片。

三、方法及步骤

1. 认识显微镜的结构

通常使用的生物显微镜，可分为机械装置和光学系统两大部分(图1-21)：

(1)机械装置

机械部分包括镜座、镜柱、镜臂、载物台、镜筒、物镜转换器、粗准焦螺旋、细准焦螺旋。

(2)光学系统

光学部分包括目镜、物镜、反光镜、调光器。

2. 显微镜的使用

(1)取镜

取显微镜时，必须一手紧握镜臂，另一手平托镜座，使镜体保持直立。放置显微镜时动作要轻，避免震动。应放在身体的左前方，离桌子边6~7cm。检查显微镜的各部分是否完好。镜体上的灰尘用软布擦拭。镜头只能用擦镜纸擦拭。不可用他物接触镜头。

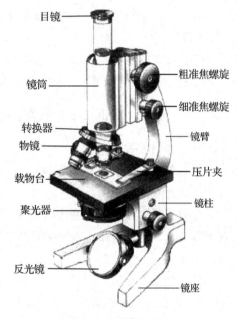

图1-21　显微镜结构

(2)对光

使用时，先将低倍物镜镜头转到载物台中央，正对通光孔。用左眼接近目镜进行观察，同时用手调节反光镜和集光器，使镜内光亮适宜。镜内所看到的范围称为视野。

(3)放片

把切片放在载物台上，使要观察的部分对准物镜镜头，用压片夹或十字移动架固定切片。

(4)低倍物镜的使用

转动粗准焦螺旋，使镜筒缓慢下降，至物镜接近切片时为止。然后用左眼从目镜向内观察，并转动粗准焦螺旋使镜筒缓慢上升，直至看到物像为止(显微镜内的物像是倒像)，再转动细准焦螺旋，将物像调至最清晰。

(5)高倍物镜的使用

在低倍物镜下观察后，如果需要进一步使用高倍物镜观察，先将要放大的部位移到视野中央，再把高倍物镜转至载物台中央，对正通光孔，一般可粗略看到物像。然后，用细准焦螺旋调至物像最清晰。如果镜内亮度不够，应增加光强。

(6)还镜

使用完毕，应先将物镜移开，再取下切片。把显微镜擦拭干净，各部分恢复原位。使低倍物镜转至中央通光孔，降下镜筒，使物镜接近载物台。将反光镜转直，放回箱内并上锁。

3. 显微镜的保养

镜头上沾有不易擦去的污物，可先用擦镜纸蘸少许二甲苯擦拭，再用干净的擦镜纸擦净。

四、注意事项

(1)使用显微镜时必须严格按操作规程进行。

(2)显微镜的零部件不得随意拆卸，也不能在显微镜之间随意调换镜头或其他零部件。

(3)不能随便把目镜镜头从镜筒上取出，以免落入灰尘。

(4)防止震动。

五、实训作业

写出显微镜操作步骤，要求表达清楚。

实训1-2　植物细胞结构的观察及生物绘图练习

一、实训目的

学会使用显微镜观察植物细胞，掌握细胞压片制作方法和生物绘图方法。

二、材料及用具

按每6人一组配备：显微镜6台、擦镜纸1本、软布1块；洋葱1个；二甲苯1瓶、蒸馏水1瓶、碘液1瓶；载玻片6片、盖玻片6片、镊子6把、解剖针6只、解剖剪6把、培养皿6个。

三、方法及步骤

1. 简易装片的制作

(1)撕取洋葱(紫色)外表皮，剪成边长3~5mm的小方块。

(2)在载玻片上滴一滴水或加一滴碘液，将表皮浸入水滴中并挑平。

(3)加盖玻片。

(4)盖玻片下的材料必须浸在水中，多余的水用吸水纸吸去。

2. 显微镜观察

对光，放片。先用低倍镜观察，再用高倍镜观察。

3. 生物绘图练习

在进行植物形态、结构观察时，常需绘图。所绘图形要能够正确地反映出观察材料的形态、结构特征。绘图应注意以下几个方面：

(1)绘图要用黑色硬铅笔，不要用软铅笔或有色铅笔，一般用2H铅笔为宜。

(2)要练习双目睁开看显微镜内的物象，用左眼看目镜内的物象，右眼看绘图纸画图。

(3)图的大小及在纸上的位置要适当。一般画在靠近中央稍偏左方，并向右方引出注明各部分名称的线条，各引出线条要平行整齐，各部分名称写在线条右边。

（4）画图时先用轻淡小点或轻线条画出轮廓，再依照轮廓一笔画出与物象相符的线条。线条要清晰，比例要正确。

（5）绘出的图要与实物相符。观察时要区分混杂物、破损、重叠等现象，不要把这些现象绘出。

（6）图的明暗及浓淡，可用细点表示，不要采用涂抹的方法。点细点时，要点成圆点，不要点成小撇。

（7）整个图面要美观、整洁，特别注意其准确性与科学性。

四、注意事项

（1）将洋葱表皮放到载玻片上时，表皮要外面朝上，以防翻卷。

（2）加盖玻片时，要用镊子夹住盖玻片，使盖玻片从水滴一侧先触水滴，同时用解剖针或镊子顶住慢慢放下，防止气泡产生（图1-22）。

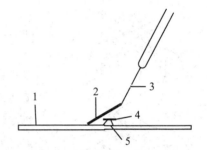

图1-22　加盖玻片的正确方式
1. 载玻片　2. 盖玻片　3. 解剖针或镊子
4. 切片　5. 水滴

五、实训作业

绘出观察到的洋葱表皮细胞结构图，并注明细胞壁、细胞质、细胞核和液泡。要求图形能够正确反映出观察材料的形态、结构特征，注意绘图比例适当，线条粗细均匀，图面清晰。

实训 1-3　植物细胞质体的观察及徒手切片练习

一、实训目的

学会使用显微镜观察植物细胞内叶绿体、有色体及淀粉的形态特征；学会徒手切片。

二、材料及用具

按每6人一组配备：显微镜6台、擦镜纸1本、软布1块、载玻片6片、盖玻片6片、镊子6把、解剖针6只、解剖剪刀6把、培养皿6个；二甲苯1瓶、蒸馏水1瓶、10%糖液1瓶；菠菜，红辣椒或胡萝卜，大葱或紫鸭跖草。

三、方法及步骤

1. 压片的制作与观察

（1）叶绿体的观察

在载玻片上先滴一滴10%糖液，再取菠菜叶，撕去下表皮，用刀刮取少量叶肉，放入载玻片糖液中均匀散开，盖好盖玻片。用低倍镜观察，可见叶肉细胞内有很多绿色的颗粒，这就是叶绿体。再换高倍镜，注意观察叶绿体的形状。

（2）白色体的观察

撕取大葱葱白内表皮，用简易装片法制成切片后，用显微镜观察即可看到白色体。若用紫鸭跖草幼叶，沿叶脉处撕取下表皮制成装片进行显微镜观察，效果更好。

（3）有色体的观察

取红辣椒，用徒手切片法取红辣椒果肉的薄片。装片时先将载玻片滴上水，用解剖针选最好的薄片放在水滴上，用盖玻片轻轻盖住切片，用吸水纸将盖玻片周围的水吸掉，放在显微镜的载物台上观察。装片后用显微镜观察,可见细胞内含有橙红色的颗粒,这就是有色体。也可用胡萝卜的肥大直根做徒手切片,其皮层细胞内的有色体为橙红色的结晶体。

2. 徒手切片练习

(1)将胡萝卜切成 1cm×1cm×(3~4)cm 的长条。

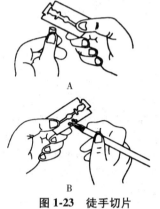

图1-23 徒手切片

A. 徒手切片姿势

B. 从刀片上取下切片

(2)用左手的拇指和食指拿着长条,使长条上端露出 1~2mm,并以无名指顶住材料,用右手拿着刀片的一端(图1-23)。

(3)把材料上端和刀刃先蘸些水,并使材料成直立方向,刀片成水平方向,自外向内把材料上端切去少许,使切口成光滑的断面,并在切口蘸水,接着同法把材料切成极薄的薄片。切时注意要用臂力,不要用腕力及指力,刀片切割方向由左前方向右后方拉切,拉切的速度宜较快,不要中途停顿;切时材料的切面经常蘸水,起润滑作用。把切下的切片用小镊子或解剖针拨入培养皿的蒸馏水中。

(4)初切时必须反复练习,并多切一些,从中选取最好的薄片进行装片观察。

四、实训作业

将目镜观察到的叶绿体、白色体和有色体的结构绘制成生物图。要求图形能够正确反映观察材料的形态、结构特征,注意绘图比例适当,线条粗细均匀,图面清晰。

实训1-4 植物细胞后含物、胞间连丝及细胞壁变化的观察

一、实训目的

学会使用显微镜识别和鉴定植物细胞中常见的后含物和细胞壁变化。

二、材料及用具

按每6人一组配备:显微镜6台,擦镜纸1本,软布1块,载玻片、盖玻片各6片,镊子、解剖针、解剖剪刀各6把,培养皿或染色碟6个;二甲苯、蒸馏水、碘液、纯酒精、碘-碘化钾溶液、苏丹Ⅲ酒精试剂、盐酸、间苯三酚溶液(50%的酒精溶液)各1瓶;马铃薯块茎,蓖麻种子,秋海棠或天竺葵叶的叶柄,扁豆花(牵牛花或其他红色、粉色、紫色的花瓣),新鲜的红辣椒,以及蚕豆、番茄、向日葵等草本植物的茎各1份。

三、方法及步骤

1. 细胞后含物的观察

(1)淀粉粒

将马铃薯条徒手切片并装片后用显微镜观察,可见细胞内有许多卵形发亮的颗粒,这就是淀粉粒。许多淀粉粒充满整个细胞,还有淀粉粒从薄片切口散落到水中。把光线调暗些,还可看见淀粉粒上的轮纹。如果用碘液染色,则淀粉粒都变成蓝色(图1-24)。

(2)贮藏蛋白质

取蓖麻种子,剥去种皮,用肥厚的胚乳做徒手切片。先把切片放入盛有纯酒精的培养皿中洗涤数分钟,使切片中的脂肪溶解在酒精中。然后将切片取出制成装片,在高倍镜下观

察，可以看到胚乳细胞内的糊粉粒，它是由贮藏在液泡中的蛋白质晶体、球蛋白体和充填的无定形的胶质共同组成的(图1-25)。如果在切片上加一滴碘-碘化钾试剂，其蛋白质呈黄色。

图1-24　马铃薯细胞中的淀粉粒

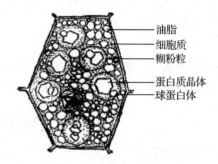

图1-25　蓖麻的胚乳细胞

（3）油滴

取蓖麻胚乳做徒手切片，并用苏丹Ⅲ酒精试剂染色后在低倍镜下观察，可看见在细胞内有被染成红色的油滴(脂肪滴)。

（4）结晶体

取秋海棠叶柄(或天竺葵叶柄)做横切徒手切片，在显微镜下观察，可见其基本组织细胞中常有单晶体或晶簇。

（5）花青素

将扁豆花(牵牛花或其他红色、粉色、紫色的花瓣)平铺在载玻片上，用刀片刮去下表皮和部分薄壁组织，将剩下的部分装片，在显微镜下观察，可见其薄壁细胞内的细胞液呈红色，这就是细胞液中的花青素显现的颜色。

2. 胞间连丝的观察

用刀片沿新鲜红辣椒的果皮表面切取一薄片(或把辣椒的果皮里面朝上平放在桌面上，用快刀刮去肥厚物质，使之很薄)，加碘液染色制片观察。在高倍镜下，可以看见其表皮是由不太规则的细胞群构成的，细胞中有淡黄色的细胞质。细胞壁很厚，着深黄色，壁上有小孔(纹孔)，孔里有细胞质丝穿过。

3. 细胞壁的变化观察

（1）细胞壁木质化

取蚕豆等草本植物的老茎做横切徒手切片，放在载玻片上，先加一滴盐酸浸透细胞，稍等 2~3min，除去多余的盐酸，再加一滴间苯三酚溶液(50%的酒精溶液)，最后加盖玻片，在显微镜下观察。可见有些厚壁细胞群的细胞壁着红色，这是在酸性环境中木质素与间苯三酚起的红色反应。

（2）细胞壁角质化

取蚕豆、番茄或向日葵茎做横切徒手切片，加一滴苏丹Ⅲ酒精试剂，染色、制片后镜检观察。可看到茎的最外层表皮细胞的外侧壁着橘红色。这是茎表皮细胞外壁所沉积的角质素(脂肪类物质)与苏丹Ⅲ反应的结果。

（3）细胞壁栓质化

取马铃薯块茎切成厚约1cm的长方块，然后沿长方块的短径表面做横切徒手切片，用苏丹Ⅲ酒精染色制片，镜检观察。可见其表面几层细胞的细胞壁着橘红色，这是细胞壁木质素与苏丹Ⅲ反应的结果。

四、实训作业

将观察到的马铃薯的淀粉粒、红辣椒果皮的胞间连丝绘制成生物图。要求图形能够正确反映出观察材料的形态、结构特征，注意绘图比例适当，线条粗细均匀，图面清晰。

实训1-5　植物细胞有丝分裂的观察

一、实训目的

学会使用显微镜观察植物细胞的有丝分裂现象，掌握有丝分裂各时期的主要特征，理解有丝分裂的本质。

二、材料及用具

按每6人一组配备：显微镜6台、擦镜纸1本、软布1块、载玻片6片、盖玻片6片、镊子6把、解剖针6只、解剖剪刀6把、培养皿6个；二甲苯1瓶、蒸馏水1瓶、醋酸洋红液1瓶、浓盐酸和95%酒精1∶1的混合液1瓶、紫药水1瓶、20%醋酸1瓶；洋葱根尖纵切片6片或洋葱幼根6份。

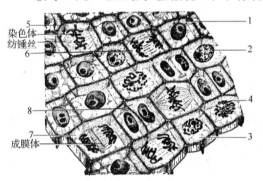

图1-26　洋葱根尖细胞

1. 间期　2~4. 前期　5. 中期
6. 后期　7. 末期　8. 子细胞

三、方法及步骤

1. 洋葱纵切片的观察

取洋葱根尖纵切片用显微镜观察。先用低倍镜观察，找出靠近尖端的分生区（生长点）部分，可见许多排列整齐的细胞，这就是分生组织。换用高倍镜观察，可见有些细胞处在不同的分裂过程中，分别认出其所处的不同分裂过程及分裂时期（前期、中期、后期或末期）。对照图1-26进行观察。

2. 植物幼根压片观察

（1）洋葱幼根观察

①幼根的培养　于实验前3~4d，将洋葱鳞茎置于广口瓶上，瓶内盛满清水，使洋葱底部浸入水中，置温暖处，每天换水，3~4d后可长出嫩根。

②材料的固定和离析　剪取根端0.5cm，立即投入盛有1/2浓盐酸和1/2 95%酒精的混合液中，10min后，用镊子将材料取出放入蒸馏水中。

③压片　取洗净的根尖，切取根顶端（生长点）部分1~2mm，置于载玻片上，加一滴醋酸洋红液染色5~10min，盖上盖玻片，用一小块吸水纸放在盖玻片上。左手按住载玻片，用右手拇指在吸水纸上对准根尖部分轻轻挤压，将根尖压成均匀的薄层。注意用力要适当，不能将根尖压烂，并且在挤压过程中不要移动盖玻片。

（2）油菜幼根观察

取油菜的根尖1~2mm，置于载玻片上，用镊子压碎，滴2滴紫药水(用医用紫药水1滴加5滴蒸馏水)染色1min后，加1滴20%醋酸，盖上盖玻片，用铅笔上的橡皮头端轻轻敲击，将材料压成均匀的单层细胞薄层。用吸水纸吸去溢出的染液，可在显微镜下清晰地看到紫色的染色体。

四、实训作业

将目镜观察到的细胞有丝分裂各期的细胞形态绘制成生物图，并注明分裂时期。要求图形能够正确反映出观察材料的形态、结构特征，注意绘图比例适当，线条粗细均匀，图面清晰。

1.2 植物组织

植物细胞分裂后，就会进行生长和分化，逐渐形成组织。

细胞生长是指细胞体积的增长，包括细胞纵向的延长和横向的扩展。一个细胞生长以后，体积可以增加到原来的几倍、几十倍，某些细胞如纤维，在纵向上可能增加几百倍、几千倍。细胞的生长使植物体表现出明显的伸长或扩大，如根和茎的伸长、幼小叶片的扩展、果实的长大都是细胞数目增加和细胞生长的共同结果，而细胞生长常常在其中起主要的作用。

当细胞生长到一定程度时，其形态和功能就逐渐出现了差异，称为细胞的分化。细胞分化的结果，会导致植物体中形成多种类型的细胞群。

植物体的系统发育越进化，细胞分工越细致，细胞的分化就越剧烈，植物体的内部结构也就越复杂。在植物个体发育中，组织的形成是植物体内细胞分裂、生长、分化的结果。

1.2.1 植物组织的概念

在植物的个体发育中，具有相同来源的（即由同一个或同一群分生细胞生长、分化而来的）同一类型或不同类型的细胞群组成的结构和功能单位，称为组织。由同一类型的细胞群构成的组织，称为简单组织；由多种类型的细胞群构成的组织，称为复合组织。

植物的每种器官都含有一定种类的组织，其中每一种组织都有一定的分布规律，并执行一定的生理功能。同时各组织之间又相互协调，共同完成其生命活动。

1.2.2 植物组织的类型

种子植物的组织结构是植物界中最为复杂的，依其生理功能和形态结构的分化特点，植物组织分为分生组织和成熟组织两大类型(图1-27)。

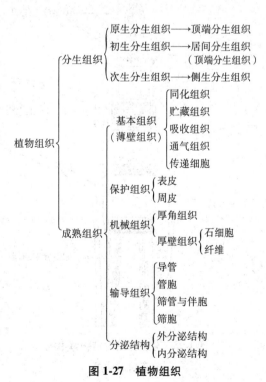

图1-27 植物组织

1.2.2.1 分生组织

（1）分生组织的概念

种子植物中具分裂能力的细胞限制在植物体的某些特定部位，在植物体的一生中能保持很强的分裂能力。这些特定部位的具有持续分裂能力的细胞群称为分生组织。

（2）分生组织的类型

①按分生组织的来源和性质分类

原生分生组织　直接由胚细胞保留下来，一般具有持久且很强的分裂能力，位于根端和茎端较前的部分。

初生分生组织　由原生分生组织刚衍生的细胞组成，这些细胞在形态上已出现了最初的分化，但细胞仍具有很强的分裂能力，因此，它是一种边分裂、边分化的组织，也可看作是由分生组织向成熟组织过渡的组织。

次生分生组织　由成熟组织的细胞经过生理和形态上的变化，脱离原来的成熟状态（反分化），重新转变而成的分生组织。

②按在植物体上的位置分类（图1-28）

顶端分生组织　位于茎与根的主轴和侧枝的顶端。它的分裂活动可以使根和茎不断伸长，并在茎上形成侧枝和叶，使植物体扩大营养面积（图1-29）。

顶端分生组织细胞的特征是：细胞小而等径，具有薄壁，细胞核位于中央并占有较大的体积，液泡小而分散，原生质浓厚，细胞内通常缺少后含物。

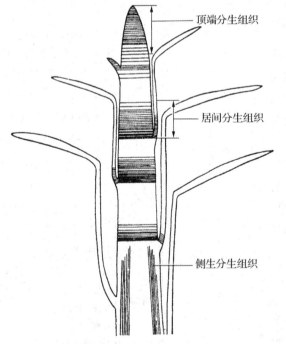

图 1-28　分生组织在植物体中的
　　　　　分布位置图解

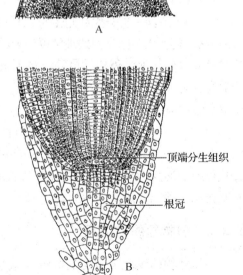

图 1-29　顶端分生组织

A. 茎尖纵切面　B. 根尖纵切面

侧生分生组织　位于根和茎侧方的周围部分,靠近器官的边缘。包括形成层和木栓形成层。形成层的活动能使根和茎不断增粗。木栓形成层的活动使长粗的根、茎表面或受伤的器官表面形成新的保护组织。

　　侧生分生组织主要存在于裸子植物和木本双子叶植物中。草本双子叶植物和单子叶植物中的侧生分生组织只有微弱的活动或根本不存在,因此,草本双子叶植物和单子叶植物的根和茎没有明显的增粗生长。

　　侧生分生组织的细胞不同于顶端分生组织,如形成层细胞大部分呈长梭形,原生质体高度液泡化,细胞质不浓厚。它们的分裂活动往往随季节的变化具有明显的周期性。

　　居间分生组织　是夹在部分已经分化了的组织区域之间的分生组织,是顶端分生组织在某些器官中的局部保留。

　　典型的居间分生组织存在于许多单子叶植物的茎和叶中。例如,竹类在茎的节间基部保留居间分生组织,竹笋出土后茎急剧长高;葱、蒜、韭菜的叶片剪去上部还能继续伸长,是叶基部的居间分生组织活动的结果。

　　居间分生组织与顶端分生组织和侧生分生组织相比,细胞持续活动的时间较短,分裂一段时间后,所有的细胞都完全转变成成熟组织。

　　广义的顶端分生组织包括原生分生组织和初生分生组织,而侧生分生组织一般属于次生分生组织类型,其中木栓形成层是典型的次生分生组织。

1.2.2.2　成熟组织

　　(1)成熟组织的概念

　　由分生组织产生,生长和分化形成的失去了分裂能力的各种具有特定形态结构和生理功能的组织,称为成熟组织,也称为永久组织。

　　(2)成熟组织的类型

　　成熟组织可以按照功能分为基本组织、保护组织、机械组织、输导组织和分泌结构。

　　①基本组织(薄壁组织)　是进行各种代谢活动的主要组织,在植物体中分布很广,占植物体体积的大部分。基本组织细胞壁薄,是一类分化程度较低的成熟组织(图1-30)。

　　基本组织有潜在的分裂能力。在创伤愈合、再生作用下可形成不定根和不定芽,嫁接愈合等时期基本组织的细胞能发生反分化,转变为分生组织。在正常状态下,它们也参与侧生分生组织的发生。基本组织依功能不同可分成5种类型。

　　同化组织　主要特点是原生质体中发育出大量的叶绿体,可进行光合作用。同化组织分布于植物体的一切绿色部分,如幼茎的皮层、发育中的果实和种子,尤其是叶片的叶肉是典型的同化组织(图1-31)。

　　贮藏组织　主要存在于各类贮藏器官,如块根、块茎、球茎、鳞茎、果实和种子中,以及根、茎内部的皮层和髓,其他薄壁组织也具有贮藏的功能(图1-32)。

　　吸收组织　具有从外界吸收水分和营养物质的生理功能。如根尖的表皮细胞向外突出形成的根毛(图1-33)。

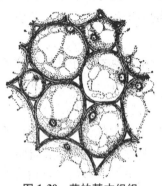

图 1-30 茎的基本组织

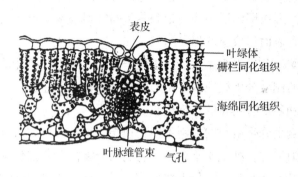

图 1-31 叶片中的同化组织

表皮
叶绿体
栅栏同化组织
海绵同化组织
叶脉维管束 气孔

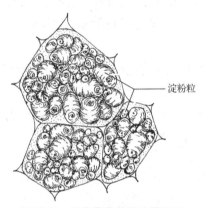

淀粉粒

图 1-32 马铃薯块茎的贮藏组织

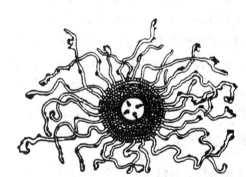

图 1-33 幼根外表的吸收组织

通气组织　具有大量的细胞间隙，在植物体内形成一个相互贯通的通气系统。在水生和湿生植物中，此类组织特别发达，如水稻、莲等的茎、叶中的通气组织，可以使叶光合作用产生的氧气通过它进入根中(图 1-34)。

传递细胞　又称为转输细胞或转移细胞。主要生理功能是在细胞间高效率运输和传递物质。传递细胞是活细胞，细胞壁一般为初生壁，向内突起生长，形成许多指状或鹿角状或不规则的多褶突起。这样增大了细胞质膜的表面积，有利于细胞与周围进行物质交换和物质的快速传递。胞间连丝发达，细胞核形状多样。传递细胞普遍存在于植物体叶的小叶脉中，在许多植物茎或花序轴节部的维管组织、分泌结构，以及种子的子叶、胚乳或胚柄等部位也有分布(图 1-35)。

②保护组织　是覆盖植物体表起保护作用的组织。它的作用是减少植物体内水分的蒸腾，控制植物与环境的气体交换，防止病虫害侵袭和机械损伤等。保护组织包括表皮和周皮。

表皮　又称为表皮层，是幼嫩的根、茎、叶、花、果实等的表层细胞。表皮一般只有一层细胞，排列紧密，除气孔外，没有其他的细胞间隙。细胞内一般不具有叶绿体，但常有白色体和有色体，细胞内贮藏淀粉粒和其他代谢产物如色素、丹宁、晶体等。

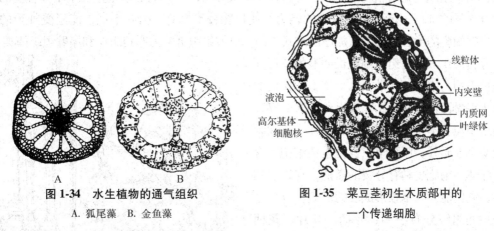

图 1-34 水生植物的通气组织

A. 狐尾藻 B. 金鱼藻

图 1-35 菜豆茎初生木质部中的
一个传递细胞

植物茎和叶等部分的表皮细胞，在细胞壁的表面有一层角质层，可以减少水分蒸腾，防止病菌的侵入和增加机械支持。有些植物如葡萄、苹果的果实，在角质层外还有一层蜡质，具有防止病菌孢子在体表萌发的作用。有些植物的表皮还具有各种单细胞或多细胞的表皮毛，具有保护和防止水分丧失的作用（图 1-36）。

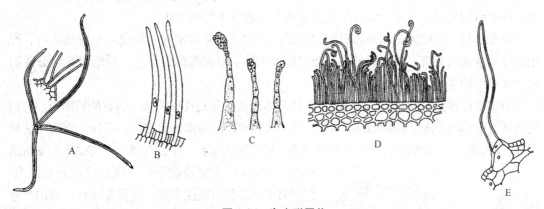

图 1-36 表皮附属物

A. 棉属叶上的簇生毛 B. 棉花种皮上的幼期表皮毛 C. 烟草的腺毛 D. 甘薯茎表皮上的蜡被 E. 大豆的表皮毛

周皮 是取代表皮的次生保护组织，存在于有加粗生长的根和茎的表面。它由侧生分生组织——木栓形成层形成。木栓形成层细胞向外分化形成木栓层，向内分化成栓内层。木栓层、木栓形成层和栓内层合称周皮。

栓内层是一层薄壁的生活细胞。木栓层具多层细胞，排列紧密，细胞壁较厚，并且明显栓化，细胞腔内通常充满空气，具有高度不透水性，并有抗压、隔热、绝缘、质地轻、具弹性、抗有机溶剂和多种化学药品的特性，对植物体起到有效的保护作用。具有厚木栓层的树木如栓皮栎和黄檗，其木栓层可作工艺品、日用品、轻质绝缘材料和救生设备等。

在周皮的形成过程中，在原有的气孔下面，木栓形成层细胞向外衍生出一种与木栓细胞不同并具有发达细胞间隙的组织。它们突破周皮，在树皮表面形成各种形状的小突起，称为皮孔。皮孔是周皮上的通气结构，周皮内的生活细胞，主要通过皮孔与外界进行气体交换。皮孔的颜色和形状，常作为冬季识别落叶树种的依据。

③机械组织　是对植物起巩固、支持作用的成熟组织。它们的细胞壁发生不同程度的加厚，有很强的抗压、抗张和抗曲挠的能力，使植物枝干挺立、树叶平展，能经受外力的作用。根据细胞的形态和细胞壁加厚的方式不同，机械组织可分为厚角组织和厚壁组织两类。

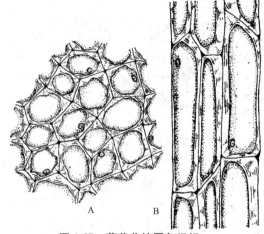

图1-37　薄荷茎的厚角组织
A. 横切面　B. 纵切面

厚角组织　厚角组织细胞最明显的特征是细胞壁不均匀增厚，通常在几个细胞邻接处的角隅上特别明显，故称厚角组织(图1-37)。厚角组织与基本组织具有许多相似性，除细胞壁的初生性质外，厚角组织也是生活细胞，含有叶绿体，细胞也具有分裂的潜能，在许多植物中，它们能参与木栓形成层的形成。

厚角组织分布于茎、叶柄、叶片、花柄等器官的外围，是正在生长的茎和叶的支持组织。由于厚角组织分化较早，壁的初生性质使其能随着周围细胞的延伸而扩展，因此，它既有支持作用，又不妨碍幼嫩器官的生长。有时厚角组织能进一步发育出次生壁并木质化，转变成厚壁组织。

厚壁组织　厚壁组织细胞具有均匀增厚的次生壁，并且常常木质化。细胞成熟时，原生质体通常死亡分解，成为只留有细胞壁的死细胞。根据细胞的形态，厚壁组织可分为石细胞和纤维两类。

石细胞：多为等径或略长的细胞，有些具不规则的分枝成星芒状，也有的较细长。它们通常具有很厚的、强烈木质化的次生壁。细胞成熟时原生质体通常消失，只留下空而小的细胞腔(图1-38)。石细胞广泛分布于植物的茎、叶、果实和种子中，有增加器官硬度和支持的作用。如梨果肉中坚硬的颗粒，便是成簇的石细胞，它们的数量是梨品质优劣的一个重要指标。茶的叶片中，具有单个的分枝状石细胞，散布于叶肉细胞间，增加了叶的硬度，与茶叶的品质也有关系。核桃、桃、枣等果实坚硬的核，便是多层连续的石细胞组成的内果皮。

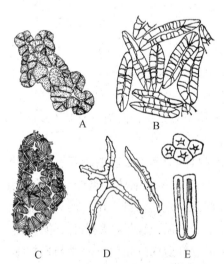

图1-38　厚壁组织——石细胞
A. 核桃壳的石细胞　B. 椰子内果皮的石细胞
C. 梨果肉中的石细胞　D. 山茶属叶柄中的石细胞　E. 菜豆种皮中的石细胞

纤维：是两端尖细呈梭状的细长细胞，长度一般是宽度的数倍。细胞壁明显次生增厚。

纤维广泛分布于成熟植物体的各部分。尖而细长的纤维通常在体内相互重叠排列，紧密地结合成束，从而具有较强的抗压能力和弹性，成为成熟植物体中主要的机械组织(图1-39)。

④输导组织　是专门运输水分、溶液及同化产物的组织。根据运输物质的不同，输导组织可分为两类：一类是主要运输水分和无机盐溶液的导管和管胞；另一

类是主要运输溶解状态同化产物的筛管和筛胞。

　　导管　是由许多长筒形、细胞壁木质化、具有胞壁穿孔的死细胞纵向连接而成的。导管是被子植物特有的输导组织，普遍存在于被子植物的木质部中，其次生壁具有不同形式的木质化增厚。根据发育先后和木质化增厚的方式不同，导管可以分为环纹导管、螺纹导管、梯纹导管、网纹导管和孔纹导管5种类型(图1-40)。导管长短不一，由几厘米到1m左右，有些藤本植物可长达数米。因此，导管具有较高的输水效率。

　　管胞　是末端楔形、长梭形的单个细胞。管胞的次生壁也类似导管以不同方式木质化增厚，形成环纹管胞、螺纹管胞、梯纹管胞、网纹管胞和孔纹管胞5种类型。但管胞的端壁没有穿孔，纵向连接时只是细胞的端部紧密地重叠，水分通过管胞壁上的纹孔从一个细胞流向另一个细胞，所以它的输导能力远不如导管(图1-41)。

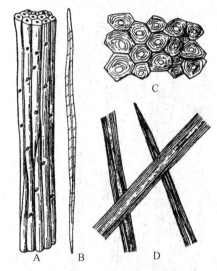

图 1-39　厚壁组织——纤维

A. 纤维束　B. 纤维细胞　C. 亚麻韧皮纤维细胞横切面　D. 黄麻韧皮纤维细胞部分放大

　　所有维管植物都具有管胞，而大多数蕨类植物和裸子植物只有管胞没有导管。

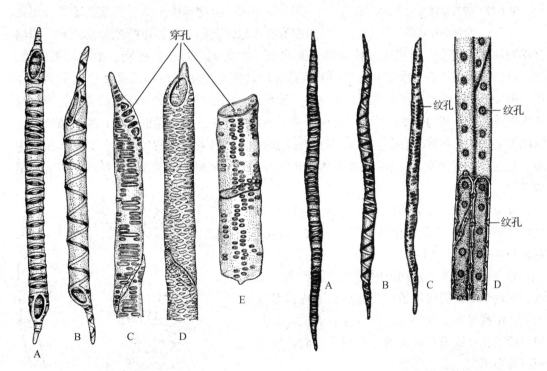

图 1-40　导管的主要类型

A. 环纹导管　B. 螺纹导管　C. 梯纹导管

D. 网纹导管　E. 孔纹导管

图 1-41　管胞的主要类型

A. 环纹管胞　B. 螺纹管胞

C. 梯纹管胞　D. 孔纹管胞

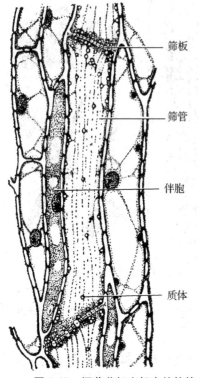

图1-42　烟草茎韧皮部中的筛管与伴胞纵切面

筛管　是被子植物韧皮部中输导有机养分的管状结构。它由一列长筒形的筛管分子在植物体中纵向连接而成。筛管分子是生活细胞，只具初生壁，壁端分化出许多较大的孔，称为筛孔。筛孔常成群聚集于稍凹的区域形成筛域，分布有筛域的端壁称为筛板。相连两个筛管分子的原生质形成的联络索穿过筛孔，使上下邻接的筛管分子的原生质体密切相连(图1-42)。

筛管分子的侧面通常有一个或一列伴胞，伴胞是与筛管分子起源于同一个原始细胞的薄壁细胞，具有细胞核及各类细胞器，与筛管分子相邻的壁上有稠密的筛域。筛管的运输功能与伴胞的代谢紧密相关。有的植物伴胞发育为传递细胞。

筛胞　是主要存在于裸子植物和蕨类植物中运输有机物的输导结构。筛胞通常比较细长，末端渐尖，或形成很大倾斜度的端壁。它没有筛板和伴胞，细胞壁上只有筛域，在组织中重叠而生，原生质丝只能从侧壁和末端上的筛孔通过，运输能力较弱。

⑤分泌结构　植物体中产生、贮藏、输导分泌物质的细胞或细胞组合称为分泌组织或分泌结构。植物分泌物的种类繁多，有糖类、挥发油、有机酸、生物碱、丹宁、树脂、油类、蛋白质、酶、杀菌素、生长素、维生素及多种无机盐等，这些分泌物在植物的生活中起着多种作用。例如，根的细胞分泌有机酸到土壤中，使难溶性的盐类转化成可溶性的物质，容易被植物吸收利用；植物分泌蜜汁和芳香油，能引诱昆虫前来采蜜，帮助传粉；某些植物分泌物能抑制或杀死病菌，有保护作用。许多植物的分泌物具有重要的经济价值，如橡胶、生漆、芳香油、蜜汁等。根据分泌物是否排出体外，分泌结构可分成外分泌结构和内分泌结构两类。

外分泌结构　外分泌结构的细胞能分泌物质到植物体的表面。常见的类型有腺表皮、腺毛、蜜腺和排水器等(图1-43)。

腺表皮：具有分泌功能的表皮细胞称为腺表皮。如矮牵牛、漆树等植物花的柱头表皮即是腺表皮，细胞呈乳头状突起，能分泌含有糖、氨基酸、酚类化合物等的柱头液，有利于黏着花粉和控制花粉萌发。

腺毛：腺毛是各种复杂程度不同的、具有分泌功能的表皮毛状附属物。腺毛一般具有头部和柄部两部分，如烟草、天竺葵等植物的茎和叶上

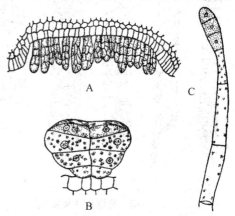

图1-43　外分泌结构
A. 棉叶中的蜜腺　B. 薄荷属的腺鳞
C. 烟草的腺毛

的腺毛，但荨麻属的腺毛是单个的分泌细胞。许多木本植物如梨属、山核桃属、桦木属等，在幼小的叶片上具有黏液毛，分泌树胶类物质覆盖整个叶芽，给叶芽提供了一个保护套。食虫植物的变态叶上有多种腺毛，分别分泌蜜露、黏液和消化酶等，有引诱、黏着和消化昆虫的作用。

蜜腺：蜜腺是一种分泌糖液的外分泌结构。存在于虫媒花植物花部的称花蜜腺，存在于植物茎、叶和苞片等部位的蜜腺称花外蜜腺。如刺槐的花蜜腺是在雄蕊和雌蕊之间的花托表皮上，乌桕的花外蜜腺呈盘状生于叶柄上。蜜腺的内部结构比较一致，大多包括表皮及表皮下几层薄壁细胞。蜜腺的分泌细胞多与维管组织相靠近，它所分泌的蜜汁成分是由维管组织的韧皮部运送来的。

排水器：排水器是植物将体内过剩的水分排到体表的结构。排水器由水孔、通水组织和维管束组成。水孔大多存在于叶尖或叶缘，是一些变态的气孔。通水组织是水孔下的一团变态叶肉组织，当植物体内有多余水分时，水通过小叶脉末端的管胞，流经通水组织的细胞间隙，从水孔排出体外，这种排水过程称为吐水。许多植物如葡萄等都有明显的吐水现象。吐水现象往往可以作为根系活动正常的一个标志。

内分泌结构　分泌物不排到体外而在体内积贮的分泌结构称为内分泌结构。常见的有分泌细胞、分泌腔、分泌道、乳汁管等(图1-44)。

分泌细胞：分泌细胞是细胞腔内积聚有特殊分泌物的单个细胞。一般为薄壁细胞，分散于其他细胞之中。根据分泌物质的类型，可分为油细胞(樟科、木兰科、蜡梅科等)、黏液细胞(锦葵科、椴科等)、含晶细胞(桑科等)、鞣质细胞(葡萄科、豆科、蔷薇科等)以及芥子酶细胞(白花菜科、十字花科)等。

分泌腔：分泌腔是由多细胞组成的贮藏分泌物的腔室结构。根据其形成的特点分为溶生分泌腔和裂生分泌腔两类。溶生分泌腔是由部

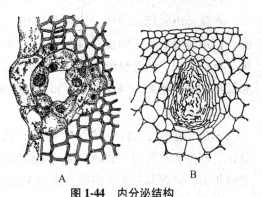

图1-44　内分泌结构

A. 松树的树脂道　B. 甜橙果皮溶生分泌腔

分具分泌能力的薄壁细胞溶解后形成的腔室结构。细胞破裂后原来的分泌物便贮存到溶生的分泌腔内。如柑橘叶及果皮中通常看到的黄色透明小点，便是溶生方式形成的分泌腔，腔室中贮存是原来部分细胞中分泌的芳香油。裂生分泌腔是由具分泌能力的细胞群的胞间层溶解，细胞相互分开而形成的腔室结构。如解剖桉树属的一些植物，可以看到在裂生分泌腔的周围有部分损坏的细胞位于腔的周围。

分泌道：分泌道是管状的内分泌结构，管道内贮存分泌物质。分泌道也分为溶生和裂生两类，以裂生的分泌道较为常见。如松柏类木质部中的树脂道和漆树韧皮部中的漆汁道都是裂生型的分泌道，它们是分泌细胞之间的中层溶解形成的纵向或横向的长形细胞间隙，完整的分泌细胞环生在分泌道的周围，树脂或漆液由这些细胞排出，积累在管道中。树脂的产生增强了木材的耐腐性能，漆汁是木材优良的保护剂。

乳汁管：乳汁管是能分泌乳汁的管状结构。根据其形态发生特点通常分为无节乳汁管和

有节乳汁管两类。无节乳汁管是单个细胞随着植物体的生长不断伸长和分枝而形成的分泌结构。无节乳汁管长度可达数米以上。如夹竹桃、桑树和乌桕等树木的乳汁管便是这种类型。有节乳汁管是由多个管状细胞在发育过程中相互连接后，连接处细胞壁融化消失而形成的管状结构。如蒲公英、罂粟、番木瓜、甘薯、三叶橡胶树等植物的乳汁管就是这种类型。

也有在同一植物体上有节乳汁管和无节乳汁管同时存在的，如三叶橡胶树初生韧皮部中的乳汁管为无节乳汁管，在次生韧皮部中的乳汁管却是有节乳汁管。无节乳汁管随着茎的发育很早被破坏，而有节乳汁管则能保留很长的时间，生产上采割的橡胶就是由它们分泌的。

乳汁管内乳汁的成分很复杂，含有糖类、蛋白质、脂肪、单宁物质、植物碱、盐类、树脂及橡胶等。如罂粟的乳汁含有大量的植物碱，是重要的药用成分；番木瓜的乳汁含木瓜蛋白酶，有很高的营养价值。乳汁还对植物有保护作用，植物受到伤害后流出的乳汁有利于伤口封闭。

1.2.3　复合组织

复合组织是由多种类型细胞构成的组织。表皮、周皮、木质部、韧皮部、维管束等都是复合组织。

（1）木质部和韧皮部

木质部由管胞、导管、木薄壁细胞、木纤维等组织组成；韧皮部由筛胞、筛管、伴胞、韧皮薄壁细胞、韧皮纤维等组织组成。木质部和韧皮部的组成成分中包含了输导组织、机械组织、薄壁组织等，是典型的复合组织，其中最主要的成分是纤维状的机械组织和管状的输导组织，因此木质部和韧皮部又合称维管组织。

（2）维管束

木质部和韧皮部经常结合在一起形成束状的结构，称为维管束。维管束是由原形成层分化、产生的几种组织共同构成的复合组织，根据维管束中有无形成层和维管束能否继续发展扩大，可将其分为有限维管束和无限维管束两类。

①有限维管束　有些植物原形成层完全分化为木质部和韧皮部以后，没有留存能继续分裂出新细胞的形成层，这类不能再行发展的维管束称为有限维管束。如大多数单子叶植物的维管束。这也是竹笋长高以后竹杆不能继续增粗的原因。

②无限维管束　有些植物在原形成层除分化为木质部和韧皮部外，在二者之间还保留一层能继续分裂出新细胞的束内形成层，这类通过形成层的分生活动，能产生次生韧皮部和次生木质部，可以继续扩大的维管束，称为无限维管束。如裸子植物和许多双子叶植物的维管束。

1.2.4　组织系统

植物的有机体是一个由含有多层次、不同特征且丰富多样的组织复合而成的系统。这个复合系统包括皮组织系统、基本组织系统和维管组织系统，它们在结构和功能上既相对独立，又相互联系，共同构成复杂的植物有机体。

（1）皮组织系统

皮组织系统简称皮系统，包括表皮及其外分泌结构、周皮或树皮等。它们覆盖于植物体外表，在植物个体发育的不同时期，分别对植物体起着不同程度的保护作用，同时位于皮组织系统的特定通道负责控制植物与环境的物质交换。

（2）基本组织系统

基本组织系统简称基本系统，位于皮组织系统和维管组织系统之间，主要由各类薄壁组织和机械组织、与植物体的营养代谢和支持巩固植物体有关的复合组织组成。基本组织系统把植物体的地上和地下、营养和繁殖的各种器官连成一个有机整体。该系统中的代谢产物与贮藏物质是人类生存与发展的重要资源。

（3）维管组织系统

维管组织系统简称维管系统，包括植物体内所有的维管组织，它是贯穿于整个植株，与体内物质的运输、支持和巩固植物体有关的组织系统，是植物适应陆生生活的产物。维管组织系统的产生使得水分、矿物质和有机养料能够在植物体内快速运输和分配，从而使植物体摆脱了对水环境的高度依赖性。蕨类植物、裸子植物与被子植物因均有维管组织系统，故统称维管植物。

根据维管系统形成的先后和组成特性，可将其分为初生维管系统和次生维管系统。初生维管系统主要存在于初生成熟组织，如绝大多数单子叶植物、裸子植物、双子叶植物幼嫩的根、茎、叶中的维管组织。次生维管系统则是次生成熟组织中的维管组织，主要存在于双子叶植物和裸子植物的老根和老茎中。

◇ 实践教学

实训 1-6　植物组织的观察

一、实训目的

学会使用显微镜观察植物组织，掌握细胞压片制作方法和生物绘图方法。

二、材料及用具

按每 6 人一组配备：显微镜 6 台，擦镜纸 1 本，软布 1 块；二甲苯 1 瓶，蒸馏水，1% 番红溶液、5% 间苯三酚酒精溶液、40% 盐酸、碘液等各 1 瓶；载玻片 6 片，盖玻片 6 片，镊子 6 把，解剖针 6 只，解剖剪 6 把，培养皿 6 个；洋葱根尖或萝卜根尖切片、蚕豆叶横切切片、柑橘果皮切片、甘薯或蚕豆叶片、楝树（或其他树木）枝条、马铃薯块茎横切切片、南瓜茎（或薄荷茎、苹果茎）纵横切片、椴树茎切片、梨果实、玉米茎（或荻等其他禾本科植物茎）横切切片、松树针叶横切切片各 6 份。

三、方法及步骤

1. 分生组织的观察

取洋葱根尖切片，在显微镜下观察，可见根尖的分生组织细胞小、排列紧密、壁薄核大、细胞质浓。

2. 保护组织的观察

取蚕豆叶的横切切片，在显微镜下观察。可见叶片上、下两侧最外缘的细胞排列紧密，无细胞间隙，没有叶绿体，细胞壁外面常有一层角质层，有时表皮细胞可转化成表皮毛。在表皮细胞之间可见两个半月形的细胞，称为保卫细胞。两个半月形细胞之间有一孔，称为气孔。注意表皮细胞与保卫细胞的差别。用手撕蚕豆表皮装片可见保卫细胞、气孔和表皮细胞（图1-45）。

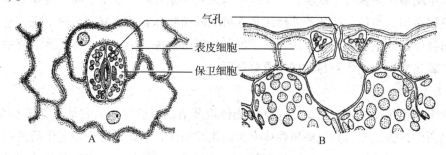

图1-45　蚕豆表皮
A. 表皮顶面观　B. 叶横切面的一部分

3. 薄壁组织的观察

取蚕豆叶的横切切片，在显微镜下观察。表皮内侧具有叶绿体的细胞群就是薄壁组织。靠近上表皮的细胞呈圆柱形，内含较多的叶绿体。细胞排列整齐而间隙较小的一群细胞称为栅栏组织。靠近下表皮的细胞形状不规则，含有较少的叶绿体。排列疏松而间隙较大的一组细胞称为海绵组织。

4. 机械组织的观察

（1）厚角组织和厚壁组织的观察

取南瓜茎横切片或徒手切片，挑选最薄的切片进行观察，可见在表皮下方有些细胞局部加厚，即形成厚角组织和厚壁组织（图1-46、图1-47），注意这些组织分布的部位。

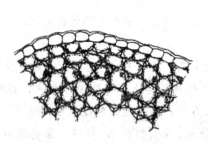 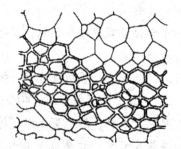

图1-46　南瓜茎厚角组织　　　　**图1-47　南瓜茎厚壁组织**(纤维)

（2）石细胞的观察

取梨果实靠近中部的一小块果肉，挑取其中一个沙粒状的组织置载玻片上，用镊子柄部将石细胞群压散，在载玻片上加蒸馏水并盖上盖玻片观察，可见大型薄壁细胞包围着颜色较暗的石细胞群，其细胞壁异常加厚，细胞腔很小，具有明显的纹孔。取下制片，在盖玻片一侧滴一小滴40%盐酸，在另一侧用吸水纸吸去盖玻片内的水分，使材料被盐酸浸透3~5min，再加5%间苯三酚酒精溶液，置显微镜下观察，可见石细胞壁中的木质素遇间苯三酚发生樱红色或紫红色反应(此方法常用于检验、鉴别细胞壁中木质素的成分)。

5. 输导组织的观察

取南瓜茎纵切片，在显微镜下观察，可看到很多长形的细胞，细胞壁不规则加厚，往往呈螺纹状、环状或竹节状，这些就是输送水分的导管，有环纹导管、螺纹导管、梯纹导管之分。在韧皮部中可见到输送养料的筛管，也可见到筛板、筛孔和伴胞等。

6. 分泌组织的观察

观察柑橘果皮的切片，注意它的溶生分泌腔。也可观察松树针叶的横切片，可见到树脂道。

7. 复合组织的观察

(1) 周皮的观察

取楝树枝条观察，其表面白色颗粒状突起为皮孔。用指甲轻轻刮下最外呈褐色的一层，即为木栓层，里面呈绿色的部分为栓内层，两者之间为木栓形成层，三者合称为周皮。其中木栓层属保护组织，木栓形成层属于分生组织，栓内层属于基本组织。在局部区域木栓形成层向外分裂产生薄壁细胞，形成次生通气组织(皮孔)。另取椴树茎横切片观察周皮的结构。

(2) 维管束的观察

①双子叶植物的无限维管束　取南瓜(或其他双子叶植物)茎横切切片对光肉眼观察，可见南瓜茎切片中央为星状的髓腔，围绕髓腔的薄壁组织内有5个较大和5个较小的维管束彼此相间排列。在低倍镜下选一个大而清晰的维管束观察，可见维管束由外(靠茎外方)到内分为外韧皮部、形成层、木质部和内韧皮部4个部分(图1-48)。木质部中包括细胞壁被1%番红溶液染成红色的2~3个直径较大的网纹导管和多个小的螺纹或环纹导管、管胞以及细胞壁被染成绿色的木薄壁细胞。在木质部内外两侧、细胞较小、被染成绿色的部分为内、外韧皮部。选择外韧皮部，用高倍镜仔细观察。它是由筛管、伴胞和韧皮薄壁细胞组成。筛管呈多边形，管径较大，有的可看到端壁具筛孔的单筛板。筛管旁边有一个细胞质浓、染色较深、呈三角形或梯形的小细胞，即为伴胞。在韧皮部内，没有伴胞的大型细胞是韧皮薄壁细胞。在外韧皮部与木质部之间，有数层排列紧密、形状扁平、近长方形而较规则的细胞，为形成层。形成层为侧生分生组织，它的细胞分裂可使维管束扩大。内韧皮部与木质部之间也有形成层状细胞，但无分裂能力。因南瓜茎维管束内有形成层，故称为无限(开放)维管束，又因为它有内、外两个韧皮部，所以又称为双韧无限维管束，简称双韧维管束。

②单子叶植物的有限维管束　取玉米茎(或水稻茎)横切切片观察，可见在基本组织中分散着许多维管束(图1-49)。选一个大而清晰的维管束观察，可见维管束周围有一圈细胞壁较厚、被1%番红溶液染成红色的厚壁组织，称为维管束鞘。在鞘内靠外侧、细胞壁被染成绿色的部分为韧皮部，外侧的原生韧皮部多被挤毁，内侧的后生韧皮部中有些较大的呈多边形的细胞为筛管，在筛管旁边有较小呈梯形或三角形的细胞为伴胞。韧皮部内侧为木质部，有1~2个小的环纹导管或螺纹导管，"V"形上半部为后生木质部，两侧各有一个大的孔纹导管。木质部和韧皮部之间无形成层，因此，玉米维管束为有限(闭合)维管束，又由于韧皮部排列在外方，故又称外韧有限维管束，简称外韧维管束。

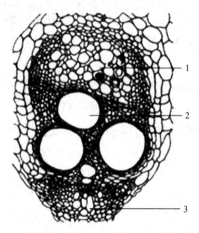

图1-48　南瓜茎横切面示意

1. 外韧皮部　2. 木质部　3. 内韧皮部

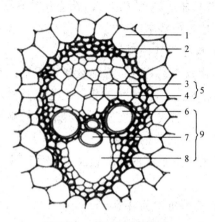

图1-49　水稻茎的维管束

1. 基本组织　2. 维管束鞘　3. 筛管　4. 伴胞　5. 韧皮部
6. 孔纹导管　7. 环纹导管　8. 气腔　9. 木质部

四、注意事项

(1)在用显微镜观察洋葱鳞片表皮细胞时，应注意区分细胞和气泡，不要把气泡当作细胞。在显微镜下看到的气泡，由于与水的折光率不同，其外围为一黑圈，中间发亮，易于区别。

(2)在观察植物组织时，要详细观察各种组织的特点，不要混淆。

五、实训作业

将通过目镜观察到的植物组织形态分别绘制成生物图，并标明细胞特点。要求图形能够正确反映观察材料的形态、结构特征，注意绘图比例适当，线条粗细均匀，图面清晰。

◇自测题

1. 名词解释

植物细胞，原生质，原生质体，细胞器，胞间连丝，细胞周期，细胞后含物，植物组织，分生组织，成熟组织，维管组织，维管束，无限维管束，有限维管束，同源染色体，有丝分裂，减数分裂，多倍体，细胞的分化，细胞的脱分化，纹孔。

2. 填空题

(1)植物细胞的形状主要是由_____和_____决定的。

(2)植物细胞主要由_____和_____组成。

(3)细胞质包括_____、_____和_____3个部分。

(4)_____是植物细胞特有的结构。

(5)具有膜结构的细胞器有_____。

(6)参与细胞壁形成的细胞器是_____。

(7)蛋白质合成的主要场所是_____。

(8)细胞壁的结构可分为_____、_____、_____3层。

(9) 次生壁的特化有_____、_____、_____、_____。

(10) 植物细胞内主要的贮藏物质有_____、_____、_____。

(11) 组成原生质的化合物包括_____和_____。

(12) 植物的生长主要是植物体内细胞的_____、_____和_____的结果。

(13) 植物细胞的繁殖方式有_____、_____、_____ 3 种。

(14) 有丝分裂过程中，观察染色体形状和数目的最好时期是_____。

(15) _____是最常见、最普遍的细胞分裂方式。

(16) _____是植物有性生殖中的一种细胞分裂方式。

(17) 分生组织的类型，根据在植物体位置的不同可分为_____、_____、_____，根据来源的不同可分为_____、_____、_____。

(18) 成熟组织按照形态和功能的不同可分为_____、_____、_____、_____。

(19) 植物体内分布最广、数量最多的组织是_____。

(20) 传递细胞的结构最显著的特征是_____，具有_____生理功能。

(21) 机械组织的特征是_____，可分为_____和_____两类。

(22) 导管根据细胞壁的增厚方式不同，可分为_____、_____、_____、_____等类型。

3. 选择题

(1) 含有 DNA 和核糖体的细胞器是(　　)。

　　A. 叶绿体　　　B. 线粒体　　　C. 细胞核　　　D. 内质网

(2) 细胞胞间层(中层)的主要物质组成是(　　)。

　　A. 果胶　　　B. 纤维素　　　C. 蛋白质　　　D. 淀粉

(3) 下列分生组织的细胞，开始分化又仍有分裂能力的是(　　)。

　　A. 原生分生组织　　　　　B. 初生分生组织

　　C. 次生分生组织　　　　　D. 木栓形成层

(4) 导管和管胞存在于(　　)。

　　A. 皮层　　　B. 韧皮部　　　C. 木质部　　　D. 髓

(5) 筛管和伴胞存在于(　　)。

　　A. 皮层　　　B. 韧皮部　　　C. 木质部　　　D. 髓

(6) 双子叶植物的韧皮部由(　　)组成。

　　A. 筛管　　　B. 伴胞　　　C. 导管　　　D. 纤维　　　E. 薄壁细胞

(7) 细胞壁化学性质上有哪些变化？(　　)

　　A. 木化　　　B. 栓化　　　C. 矿化　　　D. 角化　　　E. 老化

(8) 绿色植物细胞中，呼吸作用的主要场所是(　　)。

　　A. 叶绿体　　　B. 线粒体　　　C. 有色体　　　D. 核糖体

(9) 绿色植物细胞中，光合作用的主要场所是(　　)。

　　A. 叶绿体　　　B. 线粒体　　　C. 有色体　　　D. 核糖体

(10)绿色植物细胞中,蛋白质合成的主要场所是(　　)。

　　A. 叶绿体　　　　B. 线粒体　　　　C. 有色体　　　　D. 核糖体

(11)植物细胞的后含物主要存在于(　　)。

　　A. 胞基质　　　　B. 细胞器　　　　C. 内质网　　　　D. 液泡

(12)表皮上,植物体进行气体交换的通道是(　　)。

　　A. 皮孔　　　　B. 气孔　　　　C. 穿孔　　　　D. 筛孔

(13)周皮上,植物体进行气体交换的通道是(　　)。

　　A. 皮孔　　　　B. 气孔　　　　C. 穿孔　　　　D. 筛孔

(14)植物细胞所特有的细胞器是(　　)。

　　A. 叶绿体　　　　B. 线粒体　　　　C. 内质网　　　　D. 核糖体

(15)根据组织的来源,木栓形成层属于(　　)。

　　A. 原生分生组织　　　　　　　　B. 初生分生组织

　　C. 次生分生组织　　　　　　　　D. 侧生分生组织

(16)在一定条件下,生活的薄壁组织细胞经过(　　)可恢复分裂能力。

　　A. 再分化　　　B. 脱分化　　　C. 细胞分化　　　D. 组织分化

(17)在周皮中,对植物起保护作用的是(　　)。

　　A. 木栓层　　　B. 栓内层　　　C. 表皮　　　　D. 木栓形成层

(18)对细胞生命活动起控制作用的是(　　)。

　　A. 叶绿体　　　B. 线粒体　　　C. 细胞核　　　D. 酶

4. 问答题

(1)原生质、细胞器和原生质体三者有什么区别?

(2)生物膜有哪些主要生理功能?

(3)简要说明原生质各部分的主要功能和结构特征。

(4)3种质体之间有哪些区别和联系?

(5)细胞壁可分为哪几层?其主要成分和特点各是什么?

(6)植物细胞初生壁和次生壁有什么区别?它们各自的生理作用有哪些?

(7)液泡是怎样形成的?它有哪些重要的生理功能?

(8)说明植物细胞有丝分裂过程及各个时期的主要特点。

(9)有丝分裂和减数分裂有哪些区别?它们各有什么意义?

(10)植物有哪些主要组织类型?说明它们的功能和分布及主要结构特征。

(11)导管和筛管有哪些区别?

(12)胞间连丝的主要功能是什么?

单元2 植物器官的形态

◇**知识目标**

(1)了解高等植物根、茎、叶、花、果实等器官的形态特征和功能。

(2)了解环境对植物器官形态结构的影响。

◇**技能目标**

(1)能够用科学的术语正确描述各器官形态特征与类型,能识别正常器官、变态器官、病变器官。

(2)能通过种子植物外部形态认识植物。

◇**理论知识**

在高等植物体(除苔藓植物外)中,由多种组织组成、具有显著形态特征和特定功能、易于区分的部分,称为器官。植物的器官可分为营养器官和生殖器官。营养器官包括根、茎和叶3个部分,它们共同担负着植物体的营养功能,包括水分和无机盐的吸收、有机物质的合成、物质的运输与分配等,为植物生殖器官的分化及形成提供物质基础;生殖器官包括花、果实和种子,担负着植物体的生殖功能。营养器官是构成植物体的主要部分,在整个生活史中始终存在;而生殖器官的存在时间短暂,只出现在生殖阶段。

2.1 幼苗的形成与类型

被子植物的器官是由种子发育而来的。多数植物的生长一般是从播种开始。种子萌发后,形成具有根、茎、叶的植物体,继而开花、结实产生新的种子。营养器官的产生和发育是从幼苗开始的。

2.1.1 幼苗的形成

种子萌发后,胚开始生长,由胚所长成的幼小植物体叫作幼苗。种子在萌发形成幼苗的过程中,将自身贮藏的物质作为养分,因此生产上要选粒大饱满的种子,以使幼苗肥壮。

种子在萌发过程中,通常是胚根首先突破种皮向下生长,形成主根。这一特性具有重要的生物学意义,因根发育较早,可以使早期幼苗固定在土壤中,及时从土壤中吸收水分和养料,使幼苗能很快独立生长。之后,胚芽突破种皮向上生长,伸出土面形成茎和叶,逐渐形成幼苗。

2.1.2　幼苗的类型

不同植物的幼苗形态不同，常见的幼苗主要有两种类型：子叶出土幼苗和子叶留土幼苗。

子叶能否出土，主要取决于胚轴的生长特性。从子叶着生处到第一片真叶之间的一段胚轴称为上胚轴；子叶着生处到根之间的一段胚轴称为下胚轴。下胚轴能否伸长，决定子叶能否出土。

（1）子叶出土幼苗

双子叶植物如苦楝、大豆、花生、棉花、瓜类、蓖麻、向日葵、苹果及葡萄等的种子，在萌发时，胚根首先伸入土中形成主根，接着下胚轴伸长，将子叶和胚芽推出土面，这类幼苗是子叶出土幼苗(图2-1)。幼苗在子叶下的一部分主轴是由下胚轴伸长而形成的，子叶以上和第一真叶之间的主轴是由上胚轴形成的。通常子叶出土后见光变为绿色，可以暂时进行光合作用。以后胚芽发育成地上部分的茎和真叶，子叶内营养物质耗尽后即枯萎脱落。

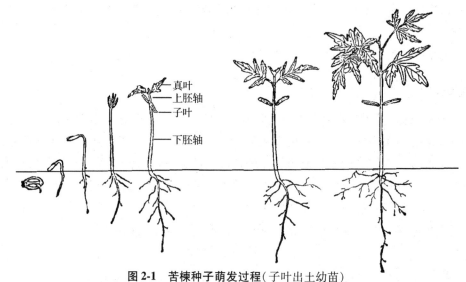

真叶
上胚轴
子叶
下胚轴

图2-1　苦楝种子萌发过程(子叶出土幼苗)

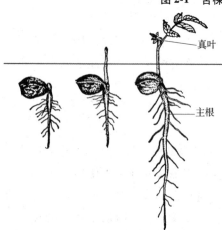

真叶
主根

图2-2　核桃子叶留土(子叶留土幼苗)

（2）子叶留土幼苗

双子叶植物无胚乳种子如核桃、豌豆、蚕豆、柑橘和单子叶植物的小麦、水稻、玉米等有胚乳种子萌发时，下胚轴并不伸长，子叶留在土中，上胚轴和胚芽伸出土面。这类幼苗是子叶留土幼苗(图2-2)。

花生种子的萌发，兼有子叶出土和子叶留土的特点。它的上胚轴和胚芽生长较快，同时下胚轴也能伸长，但有一定的限度。所以，播种较深时，不见子叶出土；播种较浅时，则可见子叶露出土面。这种情况也可称为子叶半出土幼苗。

在生产上要注意不同幼苗类型种子的播种深度。一般来讲，子叶出土幼苗的种子播种要浅一些，否则子叶出土困难；子叶留土幼苗的种子，播种可以稍深。但还要根据种子大小、土壤湿度、下胚轴顶土力等因素综合考虑决定播种深度。

2.2　植物营养器官的形态和功能

2.2.1　根

（1）根的功能

根通常是构成植物地下部分的营养器官。主要功能是使植物体固定在土壤中，从土中吸收水分、矿质盐和氮素供植物生长。此外，根还具有贮藏、分泌和繁殖作用。"根深叶茂，本固枝荣"可以说明根在植物生长中的作用。

（2）根的种类

根据根发生部位的不同，可分为主根、侧根和不定根。由种子的胚根发育形成的根称为主根，主根上产生的各级分枝都称为侧根。由于主根和侧根发生于植物体固定的部位（主根来源于胚根，侧根来源于主根或上一级侧根），所以又称为定根。有些植物可以从茎、叶、老根或胚轴上产生根，这种发生位置不一定的根，统称为不定根。生产中常利用植物产生不定根的特性，用扦插、压条等方法进行营养繁殖。

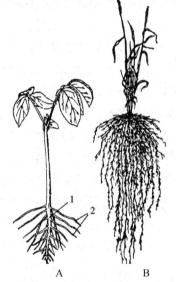

图 2-3　直根系和须根系
A. 直根系　B. 须根系
1. 主根　2. 侧根

（3）根系的种类

一株植物地下部分所有根的总体，称为根系。根系分为直根系和须根系两种（图 2-3）。主根发达粗壮，与侧根有明显区别的根系，称为直根系。大部分双子叶植物和裸子植物的根系属于此类型，如大豆、向日葵、蒲公英、棉花、油菜等。主根不发达或早期停止生长，由茎的基部生出许多粗细相似的不定根，主要由不定根群组成的根系称为须根系。如禾本科的水稻、小麦以及鳞茎植物葱、韭菜、蒜、百合等单子叶植物的根系。

（4）根系在土壤中的生长与分布

根系在土壤中的分布状况和发展程度对植物地上部分的生长、发育极为重要。植物地上部分必需的水分和矿质养料几乎完全依赖根系供给，枝叶的发展和根系的发展常常保持一定的平衡。植物根系和土壤接触的总面积，通常超过茎叶面积的 5~15 倍。果树根系在土壤中的扩展范围，一般都超过树冠范围的 2~5 倍。

依据根系在土壤中的分布深度，可分为深根系和浅根系两类。深根系主根发达，向下垂直生长，深入土层可达 3~5m，甚至 10m 以上，如大豆、蓖麻、马尾松、薄壳山核桃

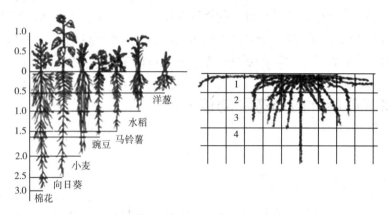

图 2-4　几种作物的根系在土壤腹部的深度与广度(单位：m)(郑湘如，2001)

等。浅根系主根不发达，侧根或不定根向四面扩张，并占有较大面积，根系主要分布在土壤的表层。如小麦、水稻、刺槐及悬铃木等(图 2-4)。

　　根系在土壤中的分布深浅，决定于植物生长习性，还受环境条件的影响。同一作物，生长在地下水位较低、通气良好、肥沃的土壤中，根系就发达，分布较深；反之，根系就不发达，分布较浅。此外，人为的影响也能改变根系的深度。如植物苗期的灌溉、苗木的移栽、压条和扦插等易形成浅根。种子繁殖、深层施肥易形成深根系。因此，工作中应掌握各种植物根系的特性，并为根系的发育创造良好的环境，促使根系健全发育，为地上部分的繁茂和稳产高产打下良好基础。

　　树种的根系特性是选择造林树种的依据之一。选择防护林带的树种，一般应选深根性树种，才能具有较强的抗风力；营造水土保持林，一般宜用侧根发达、固土能力强的树种；营造混交林时，除考虑地上部分的相互关系外，深根性与浅根性树种要合理配置，以利于根系的发育及水分、养分的吸收和利用。

2.2.2　茎

2.2.2.1　茎的功能

　　茎是地上部分的主轴，它的主要生理功能是运输和支持。它支持着叶、花、果实，并使它们形成合理的空间布局，有利于叶的光合作用以及花的传粉、果实或种子的传播；根部吸收的水、矿物质，以及在根中合成或贮藏的有机物通过茎运往地上各部分；叶的光合产物也要通过茎输送到植株各部分。另外，茎有贮藏功能，尤其是多年生植物，其贮藏物成为休眠芽春季萌动的营养来源；有些植物的茎还具有繁殖功能，如马铃薯的块茎、杨的枝条等。

2.2.2.2　芽及其类型

　　植物的枝条和花都是由芽发育形成的，因此，芽是枝条、花或花序的原始体。根据芽的着生位置、性质、结构、生理状态等不同，可将芽分为以下类型。

　　(1)定芽和不定芽

　　定芽是指着生在枝条上有固定位置的芽，又可以分为顶芽和侧芽两种。着生在枝条顶端的芽称为顶芽；着生在叶腋的芽称为侧芽，又称腋芽。大多数植物一个叶腋内只有一个腋芽，但也有植物一个叶腋内生有数个腋芽。如桃有 3 个腋芽并生，中间的称为主芽，一般较小，为叶芽；两边的称为副芽，较大，为花芽。悬铃木的芽被叶柄基部覆盖，叶落后芽才显露，这种芽称为柄下芽，也属于定芽。

不定芽是指在根、叶、老茎上或创伤部位产生的芽。如枣、苹果、刺槐的根上，甘薯的块根上，秋海棠、大叶落地生根等植物的叶上，以及桑、柳受伤或被砍伐后在伤口周围都能够形成不定芽。

（2）叶芽、花芽和混合芽

萌发后形成枝条的芽，称为叶芽（枝芽）；形成花或花序的芽，称为花芽；既能形成枝条，又能形成花或花序的芽，称为混合芽。例如，苹果、梨都具有混合芽。一般情况下，花芽和混合芽较叶芽肥大。

（3）鳞芽和裸芽

外面有芽鳞包被的芽，称为鳞芽；没有芽鳞包被的芽，称为裸芽。木本植物秋、冬季形成的芽多为鳞芽，而草本植物的芽一般都是裸芽。芽鳞是一种变态叶，包在芽的外面，可起到保护芽的作用。

（4）活动芽和休眠芽

在生长季节能够萌发的芽，称为活动芽；虽保持萌发能力，但暂时甚至长期不萌发的芽，称为休眠芽。一般来说，顶芽的活动力最强，即最容易萌发。离剪口较近的一些腋芽容易转变为活动芽。果树修剪和树木整形就是根据这一原理进行。

2.2.2.3　枝条及其形态特征

着生叶和芽的茎称为枝条。枝条以茎为主轴，其上生有多种侧生器官——叶、芽、侧枝、花或果实。

（1）节和节间

茎上着生叶的部位为节，节与节之间的部位为节间。一般植物的节不明显，只在叶着生处略有突起，而禾本科植物的节比较显著，如甘蔗、玉米和竹的节形成环状结构。节间的长短因植物和植株的不同部位、生长阶段或生长条件而异。如水稻、小麦、萝卜、油菜等在幼苗期节间很短，多个节密集于植株基部，使其上着生的叶呈丛生状或莲座状。进入生殖生长时期上部的几个节间才伸长，如禾本科植物的拔节和萝卜、油菜的抽薹。

（2）长枝和短枝

银杏、苹果、梨等的植株上有两种节间长短不一的枝——长枝和短枝（图 2-5）。节间较长的枝称为长枝。节间极短，各节紧密相接的枝条，称为短枝。如银杏的长枝上生有许多短枝，叶簇生在短枝上。苹果、梨的长枝上多着生叶芽，又称为营养枝，短枝上多着生混合芽，又称为结果枝。因此，在果树修剪中可根据长枝与短枝的数量及发育状况来调节树体的营养生长和生殖生长，达到优质高产的目的。

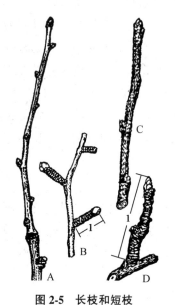

图 2-5　长枝和短枝

A. 银杏的长枝　B. 银杏的短枝

C. 苹果的长枝　D. 苹果的短枝

1. 短枝

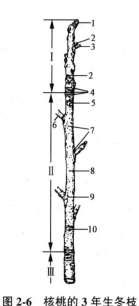

图 2-6　核桃的 3 年生冬枝

Ⅰ.1 年生　Ⅱ.2 年生　Ⅲ.3 年生

1. 顶芽　2. 腋芽　3. 花芽　4. 芽鳞痕　5. 叶痕

6. 分枝　7. 节间　8. 皮孔　9. 节　10. 维管束痕

(3) 皮孔

皮孔是遍布于老茎节间表面的许多稍稍隆起的微小疤痕状结构，是茎与外界进行气体交换的通道。皮孔的形状常因植物种类不同而异，是鉴别木本植物种类的依据之一。

(4) 叶痕、叶迹、枝痕、芽鳞痕

叶痕是多年生木本植物的叶脱落后在茎上留下的痕迹；在叶痕中有茎通往叶的维管束断面，称为叶迹；枝痕是花枝或小的营养枝脱落留下的痕迹；芽鳞痕是鳞芽展开生长时，芽鳞脱落后留下的痕迹(图 2-6)。

根据上述枝的一些形态特征，可进行枝龄和芽的活动状态的推断。图 2-6 所示的枝，是由主茎截下的一个完整的分枝，是由主茎的一个腋芽进行伸长生长所形成的。第一年它的活动形成前年枝，进入休眠季节前，随气温的逐渐降低，它的生长速度逐渐放慢，形成的节间越来越短，顶部靠近生长锥的几个幼叶也因此渐渐聚拢，最后，外侧又发育出几片芽鳞将它们紧紧包住成为休眠芽。翌年春季该芽再次成为活动芽，开始时芽鳞脱落，在茎上留下第一群芽鳞痕，继而生长形成第二段枝，即去年枝，秋末冬初又形成休眠芽。第三年这个芽再次活动，留下第二群芽鳞痕和第三段枝，即当年生枝。所以，根据这个枝条上两群芽鳞痕和以其分界而成的 3 段茎，可推断这段枝条已生长了 3 年，或者说这段枝条的最下方的一段已生长了 3 年，依次向上分别为生长 2 年和 1 年的茎段。对枝与芽特征的识别在农业、林业的整枝、修剪技术中具有重要的指导意义。

2.2.2.4　茎的类型

不同植物的茎在长期进化过程中有各自的生长习性，以适应各自的环境条件。按照生长习性，茎可分为直立茎、缠绕茎、攀缘茎、平卧茎、匍匐茎 5 种。

（1）直立茎

茎内机械组织发达，茎本身能够直立生长，这种茎称为直立茎（图 2-7A）。如杨、苘麻、向日葵等的茎。

（2）缠绕茎

茎幼时机械组织不发达，柔软，不能直立生长，但能够缠绕于其他物体向上生长。缠绕茎的缠绕方向，可分为右旋或左旋（图 2-7B、C）。按顺时针方向缠绕的为右旋缠绕茎；按逆时针方向缠绕的称为左旋缠绕茎，如牵牛花、菟丝子、菜豆等的茎。

（3）攀缘茎

茎幼时较柔软，不能直立生长，以特有的结构攀缘在其他物体上向上生长（图 2-7D）。如黄瓜、葡萄、丝瓜的茎以卷须攀缘，常春藤、络石、薛荔以气生根攀缘，白藤、猪殃殃的茎以钩刺攀缘，爬山虎的茎以吸盘攀缘，旱金莲的茎以叶柄攀缘等。

具有缠绕茎和攀缘茎的植物，统称为藤本植物。藤本植物又可分为木质藤本植物（葡萄、猕猴桃等）和草质藤本植物（菜豆、瓜类）两种类型。

（4）平卧茎

茎平卧于地面生长，节上一般不能产生不定根，如蒺藜、地锦等。

（5）匍匐茎

茎细长柔弱，只能沿地面蔓延生长（图 2-7E）。匍匐茎一般节间较长，节上能产生不定根，芽会生长成新的植株，如草莓、甘薯等的茎。栽培甘薯和草莓就是利用这一习性进行营养繁殖。

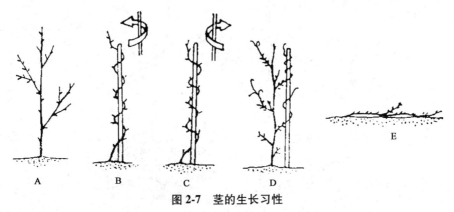

图 2-7 茎的生长习性

A. 直立茎 B. 左旋缠绕茎 C. 右旋缠绕茎 D. 攀缘茎 E. 匍匐茎

2.2.2.5 茎的分枝

分枝是茎生长时普遍存在的现象，植物通过分枝来增加地上部分与周围环境的接触面积，形成庞大的树冠。园林树木通过分枝及人工定向修剪，可形成造型别致的园林景观。每种植物都有一定的分枝方式，这种特性不但取决于遗传性，有时还受环境的影响。种子植物常见的分枝方式有单轴分枝、合轴分枝和假二叉分枝 3 种类型（图 2-8）。

（1）单轴分枝

单轴分枝又称总状分枝，具有明显的顶端优势。植物自幼苗开始，主茎顶芽的生长势始终占优势，形成一个直立而粗壮的主干，主干上的侧芽形成分枝，各级分枝生长势依级数递减。如松、椴、杨等属于这种分枝类型，因主干粗大、挺直，木材有经济价值；一些草本植物如黄麻，也是单轴分枝，因而能长出长而直的纤维。

（2）合轴分枝

合轴分枝没有明显的顶端优势，主茎上的顶芽只活动很短的一段时间后便停止生长或形成花、花序而不再形成茎段，这时由靠近顶芽的一个腋芽代替顶芽向上生长，生长一段时间后依次被下方的一个腋芽所取代。这种分枝类型一方面使主茎与侧枝呈曲折状，而且节间很短，使树冠呈开展状态，有利于通风透光；另一方面能够形成较多的花芽，有利于繁殖。因此，合轴分枝是进化的分枝方式。合轴分枝在植物中普遍存在，如马铃薯、番茄、柑橘、苹果及棉的果枝等。

（3）假二叉分枝

假二叉分枝是指具有对生叶的植物，当顶芽停止生长或分化形成花、花序后，由其下方的一对腋芽同时发育成一对侧枝，这对侧枝的顶芽、腋芽的生长活动又如前，如丁香、梓树、泡桐等。

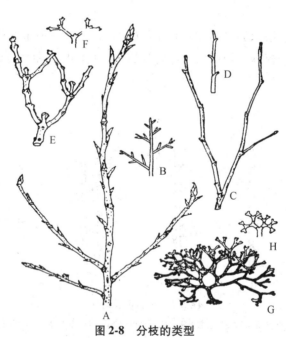

图 2-8　分枝的类型

A、B. 单轴分枝　　C、D. 合轴分枝　　E、F. 假二叉分枝　　G、H. 二叉分枝

有些植物，在同一种植株上有两种不同的分枝方式，如玉兰、木莲、棉，既有单轴分枝，又有合轴分枝。有些树木，在苗期为单轴分枝，生长到一定时期变为合轴分枝，如茶在幼年时为单轴分枝，成年时出现合轴分枝。二叉分枝由顶端分生组织本身分裂为二所形成，多见于低等植物和少数高等植物如地钱、石松、卷柏等。

2.2.2.6 禾本科植物的分蘖

分蘖是禾本科植物特有的分枝方式。与其他植物比较，这类植物具有长节间的地上茎很少分枝，分枝是由地表附近的几个节间不伸长的节上产生，并同时发生不定根群。近地表的这些节和未伸长的节间称为分蘖节。禾本科植物分蘖节上由腋芽产生分枝，同时形成不定根群的分枝方式称为分蘖。由主茎上产生的分蘖称为一级分蘖，由一级分蘖上产生的分蘖称为二级分蘖（图2-9）。

此外，分蘖还可细分为密集型、疏蘖型、根茎型3种类型（图2-10）。

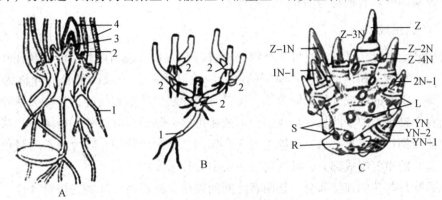

图 2-9　禾本科植物的分蘖

A. 小麦分蘖节纵切面：1. 不定根　2. 分蘖芽　3. 主茎　4. 叶

B. 分蘖图解：1. 具初生根的谷粒　2. 生有分蘖根的分蘖节

C. 有8个分蘖节的幼苗（剥去叶的分蘖节）：Z. 主茎，Z-1N、Z-2N、Z-3N、Z-4N. 一级分蘖，
1N-1、2N-1. 二级分蘖，L. 叶痕，S. 不定根，R. 根茎，YN. 一级胚芽鞘分蘖，YN-1、YN-2. 二级胚芽鞘分蘖

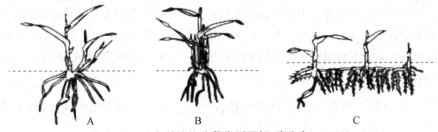

图 2-10　禾本科植物分蘖类型图解（郑湘如，2001）

A. 疏蘖型　B. 密集型　C. 根茎型

分蘖有高蘖位和低蘖位之分。所谓蘖位，是指发生分蘖的节位。蘖位高低与分蘖的成穗密切相关。蘖位越低，分蘖发生越早，生长期越长，成为有效分蘖的可能性越大；反之，高蘖位的分蘖生长期较短，一般不能抽穗结实，成为无效分蘖。根据分蘖成穗的规律，植物生产上常采用合理密植、巧施肥料、控制水肥、调节播种期等措施，来促进有效分蘖的生长发育，抑制无效分蘖的发生，使营养集中，保证穗多、粒重，提高产量。

2.2.3　叶

2.2.3.1　叶的功能

叶的主要功能是光合作用、蒸腾作用。绿色植物通过光合作用合成本身生长发育所需的葡萄糖,并以此作为原料合成淀粉、脂肪、蛋白质、纤维素等。对人和其他动物而言,植物光合作用的产物是直接或间接的食物来源,并且该过程释放的氧气是生物生存的必要条件之一。叶也是蒸腾作用的主要器官,蒸腾作用是根系吸水的动力之一,并能促进植物体内无机盐的运输,还可降低叶表温度,使叶免受过强日光的灼伤,因此,蒸腾作用可以协调植物体内各种生理活动,但过于旺盛的蒸腾作用对植物不利。

此外,叶还具有一定的吸收和分泌功能;有些植物的叶还具有特殊的功能,如落地生根、秋海棠等植物的叶具有繁殖功能;洋葱、百合的鳞叶肥厚,具有贮藏养料的作用;猪笼草、茅膏菜的叶具有捕捉与消化昆虫的作用。

2.2.3.2 叶的组成

典型的叶由叶片、叶柄和托叶3个部分组成(图2-11)。具有叶片、叶柄和托叶3个部分的叶称为完全叶,如桃、梨、月季等的叶。缺少其中一部分或两部分的叶称为不完全叶,如丁香、茶等的叶缺少托叶。荠菜、莴苣等的叶缺少叶柄和托叶,又称无柄叶。不完全叶中只有个别种类缺少叶片,如我国台湾的相思树,除幼苗时期外,全树的叶都不具叶片,但它的叶柄扩展成扁平状,能够进行光合作用,称为叶状柄。叶片通常为绿色,宽大而扁平,是叶的重要组成部分,叶的功能主要由叶片来完成。

叶柄是叶片与茎的连接部分,是两者之间的物质交流通道。叶柄支持着叶片,并通过自身的长短和扭曲使叶片处于光合作用有利的位置。托叶是叶柄基部两侧所生的小型的叶状物,通常成对着生,形态因植物种类而异。

禾本科植物叶的组成与典型叶比较存在显著的差异,叶由叶片和叶鞘两个部分组成(图2-12),有些植物还有叶舌、叶耳。叶片为带形;叶鞘包裹茎秆,具有保护和加强茎的支持作用;叶舌是叶片与叶鞘交界处内侧的膜状突起物;叶耳是叶舌两旁、叶片基部边缘处伸出的两片耳状的小突起。叶舌和叶耳的有无、形状、大小和色泽等特征,是鉴别禾本科植物的依据,如水稻与稗草在幼苗期很难辨别,但水稻的叶有叶耳、叶舌,而稗草的叶没有叶耳、叶舌。

2.2.3.3 叶片的形态

叶片的形态在很大程度上由植物遗传特性决定,所以叶片是识别植物的主要依据之一。叶片的形态包括叶形、叶缘、叶裂、叶脉等。

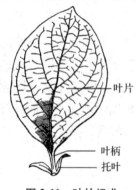

图2-11　叶的组成

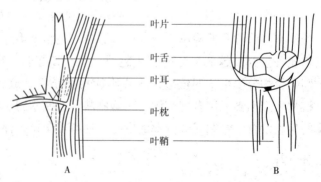

图2-12　禾本科植物的叶

A. 小麦茎的纵切面　B. 大麦茎节上叶及叶鞘的一部分

（1）叶形

叶形是指叶片的形状。叶片的形状通常根据叶片的长度和宽度的比值及最宽处的位置来确定（图 2-13），也可根据叶的几何形状确定。图 2-14 为各种叶形，如松叶为针形叶，细长，尖端尖锐；小麦、水稻、玉米、韭菜等的叶片为线形叶，叶片狭长，上下宽度近似相等，两侧叶缘近平行；银杏叶为扇形；桃、柳叶是披针形；唐菖蒲、射干的叶为剑形；莲的叶为圆形等。

叶尖、叶基也因植物种类不同而呈现各种不同的类型，如图 2-15、图 2-16 所示。

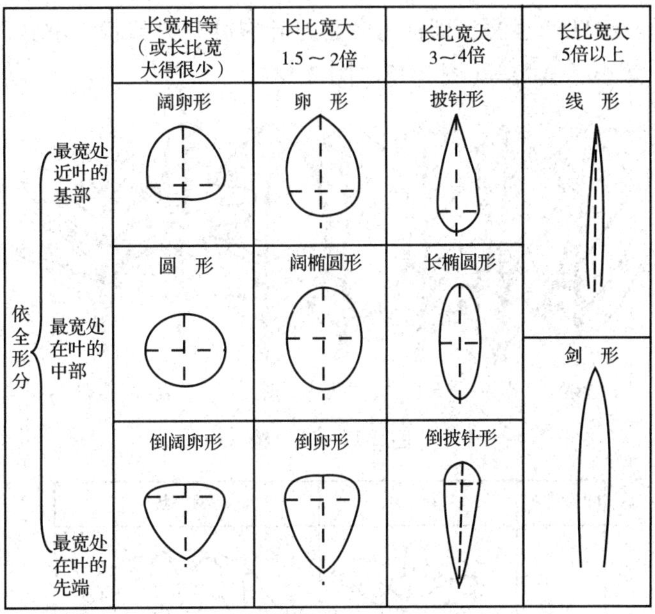

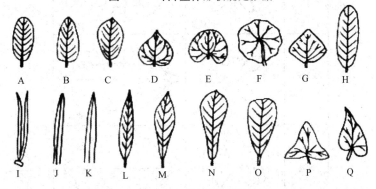

图 2-13　叶片整体形状确定依据

图 2-14　叶形（全形）

A. 椭圆形　B. 卵形　C. 倒卵形　D. 心形　E. 肾形　F. 圆形（盾形）　G. 棱形　H. 长椭圆形　I. 针形　J. 线形
K. 剑形　L. 披针形　M. 倒披针形　N. 匙形　O. 楔形　P. 三角形　Q. 偏斜形

渐尖　　锐尖　　尾尖　　钝尖　　尖凹　　倒心形

图 2-15　叶　尖

| 心形 | 耳垂形 | 箭形 | 楔形 | 戟形 | 圆形 | 偏形 |

图 2-16 叶 基

（2）叶缘和叶裂

叶片的边缘称叶缘，其形状因植物种类而异。叶缘主要有全缘、锯齿、牙齿、钝齿、波状等类型。如果叶缘凹凸很深，则称为叶裂，叶裂可分为掌状、羽状两种类型，每种类型又可分为浅裂、深裂、全裂等（图2-17、图2-18）。

| 全缘 | 锯齿 | 牙齿 | 钝齿 | 波状 | 深裂 | 全裂 |

图 2-17 叶 缘

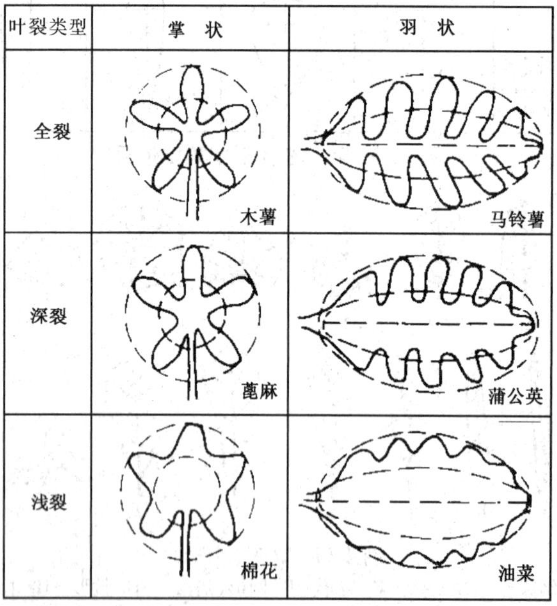

叶裂类型	掌 状	羽 状
全裂	木薯	马铃薯
深裂	蓖麻	蒲公英
浅裂	棉花	油菜

图 2-18 叶 裂

①浅裂叶 叶片分裂深度不到半个叶片的一半。又可分为羽状浅裂和掌状浅裂。

②深裂叶 叶片分裂深于半个叶片宽度的一半，但不到主脉。又可分羽状深裂和掌状深裂。

③全裂叶 叶片分裂达中脉或基部。又可分为羽状全裂和掌状全裂。

（3）叶脉

叶片上分布的粗细不等的脉纹称为叶脉，实际上是叶肉中维管束形成的隆起线。其中最粗大的叶脉称主脉，主脉的分枝称为侧脉。叶脉在叶片上的分布方式称为脉序，主要有网状脉、平行脉、叉状脉 3 种类型（图 2-19）。

①网状脉　叶片上有一条或数条主脉，由主脉分出较细的侧脉，由侧脉分出更细的小脉，各小脉交错连接成网状，这种叶脉称为网状脉。网状脉是双子叶植物的典型特征之一，又分为羽状网脉和掌状网脉。叶片具有一条主脉的网状脉称为羽状网脉，如榆、桃、苹果等；叶片具数条主脉呈掌状射出的网状脉称为掌状网脉，如棉、瓜类等。在掌状网脉中如果叶基分出 3 条主脉，又称三出脉（如朴树、构树等）；如果 3 条主脉中左、右两条主脉离开叶基发出，称为离基三出脉（如香樟等）。

②平行脉　叶片上主脉和侧脉平行或近于平行分布，这种叶脉称为平行脉。平行脉是单子叶植物的典型特征之一，平行脉又分为直出平行脉（如水稻、小麦）、弧状脉（如车前、玉簪）、侧出平行脉（如香蕉、美人蕉）和射出脉（如棕榈、蒲葵）等类型。

③叉状脉　叶脉呈二叉状分枝。为较原始的叶脉，如银杏和蕨类植物。

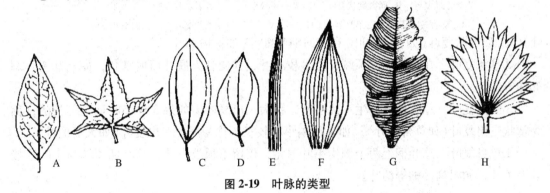

图 2-19　叶脉的类型

A. 羽状网脉　B. 掌状网脉　C. 三出脉　D. 离基三出脉　E. 直出平行脉
F. 弧状脉　G. 侧出平行脉　H. 射出脉

2.2.3.4　单叶与复叶

一个叶柄上着生叶片的数目因植物种类而不同，可分为单叶和复叶两类。

（1）单叶

在一个叶柄上生有一个叶片的叶称为单叶，如桃、玉米、棉等的叶。

（2）复叶

一个叶柄上生有两个以上叶片的叶称为复叶，如月季、槐等的叶。复叶的叶柄称为总叶柄（叶轴），总叶柄上着生的叶称为小叶。小叶的叶柄，称为小叶柄。根据小叶在总叶柄上的排列方式，复叶可分为羽状复叶、掌状复叶、三出复叶、单身复叶 4 种类型（图 2-20）。

①羽状复叶　小叶着生在总叶柄的两侧，呈羽毛状，称为羽状复叶。根据小叶的数目，羽状复叶可分为：奇数羽状复叶，如月季、刺槐、紫云英等的叶；偶数羽状复叶，如花生、蚕豆等的叶。根据总叶柄分枝的次数，羽状复叶又可分为一回羽状复叶（如月季的

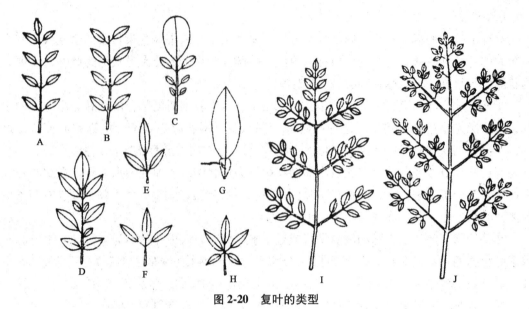

图 2-20 复叶的类型

A. 奇数羽状复叶　B. 偶数羽状复叶　C. 大头羽状复叶　D. 参差羽状复叶　E. 羽状三出复叶

F. 掌状三出复叶　G. 单身复叶　H. 掌状复叶　I. 二回羽状复叶　J. 三回羽状复叶

叶)、二回羽状复叶(如合欢的叶)和三回羽状复叶(如楝树的叶)。

②掌状复叶　在总叶柄的顶端着生多枚小叶,并向各方展开而成掌状,如七叶树、刺五加等的叶。

③三出复叶　总叶柄上着生 3 片小叶,称为三出复叶。如果 3 片小叶柄是等长的,称为掌状三出复叶(如草莓的叶);如果顶端小叶较长,称为羽状三出复叶(如大豆的叶)。

④单身复叶　总叶柄上两个侧生小叶退化,仅留下顶端小叶,总叶柄顶端与小叶连接处有关节,如柑橘、柚等的叶。

2.2.3.5　叶序和叶镶嵌

(1)叶序

叶在茎上的排列方式,称为叶序。叶序有 4 种基本类型,即互生、对生、轮生和簇生(图 2-21)。每个节只生一片叶的称为互生,如向日葵、桃、杨等的叶;每个节上相对着生两片叶的称为对生,如丁香、芝麻、薄荷等的叶;每个节上着生 3 片或 3 片以上叶的称为轮生,如夹竹桃、茜草等的叶;有些植物,其节间极度缩短,使叶成簇生于短枝上,称为簇生,如银杏和落叶松等植物短枝上的叶。

(2)叶镶嵌

叶在茎上的排列方式,不论是互生、对生还是轮生,相邻两个节上的叶片都不会重叠,它们总是利用叶柄长短变化或以一定的角度彼此错开排列,结果使同一枝上的叶以镶嵌状态排列,这种现象称为叶镶嵌,如烟草、车前、白菜、蒲公英等的叶(图2-22)。

叶的镶嵌有利于植物的光合作用。在园林中利用某些攀缘植物如五叶地锦、常春藤等叶的镶嵌特性,可在墙壁或竹篱上形成独具风格的绿色垂直景观。

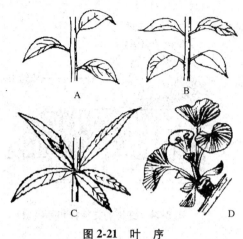

图 2-21　叶　序

A. 互生　B. 对生　C. 轮生　D. 簇生

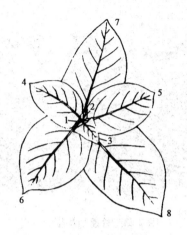

图 2-22　叶镶嵌

幼小烟草植株的俯视图，图中数字显示叶的顺序

2.2.4　营养器官的变态

有些植物的营养器官在长期进化过程中，由于功能的改变，引起了形态、结构的变化，这种变化已经成为该植物的特征，并能遗传给下代。植物器官的这种变化称为变态，该器官称变态器官。器官的这种变态与器官病理上的变化存在根本的区别，前者是健康有益的变化，是植物主动适应环境的结果，能正常遗传；而后者是有害的变化，是在有害生物或不良环境影响下植物产生的被动反应，不能遗传。因此，不能把变态理解为不正常的病变。营养器官变态的类型很多，主要存在以下几种类型。

2.2.4.1　根的变态

根的变态主要有贮藏根、气生根和寄生根 3 种类型。

（1）贮藏根

贮藏根是适于贮藏大量营养物质功能的变态根。根据来源不同，贮藏根可以分为肉质直根和块根两类。

①肉质直根　由主根和下胚轴膨大而形成的肉质肥大的贮藏根，称为肉质直根。如胡萝卜、萝卜、甜菜、甘薯等的根（图 2-23）。

②块根　植物的侧根或不定根因异常的次生生长，增生大量薄壁组织，形成肥厚块状的贮藏根，称为块根。一个植株上可以形成多个块根。块根的组成不含下胚轴和茎的部分，完全由根的部分构成。如甘薯、木薯和大丽花等的根。

（2）气生根

生长在空气中的根称为气生根。气生根因作用不同，可分为支持根、攀缘根和呼吸根等类型。

①支持根　一些禾本科植物，如玉米、高粱，在拔节至抽穗期，近地面的几个节上可产生几层气生不定根，向下生长深入土壤，形成能够支持植物体的辅助根系，这种起支持作用的不定根，称为支持根（图 2-24）。此外，榕树等热带植物，其侧枝上常产生很多须状

图 2-23　甘薯的块根　　　　　　　图 2-24　红树的支持根和呼吸根

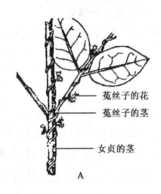

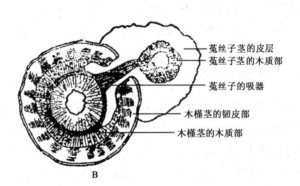

A：菟丝子的花
菟丝子的茎
女贞的茎

菟丝子茎的皮层
菟丝子茎的木质部
菟丝子的吸器
木槿茎的韧皮部
木槿茎的木质部

图 2-25　菟丝子的寄生根

A. 缠绕在寄主女贞枝条上　B. 菟丝子寄生木槿茎部横切面

不定根，垂直向下生长，到达地面后，伸入土中，形成强大的木质支柱，犹如树干，起支持作用，这种不定根，也称为支持根。

②攀缘根　一些攀缘植物，茎上生出无数短的不定根，能分泌黏液固着于他物表面，使茎向上攀缘生长，这种根称为攀缘根，如常春藤的根。

③呼吸根　一些生长在沼泽或热带海滩地带的植物，如水松、红树等，由于土壤缺少氧气，部分根垂直向上生长，伸出土面暴露于空气中进行呼吸，这种根称为呼吸根(图 2-24)。

（3）寄生根

寄生植物如菟丝子、列当等，叶退化为鳞片状，不能进行光合作用制造营养，但茎上产生的不定根伸入到寄主植物体内形成吸器，吸取寄主的养料和水分供自身生长发育的需要，这种根称寄生根(图 2-25)。

2.2.4.2　茎的变态

（1）地上茎的变态

地上茎是指生活在地表以上的茎，生产上常见以下几种变态类型。

①肉质茎　是指肥大、肉质、多汁的地上茎。常为绿色，能进行光合作用，肉质部分贮藏大量的水分和养料，如莴苣、球茎甘蓝、仙人掌的茎。

②茎卷须　有些植物的茎或枝变态成卷须，称为茎卷须。茎卷须着生的位置与叶卷须

不同，通常生于叶腋（如黄瓜、南瓜）或与花序的位置相同（如葡萄）（图2-26）。

③茎刺　茎变态成具有保护功能的刺，称为茎刺，如山楂、柑橘、枸杞着生于叶腋的单刺，皂荚叶腋处分枝的刺，都属于茎刺（图2-26）。值得一提的是，蔷薇、月季茎上的刺是由表皮形成的，与维管组织无联系，称为皮刺，它不是器官的变态。

④叶状茎　茎变态成叶状，扁平，呈绿色，称为叶状茎或叶状枝，

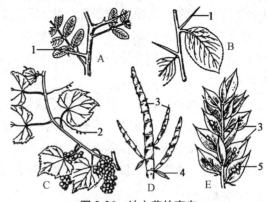

图 2-26　地上茎的变态
A. 皂角　B. 山楂　C. 葡萄　D. 竹节蓼　E. 假叶树
1. 茎刺　2. 茎卷须　3. 叶状茎　4. 叶　5. 花

如假叶树、竹节蓼的茎。假叶树的侧枝叶片状，而侧枝上的叶退化为鳞片状，不易识别，叶腋内可生小花，故人们常误认为"叶"上开花（图2-26）。

除以上类型外，有些植物还有小鳞茎（如百合叶腋内）、小块茎（如薯蓣、秋海棠叶腋内）等。

（2）地下茎的变态

①根状茎　外形与根相似的地下茎称为根状茎，简称根茎。如莲、竹、芦苇以及白茅等都具有根状茎（图2-27A、B）。根状茎具有节和节间，在节上生有膜质退化的鳞叶和不定根，鳞叶的叶腋处着生有腋芽，顶端着生有顶芽。这些特征表明根状茎是茎，而不是根。根状茎贮存丰富的养料，腋芽可以发育成新的地上枝。竹鞭是竹的根状茎，笋是从竹鞭叶腋内伸出地面的腋芽。藕是莲的根状茎中先端较肥大、具有顶芽的部分。农田中具有根状茎的杂草繁殖力很强，除草时杂草的根状茎如果被割断，每一小段都能独立发育成新的植株，因而不易根除。

②块茎　地下茎的先端膨大成块状，称为块茎。如马铃薯、菊芋、甘露子等都具有块茎。马铃薯块茎上有许多螺旋状排列的凹陷部分，称为芽眼，它相当于节的部位，幼时有

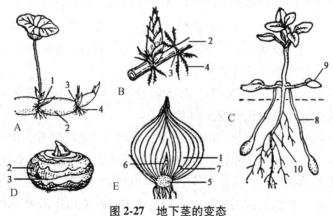

图 2-27　地下茎的变态
A. 莲　B. 竹　C. 马铃薯　D. 荸荠　E. 洋葱
1. 鳞叶　2. 节间　3. 节　4. 不定根　5. 鳞茎盘　6. 顶芽　7. 腋芽　8. 块茎　9. 子叶　10. 根

退化的鳞叶，后脱落。芽眼内有腋芽，块茎先端具有顶芽(图 2-27C)。

③球茎　地下茎先端膨大成球形，并贮存大量营养物质，称为球茎，如荸荠、慈姑、芋等的地下茎。球茎有明显的节和节间，节上具褐色膜质退化叶和腋芽，顶端具顶芽(图 2-27D)。

④鳞茎　节间极短，节上着生肉质或膜质鳞叶的扁平或圆盘状的地下茎，称为鳞茎。如百合、洋葱、蒜等的地下茎。洋葱的鳞茎呈圆盘状，又称鳞茎盘。在鳞茎盘上着生肉质鳞叶，鳞叶中贮藏着大量的营养物质。肉质鳞片之外有膜质鳞叶，起保护作用。肉质鳞叶的叶腋处有腋芽，鳞茎盘下端产生不定根(图 2-27E)。

2.2.4.3　叶的变态

叶的变态常见的有鳞叶、苞片和总苞、叶卷须、叶状柄、叶刺以及捕虫叶等类型(图 2-28)。

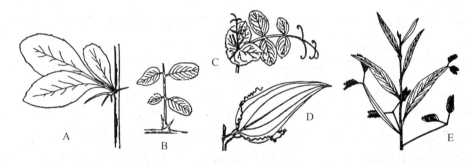

图 2-28　叶的变态

A. 小檗的叶刺　B. 刺槐的托叶刺　C. 豌豆的叶卷须　D. 菝葜的托叶卷须　E. 台湾相思树的叶状柄

①鳞叶　功能特化或退化成鳞片状的叶称为鳞叶。如木本植物鳞芽外面的芽鳞片，具有保护作用；洋葱、百合、大蒜着生于鳞茎上的肉质鳞叶，贮藏丰富的营养；藕、竹根状茎及荸荠、慈姑球茎上的膜质鳞叶为退化叶。

②苞片和总苞　着生在花下的变态叶，称为苞片。苞片数多而聚生在花序外围的，称为总苞。苞片和总苞有保护花和果实的作用或其他功能。如向日葵花序外围的总苞在花序发育的初期包着花序中的小花，起保护作用；珙桐、马蹄莲等白色花瓣状的总苞，具有吸引昆虫进行传粉的作用；苍耳的总苞在果实成熟后包裹果实，并生有许多钩刺，使果实易附着于动物体上，有利于果实的传播。

③叶卷须　叶的一部分变成卷须状，称为叶卷须。如豌豆的卷须是羽状复叶上部的小叶变态而成。菝葜的卷须是由托叶变态而来。

④叶刺　由叶或叶的某一部分(如托叶)变态成刺状，称为叶刺。如小檗长枝上的刺、仙人掌肉质茎上的刺等是叶变态而成；洋槐的刺是托叶变态而成，又称托叶刺。

⑤叶状柄　有些植物的叶，叶片不发达，而叶柄转变为叶片状，并具有叶的功能，称为叶状柄。我国广东、台湾的台湾相思树，只在幼苗时出现几片正常的羽状复叶，以后产生的叶，其小叶完全退化，仅存叶片状的叶柄。澳大利亚干旱区的一些金合欢属植物，初生的叶是正常的羽状复叶；以后产生的叶，叶柄发达，仅具少数小叶；最后产生的叶，小

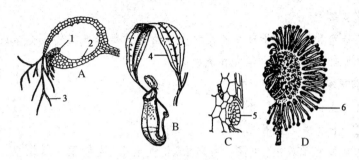

图 2-29　捕虫叶

A. 狸藻　B. 猪笼草　C. 猪笼草捕虫瓶内壁的部分放大　D. 茅膏菜

1. 活瓣　2. 腺体　3. 硬毛　4. 叶　5. 分泌层　6. 触毛

叶完全消失，仅具叶片状叶柄。

⑥捕虫叶　有些植物具有能捕食小虫的变态叶，称为捕虫叶，具有捕虫叶的植物称为食虫植物或肉食植物。捕虫叶的形态有囊状（如狸藻捕虫叶）、盘状（如茅膏菜捕虫叶）、瓶状（如猪笼草捕虫叶）等（图 2-29）。

狸藻是多年生水生植物，生于池沟中，叶细裂和一般沉水植物相似，但它的捕虫叶膨大呈囊状，每囊有一开口，并由一活瓣保护。活瓣只能向内开启，外表面具硬毛。小虫触及硬毛时活瓣开启，小虫随水流入，活瓣关闭。小虫等在囊内经腺体分泌的消化液消化后，由囊壁吸收。

茅膏菜的捕虫叶呈半月形或盘状，上表面有许多顶端膨大并能分泌黏液的触毛，能粘住昆虫，同时触毛能自动弯曲，包裹虫体并分泌消化液，将虫体消化吸收。

猪笼草的捕虫叶呈瓶状，结构复杂，顶端有盖，盖的腹面光滑而具蜜腺。通常瓶盖敞开，当昆虫爬至瓶口采食蜜液时，极易掉入瓶内，遂被消化液消化而被吸收。食虫植物一般具有叶绿体，能进行光合作用，在未获得动物性食料时仍能生存，但有适当动物性食料时，能结出更多的果实和种子。

以上植物变态器官，就来源和功能而言，可分为同源器官和同功器官。凡是来源相同，而形态和功能不同的变态器官，称为同源器官。如茎刺和茎卷须，支持根和贮藏根等都属于同源器官。而形态相似，功能相同，但来源不同的变态器官则称为同功器官。如茎刺和叶刺，块根和块茎等属同功器官。

◇ **实践教学**

实训 2-1　植物营养器官的形态特征观察

一、实训目的

通过观察不同种子植物的有关实物、标本或图片，掌握种子植物营养器官基本形态，能识别常见的营养器官变态，能提高对植物形态的观察能力和对植物与环境相互适应关系的认识。

二、材料及用具

放大镜、刀片、枝剪、采集袋、镊子、解剖针、铅笔、笔记本等。

三、方法及步骤

在校园、实验室和实习基地观察不同种子植物的营养器官实物、标本或图片，了解种子植物营养器官外部形态的基本组成和类型。

1. 根的形态观察

①根的类型　主根、侧根、不定根。

②根系类型　直根系、须根系。

③根的变态类型　贮藏根(块根、肉质根)、气生根(支持根、攀缘根、呼吸根、寄生根)。

2. 茎的形态观察

①茎的性质　木本植物(乔木、灌木)、草本植物(一年生草本植物、二年生草本植物、多年生草本植物)。

②茎的类型　直立茎、攀缘茎、缠绕茎、匍匐茎、平卧茎。

③茎的变态　地上茎的变态(肉质茎、茎卷须、茎刺、叶状茎)、地下茎的变态(根状茎、块茎、鳞茎、球茎)。

3. 叶的形态观察

①叶形　卵形、圆形、椭圆形、肾形、披针形、线形、针形、三角形、心形、扇形等。

②叶尖　急尖、渐尖、钝形、芒尖、尾尖、凹形、截形等。

③叶基　心形、楔形、圆形、箭形、盾形、戟形、耳垂形、偏斜形等。

④叶缘　全缘、锯齿缘(单锯齿、重锯齿)、牙齿缘、波状缘等。

⑤叶裂　浅裂(三出、掌状、羽状)、深裂(三出、掌状、羽状)、全裂(三出、掌状、羽状)。

⑥叶脉　网状脉(掌状、羽状)、平行脉(直出、横出、射出、弧状)、叉状脉。

⑦复叶　羽状复叶、掌状复叶、三出复叶、单生复叶。

⑧叶序　互生、对生、轮生、簇生、基生。

⑨叶的变态　鳞叶、苞片和总苞、叶卷须、叶刺、叶状柄、捕虫叶。

按照所述内容要求进行标本的采集识别。

四、实训作业

观察校园内外的植物，用植物形态术语记录植物营养器官的形态。

2.3　植物生殖器官的形态

2.3.1　花的发生与组成

2.3.1.1　花芽分化

花和花序来源于花芽，花芽和叶芽一样，也是由茎的生长锥逐渐分化而来。当植物生

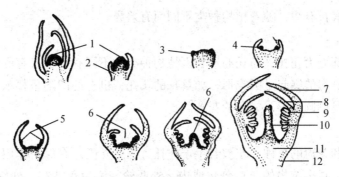

图 2-30　桃的花芽分化

1. 生长锥　2. 叶原基　3. 花萼原基　4. 花瓣原基　5. 雄蕊原基　6. 雌蕊原基

7. 花萼　8. 花瓣　9. 雄蕊　10. 雌蕊　11. 花托　12. 维管束

长发育到一定阶段，在适宜光周期和温度的条件下，由营养生长转入生殖生长，茎尖的分生组织不再产生叶原基和腋芽原基，而分化成花原基或花序原基，进而形成花或花序，这一过程称为花芽分化(图 2-30)。

当花芽分化开始时，生长锥伸长，横径加大，逐渐由尖变平。在花芽分化过程中，首先在半球形的生长锥周围的若干点上，由第二、第三层细胞进行分裂，产生一轮小的突起，即为花萼原基。之后依次由外向内分化形成花瓣原基，在花瓣原基内侧相继产生 2~3 轮小突起，即为雄蕊原基。这些突起继续分化、生长，最后在花芽中央产生突起形成雌蕊原基。各部原基逐渐长大，最外一轮分化为花萼，向内依次分化出花冠、雄蕊和雌蕊。

花芽分化要求适宜的外界条件，充足的养分、适宜的温度和光照都有利于花芽的形成。在栽培管理过程中，修剪、水肥控制、生长调节剂的使用等技术措施，为花芽分化创造有利条件。

2.3.1.2　花的组成

一朵完整的花可以分成 5 个部分：花柄、花托、花被、雄蕊群和雌蕊群。花的各部着生在花梗顶部膨大的花托上。由于花中的各组成部分为变态叶，花托为节间极短的变态茎，因而，植物学家认为花是节间极短而不分枝的、适应于生殖的变态枝条(图 2-31)。

（1）花柄

花柄又称花梗，是着生花的小枝，使花位于一定的空间，同时又是茎向花输送营养物

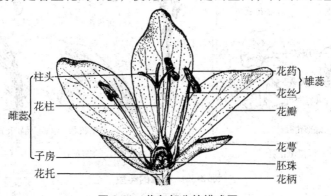

图 2-31　花各部分的模式图

质的通道。花柄有长有短,随着植物种类不同而有差异。

(2)花托

花柄的顶端部分为花托,花托的形状因植物种类的不同有多种,有的呈圆柱状,如木兰、含笑的花托;有的突起呈圆锥形,如草莓的花托;也有的凹陷呈杯状,如桃、梅的花托;还有的膨大呈倒圆锥形,如莲的花托。

(3)花被

花被是花萼和花冠的总称。花被着生于花托边缘或外围,有保护作用,有些植物的花被还有助于传粉。很多植物的花被分化成内、外两轮,称为双被花。外轮花被多为绿色,称为花萼,由多枚萼片组成;内轮花被有鲜艳的颜色,称花冠,由多片花瓣组成。如木槿、豌豆、番茄、海棠等的花。有些植物如甜菜、大麻、桑等的花只有一层花被,即只有花萼或花冠,称为单被花。有的完全没有花被,称为无被花,如杨、柳、核桃和板栗的雄花等。

①花萼 位于花的外侧,由若干萼片组成。一般呈绿色,其结构与叶相似,具有保护幼花和进行光合作用的功能。各萼片完全分离的称为离萼,如油菜、茶等的花萼;彼此连合的称为合萼,如丁香、棉等的花萼。合萼下端连合的部分称为萼筒。有些植物如凤仙花、旱金莲等萼筒伸长成一细长空管,称为距。花萼也可能具有两轮,外轮的花萼称为副萼,如棉、扶桑等的花萼。花萼通常在开花后脱落,称为落萼。也有随果实一起发育而宿存的,称为宿萼,有保护幼果的作用,如番茄、茄子、辣椒等的花萼。有的花萼的萼片变成毛状,称为冠毛,如菊科植物蒲公英的萼片。冠毛有利于果实、种子借风力传播。

②花冠 位于花萼的内侧,由若干花瓣组成,排列成一轮或数轮。由于多数植物的花瓣细胞内含有花青素和有色体,可使花冠呈现不同颜色,有的还能分泌蜜汁和产生香味,因此具有招引昆虫传粉的功能,还可保护雌、雄蕊。

花冠可分为离瓣花冠与合瓣花冠两类(图2-32)。

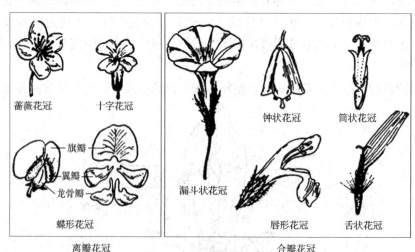

图 2-32 花冠的类型

离瓣花冠　花瓣基部彼此完全分离，这种花冠称为离瓣花冠，常见以下几种：

蔷薇花冠：由 5 个(或 5 的倍数)分离的花瓣排列成五星辐射状，如月季、桃、李、苹果、樱花等的花冠。

十字花冠：由 4 个分离的花瓣排列成"十"字形，是十字花科植物的特征之一，如油菜、白菜、萝卜、甘蓝等的花冠。

蝶形花冠：花瓣 5 片离生，花形似蝶，最外面的一片最大，称为旗瓣，两侧的两瓣称为翼瓣，最里面的两瓣顶部稍连合或不连合，称为龙骨瓣，如刺槐、大豆、花生、蚕豆等的花冠。

假蝶形花冠：花瓣也是 5 片离生，最上一片旗瓣最小，位于花的最内侧，侧面两片翼瓣较小，最下面两片龙骨瓣最大，位于花的最外方，如紫荆等的花冠。

合瓣花冠　花瓣全部或基部合生的花冠称为合瓣花冠，常见以下几种：

漏斗状花冠：花瓣连合成漏斗状，如牵牛花、甘薯等的花冠。

钟状花冠：花冠较短而广，上部扩大成钟形，如南瓜、桔梗等的花冠。

唇形花冠：花冠裂片是上下二唇，如芝麻、薄荷、一串红等的花冠。

筒状(管状)花冠：花冠大部分呈一管状或圆筒状，花冠裂片向上伸展，如向日葵花序的盘花。

舌状花冠：花冠筒较短，花冠裂片向一侧延伸成舌状，如向日葵花序周边的边花、莴苣花序的花。

轮状花冠：花冠筒极短，花冠裂片由基部向四周辐射状扩展，如茄子、常春藤、番茄等的花冠。

根据花被片的排列情况，花被片的大小、形状相似，通过花的中心可以切成两个以上对称面的花，称为整齐花，如蔷薇花冠、漏斗状花冠的花。花被片的大小、形状不同，通过花的中心最多可以切成一个对称面的花，称为不整齐花，如蝶形花冠、舌状花冠的花。

（4）雄蕊群

雄蕊群是一朵花中雄蕊的总称，由多数或一定数目的雄蕊组成，是花的重要组成部分之一。雄蕊由花丝和花药两个部分组成。花丝细长，顶端呈囊状。花药位于花丝顶端，常分为两个药室，每个药室具一个或两个花粉囊，花粉成熟时，花粉囊开裂，散出大量花粉粒。

雄蕊的数目及类型是鉴别植物的标志之一。雄蕊可分为离生雄蕊和合生雄蕊两类(图 2-33)。

①离生雄蕊　花中雄蕊各自分离，如蔷薇、石竹等。其中有的数目固定，长短悬殊，如：

二强雄蕊　花中雄蕊 4 枚，二长二短，如芝麻、益母草等的雄蕊。

四强雄蕊　花中雄蕊 6 枚，四长二短，如萝卜、油菜等十字花科植物的雄蕊。

②合生雄蕊　花中雄蕊全部或部分合生，包括以下几种：

单体雄蕊　花丝下部连合成筒状，花丝上部或花药仍分离，如木槿、蜀葵等的雄蕊。

二体雄蕊　花丝 10 枚连合成 2 组，其中 9 枚花丝连合，另 1 枚单生，如大豆的雄蕊。

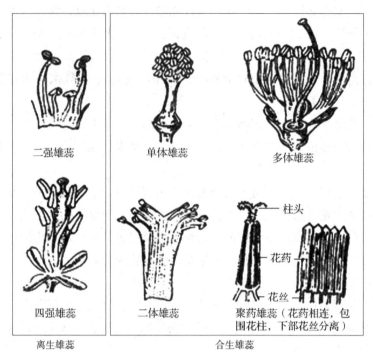

图 2-33　雄蕊的类型

多体雄蕊　雄蕊多数，花丝基部合生成多束，如蓖麻、金丝桃等的雄蕊。

聚药雄蕊　花丝分离，花药合生，如向日葵、菊花和南瓜等的雄蕊。

（5）雌蕊群

雌蕊位于花的中央，由柱头、花柱和子房3个部分组成。一朵花中所有的雌蕊称为雌蕊群。雌蕊由心皮卷合而成。心皮是具有生殖作用的变态叶，心皮的边缘互相连接处，称为腹缝线。在心皮背面的中肋处也有一条缝线，称为背缝线（图2-34）。雌蕊的柱头位于雌蕊的顶部，是接受花粉粒的地方。花柱位于柱头和子房之间，是花粉萌发后花粉管进入子房的通道。子房是雌蕊下部膨大的部位，外部为子房壁，内具一至多个子房室，各室内着生胚珠；受

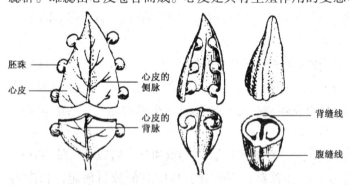

图 2-34　心皮卷合成雌蕊

精后，子房发育为果实，子房壁发育成果皮，胚珠发育成种子。

不同种类的植物其雌蕊的类型、子房的位置、胎座的类型常不相同。

①雌蕊的类型　根据雌蕊中心皮的数目和离合情况，可分为：

单雌蕊　一朵花中的雌蕊仅由一个心皮组成，称为单雌蕊，如大豆、豌豆、蚕豆等的雌蕊。

离生雌蕊　一朵花中的雌蕊是由几个心皮组成的，但心皮彼此分离，每一心皮成为一个雌蕊，称为离生雌蕊，如莲、草莓、八角等的雌蕊。

　　合生雌蕊　一朵花中由 2 个或 2 个以上心皮组合成的雌蕊，称为合生雌蕊，属复雌蕊，如棉花、番茄等的雌蕊。在不同植物中，合生雌蕊心皮的连合程度不同（图 2-35）。

　　②**子房的位置**　根据子房在花托上的着生位置和与花托的连接情况，可分为子房上位、子房下位和子房中位 3 种类型（图 2-36）。

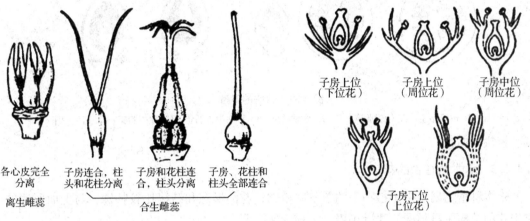

图 2-35　雌蕊的类型　　　　　　　　图 2-36　子房在花托上着生的位置

　　子房上位　子房仅以底部与花托相连，称为子房上位。子房上位分为两种情况，如果子房仅以底部与花托相连，而花被、雄蕊着生位置低于子房，称为子房上位下位花，如油菜、玉兰等的花。如果子房仅以底部与杯状花托的底部相连，花被与雄蕊着生于杯状花托的边缘，即子房的周围，称为子房上位周位花，如桃、李等的花。

　　子房下位　子房埋于下陷的花托中，并与花托愈合，称为子房下位，花的其余部分着生在子房的上面花托的边缘，称为上位花，如苹果、梨、南瓜、向日葵等的花。

　　子房中位　又称子房半下位。子房的下半部陷于杯状花托中，并与花托愈合，上半部仍露在外，花被和雄蕊着生于花托的边缘，其花称为周位花，如甜菜、马齿苋、菱角等的花。

　　③**胎座的类型**　胚珠通常沿心皮的腹缝线着生于子房内，着生胚珠的部位称为胎座。胎座有以下几种类型（图 2-37）。

　　边缘胎座　单雌蕊，子房 1 室，胚珠生于心皮的腹缝线上，如豆类的胎座。

　　侧膜胎座　合生雌蕊，子房 1 室或假数室，胚珠生于心皮的边缘，如油菜、黄瓜、西瓜等的胎座。

　　中轴胎座　合生雌蕊，子房数室，各心皮边缘聚于中央形成中轴，胚珠生于中轴上，如苹果、柑橘、棉花、茄子、番茄等的胎座。

　　特立中央胎座　合生雌蕊，子房 1 室或不完全的数室，子房室的基部向上有一个短的中轴，但不到达子房顶，胚珠生于此轴上，如石竹、马齿苋等的胎座。

　　基生胎座和顶生胎座　胚珠生于子房室的基部（如菊科植物）或顶部（如桃、桑、梅）。

　　一朵花中花萼、花冠、雄蕊群和雌蕊群 4 个部分齐全的花称为完全花，如油菜、海棠、桃、番茄等的花；缺少其中任何一部分或几部分的花称为不完全花，如桑、南瓜、

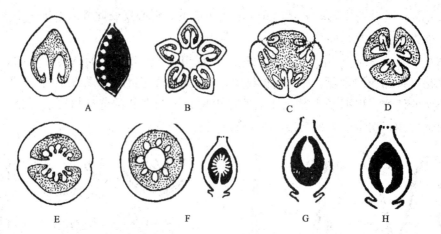

图 2-37　胎座的类型

A、B. 边缘胎座　C. 侧膜胎座　D、E. 中轴胎座　F. 特立中央胎座　G. 顶生胎座　H. 基生胎座

柳、核桃等的花。

2.3.1.3　禾本科植物的花

禾本科植物属于被子植物中的单子叶植物，花的形态和结构比较特殊，与上面所述的典型花的结构明显不同。现以小麦、水稻为例说明。

禾本科植物花的最外面有外稃及内稃各 1 枚，外稃中脉明显，并常延长成芒；外稃的内侧部有 2 枚鳞片(或称浆片)，里边有 3 枚(小麦)或 6 枚(水稻)雄蕊，中间是一枚雌蕊(图 2-38)。外稃是花基部的苞片，内稃和鳞片是由花被退化而成，开花时，鳞片吸水膨胀，撑开内、外稃，使花药和柱头露出稃外，有利于借助风力传播花粉。

禾本科植物的小花集生形成小穗，每个小穗的基部有一对颖片(护颖)，颖片相当于花序外面的总苞片，下面的一片称为外颖，上面的一片称为内颖，许多小穗再集中排列成花序(穗)(图 2-39)。

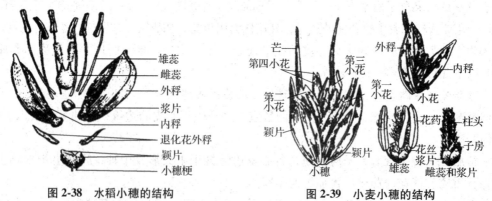

左图标注：雄蕊　雌蕊　外稃　浆片　内稃　退化花外稃　颖片　小穗梗

右图标注：芒　第四小花　第二小花　颖片　第三小花　第一小花　小穗　颖片　外稃　内稃　小花　花药　柱头　子房　花丝　浆片　雄蕊　雌蕊和浆片

图 2-38　水稻小穗的结构　　　　　**图 2-39　小麦小穗的结构**

2.3.2　花与植物的性别

(1)花的性别

一朵花中同时具有雌蕊、雄蕊的花，称为两性花，如小麦、苹果、桃、油菜等的花；

只有雄蕊或雌蕊的花，称为单性花，如杨、柳、桑等的花，其中只有雄蕊的称为雄花，只有雌蕊的称为雌花；雄蕊和雌蕊都没有的，称为无性花或中性花，如向日葵花序边缘的舌状花。

（2）植物的性别

单性花的植物，雌花和雄花生在同一植株上的，称为雌雄同株，如玉米、南瓜、蓖麻等；雌花和雄花分别生在不同植株上的，称为雌雄异株，如银杏、杨、柳、菠菜等，其中只有雄花的植株称为雄株，只有雌花的称为雌株；同一植株上，既有两性花又有单性花或无性花的称为杂性同株，如柿、荔枝、向日葵等。

2.3.3 花序

有些植物的花单独着生于叶腋或枝顶，称为单生花，如桃、芍药、荷花等。但多数植物的花是按照一定的方式和顺序着生在分枝或不分枝的花序轴上。花在花序轴上有规律的排列方式，称为花序。花序轴又称花轴。根据花序轴长短、分枝与否、有无花柄及开花顺序，将花序分为无限花序和有限花序。

（1）无限花序

花从花序轴的下部先开，渐及上部，花序轴顶端可以继续生长；或花序轴较短，自外向内逐渐开放。常见有以下几种(图 2-40)。

①总状花序 花轴单一、较长，自下而上依次着生有柄的花朵，各花的花柄长短相等，如油菜、萝卜、荠菜等的花序。有些植物的花轴具有若干次分枝，每个分枝构成一个

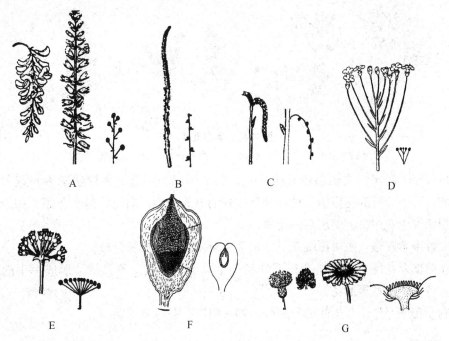

图 2-40 花序的类型

A. 总状花序 B. 穗状花序 C. 柔荑花序 D. 伞房花序 E. 伞形花序 F. 隐头花序 G. 头状花序

总状花序时，称为复总状花序，又称圆锥花序，如水稻、丁香、烟草、葡萄等的花序。

②穗状花序　花序长，花轴直立，其上着生许多无柄的两性花，如车前、马鞭草等。如果花轴分枝，每小枝均构成一个穗状花序，称为复穗状花序，如小麦、大麦等。若穗状花序的花轴膨大呈棒状，称为肉穗花序，花穗基部常被总苞所包围，如玉米的雌花序。

③伞房花序　花有柄但不等长，下部的花柄长，上部的花柄渐短，全部花排列近于一个平面，如梨、苹果、山楂等的花序。

④伞形花序　花轴顶端集生很多花柄近等长的花，全部花排列成圆顶状，形如张开的伞，开花顺序由外向内，如常春藤、人参、葱、韭等的花序。如果花轴顶端分支，每一分支为一伞形花序，称为复伞形花序，如胡萝卜、小茴香等的花序。

⑤柔荑花序　单性花排列于一细长而柔软下垂的花轴上，开花后整个花序一起脱落。如杨、柳、板栗和胡桃的雄花序等。

⑥头状花序　花轴极度缩短而膨大，扁形铺展或隆起，各苞叶常集成总苞，如菊科植物的花序。

⑦隐头花序　花序轴顶端膨大，中央凹陷状，许多无柄小花着生在凹陷的腔壁上，几乎全部隐藏于囊内，如无花果的花序。

（2）有限花序

有限花序又称聚伞花序，不同于无限花序的是，有限花序的花轴顶端的花先开放，花轴顶端不再向上产生新的花芽，而是由顶花下部分化形成新的花芽，因而有限花序的花开放顺序是从上向下或从内向外。有限花序可分为以下几种类型(图2-41)。

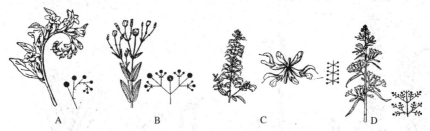

图2-41　有限花序
A. 单歧聚伞花序　B. 二歧聚伞花序　C. 轮伞花序　D. 多歧聚伞花序

①单歧聚伞花序　主轴顶端先生一花，其下形成一侧枝，在枝端又生一花，如此反复，形成一合轴分枝的花序轴。根据分枝排列的方式分为：蝎尾状聚伞花序，如唐菖蒲的花序；螺状聚伞花序，如勿忘草的花序。

②二歧聚伞花序　主轴顶端花下分出2个分枝，如此反复分枝。

③多歧聚伞花序　主轴顶端花下分出3个以上的分枝，各分枝又形成一小的聚伞花序，如大戟、猫眼草等的花序。

④轮伞花序　生于对生叶的叶腋处，加一串红、益母草的花序。

2.3.4　果实

果实可分为三大类型，即单果、聚合果和聚花果。

2.3.4.1 单果

由一朵花中的单雌蕊或复雌蕊形成的果实称为单果。根据果皮的性质与结构，单果又可分为肉质果与干果两大类。

（1）肉质果

果实成熟后，肉质多汁，又分为下列几种（图 2-42）。

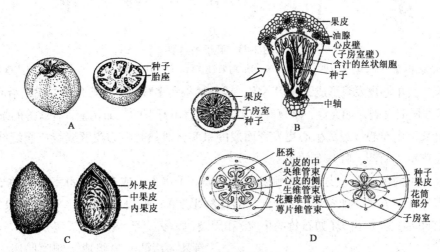

图 2-42 肉质果的类型

A. 浆果（番茄）　B. 柑果（橘子）　C. 核果（苦扁桃）　D. 梨果（苹果）

① 浆果　果皮除最外层以外都肉质化，通常由多心皮的雌蕊形成，含数枚种子。葡萄、番茄、柿等的果实都属浆果。在番茄中，除中果皮与内果皮肉质化外，胎座也肉质化。

② 柑果　由复雌蕊发育形成，外果皮革质，有挥发油腔，中果皮疏松，分布有维管束，内果皮薄膜状，分为若干室，室内生有多个汁囊，汁囊来自于子房内壁的茸毛，为可食部分，每瓣内有多个种子，如柑橘、柚、柠檬、橙等的果实。

③ 核果　一般由单心皮的雌蕊发育形成，内有 1 枚种子。成熟的核果果皮明显分为 3 层：外果皮膜质，中果皮肉质多汁，内果皮木质化、坚硬，如桃、杏、李、樱桃等的果实。

④ 梨果　由合生雌蕊的下位子房和花筒共同发育而成的假果。在形成果时，果的外层由花托发育而成，果内大部分由花筒发育而成，子房发育的部分位于果实的中央。由花筒发育的部分和外果皮、中果皮为肉质，内果皮木质化、较硬，如苹果、梨、山楂等的果实。

⑤ 瓠果　瓜类植物的果实，也属于浆果。这种浆果是由合生雌蕊下位子房形成的假果。花托和外果皮结合成坚硬的果壁，中果皮和内果皮肉质，胎座发达、肉质化。南瓜、冬瓜的可食部分主要是果皮，西瓜可食部分主要为肉质化的胎座。

（2）干果

果实成熟后，果皮干燥。又分裂果和闭果两类。

① 裂果　果皮成熟开裂，散出种子。根据心皮数目和开裂方式，又分为以下类型（图 2-43）：

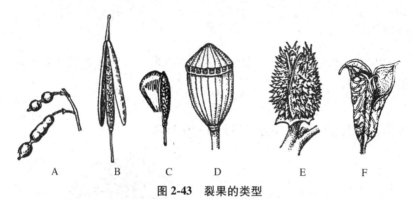

图 2-43 裂果的类型

A. 荚果(槐树) B. 长角果 C. 短角果 D. 蒴果(罂粟) E. 蒴果(曼陀罗) F. 蓇葖果(飞燕草)

荚果 由单心皮发育形成,子房一室,成熟的果实多数开裂。其开裂方式是沿心皮背缝线和腹缝线同时开裂,如大豆、豌豆等的果实。也有不开裂的,如花生、合欢等的果实。

蓇葖果 由单心皮或离生心皮发育而成的果实,成熟时沿心皮背缝线或腹缝线纵向开裂,如飞燕草、芍药、牡丹等的果实。

蒴果 由两个以上心皮的合生雌蕊发育而成。子房 1 室或多室,每室多粒种子。成熟果实具多种开裂方式,如背裂(如百合、棉花的果实)、腹裂(如烟草、牵牛的果实)、孔裂(如罂粟的果实)、齿裂(如石竹的果实)和周裂(如马齿苋、车前的果实)等。

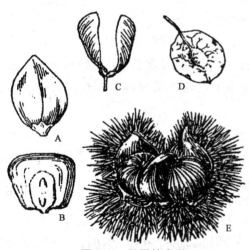

图 2-44 闭果的类型

A. 瘦果 B. 颖果 C、D. 翅果 E. 坚果

角果 由两心皮组成,侧膜胎座,由心皮边缘子房室内生出一隔膜(假隔膜),将子房分成 2 室。成熟时果实沿 2 条腹缝线裂开,如白菜、萝卜、油菜等的果实。角果长度为宽度的数倍,称为长角果,如荠菜、独行菜的果实;角果长度与宽度相近,称为短角果。

②闭果 果实成熟后不开裂,有下列几种类型(图 2-44)。

瘦果 果实内含一粒种子,果皮与种皮分离,如 1 个心皮的白头翁果实、2 个心皮的向日葵果实、3 个心皮的荞麦果实等。

颖果 由 2~3 个心皮组成,1 室含 1 粒种子,果皮与种皮紧密愈合不易分离,如小麦、玉米等禾本科植物的果实。

翅果 果皮向外延伸成翅,如榆、槭树、枫杨等的果实。

坚果 果皮木质化而坚硬,含 1 粒种子,如榛子、栗子、橡子等的果实。

分果 由 2 个或 2 个以上心皮组成,各室含 1 粒种子,成熟时,各心皮沿中轴分开,如芹菜、胡萝卜等伞形科植物的果实。

2.3.4.2 聚合果

一朵花中具有多数聚生在花托上的离生雌蕊,以后每一个雌蕊形成一个小果,许多小果聚生在花托上，称为聚合果。因小果的不同，聚合果可以是聚合蓇葖果，如八角、玉兰的果实，可以是聚合瘦果，如草莓、蔷薇的果实(图 2-45)，也可以是聚合核果，如悬钩子、茅莓的果实，还可以是聚合坚果，如莲等的果实。

2.3.4.3　聚花果

由整个花序形成的果实称为聚花果(复果)，花序中的每朵花形成独立的小果，聚集在花序轴上，外形似一果实。如凤梨就是很多花长在花轴上，花轴肉质化，成为食用的部分；无花果是花轴内陷成囊，肉质化，内藏多汁小坚果；桑葚是由一个雌花序发育而成，各花的子房发育成为一个小浆果，包藏在肥厚多汁的花萼中，可食部分是花萼(图 2-46)。

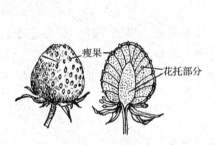

图 2-45　聚合果(草莓)

图 2-46　聚花果

A. 桑　B. 无花果　C. 凤梨

◇**实践教学**

实训 2-2　植物生殖器官的形态特征观察

一、实训目的

通过观察不同种子植物的有关实物、标本或图片，掌握种子植物生殖器官的基本形态，提高对植物形态的观察能力和对植物与环境相互适应关系的认识。

二、材料及用具

放大镜、刀片、枝剪、采集袋、镊子、解剖针、铅笔、笔记本等。

三、方法及步骤

在校园、实验室和实习基地观察不同种子植物的生殖器官实物、标本或图片，了解种子植物生殖器官的外部形态、基本组成和类型。

1. 花的形态观察

(1)花冠类型

蔷薇形花冠、十字形花冠、蝶形花冠、漏斗状花冠、钟状花冠、唇形花冠、筒状花冠、舌状花冠、轮状花冠等。

(2)雄蕊类型

离体雄蕊、单体雄蕊、二体雄蕊、多体雄蕊、聚药雄蕊、二强雄蕊、四强雄蕊等。

（3）雌蕊类型

单雌蕊、离生雌蕊、合生雌蕊。

（4）胎座类型

边缘胎座、侧膜胎座、中轴胎座、特立中央胎座、顶生胎座、基生胎座。

（5）子房位置类型

上位子房（下位花、周位花）、中位子房（周位花）、下位子房（上位花）。

（6）花的性别

两性花、单性花、中性花、杂性花、孕性花、不孕性花。

（7）花被种类

双被花、单被花、无被花（裸花）、重瓣花。

（8）花序类型

①无限花序　总状花序、穗状花序、柔荑花序、肉穗花序、伞房花序、伞形花序、头状花序、隐头花序、圆锥花序、复穗状花序、复伞房花序、复伞形花序。

②有限花序　单歧聚伞花序、二歧聚伞花序、多歧聚伞花序、轮伞花序。

2. 果实的形态观察

（1）单果

①肉质果　浆果、柑果、核果、梨果、瓠果。

②干果　裂果（菁葖果、荚果、角果、蒴果）、闭果（瘦果、颖果、坚果、翅果、离果）。

（2）聚合果

（3）聚花果

按照所述内容要求进行标本的采集识别。

四、实训作业

（1）观察校园内外植物，用植物形态术语记录植物生殖器官的形态。

（2）根据所提供的果实，填写表2-1（表中以番茄为例）。

表2-1　植物果实类型及结构特征

植物种类	真果或假果	肉质果类型	干果类型	胎座类型	果实主要结构特征
番茄	真果	浆果		中轴胎座	外果皮薄，中、内果皮及胎座均肉质化，并充满汁液

实训2-3　种子植物的形态学术语描述

一、实训目的

通过观察不同种子植物的有关实物、标本或图片，掌握种子植物的外部形态、基本组成和多样性，掌握种子植物各器官基本形态的描述方法，提高对植物形态的观察能力和对植物与环境相互适应关系的认识。

二、材料及用具

放大镜、刀片、枝剪、采集袋、镊子、解剖针、铅笔、笔记本等。

三、方法及步骤

1. 形态观察和测量

植物形态描述建立在对实物实际观察的基础上。对数量形状要进行测量，肉眼不能分辨的性状要借助体视显微镜观察。为了更好地了解植物的形态变异，可能要对该植物的居群进行考察，或者查阅多份植物标本。

2. 描述的次序

高等植物都有着复杂的形态特征，形态描述要按一定的次序进行。总体顺序是：先整体后局部，自上而下，自外向内。先描述生活型和株高，再自上而下地依次叙述其茎、叶、根；先描述花的总体特征，再自外向内叙述其萼片、花瓣、雄蕊、雌蕊；描述雄蕊，则先陈述雄蕊的数目、排列方式、结合与否，然后自上而下说明其花药和花丝的特征。

3. 形态术语的运用

描述植物的形态特征只能应用科学语言，不能使用俗语，一般情况下也不应该使用自创的术语。

4. 句式的规范

描述植物要用最简洁的句子。对每一性状的描述，都要把性状（器官）名称放在句首，后面直接加上表示状态的形容词或数词。例如，叙述花的颜色为白色的句式为"花白色"，而不是"白花"，叙述雄蕊数目为5枚的句式为"雄蕊5"枚，而不是"5个雄蕊"。

5. 形态变异的处理

要正确把握形态变异的性质，区分变异和畸变。描述植物尤其是描述数量形状时要充分体现其正常的变化幅度。

四、实训作业

观察校园内外植物，用植物形态术语记录植物各器官的形态。

◇ **自测题**

1. **名词解释**

不定根，直根系，芽，芽鳞痕，叶痕，叶迹，分蘖，完全叶，不完全叶，单叶，复叶，单身复叶，叶序，叶镶嵌，单性花，两性花，无限花序，有限花序。

2. **填空题**

(1) 根的主要功能是_____和_____，根还有_____和_____等功能。

(2) 被子植物的营养器官是_____、_____、_____。生殖器官是_____、_____、_____。

(3) 茎的主要作用是_____和_____。

(4) 种子植物茎的分枝方式有_____、_____、_____3种类型。

(5) 水稻茎的分枝方式叫_____。

(6) 依茎的生长方式，茎可分为_____、_____、_____和_____4种类型。

(7) 木本植物的叶脱落后在茎上留下的疤痕叫_____。

(8) 叶的主要生理功能包括_____和_____两个方面。

(9) 完全叶具有_____、_____和_____3个部分。

(10) 禾本科植物的叶由_____和_____组成。

(11) 叶序的类型一般有_____、_____、_____和_____4种。

(12) 下列各部分属于哪种变态：皂荚的刺为_____，山楂的刺为_____，刺槐的刺为_____，柑橘的刺为_____，豌豆的卷须为_____，黄瓜的卷须为_____，葡萄的卷须为_____。

(13) 常见的复叶类型有_____、_____、_____、_____。

(14) 植物体内营养生长进入生殖生长是以_____为转折点的。

(15) 从系统发育上来看，花是适应于生殖的_____短枝。

(16) 一朵完整的花可分为花柄、花托、_____、_____、_____、_____。

(17) 花萼与花冠合称为_____。

(18) 每一雄蕊由_____和_____两个部分组成，每一雌蕊由_____、_____和_____3个部分组成。

(19) 禾本科植物的一朵小花由_____、_____、_____、_____和_____组成。

3. 判断题

(1) 直根系的特点是主根发达粗壮，主根与许多不定根共同组成根系。　　　( )

(2) 直根系多为深根系，须根系多为浅根系。　　　( )

(3) 产生簇生叶序主要是茎节间缩短的缘故。　　　( )

(4) 一株植物只有一个顶芽，但可有多个腋芽。　　　( )

(5) 叶芽将来发育成叶，花芽将来发育成花。　　　( )

(6) 幼茎表皮细胞中含有叶绿体，所以呈绿色。　　　( )

(7) 单轴分枝的节间较长，较多的花芽得以发育，能多结果，故为丰产的分枝方式。( )

(8) 仙人掌上的刺是叶的变态，月季上的刺是茎的变态。　　　( )

(9) 禾本科植物的分枝常集中发生在接近地面或地面以下的茎节上，这种方式的分枝称为分蘖。　　　( )

(10) 单叶的叶柄与复叶小叶柄基部均有腋芽。　　　( )

(11) 水稻和稗草叶都有叶舌、叶耳。　　　( )

(12) 在叶部产生的根和芽分别称为不定根和不定芽。　　　( )

(13) 既有花萼又有花冠的花称为两性花。　　　( )

(14) 单雌蕊子房仅由一心皮构成一室，复雌蕊子房则可以由数个心皮形成数室或一室。　　　( )

(15) 子房的心皮数目一定等于子房室数。　　　( )

(16)由3心皮组成的复雌蕊有6条腹缝线。　　　　　　　　　　　　（　　）

(17)禾本科植物的一个小穗就是一朵花。　　　　　　　　　　　　（　　）

(18)单歧聚伞花序属于有限花序类型。　　　　　　　　　　　　　（　　）

(19)有些植物不产生花器官也能结果，如无花果。　　　　　　　　（　　）

(20)二体雄蕊就是一朵花中只有两个离生的雄蕊。　　　　　　　　（　　）

4. 选择题

(1)扦插、压条是利用枝条、叶、地下茎等能产生（　　）的特性。

　　A. 初生根　　　　　B. 不定根　　　　　C. 次生根　　　　　D. 主根

(2)玉米近地面的节上产生的根属于（　　）。

　　A. 主根　　　　　　B. 侧根　　　　　　C. 不定根　　　　　D. 定根

(3)下列植物中具有须根系的是（　　）。

　　A. 大豆　　　　　　B. 刺槐　　　　　　C. 七叶树　　　　　D. 小麦

(4)缠绕茎靠（　　）向上升，如何首乌。

　　A. 卷须　　　　　　B. 气生根　　　　　C. 茎本身　　　　　D. 吸盘

(5)葡萄靠（　　）向上攀。

　　A. 气生根　　　　　B. 茎卷须　　　　　C. 叶柄　　　　　　D. 钩刺

(6)作为蔬菜食用的藕，属于变态营养器官中的（　　）。

　　A. 肉质茎　　　　　B. 肉质根　　　　　C. 根状茎　　　　　D. 块茎

(7)蒲公英叶呈莲座状，是因为（　　）。

　　A. 无茎　　　　　　B. 茎仅具一个节　　C. 节间极短　　　　D. 具地下茎

(8)松、杨的分枝方式为（　　）。

　　A. 单轴分枝　　　　B. 合轴分枝　　　　C. 假二叉分枝　　　D. 二叉分枝

(9)草莓的茎为（　　）。

　　A. 缠绕茎　　　　　B. 攀缘茎　　　　　C. 直立茎　　　　　D. 匍匐茎

(10)柑橘的叶是（　　）。

　　A. 单叶　　　　　　B. 掌状复叶　　　　C. 单身复叶　　　　D. 羽状复叶

(11)禾谷类作物的叶包括（　　）等部分。

　　A. 叶柄、叶鞘、叶耳、托叶　　　　　　　B. 叶柄、叶舌、叶耳、叶片

　　C. 叶鞘、叶舌、叶耳、叶片　　　　　　　D. 托叶、叶鞘、叶舌、叶耳、叶片

(12)下列植物具变态根的是（　　）。

　　A. 马铃薯　　　　　B. 生姜　　　　　　C. 山芋　　　　　　D. 洋葱

(13)百合、莲、马铃薯的地下茎分别是（　　）。

　　A. 球茎、根状茎、块茎　　　　　　　　　B. 鳞茎、肉质茎、块茎

　　C. 球茎、肉质茎、块茎　　　　　　　　　D. 鳞茎、根状茎、块茎

(14)豆角的胎座是（　　）。

　　A. 边缘胎座　　　　B. 侧膜胎座　　　　C. 中轴胎座　　　　D. 特立中央胎座

(15)单雌蕊的子房可具有（　　）。

A. 侧膜胎座　　　B. 边缘胎座　　　C. 中轴胎座　　　D. 特立中央胎座

(16) 无花果是( )。

　　　　A. 聚合果　　　B. 浆果　　　　C. 聚花果　　　D. 肉质果

(17) 小麦穗是( )。

　　　　A. 穗状花序　　B. 肉穗花序　　C. 总状花序　　D. 复穗状花序

(18) 花柄长短不等,下部分花柄较长,越向上部,花柄越短,各花排在同一平面上的花序称( )。

　　　　A. 伞房花序　　B. 头状花序　　C. 伞形花序　　D. 复伞形花序

(19) 桑葚是( )。

　　　　A. 聚合果　　　B. 浆果　　　　C. 聚花果　　　D. 肉质果

(20) 草莓的果属于( )。

　　　　A. 聚合果　　　B. 单果　　　　C. 聚花果　　　D. 浆果

(21) 南瓜的胎座是( )。

　　　　A. 侧膜胎座　　　B. 边缘胎座　　　C. 中轴胎座　　　D. 特立中央胎座

(22) 禾本科植物小穗中的浆片相当于( )。

　　　　A. 花被　　　　B. 小苞片　　　C. 苞片　　　　D. 总苞

5. 问答题

(1) 常见幼苗的类型有哪些? 举例说明。

(2) 在农业生产中如何获得壮苗、齐苗?

(3) 如何区别主根、侧根和不定根? 植物的根系可分为几种类型,它们有何区别? 说明根系在土壤中的分布与环境之间的关系。

(4) 从外部形态上怎样区分根和茎?

(5) 观察当地果树及园林树木的枝条,根据芽在枝上的着生位置、性质和芽鳞的有无等将芽分为哪几种类型? 不同类型的芽各有何特点?

(6) 如何识别长枝和短枝、叶痕和芽鳞痕? 了解这些内容在生产上有何意义?

(7) 单轴分枝与合轴分枝有何区别? 这两种分枝方式在生产上有何意义?

(8) 植物典型的叶由哪几部分组成? 举例说明完全叶与不完全叶。

(9) 比较根与根茎、块根与块茎、叶刺与茎刺的区别。

(10) 花的组成包括哪几部分? 各有何特点。

(11) 说明花冠的类型。

(12) 举例说明雄蕊有哪些类型?

(13) 举例说明雌蕊有哪些类型?

(14) 以小麦、水稻为例,说明禾本科植物花的结构特点。

(15) 什么叫雌雄同株、雌雄异株、杂性同株?

(16) 什么叫花序? 举例说明花序的类型及特点。

(17) 果实有哪些类型? 各有何特点?

(18) 指出表 2-2 中所列植物各自具有的器官变态类型。

表 2-2　植物器官变态类型

植物	器官变态类型	植物	器官变态类型
葡萄		猪笼草	
马铃薯		小檗	
竹		荸荠	
黄瓜		玉米	
球茎甘蓝		莴苣	
向日葵		甘薯	
皂荚		五叶地锦	
豌豆		菟丝子	
洋葱		假叶树	

单元 3 植物器官的结构

◇ **知识目标**

(1) 了解高等植物根、茎、叶、花、果实、种子的解剖结构。

(2) 了解植物各器官的发育过程及其与生理功能的关系。

◇ **技能目标**

(1) 能够用科学的术语正确描述植物各器官的基本结构。

(2) 熟悉各器官的发育过程，能区分不同类型植物的根、茎、叶的结构，识别花药、胚囊的结构。

◇ **理论知识**

在植物的个体发育过程中，各器官形成了与其生理功能相适应的解剖结构，其中根和茎共同组成植物体的体轴，叶片中的叶肉是植物进行光合作用的主要部位，花和果实是被子植物特有的器官。花的分化标志着植物从营养生长转入了生殖生长，经过开花、传粉与受精作用，花部的胚珠发育成种子，子房发育成果实。植物各器官在解剖结构及发育上既有明显的差异，又彼此密切联系，体现了植物体的整体性。

3.1　根的结构

根是种子植物的重要营养器官，除少数气生根外，一般生长在地下。根的最先端是根尖，根的吸收、伸长生长和根内各种组织的形成主要是在根尖进行的。

3.1.1　根尖及其分区

(1) 根尖的概念

根尖是指从根的顶端到着生根毛部分的一段。无论主根、侧根还是不定根，都有根尖，根尖是根中生命活动最旺盛、最重要的部位。

(2) 根尖的分区

根尖从顶端起，依次分为根冠、分生区、伸长区和成熟区 4 个区域，根冠与分生区之间的界限较明显，其他区域细胞是逐渐过渡的(图 3-1)。

①根冠　位于根尖的最前端，从外形上看，像一帽状物套在分生区的外面，有保护分生区的作用。根冠由活的薄壁细胞组成，一般无明显分化，近分生区部分的细胞较小，远离分生区的细胞较大。根冠外层的细胞能分泌黏液，使根冠表面光滑，减少根向土壤中生长时的摩擦；当根冠表层细胞死亡脱落后，由分生区细胞产生新的细胞予以补充，从而使根冠保持一定的形状和厚度。根冠内部的细胞常含有可以移动的淀粉粒，起着"平衡石"的作用。在自然情况下，根垂直向下生长；当根水平放置时，淀粉粒向下沉积，结果使根向下弯曲，从而保证了根的向地性生长；切除根冠后，根将失去向地性。

②分生区　也称生长点，位于根冠内上方，由顶端分生组织构成。分生区细胞的细胞壁薄、细胞核较大、排列紧密、细胞质浓、无明显液泡，细胞具较强的分裂能力。分生区的前端是原生分生组织，具有持续分裂能力。后端为初生分生组织，由原生分生组织分裂而

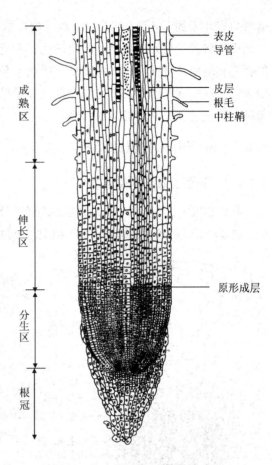

图3-1　根尖纵切面（引自张宪省）

来，细胞分裂能力逐渐减弱，并初步分化为最外层的原表皮、中央部分的原形成层以及二者之间的基本分生组织。

③伸长区　位于分生区上方，由分生区分裂产生的细胞衍生而来。细胞多已停止分裂，显著伸长，呈圆筒形，细胞内出现明显液泡，最早的导管和筛管开始出现。因此，伸长区是根伸长生长的主要部位。

④成熟区　又称为根毛区，位于伸长区上方，细胞已停止伸长，形成了各种成熟组织，组成根的初生结构。成熟区表面密生根毛，根毛是表皮细胞向外形成的管状结构，它的形成扩大了根的吸收面积，所以成熟区是根吸收能力最强的部位。

根毛的生长速度较快，但寿命较短，

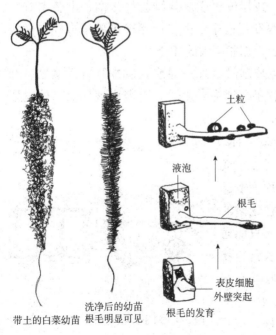

图3-2　根毛的形成

通常只有几天到十几天(图3-2)。随着根尖的不断生长，根毛区也在不断向前推进，新长出的根毛将替代枯死的根毛。根毛的生长和更新对吸收水肥非常重要，植物移栽时，纤细的根毛和幼根常被损伤，大大降低了吸收水分的能力，所以，移栽后的苗木往往会出现短期萎蔫。在实际工作中，带土球移栽或在移植时充分灌溉和修剪部分枝叶，目的就是减少蒸腾，防止过度失水，提高成活率。

3.1.2 双子叶植物根的结构

3.1.2.1 初生生长与初生结构

根的初生生长是指根的顶端分生组织经过分裂、生长、分化形成成熟根的过程。根的初生生长过程中形成的各种组织属于初生组织，由初生组织复合而成的结构称为根的初生结构。

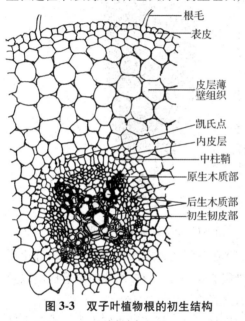

图3-3 双子叶植物根的初生结构
(引自李扬汉)

将根尖成熟区横切，可见根的初生结构分为表皮、皮层、维管柱(图3-3)。

(1)表皮

表皮位于根的表面，由原表皮发育而来。常由一层壁薄细胞组成，细胞排列紧密，细胞的长轴与根的纵轴平行。根的表皮不具气孔，细胞外壁不加厚，一般没有角质层。许多表皮细胞的外壁向外突出形成根毛。对幼根来讲，表皮的吸收作用较保护作用更为重要。

(2)皮层

皮层位于表皮与维管柱之间，由基本分生组织发育而来。由多层薄壁细胞组成，在横切面上占据相当大的部分。

皮层的最外一层或几层细胞排列紧密，细胞较小，称为外皮层。当表皮破坏后，外皮层细胞壁增厚并栓化，代替表皮起保护作用。

皮层的最内一层细胞排列紧密，没有胞间隙，称为内皮层。内皮层细胞的横向壁和径向壁上有木化和栓化的带状增厚，称为凯氏带；在横切面上，凯氏带在相邻的径向壁上呈点状，称为凯氏点。内皮层的这种结构，阻断了皮层与维管柱之间的质外体运输途径，使得水及溶解在水中的物质只能通过内皮层细胞的原生质体进入维管柱，控制着营养物质和水分进入维管柱，从而使根对物质的吸收具有选择性(图3-4)。

外皮层与内皮层之间的薄壁细胞排列疏松，有明显的胞间隙，便于物质的运输与通气。细胞内常贮藏

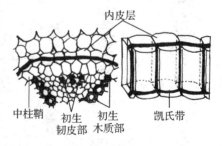

图3-4 双子叶植物根内皮层的结构
(示凯氏带)

各种后含物，其中以淀粉最为常见。水生和湿生植物在皮层中常形成气腔、通气道等通气组织。

（3）维管柱

维管柱也称中柱，是指内皮层以内的部分，由原形成层发育而来。包括中柱鞘和初生维管束，少数植物的维管柱还有髓。

中柱鞘位于中柱最外层，通常由1~2层排列整齐的薄壁细胞组成，少数植物有多层细胞。中柱鞘细胞分化程度浅，在一定条件下，可恢复分裂能力产生侧根、部分维管形成层和木栓形成层等。

初生维管束位于根的中心，初生木质部和初生韧皮部相间排列，各自成束，二者之间有薄壁细胞相隔。

初生木质部在横切面上呈辐射状，由导管、管胞、木纤维和木薄壁细胞组成，初生木质部的辐射角外侧分化成熟较早，主要由环纹、螺纹导管组成，称为原生木质部；辐射角内侧分化成熟较晚，主要由梯纹、网纹和孔纹导管组成，称为后生木质部。初生木质部这种由外向内逐渐成熟的方式称为外始式。多数植物根中木质部的束数是相对稳定的，如油菜、萝卜是2束，称为二原型；柳树、豌豆是3束，称为三原型；棉花是4束，称为四原型。

初生韧皮部位于初生木质部辐射角之间，束数与初生木质部相同。由筛管、伴胞、韧皮纤维和韧皮薄壁细胞组成。初生韧皮部也有原生韧皮部和后生韧皮部之分，原生韧皮部在外，后生韧皮部在内，其分化成熟的方式也是外始式。

在木本双子叶植物中，初生木质部与初生韧皮部之间的薄壁细胞以后能恢复分裂能力，发育为维管形成层的一部分。许多植物维管柱的中央分化为后生木质部，少数植物的不分化为后生木质部，而由薄壁细胞组成，称为髓。

3.1.2.2　次生生长与次生结构

大多数双子叶植物的根在形成初生结构后，由于次生分生组织——维管形成层和木栓形成层具有旺盛的分裂能力，可以分裂活动，使根不断增粗，这一过程称为次生生长。由它们产生的次生维管组织与周皮共同组成的结构，称为次生结构（图3-5）。

（1）维管形成层的发生和活动

维管形成层简称为形成层。产生时首先是由根的初生木质部与初生韧皮部之间的薄壁细胞恢复分裂能力，进行平周分裂，形成弧形片段状的形成层。随后，各段形成层逐渐向两侧扩展，直到初生木质部的放射角处，此时与初生木质部放射角正对的中柱鞘细胞也恢复分裂能力，进行分裂活动，成为形成层的另一部分，并与之前产生的形成层衔接，构成一个波状的形成层环。由于

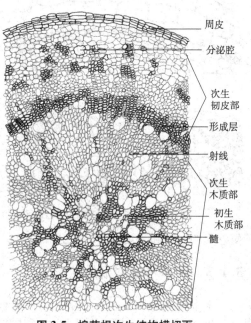

周皮

分泌腔

次生韧皮部

形成层

射线

次生木质部

初生木质部

髓

图3-5　棉花根次生结构横切面

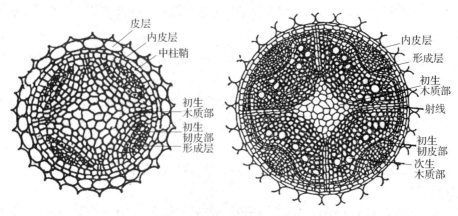

图 3-6　形成层的发生与活动

凹入部分的形成层较凸出部分的产生较早、分裂较快,结果波状形成层环逐渐变成圆环状。形成层成为圆环状后,细胞的分裂趋于一致,因此,根的增粗是均匀的(图 3-6)。

维管形成层产生后,主要进行平周分裂,向内产生的细胞分化形成次生木质部,加在初生木质部的外侧;向外产生的细胞分化形成次生韧皮部,加在初生韧皮部的内侧。次生木质部和次生韧皮部的组成成分与初生木质部和初生韧皮部基本相同。此外,维管形成层还能产生一些径向排列的射线薄壁细胞,其中,位于木质部的称为木射线,位于韧皮部的称为韧皮射线。木射线和韧皮射线总称为维管射线,是根内的横向运输系统。

(2)木栓形成层的发生和活动

由于形成层的活动,中柱不断扩大,使根不断加粗,到一定的程度,将引起中柱鞘以外的皮层、表皮等组织破裂。这时伴随发生的是中柱鞘细胞恢复分裂能力,产生木栓形成层。

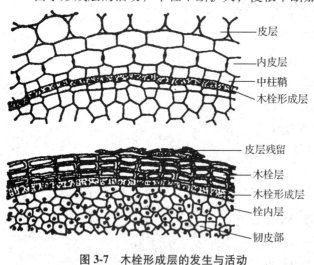

图 3-7　木栓形成层的发生与活动

木栓形成层产生后,进行平周分裂,向外产生的几层细胞发育为木栓层,向内产生的细胞保持薄壁状态成为栓内层。木栓层、木栓形成层和栓内层三者合称周皮(图 3-7)。当第一次产生的木栓形成层失去作用后,又有新的木栓形成层发生,位置逐渐内移,最后可深达次生韧皮部的外侧。周皮的形成,使外面的皮层和表皮得不到水分和养料,最终相继死亡脱落。

3.1.3 禾本科植物根的结构

禾本科植物如玉米、水稻、小麦等根的初生构造与双子叶植物一样,分为表皮、皮层、维管柱(中柱)3 个部分,但各部分特点不同(图 3-8)。禾本科植物的根没有维管形成层和木栓形成层，不能进行次生生长，没有次生构造。

（1）表皮

表皮是最外面的一层生活细胞，但细胞寿命一般较短；表皮上也有根毛形成，当根毛枯死后，往往解体而脱落。

（2）皮层

皮层位于表皮和中柱之间。靠近表皮的一至数层细胞排列紧密，为外皮层，在发育后期常形成栓化的厚壁组织，在表皮、根毛枯萎后，代替表皮起保护作用。外皮层以内为皮层薄壁细胞，数量较多，排列疏松。水稻的皮层薄壁细胞在后期形成许多腔隙，以适应水湿环境。皮层最内层细胞为内皮层，内皮层的绝大部分细胞横向壁、径向壁和内切向壁五面增厚，只有外切向壁未加厚。在横切面上，增厚的部分呈马蹄

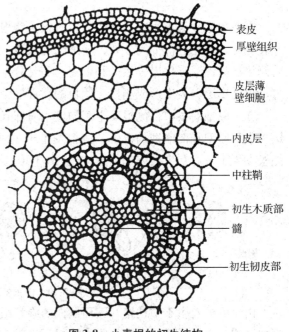

图 3-8　小麦根的初生结构

形。但正对着初生木质部辐射角的内皮层细胞壁不增厚，称为通道细胞。

（3）维管柱

维管柱的最外一层薄壁细胞为中柱鞘，在根发育后期常部分或全部木质化。维管束由初生木质部和初生韧皮部组成。初生木质部一般为多原型，由原生木质部和后生木质部组成。原生木质部在外侧，主要由数个小型导管组成；后生木质部在内侧，仅有一个大型导管。初生韧皮部位于原生木质部之间，与原生木质部相间排列，主要由少数筛管、伴胞组成。初生木质部与初生韧皮部之间的薄壁细胞分化成熟，不再有分裂能力。维管柱中央为髓部，但小麦幼根的中央部分有时被 1 或 2 个大型后生导管占满。有的植物如水稻等发育后期，除韧皮部外，整个维管柱全部木质化，既保持输导功能，又起到坚固的支持作用(图 3-9)。

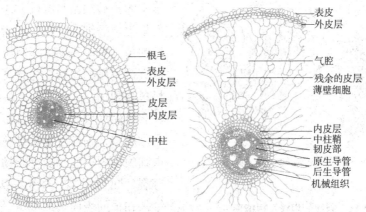

图 3-9　水稻的幼根（A）和老根（B）

3.1.4 侧根的形成

根在初生生长过程中，还能产生侧根。侧根发生时，位于中柱鞘一定部位的细胞恢复分裂能力，首先进行平周分裂，增加细胞层数，继而进行各方向分裂，形成侧根原基。以后侧根原基逐渐分化出分生区和根冠，随着分生区细胞的不断分裂、生长和分化，最后穿过母根的皮层、表皮形成侧根，侧根的这种发育方式称为内起源。

在二原型的根中，侧根发生于初生木质部和初生韧皮部之间或正对初生韧皮部的中柱鞘；在三原型和四原型的根中，侧根发生于正对初生木质部的中柱鞘；在多原型的根中，侧根发生于正对初生韧皮部的中柱鞘(图3-10)。

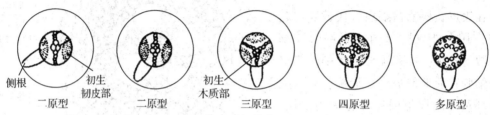

图 3-10 侧根的发生部位

由于侧根发生于中柱鞘，因而侧根的维管组织能很方便地与主根的维管组织相连，在根内形成一个维管系统。当植物的主根受损时，能促进侧根的发生和生长。因此，在育苗和移植时，对主根发达、侧根很少的苗木，常切断主根，以引起更多侧根的发生，保证植株根系的旺盛发育，从而使整个植株能更好地生长。

3.1.5 根瘤与菌根

植物的根系分布于土壤中，土壤中的有些微生物能侵入某些植物根中，吸取所需的营养物质，同时，植物也能从微生物的活动中获得所需的营养物质。植物与微生物之间的这种互助互利的关系，称为共生。植物根和微生物之间的共生体，最常见的为根瘤和菌根。

(1)根瘤

在豆科植物的根上，常常有许多形状各异、大小不等的瘤状物，称为根瘤。根瘤是土壤中的根瘤细菌与根的共生体。豆科植物的根为根瘤细菌提供水和营养物质，而根瘤细菌具有固氮能力，可将空气中植物不能直接利用的氮转变为含氮化合物，供豆科植物利用。

根瘤形成时，根瘤细菌首先穿过根毛进入皮层，在皮层部位迅速分裂繁殖；皮层细胞也因根瘤细菌分泌物的刺激而进行分裂，数目增多，体积增大，向外突出，结果在根的表面形成根瘤(图3-11)。

根瘤的形成，不仅使植物得到充分的

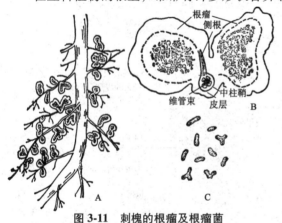

图 3-11 刺槐的根瘤及根瘤菌

A. 外形 B. 有根瘤部分的横切面 C. 根瘤菌

氮素，还可以分泌一些含氮物质到土壤中，增加土壤肥力而为其他植物所利用。在生产实际中，将豆科植物与其他作物间作或轮作，可减少施肥而达到丰产的目的。此外，蔷薇科、桦木科、鼠李科等植物的根上也常具有根瘤。

（2）菌根

有些植物的根与土壤中的某些真菌形成共生体，称为菌根。这些真菌能增加根对水和无机盐的吸收和转化能力，而植物则把其制造的有机物提供给真菌。菌根有外生菌根、内生菌根和内外生菌根 3 种(图 3-12)。

①外生菌根　真菌的菌丝大部分包围在幼根的表面，形成一个鞘状物，有时少数菌丝侵入根部表皮和皮层细胞的间隙，但不侵入细胞。具有外生菌根的根尖，短而粗，呈灰白色，常为二叉状，根毛不发达或无，菌丝在根尖外面代替根毛，扩大了根系的吸收面积。许多植物如桦木属、栎属、栗属等有外生菌根。

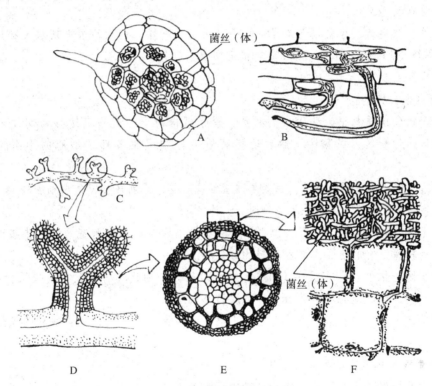

图 3-12　内生菌根与外生菌根

A. 小麦的内生瘤根的横切面　B. 芳香豌豆的内生菌根的纵切面

C、D. 松的外生菌根的分枝及分枝纵切面的放大　E、F. 松的外生菌根的横切面及一部分的放大

②内生菌根　真菌的菌丝通过表皮进入皮层的细胞内，根的表面仍有根毛。这种根在外形上与正常根差别不大，只是颜色较暗。内生菌根主要促进根内的物质运输，加强根的吸收机能，如桑属、五角枫、杜鹃花等有内生菌根。

③内外生菌根　真菌的菌丝不仅包围在根的外面，而且也侵入到皮层细胞间隙和皮层细胞。如柳属、苹果、柽柳等有内外生菌根。

很多具菌根的植物，在没有相应的真菌存在时，就不能正常地生长或种子不能萌发。实际生产中，根据所选的树种，预先在土壤内接种需要的真菌，或事先让种子感染真菌，能保证植物生长发育良好。

◇实践教学

实训 3-1　植物根解剖结构的观察

一、实训目的

通过观察植物根尖纵切、植物幼根横切和老根横切的永久制片，掌握根尖的结构特点，双子叶植物根、单子叶植物根的初生结构特点，以及双子叶植物根的次生结构特点；提高对植物结构的观察能力和对植物结构与功能关系的认识。

二、材料及用具

显微镜，擦镜纸；小麦根尖或洋葱根尖纵切永久制片，蚕豆幼根横切永久制片，玉米根(或水稻根)横切永久制片，向日葵老根横切永久制片。

三、方法及步骤

1. 观察根尖的结构

取小麦根尖或洋葱根尖纵切永久制片，置于低倍镜下，边观察边移动切片来辨认根冠、分生区、伸长区、成熟区，然后转换高倍镜仔细观察各部位细胞的形态、结构和特点。

①根冠　位于根尖的最先端，由数层薄壁细胞组成，排列疏松，外层细胞较大，内部细胞较小，整个形状似帽，罩在分生区外部。

②分生区　包于根冠之内，由排列紧密的小型细胞组成。细胞壁薄、细胞核大、细胞质浓、染色较深，有时可见到有丝分裂的分裂相。

③伸长区　位于分生区上方，细胞一方面沿长轴方向迅速伸长，另一方面开始分化，向成熟区过渡，细胞内有明显的液泡，细胞核移向边缘。

④成熟区　位于伸长区上方，表面密生根毛，中央部分可见已分化成熟的螺纹、环纹导管。

2. 观察双子叶植物根的初生结构

取蚕豆幼根横切永久制片，置于显微镜下观察。

①表皮　为幼根的最外层细胞，排列整齐紧密，细胞壁薄，在切片上可观察到有些表皮细胞向外突出形成根毛。

②皮层　位于表皮之内，由多层薄壁细胞组成，紧接表皮的1~2层排列整齐紧密的细胞为外皮层；皮层最内一层细胞排列整齐，为内皮层；内、外皮层之间的数层薄壁细胞较大，排列疏松，有明显的胞间隙。内皮层细胞的径向壁上可见到凯氏点。

③维管柱　内皮层以内部分为维管柱。其中，紧接内皮层里面的一层薄壁细胞，排列整齐而紧密，为中柱鞘。初生维管束包括初生木质部、初生韧皮部和薄壁细胞。蚕豆多为四原型根，初生木质部呈辐射状排列，具4个辐射角。初生韧皮部位于初生木质部两个辐

射角之间，与初生木质部相间排列。薄壁细胞位于初生木质部和初生韧皮部之间。

3. 观察单子叶植物根的初生结构

取玉米横切永久制片，在显微镜下观察，可明显区分出表皮、皮层和维管柱 3 个部分。与双子叶植物根的结构基本相同，不同之处主要表现在：在皮层中，玉米根（稍老）内皮层细胞多为 5 面加厚并栓质化，在横切面上呈马蹄形，仅外向壁是薄壁。正对初生木质部处的内皮层细胞常不加厚，保持薄壁状态，为通道细胞。维管柱中央是薄壁细胞组成的髓，占据根的中心，为单子叶植物根的典型特征之一。

4. 观察双子叶植物根的次生结构

取向日葵老根横切永久制片，先用低倍镜观察，然后转换高倍镜详细观察其各部分结构。

①周皮　在老根的最外数层细胞，由外向内识别出木栓层、木栓形成层和栓内层。

②韧皮部　初生韧皮部一般已被破坏，分辨不清，但次生韧皮部清晰可见。

③形成层　位于次生韧皮部和次生木质部之间，成一圆环。

④木质部　包括次生木质部和初生木质部，次生木质部靠近形成层，所占面积最大。初生木质部在根的中心部位，所占面积较小，呈星芒状。

⑤髓和射线　向日葵老根中央无髓，但可以清晰地看到呈放射状的射线。

四、实训作业

（1）绘制小麦根尖或洋葱根尖纵切面结构图，注明各部分的名称。

（2）绘制蚕豆幼根横切面结构图，注明各部分的名称。

（3）绘制向日葵老根横切面结构图，注明各部分的名称。

3.2　茎的结构及生长

茎是联系根、叶的营养器官，茎的生长包括初生生长与次生生长两种。一般草本植物的茎只进行初生生长，而木本双子叶植物和裸子植物的茎，在初生生长形成初生结构后，还要进行次生生长。茎的初生生长是在茎尖部位进行的。

3.2.1　茎尖的分区与茎的伸长生长

茎尖即茎的尖端。茎尖自上而下可分为分生区、伸长区和成熟区 3 个部分（图3-13）。茎的分生区外无类似根冠的构造，而常常是被许多幼叶所包被。

（1）茎尖分区及结构

①分生区　位于茎尖前端，由原生分

图 3-13　茎尖的分区

生组织和初生分生组织组成。原生分生组织是由胚直接保留下来的，细胞具有旺盛的分裂能力；初生分生组织是由原生分生组织分裂的细胞衍生而来，细胞仍具有一定的分裂能力，但在形态上已开始最初的分化，形成原表皮、原形成层和基本分生组织。原表皮位于最外层，以后分化为茎的表皮；原形成层位于中央，以后分化为茎的维管组织；基本分生组织位于原表皮和原形成层之间，以后分化为皮层、髓和射线。

②伸长区　位于分生区的下方。茎尖的伸长区较长，一般长达数厘米或更长，包括数个节和节间。伸长区的细胞还能继续进行分裂，但分裂的次数由上向下逐渐减少，主要是细胞体积的增长，因此，伸长区是茎伸长生长的主要部分。

③成熟区　位于伸长区的下方，细胞伸长生长逐渐停止，各组织的分化已经基本完成，形成各种成熟组织，具备幼茎的初生构造。

（2）茎的伸长生长

茎的伸长生长主要包括顶端生长和居间生长。顶端生长是指茎尖中进行的初生生长，通过顶端生长可不断增加茎的节数和叶数，同时使茎逐渐伸长。茎的居间生长是指当植物生长发育到一定阶段时，遗留在节间的居间分生组织进行的伸长生长，使茎的节间迅速伸长，并逐渐分化为初生结构。如小麦、水稻等拔节就是居间生长的结果。

3.2.2　茎的初生结构

（1）双子叶植物茎的初生结构

通过茎尖成熟区作横切面，可以看到，双子叶植物茎的初生构造包括表皮、皮层和维管柱3个部分（图3-14）。

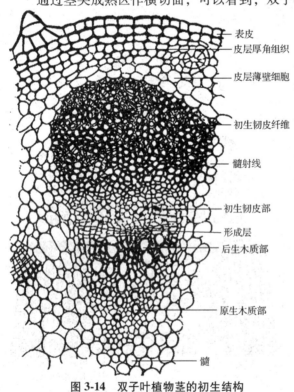

①表皮　位于幼茎的最外层，一般由一层活细胞组成，细胞排列紧密，细胞呈砖形，长径与茎的长轴平行。表皮细胞的外壁常加厚，并角质化形成角质层。表皮细胞之间分布有气孔，气孔由两个肾形的保卫细胞相对而成，是进行气体交换的通道；表皮上还常分化出表皮毛或腺毛，具保护和分泌功能。

②皮层　位于表皮和维管柱之间，主要由薄壁细胞组成，在横切面上所占比例较小。靠近表皮的几层皮层细胞常分化为厚角组织，含有叶绿体，使幼茎呈绿色，并担负幼茎的支持作用。茎的皮层一般无内皮层的分化。但有些植物皮层的最内层细胞富含淀粉粒，称为淀粉鞘；有些植物茎的皮层中，存在分泌构造（如棉

图3-14　双子叶植物茎的初生结构

图中标注：表皮、皮层厚角组织、皮层薄壁细胞、初生韧皮纤维、髓射线、初生韧皮部、形成层、后生木质部、原生木质部、髓

花)和通气组织(如水生植物)。

③维管柱　又称中柱,是皮层以内的部分,多数植物的维管柱由初生维管束、髓和髓射线 3 个部分组成。

初生维管束　常呈束状,在横切面上排成一圆环。初生维管束由初生木质部、初生韧皮部和束内形成层组成。多数植物的初生木质部在内,初生韧皮部在外,为外韧维管束;但也有少数植物如葫芦科植物为双韧维管束。初生木质部由导管、管胞、木纤维和木薄壁细胞组成,分为内侧的原生木质部和外侧的后生木质部,发育方式为内始式。初生韧皮部由筛管、伴胞、韧皮纤维和韧皮薄壁细胞组成,分为外侧的原生韧皮部和内侧的后生韧皮部,发育方式为外始式。束中形成层位于初生木质部与初生韧皮部之间,是由原形成层保留下来的一层分生组织组成,是茎进行次生生长的基础。

髓　位于幼茎中央,通常由薄壁细胞组成,细胞体积较大,排列疏松;有些植物的髓含淀粉粒、晶体等物质。

髓射线　位于初生维管束之间,由活的薄壁细胞组成,其细胞常径向伸长,连接皮层和髓,在横切面上呈放射状,是茎内横向运输的通道。髓射线的部分细胞将来还可恢复分裂能力,构成束间形成层,参与次生结构的形成。

(2)禾本科植物茎的初生结构

单子叶植物茎和双子叶植物茎在结构上有许多不同。大多数单子叶植物的茎只有初生结构,没有次生结构,所以结构比较简单。禾本科植物的茎由表皮、机械组织、基本组织和维管束组成(图 3-15)。

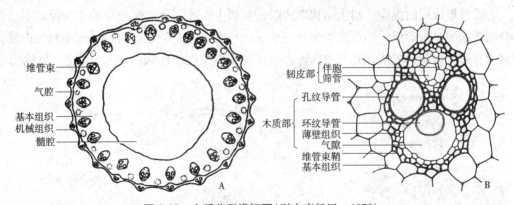

图 3-15　水稻茎秆横切面(引自李扬汉,1978)

A. 简图　B. 维管束

①表皮　是位于茎最外面的一层活细胞,由一种长轴形细胞和两种短轴形细胞纵向排列而成,长轴形的细胞角质化,短轴形细胞为栓化的栓细胞和硅化的硅细胞。表皮细胞之间分布有气孔器,气孔器由一对哑铃形的保卫细胞和一对长梭形的副卫细胞构成。有些植物表皮上还有蜡层、表皮毛等附属物。

②机械组织　是位于表皮内侧的数层厚壁组织,它们连成一环,主要起支持作用。厚壁细胞的层数和细胞壁的厚度与茎的抗倒伏能力有关。

③基本组织　位于机械组织以内、维管束之间的区域,由大型薄壁细胞组成,细胞排

列较疏松。水稻、小麦等植物茎中央的薄壁组织解体，形成髓腔；水生禾本科植物的维管束之间的薄壁组织中还有通气道。

④维管束　其排列方式分为两类：一类以水稻、小麦为代表，维管束大体排列为内、外两环，外环的维管束较小，大部分埋藏于机械组织中；内环的维管束较大，周围为基本组织所包围；茎的中央有髓腔。另一类以玉米、甘蔗为代表，各维管束分散排列于基本组织中，从外围向中心，维管束越来越大，相互之间的距离也较远；茎的中央无髓腔。

维管束中无形成层的，为有限维管束，由初生木质部和初生韧皮部组成。初生韧皮部位于外侧，其原生韧皮部常被挤毁，保留下来的为后生韧皮部，由筛管和伴胞等组成。初生木质部位于内侧，在横切面上呈"V"形，"V"形的基部为原生木质部，包括一至多个环纹或螺纹导管以及少量的木薄壁细胞，在生长过程中，导管常被破坏，四周的薄壁细胞互相分离，形成一个大气隙；"V"形的上部有两个较大的孔纹导管，导管之间是管胞和薄壁细胞等共同组成的后生木质部。每一维管束的外围常有厚壁组织组成的维管束鞘，能增强茎的支持作用。

3.2.3　双子叶植物茎的加粗生长与次生结构

一般草本植物的茎，由于生活期短，经过初生生长即完成了它们的一生，没有次生结构；而多年生木本双子叶植物的茎，在初生生长的基础上，能产生维管形成层和木栓形成层，通过它们的活动，能进行次生增粗生长，形成次生结构(图3-16、图3-17)。

(1)维管形成层的发生与活动

①维管形成层的发生　初生结构形成时，在初生木质部和初生韧皮部之间保留了一层具分裂潜能的束内形成层。在次生生长开始时，与束内形成层相连的髓射线细胞也恢复分裂能力，形成束间形成层，并与束内形成层连成一环，构成环状的维管形成层(简称为形

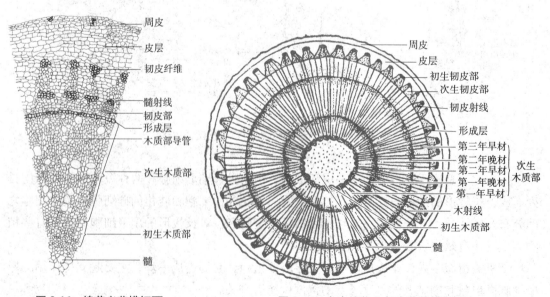

图 3-16　棉花老茎横切面　　　图 3-17　木本植物 3 年生茎的横切面

成层）。它由纺锤状原始细胞和射线原始细胞组成，前者细胞长而扁，两端尖斜；后者细胞近乎等径，分布于纺锤状原始细胞之间。

②维管形成层的活动　维管形成层产生后，纺锤状原始细胞进行平周分裂，向外产生的细胞分化为次生韧皮部，加在初生韧皮部的内侧；向内产生的细胞分化为次生木质部，加在初生木质部的外侧。同时，射线原始细胞进行径向分裂，向内产生木射线，向外产生韧皮射线。木射线和韧皮射线总称为维管射线，是茎内横向运输的通道。

③年轮　在多年生木本植物茎的次生木质部中，可以见到许多同心圆环，这就是年轮。年轮的产生是形成层季节性活动的结果。在有四季气候变化的地区，春季温度逐渐回升，水分充足，形成层活动旺盛，细胞分裂快，生长也快，形成的次生木质部中导管大而多，管壁较薄，色浅而疏松，构成早材（春材）。到夏末秋初，气温逐渐降低，形成层活动逐渐减弱，直至停止，产生的导管少而小，细胞壁较厚，色深而紧密，构成晚材（秋材）。在同一年中，由早材到晚材是逐渐过渡的，二者之间没有明显界限，但经过冬季的休眠，在第一年的晚材和第二年的早材之间形成了明显的界限，称为年轮界限。同一年内产生的早材和晚材构成一个年轮。因此，根据年轮的数目，可以判断树木的年龄（图 3-18）。

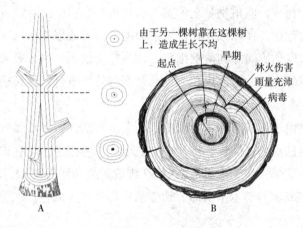

图 3-18　树木的年轮（引自郑湘如，2001）

A. 具有 5 年树龄茎干的纵、横剖面简图，示不同高度年轮数目的变化——基部是最
早出现形成层进行次生生长处，因而其年轮数代表了树龄。形成层的出现依次减少
B. 树干的横剖面，示生态条件对年轮生长状况的影响

④边材和心材　横切多年生木本植物的树干，可以看到，靠近形成层部分的木材是近几年形成的次生木质部，颜色较浅，质地柔软，其导管、管胞和木薄壁组织有效地担负输导和贮藏的功能，这部分木材称为边材。靠近茎中央部分的木材是形成较久的次生木质部，颜色较深，木质致密，其导管和管胞由于侵填体的形成而失去输导功能，但对植物体具有较强的支持作用，这部分木材称为心材。随着茎的次生生长，新的边材相继产生，老的边材逐年成为心材，能更强地支持植株。

（2）木栓形成层的发生与活动

①木栓形成层的发生　多数木本双子叶植物茎的木栓形成层是由紧接表皮的皮层薄壁细胞恢复分裂能力而形成的，但有些植物（如苹果）是由表皮细胞直接转变而成，有些植物

(如葡萄)则由紧接韧皮部的皮层细胞转变而成。

②木栓形成层的活动　木栓形成层形产生成后，向外分裂产生的细胞分化形成木栓层，木栓层细胞层数较多；向内分裂产生的少量细胞保持薄壁状态，称为栓内层，栓内层细胞层数较少；木栓层、木栓形成层和栓内层三者合称周皮，具有代替表皮的次生保护作用。

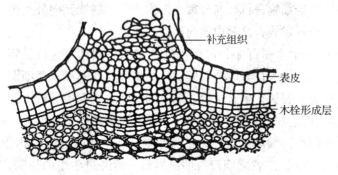

图3-19　皮孔的形成

木栓形成层的活动有一定期限，以后当茎继续加粗时，由于最初产生的周皮破裂而失去作用，在其内侧又产生新的木栓形成层，形成新的周皮。木栓形成层的产生部位依次内移，直至最后，木栓形成层产生于次生韧皮部中。这样，多次周皮的积累，就形成了树干外面的树皮。植物学上将历年产生的周皮和夹于其间的各种死亡组织合称为树皮或硬树皮。生产上常常把形成层以外的部分称为树皮，而植物学上称其为软树皮。

在周皮的形成过程中，在原来气孔位置下面的木栓形成层不形成木栓细胞，而是形成一些排列疏松、具有发达胞间隙的薄壁细胞，称为补充细胞。由于补充细胞的增多，向外突起，沿着气孔口撑破表皮，形成皮孔。皮孔是茎与外界进行气体交换的通道(图3-19)。

(3)双子叶植物茎的次生结构

木本双子叶植物由于形成层和木栓形成层的发生与活动，形成了大量的次生结构。茎的次生结构由外向内依次为：周皮、皮层(有或无)、初生韧皮部(有或无)、次生韧皮部、维管形成层、次生木质部、初生木质部、射线(维管射线和髓射线)、髓。其中，次生木质部、次生韧皮部在组成上与初生木质部、初生韧皮部基本相似，但次生木质部的量远远多于次生韧皮部。

◇实践教学

实训3-2　植物芽和茎解剖结构的观察

一、实训目的

通过观察植物叶芽纵切、植物幼茎横切和老茎横切的永久制片，掌握叶芽的结构特点，双子叶植物茎、单子叶植物茎的初生结构特点，双子叶植物茎的次生结构特点；提高对植物结构的观察能力和对植物结构与功能关系的认识。

二、材料及用具

显微镜，擦镜头纸，解剖刀，解剖镜或放大镜；大叶黄杨或丁香等的叶芽(鳞芽)，向日葵或大丽菊幼茎横切永久制片，玉米幼茎横切永久制片，椴树(或杨树)3年生茎横切永久制片。

三、方法及步骤

1. 芽的结构

取大叶黄杨的叶芽，用解剖刀将其纵切，置于放大镜下观察。芽的最外面包有几层较硬的鳞片状叶，为芽鳞；芽鳞里面有几片未伸展的幼叶，在每一幼叶的叶腋处有一突起，为腋芽原基；芽的中央被幼叶包着的幼嫩部分为生长锥，其近端周围有些侧生突起，为叶原基。叶原基、腋芽原基、幼叶等部分着生的轴为芽轴。

2. 单子叶植物茎的结构

取玉米幼茎横切永久制片，置于显微镜下观察。

①表皮 茎的最外一层活细胞，细胞扁方形，排列整齐、紧密，外壁增厚，上有气孔。

②机械组织 靠近表皮处有几层厚壁细胞，常连成环状。

③基本组织 在机械组织以内，有许多薄壁细胞，靠近机械组织的薄壁细胞较小，靠近茎中央的细胞较大，排列疏松，具明显胞间隙。基本组织在茎中所占比例最大。

④维管束 散生于基本组织中。靠近茎边缘的维管束，排列较紧密；靠近茎中央的维管束，排列较疏松。维管束为有限维管束，韧皮部在外，木质部在内；木质部呈"V"形，"V"形的上部有2个大的孔纹导管，"V"形的下部有1~2个较小的环纹或螺纹导管。每一维管束的外面常有一圈厚壁组织包围，为维管束鞘。

3. 双子叶植物茎的初生结构

取向日葵或大丽菊幼茎横切永久制片，置于显微镜下观察。

①表皮 茎的最外一层细胞，为方形或长方形，排列紧密，细胞外侧有角质层，有的表皮细胞转化成单细胞或多细胞的表皮毛。

②皮层 位于表皮之内。紧接表皮的几层细胞比较小，为厚角组织；厚角组织以内是数层薄壁细胞，排列疏松，有明显的胞间隙；内皮层一般不明显，但有时含淀粉。

③维管柱 皮层以内的部分，包括初生维管束、髓、髓射线。单个初生维管束常呈椭圆形，在横切面上许多初生维管束排成一环状。每个初生维管束中，外侧是初生韧皮部，内侧是初生木质部。在初生韧皮部和初生木质部之间为束中形成层。髓位于茎的中央部分，由薄壁细胞组成，细胞形态不一，细胞排列疏松。相邻两个维管束之间的薄壁组织为髓射线，外接皮层，内接髓，在横切面上呈放射状排列。

4. 双子叶植物茎的次生结构

取椴树(或杨树)3年生茎横切永久制片，置于显微镜下观察。

①周皮 位于茎的最外面，由木栓层、木栓形成层和栓内层组成。木栓层是外侧的几层扁长形的死细胞，细胞排列紧密、整齐；木栓形成层位于木栓层以内，由一层活细胞构成，细胞壁薄，细胞质浓，细胞核明显；栓内层是木栓形成层以内的几层薄壁细胞，细胞排列较为疏松。

②皮层 位于周皮以内，由厚角组织和薄壁细胞组成。

③韧皮部 位于皮层和形成层之间，主要是次生韧皮部，初生韧皮部常被挤压而破坏。

④形成层　位于韧皮部内侧，由几层排列整齐的扁平细胞组成，呈环状。

⑤木质部　形成层以内的部分，在横切面上所占面积最大，主要由次生木质部组成。在次生木质部的内侧，紧接髓的部位有小部分的初生木质部。

⑥髓　位于茎的中心，主要由薄壁细胞组成，外侧细胞较小，内侧细胞较大，细胞排列疏松，有明显的胞间隙，细胞内常含有贮藏物质。

⑦髓射线　在半径方向上呈放射状排列的薄壁细胞，内连髓部，外连皮层，是横向贯穿于次生韧皮部和次生木质部的薄壁细胞。

四、实训作业

(1)绘制大叶黄杨叶芽纵切面结构图，注明各部分的名称。

(2)绘制向日葵幼茎横切面结构图，注明各部分的名称。

(3)绘制玉米幼茎横切面结构图，注明各部分的名称。

(4)绘制椴树(或杨树)3年生茎结构图，注明各部分的名称。

3.3　叶的结构

叶发生于叶芽生长锥基部的叶原基，是植物的重要营养器官。被子植物的叶片为绿色扁平状结构，而裸子植物的叶无典型的背、腹面之分，其结构与被子植物的叶有显著区别。下面分别介绍不同类型植物叶的结构。

3.3.1　双子叶植物叶结构

双子叶植物的叶片由表皮、叶肉和叶脉3个部分构成(图3-20)。

(1)表皮

表皮是覆盖在叶片外表的保护组织，分为上表皮与下表皮。表皮由一层活的薄壁细胞组成，细胞一般不含叶绿体，细胞之间排列紧密，无胞间隙。表皮细胞一般为形状不规则的扁平状，侧壁凸凹不齐，彼此紧密嵌合，但在横切面上呈长方形或方形。

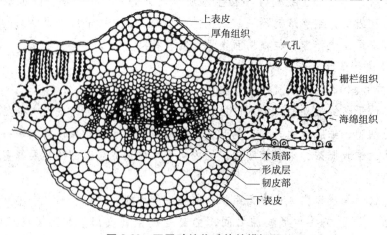

图3-20　双子叶植物叶片的横切面

表皮细胞的外壁常增厚并角质化，形成角质层，可以防止水分过度蒸腾，防止病菌侵入，加固机械性能。

叶的表皮细胞之间分布有许多气孔，气孔由 2 个肾形的保卫细胞围合而成，气孔既是进行气体交换的通道，也是水分蒸腾的通道。表皮上还生有不同类型的表皮毛，可以加强保护作用。有些植物的表皮毛具有分泌功能，称为腺毛。有些植物的叶尖或叶缘具有排水器。

（2）叶肉

叶肉是位于上、下表皮之间的同化薄壁组织，是进行光合作用的主要部分，一般分为栅栏组织和海绵组织。

①栅栏组织　邻接上表皮的叶肉细胞，呈长柱状，叶轴与叶表面垂直，排列整齐而紧密，类似栅栏状。细胞内叶绿体含量较多。光合作用主要在此进行。其细胞层数和特点因植物种类而异。栅栏组织既可充分利用光照，又可避免强光伤害。

②海绵组织　位于栅栏组织与下表皮之间，细胞形态不一，排列疏松，胞间隙较大，在气孔内侧常形成较大的气孔下室。细胞内叶绿体相对较少。海绵组织的主要功能是气体交换和蒸腾作用，其光合作用能力弱于栅栏组织。

叶肉中有明显的栅栏组织和海绵组织分化的叶称为异面叶，叶肉中没有明显的栅栏组织和海绵组织分化的叶称为等面叶。

（3）叶脉

叶脉是叶片中的维管束，起支持和输导作用。双子叶植物的叶脉为网状脉，粗大的主脉通常在叶背面明显隆起，维管束外围有机械组织分布。维管束由木质部、韧皮部和形成层 3 个部分组成，木质部在上面，由导管、管胞、木纤维和木薄壁细胞组成；韧皮部在下面，由筛管、伴胞、韧皮纤维和韧皮薄壁细胞组成；形成层位于木质部和韧皮部之间，活动期很短，只产生极少量的次生组织。叶脉越细，结构越简单，表现为形成层和机械组织减少，以至完全消失；木质部和韧皮部的组成也逐渐简化，到脉梢时，木质部只有螺纹管胞，韧皮部中只有狭短的筛管分子和增大的伴胞，甚至只有薄壁细胞与叶肉相连。

3.3.2　禾本科植物叶结构

禾本科植物的叶片大多狭而长，叶柄常呈鞘状，其叶片的结构也由表皮、叶肉和叶脉 3 个部分组成（图 3-21）。

（1）表皮

表皮分为上表皮与下表皮。表皮细胞包括 1 种长细胞和 2 种短细胞，长细胞是表皮的主要成分，其长径与叶的长轴相平行，细胞壁不仅角质化，而且还硅质化，因而叶片质地坚硬，有糙手的感觉。短细胞又分为硅质细胞和栓质细胞，短细胞分布于长细胞之间。

在相邻两叶脉之间的上表皮部位有几个特殊形态的大型薄壁细胞，称为泡状细胞或运动细胞，能较有效地控制水分的出入。表皮细胞之间还分布有气孔，气孔由一对哑铃形的保卫细胞和一对梭形的副卫细胞构成。有的植物表皮上有表皮毛等附属物。

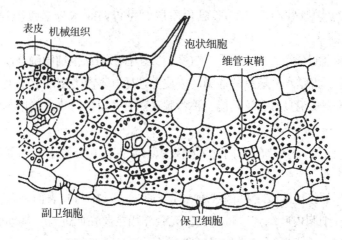

表皮 机械组织 泡状细胞 维管束鞘 副卫细胞 保卫细胞

图3-21 玉米叶片的横切面

（2）叶肉

禾本科植物的叶肉没有栅栏组织和海绵组织的分化，为等面叶。叶肉细胞的形状随植物种类而异，在有些植物中细胞壁具明显的内褶，形成"峰、谷、腰、环"的结构。细胞壁的内褶增大了质膜表面积，有利于光合作用；当相邻叶肉细胞的"峰、谷"相对时，可使胞间隙增大，便于气体交换。

（3）叶脉

单子叶植物的叶脉为平行脉。叶脉由维管束及其外围的维管束鞘组成。维管束为有限维管束，由木质部和韧皮部组成，中间没有形成层，木质部与韧皮部的成分与双子叶植物相似。维管束鞘有两种类型：一种是由单层薄壁细胞构成，细胞较大，排列整齐，内含较大的叶绿体，叶肉细胞紧接维管束鞘呈辐射状排列，组成花环形结构，这种结构在光合作用中具有重要意义，是C_4植物的特征，如玉米、甘蔗、高粱等。另一种是由两层细胞构成，外层细胞壁较薄，细胞较大，含叶绿体较少而小；内层细胞壁较厚，细胞较小，不含叶绿体；没有花环形结构，是C_3植物的特征，如小麦、水稻等。

3.3.3 裸子植物叶结构

裸子植物的叶多呈针形、鳞形或披针形，少数植物（如苏铁）的叶为大型羽状复叶，而银杏为二裂的扇形叶。以松叶为例，作松叶的横切可以看到，由外向内由表皮系统、叶肉和维管束3个部分组成（图3-22）。

（1）表皮系统

表皮系统包括表皮、下皮层及气孔器等结构。表皮由一层厚壁细胞组成，无上、下表皮之分，外壁常角质化形成

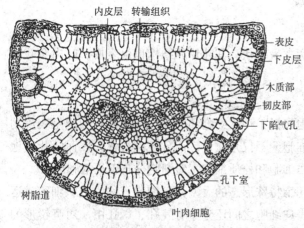

内皮层 转输组织 表皮 下皮层 木质部 韧皮部 下陷气孔 孔下室 树脂道 叶肉细胞

图3-22 松叶的横切面

发达的角质层。下皮层位于表皮内侧，由一至多层厚壁细胞组成，具有防止水分蒸腾和使针叶坚固的作用。气孔由一对保卫细胞和一对副卫细胞构成，保卫细胞的侧壁与下皮层细胞相连，副卫细胞的侧壁与表皮细胞相连，即气孔由表皮下陷到下皮层。

（2）叶肉

叶肉位于下皮层以内，细胞内含有叶绿体，细胞壁常内褶，能扩大光合作用面积。叶肉中分布着树脂道。叶肉的最内侧一层细胞排列整齐，称为内皮层。根据树脂道与下皮层及内皮层的相对位置，可将其分为外生树脂道、内生树脂道、中生树脂道和横生树脂道4种类型。

（3）维管束

维管束位于叶的中央，1个（如红松、华山松）或2个（如马尾松、油松）。维管束主要由木质部和韧皮部组成，木质部在近轴面，韧皮部在远轴面。木质部和韧皮部的组成与根、茎相同。在维管束与内皮层之间有转输组织，可起短途运输作用。

在松柏类植物中，常具有下皮层、下陷气孔、树脂道等。但叶肉细胞内褶现象仅为松属特有，而红豆杉、水杉等则不具有内皮层。

3.3.4 落叶和离层

植物的叶是有一定寿命的，当经历一定的生活期后，叶便枯死脱落。草本植物的叶，随植株的死亡而枯萎。多年生木本植物则有落叶树和常绿树之分。生长在温带的杨、柳、榆、槐、苹果等树木，它们的叶只有一个生长季，春、夏季长出新叶，到冬季则全部枯萎而脱落，称为落叶树。松、柏等树木，叶也脱落，但不是同时进行，每年有一部分叶片枯萎脱落，同时每年增生新叶，植株上始终有大量绿叶存在，称为常绿树。自然界中只有常绿的树而没有常绿的叶。落叶对植物体维持体内水分平衡、保证植物正常生命活动具有重要意义。

叶经过一定时期生长后，细胞内矿物质积累太多，使细胞的生理机能衰老，光合作用减弱甚至停止，叶绿素被破坏，叶黄素显出，叶片逐渐变黄；有的植物在落叶前细胞内产生花青素，叶片变红，如五角枫、黄栌等。同时，随着秋、冬的来临，根系吸水量明显减少，植物得不到充足的水分。落叶可以减少蒸腾面积，是植物对外界环境的一种适应。

从解剖结构上讲，落叶是由于在叶柄基部形成了离区。离区包括离层和保护层。树木在落叶之前，叶柄基部有一部分细胞经过分裂产生几层薄壁细胞，它们横隔于叶柄基部，称为离层。离层细胞的胞间层溶解而彼此分离，再加上叶的重力、外界风雨等外力作用，叶便从离层处脱落。叶脱落后，离层下方的几层薄壁细胞木栓化，在叶柄的断面处形成保护层。保护层以后又被下面形成的周皮所代替，并与茎的周皮连接起来（图3-23）。

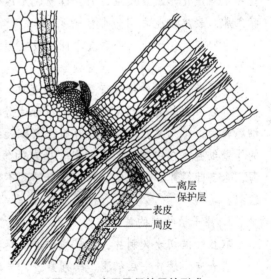

图 3-23 离层及保护层的形成

◇**实践教学**

实训3-3 植物叶片解剖结构的观察

一、实训目的

通过观察不同类型植物叶横切的永久制片，掌握双子叶植物、单子叶植物、裸子植物叶的结构特点，提高对植物结构的观察能力和对植物结构与功能关系的认识。

二、材料及用具

显微镜，擦镜纸；棉花或女贞叶横切永久制片，玉米或小麦横切永久制片，松叶横切永久制片。

三、方法及步骤

1. 双子叶植物叶的解剖结构

取棉花或女贞叶横切永久制片，置于显微镜下观察。

①表皮　分为上表皮和下表皮，表皮细胞排列整齐、紧密；外壁较厚，有角质层；表皮细胞之间分布有气孔。

②叶肉　位于上、下表皮之间，分为栅栏组织和海绵组织。栅栏组织紧接上表皮，细胞为长柱形，排列紧密；海绵组织位于栅栏组织和下表皮之间，细胞排列疏松。

③叶脉　是叶肉中的维管束。叶中央较粗大的维管束包括木质部、韧皮部和形成层3个部分，木质部在上方，韧皮部在下方，形成层位于二者之间。主脉的维管束外围有机械组织，为维管束鞘。侧脉越小，构造越简单。

2. 单子叶植物叶的解剖结构

取玉米或小麦横切永久制片，置于显微镜下观察。

①表皮　分为上表皮和下表皮，表皮细胞在横切面上呈近方形，排列较规则，细胞外壁不仅角质化形成角质层，而且硅质化形成硅质突起。在两个叶脉之间的上表皮部位有泡状细胞。表皮细胞之间分布有气孔。

②叶肉　位于上、下表皮之间，没有栅栏组织和海绵组织的分化，为等面叶。细胞形态不一，细胞壁有明显的内褶现象。

③叶脉　玉米的维管束是有限维管束，包括木质部和韧皮部两个部分，木质部在上，韧皮部在下，二者之间无形成层。维管束外有维管束鞘包围，维管束鞘为一层薄壁细胞，细胞较大，排列整齐，细胞内含有许多较大的叶绿体。维管束与上、下表皮之间可见成束的厚壁细胞，在中脉处尤为突出。小麦的维管束鞘由两层细胞组成，外层细胞较大，壁薄，含有叶绿体；内层细胞较小，壁厚，不含叶绿体；在维管束与上、下表皮之间有机械组织。

3. 裸子植物叶的解剖结构

取松叶横切永久制片，置显微镜下观察。

①表皮　最外一层细胞，排列紧密，呈砖状，细胞壁厚，细胞腔小，外壁上有厚的角质层覆盖，表皮上的气孔明显下陷。

②下皮层　位于表皮内，由一至数层排列紧密的厚壁纤维状细胞组成，在转角处细胞层数较多。

③叶肉　位于下皮层的内侧，细胞壁具有很多不规则的内褶，在叶肉中可以看到树脂道。

④内皮层　叶肉的最内侧一层细胞，排列整齐而紧密。

⑤维管束　位于针叶的中央，由木质部和韧皮部组成。木质部位于近轴面，由管胞和薄壁细胞径向相间排列而成；韧皮部位于远轴面，由筛胞和韧皮细胞所组成。

⑥转输组织　为内皮层和维管束之间的几层排列紧密的细胞，由转输管胞和转输薄壁细胞组成。

四、实训作业

(1)绘制棉花叶片横切面结构图，注明各部分的名称。

(2)绘制玉米叶片横切面结构图，注明各部分的名称。

(3)绘制松叶横切面结构图，注明各部分的名称。

3.4　雄蕊的形成与结构

雄蕊由花药和花丝组成。花药是雄蕊中的重要部分，能发育产生雄配子体(二核花粉粒或三核花粉粒)及雄配子(精细胞)。花丝结构简单，最外面一层为表皮，表皮以内为薄壁组织，中央有一维管束。

3.4.1　花药的形成与结构

花药是一团具有分裂能力的细胞，随着花药的发育，最外一层细胞分化为表皮，其内四角隅处形成4组孢原细胞。孢原细胞核大、细胞质浓，进行平周分裂产生两层细胞，外层为壁细胞(也称为周缘细胞)，内层为造孢细胞。壁细胞经分裂由外向内依次分化形成纤维层、中层和绒毡层，三者与表皮共同组成花粉囊的壁；造孢细胞经分裂(或直接长大)形成许多花粉母细胞(也称为小孢子母细胞)。

纤维层紧接表皮，由一层细胞组成，初期常贮藏大量的营养物质，当花药成熟时，内壁多发生加厚，但在两个花粉囊相接处不增厚，留有裂口，便于以后花粉囊的开裂与花粉的散出。中层由1~3层细胞组成，一般含有淀粉或其他营养物质。绒毡层细胞较大，细胞内贮藏油脂、类胡萝卜素等营养物质。随着花药的发育，绒毡层作为花粉形成时的营养来源被吸收，中层也常逐渐解体和被吸收，最终花粉囊的壁仅剩表皮和纤维层(图3-24)。

当花药发育成熟时，一般有4个花粉囊，分为左、右两对，中间由药隔相连。药隔中央有维管束，与花丝的维管束相连。绝大多数植物的花药具2对花粉囊，每对花粉囊之间的壁破裂常连通为一个药室；但棉花等少数植物的花药只具2个花粉囊，开裂时形成一个药室。

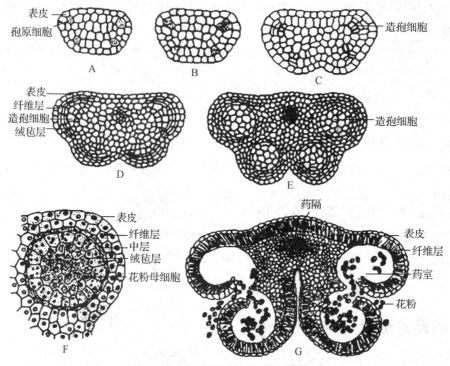

图 3-24　花药的发育与结构

A～E. 花药的发育过程　F. 一个花粉囊放大, 示花粉母细胞　G. 已开裂的花药及构造

3.4.2　花粉粒的形成与结构

　　花粉母细胞(小孢子母细胞)继续发育, 进行减数分裂形成四分体, 四分体彼此分离, 成为 4 个单核花粉粒。单核花粉粒从绒毡层细胞中获得营养, 进一步发育, 进行一次有丝分裂, 形成大小悬殊的两个细胞, 大的为圆球形, 称为营养细胞; 小的为纺锤形, 称为生殖细胞。此时的花粉粒称二核花粉粒。被子植物约有 70% 花粉粒成熟时为二核花粉粒, 如大豆、百合、棉、桃、李、杨、柑橘等。有些植物二核花粉粒中的生殖细胞再进行一次有丝分裂, 形成 2 个精细胞(精子), 此时花粉粒含有 1 个营养细胞和 2 个精细胞, 称为三核花粉粒, 如向日葵、油菜、大麦、玉米等。

　　花粉粒壁的发育始于减数分裂后不久, 依次形成了外壁和内壁两层壁。外壁较厚而硬, 缺乏弹性, 有 1 至多个萌发孔(沟), 萌发孔(沟)是花粉管萌发伸出的通道。内壁较薄而软, 富有弹性, 包被花粉细胞的原生质(图 3-25)。

　　花粉粒的形状、大小、外壁上的纹饰、萌发孔等特征因植物种类而异。花粉粒一般多呈球形、椭圆形, 也有略呈三角形或长方形的。大小一般在 10～50μm, 如柑橘的花粉粒约为 30μm, 桃的花粉粒约为 20μm。油菜的花粉粒有 3～4 个萌发孔, 小麦、水稻等禾本科植物的花粉粒只有 1 个萌发孔, 棉花的花粉粒萌发孔多达 8～10 个。花粉粒的寿命不仅受遗传因素影响, 而且与环境有关。一般木本植物花粉粒的寿命比草本植物长。在干燥、凉爽条件下, 柑橘花粉粒的寿命为 40～50d, 椴树花粉粒的寿命为 45d。

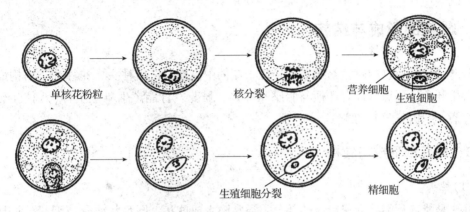

图 3-25　花粉粒的发育

而草本植物中，棉属花粉采下后 24h 存活率约 65%，玉米超过 1~2d 很少存活，水稻花粉在田间条件下经 3min 就有 50% 丧失活力，5min 后全部死亡。在实际工作中，控制低温、干燥、缺氧等条件贮藏花粉，可以降低花粉的代谢活动，使其处于休眠状态，以保持或延长花粉的寿命。

花药成熟后，一般都能散放正常发育的花粉粒。但由于种种内在和外界因素的影响，有时散出的花粉没有经过正常的发育，不能起到生殖的作用，这一现象称为花粉败育。个别植物由于内在生理、遗传的原因，在正常条件下，也会产生花药或花粉不能正常发育，成为畸形或完全退化的情况，这一现象称为雄性不育。

现将花药与花粉发育过程图解如下（图 3-26）：

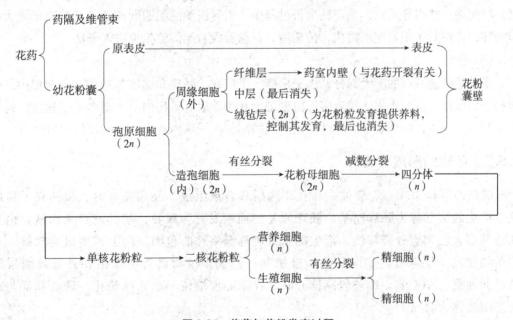

图 3-26　花药与花粉发育过程

3.5　雌蕊的形成与结构

雌蕊是种子植物的雌性繁殖器官,位于花的中央部分,由柱头、花柱和子房构成,子房内着生胚珠。胚珠基部有珠柄与胎座相连接,雌蕊发育能产生雌配子体(八核胚囊或七细胞胚囊)及雌配子(卵细胞)。

3.5.1　雌蕊的形成与结构

(1)柱头

柱头是雌蕊顶端接受花粉粒的部分,通常膨大成球状、圆盘状或分枝羽状。常具乳头状突起或短毛,利于接受花粉。传粉时,有的柱头表面湿润,表皮细胞分泌水分、糖类、脂类、酚类、激素、酶等物质,可以粘住更多的花粉,并为花粉萌发提供必要的基质,这类柱头称为湿柱头,如苹果、烟草、豆科植物等的柱头。有的柱头不产生分泌物,但柱头表面存在亲水性的蛋白质薄膜,能从角质层的中断处吸收水分,这类柱头称为干柱头,如蓖麻、月季、禾本科植物等的柱头。

(2)花柱

花柱是柱头和子房之间的部分,是花粉管进入子房的通道。花柱的结构较简单,最外层为表皮,内为基本组织,基本组织中有维管束。根据花柱的中空与实心情况可把花柱分为两种:空心花柱即开放型花柱,其中有1条或数条花柱道,自柱头经花柱通向子房,花粉管沿花柱道进入子房,如百合、油菜等的花柱;实心花柱即闭合型花柱,其中没有花柱道,中间是一些引导组织,在花柱生长过程中,引导组织的细胞间逐渐彼此分离形成大的胞间隙,并在其中积累胞间物质,传粉后,花粉管沿着胞间隙生长进入子房。

(3)子房

子房是雌蕊基部的膨大部分,由子房壁、子房室、胚珠和胎座等组成。子房壁内、外均有一层表皮,两层表皮之间有多层薄壁细胞和维管束。子房内有1至多个子房室,每室含1至多个胚珠,胚珠是形成雌性生殖细胞的部位。子房内着生胚珠的部位称为胎座。

3.5.2　胚珠的形成与结构

成熟的胚珠由珠心、珠被、珠孔、珠柄和合点组成。胚珠发育时,最初在子房内壁上产生的突起称为胚珠原基。胚珠原基的前端发育为珠心,基部发育为珠柄。由于珠心基部表层细胞分裂较快,产生的新细胞逐渐将珠心包围,向上扩展成为珠被。有些植物仅具一层珠被,如向日葵、核桃等;但较多植物具有内珠被和外珠被两层珠被,如油菜、小麦等。珠被包围珠心时,在珠心前端留一小孔称珠孔。珠心基部与珠被连结处称为合点。

由于珠柄和其他各部分的生长速度不均等,使胚珠在珠柄上的着生方式不同,从而形成不同类型的胚珠,常见的有直生胚珠、倒生胚珠、横生胚珠和弯生胚珠4种(图3-27)。

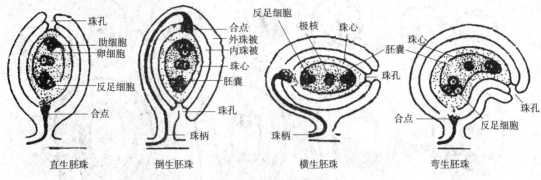

图3-27 胚珠的类型

（1）直生胚珠

胚珠各部分均匀生长，整个胚珠直立地着生在珠柄上，即珠孔、珠心、合点和珠柄处于同一直线上，如荞麦、大黄的胚珠。

（2）倒生胚珠

胚珠一侧生长快，另一侧生长慢，胚珠向生长慢的一侧扭转约180°，珠心并不弯曲，珠孔在珠柄基部的一侧，合点在珠柄相对的一侧，靠近珠柄一侧的外珠被常与珠柄贴生。合点、珠心和珠孔的连接线几乎与珠柄平行，如水稻、小麦、百合的胚珠。

（3）横生胚珠

胚珠的一侧生长较快，胚珠在珠柄上扭转约90°，珠孔、珠心和合点的连接线与珠柄几乎呈直角，如锦葵、毛茛的胚珠。

（4）弯生胚珠

胚珠的下半部生长较均匀，上半部向生长慢的一侧弯曲，胚囊也有一定程度的弯曲，合点和珠孔的连线成弧线，珠孔向珠柄方向下倾，如油菜、扁豆的胚珠。

3.5.3　胚囊的形成与结构

胚囊在胚珠的珠心内产生。在胚珠发育的同时，珠心内部也发生着变化。珠心最初是一团相似的薄壁细胞，随后，在靠近珠孔端的珠心表皮下，有一个迅速增大的细胞，细胞核大，细胞质浓，称为孢原细胞。孢原细胞经过分化或直接增大形成胚囊母细胞（大孢子母细胞），胚囊母细胞经减数分裂形成纵列的四分体，其中3个退化消失，一般只有近合点端的一个经发育、分化形成单核胚囊。单核胚囊的核进行有丝分裂，第一次分裂生成的两个核，向胚囊两端移动，随后每个核又相继进行两次分裂，各形成4个核，这3次核分裂并不伴随着细胞质的分裂和新细胞壁的产生，所以出现一个游离核时期，即八核胚囊时期。以后，每端的4个核中，各有一核移向胚囊中部，相互靠拢，这两个核称为极核。极核可与周围的细胞质一起组成胚囊中最大的细胞，称为中央细胞。近珠孔端的3个核，一个分化为卵细胞，两个分化为助细胞。近合点端的3个核分化为3个反足细胞。这样，发育成具有8个核或7个细胞的成熟胚囊（图3-28）。

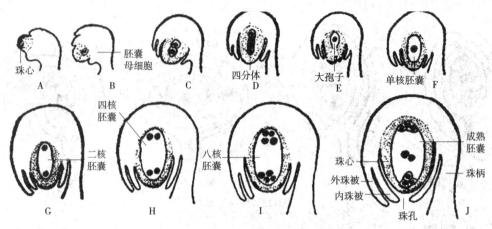

图3-28 胚珠与胚囊的发育

A. 内珠被逐渐形成　B. 外珠被出现　C~E. 胚囊母细胞经过减数分裂成为4个细胞,其中3个开始消
失,一个成为胚囊　F. 单核胚囊　G. 二核胚囊　H. 四核胚囊　I. 八核胚囊　J. 成熟胚囊

现将胚囊的发育过程图解如下(图3-29):

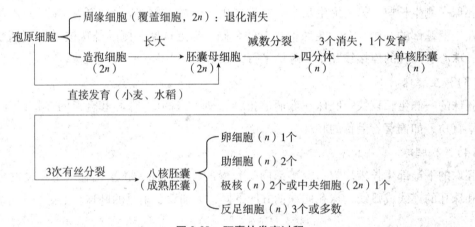

图3-29 胚囊的发育过程

◇实践教学

实训3-4 花药和子房结构的观察

一、实训目的

通过观察植物花药、子房横切面的永久制片,掌握花药、子房的结构特点,提高对植
物结构的观察能力和对植物结构与功能关系的认识。

二、材料及用具

显微镜,擦镜纸;百合未成熟花药横切永久制片,百合成熟花药横切永久制片,百合
子房横切永久制片。

三、方法及步骤

1. 花药的解剖结构

取百合未成熟花药横切永久制片,在低倍镜下观察,可见花药呈蝶状,其中有4个花粉囊,

分左、右对称两个部分，中间有药隔相连，在药隔内有一维管束。选一花粉囊换高倍镜仔细观察，由外至内可见：表皮为最外一层薄壁细胞，表皮以内有一层较大的细胞为药室内壁，药室内壁以内的2~3层较扁平细胞为中层，中层以内的一层细胞体积较大、细胞质浓、细胞核大，为绒毡层。绒毡层以内可以看到许多花粉母细胞，有的已进行减数分裂成为四分体。

观察百合成熟花药横切永久制片，可看到每侧花粉囊药隔已经消失，形成大室，因此，花药在成熟后仅具左、右2室。药室内壁细胞的细胞壁出现明显加厚，为纤维层；中层和绒毡层细胞均消失。花粉粒已发育成熟。在花药两侧的中央，由表皮细胞形成几个大型的唇形细胞，花药可由此开裂，散出花粉粒。

2. 子房的解剖构造

观察百合子房横切永久制片，可见百合子房由3个心皮连合构成，子房3室，每两个心皮边缘连合向中央延伸形成中轴，胚珠着生在中轴上。在整个子房中，共有胚珠6行，在横切面上可见每个室内有2个倒生的胚珠着生在中央的中轴上。

选择一个完整而清晰的胚珠进行观察，可见胚珠倒生。每一胚珠外层染色较浓的是珠被，包括内珠被与外珠被；在近珠柄一端有一小孔，即珠孔；珠被以内是珠心，珠心内有胚囊；胚囊内可见到1个、2个、4个或8个核(成熟的胚囊有8个核，由于8个核不是分布在一个平面上，所以在切片中不易全部看到)。

四、实训作业

(1)绘制百合成熟花药横切面结构图，注明各部分的名称。

(2)绘制百合子房横切面结构图，注明各部分的名称。

3.6 种子的形成与结构

被子植物双受精后，受精卵发育成胚，受精的极核发育为胚乳，珠被发育成种皮，整个胚珠发育为种子。植物的种子由种皮、胚、胚乳(有或无)构成。掌握种子的发育与结构，是从事苗圃生产、种质资源调查和育种工作的基础。

3.6.1 胚的发育

胚的发育从合子开始，合子形成后，经过一定时间的休眠才开始发育。休眠期长短因植物种类而异，如水稻4~6h，棉花2~3d，苹果5~6d，茶树则长达5~6个月。双子叶植物和单子叶植物胚的发育有明显的区别。

(1)双子叶植物胚的发育

以荠菜为例说明。合子经过休眠后，进行横向分裂形成两个细胞，近珠孔端的为基细胞(柄细胞)，基细胞略大；远离珠孔端的为顶细胞(胚细胞)，顶细胞略小。

基细胞分裂形成一列由6~10个细胞组成的胚柄，胚柄近珠孔端的一个细胞膨大，高度液泡化。顶细胞先经过两次纵分裂，成为4个细胞，然后各个细胞再横向分裂一次，成为8个细胞。8个细胞经过连续分裂，形成了多细胞的球形原胚。球形原胚继续分裂、增大和分化，由于各部分生长速度不同，其顶端两侧分裂生长较快，形成2个突起，形成心形胚。心形胚的这2个突起以后发育成为两片子叶；两片子叶间的凹陷部分逐渐分化为胚芽。在胚芽相对的另一端分化为胚根。胚芽与胚根之间分化为胚轴。至此，一个具有子叶、胚芽、胚轴和胚根的胚就形成了(图3-30)。

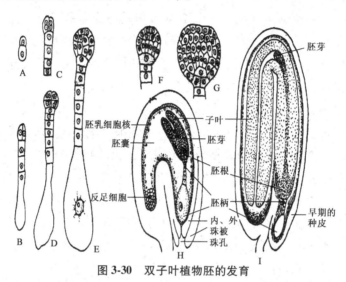

图3-30　双子叶植物胚的发育

A. 合子的第一次分裂，形成2个细胞，一个发育为胚，另一个发育为胚柄

B~E. 基细胞发育为胚柄(包括一列细胞)，顶细胞经多次分裂，形成球形胚体

F、G. 胚继续发育　H. 胚在胚珠中已初步发育完成，出现胚的各部分构造　I. 发育成熟的胚

(2)单子叶植物胚的发育

以小麦为例说明。小麦合子的第一次分裂，常是倾斜的横分裂，形成一个顶细胞和一个基细胞。接着，它们各自再分裂一次，形成4个细胞的原胚。原胚经过分裂和扩大，先形成棒状胚，再进一步发育形成梨形胚。此后，在梨形胚的上部一侧出现一个凹陷，此凹陷处形成胚芽。胚芽上面的一部分发育形成盾片(内子叶)的主要部分和胚芽鞘的大部分；凹陷的稍下处，即胚的中部，将来发育形成胚芽鞘的其余部分、胚轴、胚根、胚根鞘和一片不发达的外子叶；凹陷的基部发育形成盾片的下部和胚柄(图3-31)。

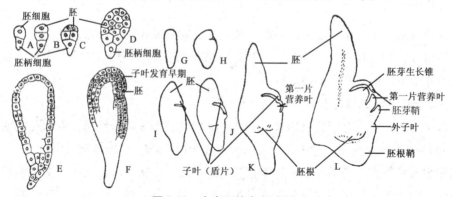

图3-31　小麦胚的发育过程

A~F. 小麦胚初期发育的纵切面，示发育的各个时期　G~L. 小麦胚发育过程的图解

3.6.2　胚乳的发育

被子植物的胚乳由三倍体的初生胚乳核发育形成。极核受精后,初生胚乳核一般不经过休眠或经过很短时间休眠就开始分裂。胚乳分为核型胚乳和细胞型胚乳两种(图3-32)。

(1)核型胚乳

初生胚乳核进行多次分裂,但每次核分裂后暂不进行质的分裂,因而形成许多游离核。最初的游离核沿胚囊边缘分布,随后,核继续分裂,由外向内逐渐分布到胚囊中央。同时从胚囊边缘开始逐渐向内产生新的细胞壁,并进行细胞质的分裂,由边缘向中心发展,形成胚

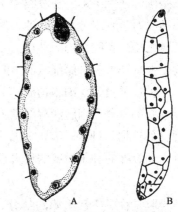

图 3-32　核型胚乳与细胞型胚乳
A. 核型胚乳　B. 细胞型胚乳

乳细胞,以这种方式形成的胚乳称为核型胚乳。核型胚乳是被子植物中最普遍的胚乳发育方式,如水稻、柑橘、苹果等。

(2)细胞型胚乳

有些植物的胚乳,在初生胚乳核形成后,每次核的分裂都随之进行细胞质的分裂,产生新的细胞壁,形成胚乳细胞,而不经过游离核时期,以这种方式形成的胚乳称为细胞型胚乳,如番茄、烟草、芝麻等。

3.6.3　种皮的发育

种皮是由珠被发育形成的。受精后,在胚和胚乳发育的同时,珠被发育成种皮,包在种子外面起保护作用。具有两层珠被的胚珠,常发育形成两层种皮,外珠被形成外种皮,内珠被形成内种皮,如棉花、油菜等。只有1层珠被的胚珠,发育形成1层种皮,如向日葵、番茄等。也有的胚珠虽具两层珠被,但在发育过程中一层珠被被吸收而消失,只有另一层珠被发育成种皮,如大豆、南瓜等。此外,有的植物在种皮外面还具有由珠柄或胎座等部分发育形成的假种皮,如龙眼、荔枝。

3.6.4　种子的结构和类型

植物的种子在形状、大小、色泽等方面随植物种类而有较大差异。如豌豆种子为球形,菜豆种子为肾形,瓜类种子为卵形;椰子的种子直径可达15~20cm,菟丝子种子呈粉末状;玉米种子呈黄色,荞麦种子呈褐色等。但种子的基本结构是一致的,一般由种皮、胚、胚乳3个部分组成。有的种子由种皮和胚两个部分组成,种子内没有胚乳。

3.6.4.1　种子的结构

(1)种皮

种皮位于种子外面,具有保护胚及胚乳的作用,有的种子外面还有假种皮。成熟的种子,在种皮上通常可见种脐和种孔。种脐是种子成熟后从种柄或胎座上脱落留下的痕迹,

常呈圆形或椭圆形，在豆类种子中最明显。种孔由珠孔发育而成，常位于种脐一端，是种子萌发时吸收水分和胚根伸出的部位。合点由胚珠中的合点发育而成，是种皮上维管束的汇合之处。有些植物的种皮上在种脐与合点之间有一隆起的脊，称为种脊。有些植物的种皮上在珠孔处有一海绵状的突起，称为种阜，如蓖麻等。

种皮常由数层细胞构成，最外层为表皮，表皮之内的细胞类型与排列依植物种类而异。有的由厚壁细胞和薄壁细胞共同组成，有的仅由薄壁细胞组成。因此，有的种皮厚而硬，如松柏类种子；有的种皮很薄，如桃、杏、花生、向日葵的种子；有的种皮肉质可食，如石榴的种子；有的种皮具有很长的表皮毛，如棉花的种子等。

（2）胚

胚是种子中最重要的部分，一般由胚芽、胚根、胚轴和子叶4个部分组成。胚芽是茎、叶的原始体，位于胚轴的上端，将来发育成植物的主茎和叶；胚根在胚轴下面，一般呈圆锥形，是植物体未发育的初生根；胚轴是连接胚根和胚芽的部分，同时也与子叶相连，将来发育成为主茎的一部分；子叶着生在胚芽之下胚轴的两侧，是贮藏养料的部位。胚中的子叶数常作为植物分类的依据之一。在被子植物中，仅有一片子叶的植物称为单子叶植物，如小麦、玉米、百合、蒜等；具有两片子叶的植物称为双子叶植物，如豆类、瓜类、桃、杏、苹果、梨等。裸子植物的子叶数目不定，有的只有2片，如金钱松、扁柏；有的具2~3片，如银杏、杉木；有的具有多片，如松属常有7~8片。

（3）胚乳（有或无）

胚乳位于种皮和胚之间，是种子内贮藏营养物质的部分，供胚以后发育所用。有些植物的种子在形成过程中，胚乳的营养物质全部转移到子叶中，种子成熟时，看不到胚乳而具有肥厚的子叶，成为无胚乳种子，如豆类、瓜类。有些种子虽无胚乳，但在成熟种子中还残留一层类似胚乳的营养组织，称为外胚乳，如苹果、梨。胚乳或子叶贮藏的营养物质因植物而异，主要有糖类、脂肪和蛋白质，以及少量无机盐和维生素等，如板栗的子叶贮藏大量淀粉，核桃的子叶贮存大量的脂类，大豆的子叶贮藏大量蛋白质等。

3.6.4.2 种子的主要类型

根据种子内有无胚乳，将其分为有胚乳种子和无胚乳种子。

（1）有胚乳种子

有胚乳种子由种皮、胚和胚乳3个部分组成，其中，胚乳占据了种子的大部分位置，胚相对较小，子叶较薄。大多数单子叶植物、许多双子叶植物以及所有裸子植物的种子属此类型（图3-33）。

①双子叶植物有胚乳种子　如油桐、蓖麻、柿树等的种子。油桐种子呈椭圆形，外种皮较厚硬，内种皮较薄。种皮内有大量白色物即胚乳，胚乳中央有一胚，由胚根、胚芽、胚轴和子叶4个部分组成。子叶两片，很薄，上有明显的脉纹；胚芽夹在两片子叶中间，与胚轴相连；胚根较短。

②单子叶植物有胚乳种子　如小麦、水稻、毛竹等的种子。这些种子的种皮与果皮愈合而生，称为颖果。颖果中胚乳占据了绝大部分，内含大量的淀粉粒和糊粉粒。胚小，紧

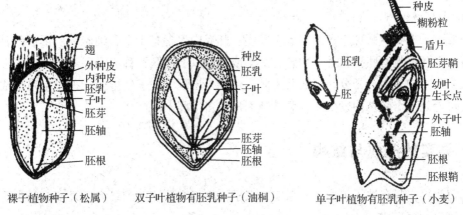

裸子植物种子（松属）　　双子叶植物有胚乳种子（油桐）　　单子叶植物有胚乳种子（小麦）

图 3-33　有胚乳种子

贴胚乳，胚芽和胚根由极短的胚轴连接，在胚芽和胚根先端分别包有胚芽鞘和胚根鞘。在胚轴一侧有一肉质盾状子叶，称为盾片或内子叶；在另一侧有一突起，称为外子叶，是退化的另一子叶。

③裸子植物有胚乳种子　松属种子的种皮分为内、外两层，外种皮较厚而硬，内种皮膜质。种皮内有白色的胚乳，胚乳呈筒状，其中包藏着一个细长白色呈棒状的胚。胚根位于种子尖细的一端，胚轴上端轮生多片子叶，子叶中间包着细小的胚芽。

（2）无胚乳种子

无胚乳种子只有种皮和胚两个部分，在种子成熟过程中，胚乳中贮藏的养料转移到子叶中，因此常常具有肥厚的子叶，贮藏大量养料。许多双子叶植物如豆类、核桃和柑橘类的种子，以及部分单子叶植物如慈姑、泽泻等的种子都属无胚乳种子。

菜豆的种子扁平而略带肾形，外面包有绿色或黄褐色的种皮，种子一端有一条状黑色的种脐，种脐的一端有一小孔为种孔，种脐的另一端为短而不明显的种脊。在种皮里面是胚，胚具两片肥厚的子叶，两片子叶之间为胚芽，胚芽下为胚轴及胚根（图 3-34）。

单子叶植物无胚乳种子除慈姑、泽泻外，农作物中比较少见。慈姑种子很小，由种皮和胚两个部分组成，种皮薄，胚弯曲；子叶 1 片，长柱形。

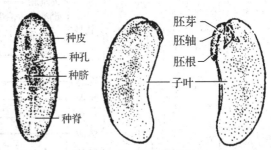

图 3-34　菜豆种子的结构

3.6.5　无融合生殖及多胚现象

（1）无融合生殖

正常的有性生殖是经过精子和卵细胞融合发育成胚，但在有些植物中，不经过精卵融合，也能直接发育成胚，这种现象称无融合生殖。无融合生殖可以是卵细胞不经过受精直接发育成胚，称为孤雌生殖，如蒲公英、小麦等。或者是由助细胞、反足细胞或极核等非生殖细胞发育成胚，称为无配子生殖，如水稻、烟草等。也有的是由珠心或珠被细胞直接发育成胚，称为无孢子生殖，如柑橘属。

（2）多胚现象

一般被子植物的胚珠中只产生1个胚囊，胚囊中仅含有1个卵细胞，所形成的种子中也只有1个胚。但有些植物种子中含有2个或2个以上的胚，称为多胚现象。产生多胚的原因很多，可能是由合子分裂形成几个胚，可能是出现无配子生殖或无孢子生殖形成几个胚，也可能是一个胚珠中发生多个胚囊从而形成多个胚。

3.7 果实的形成与结构

在植物界，只有被子植物才有果实，裸子植物仅有种子而无果实。果实一般由受精后雌蕊的子房发育形成。

3.7.1 果实的形成

被子植物经过开花、传粉和受精后，花的各部分随之发生显著变化。花瓣、花萼一般枯落，少数植物的花萼宿存，称为宿萼；雄蕊、花柱和柱头也均枯萎；胚珠发育成种子；子房继续发育增大形成果实。这种由子房发育形成的果实称为真果，如桃、杏、柿等。但有些植物的果实在形成过程中，除子房外，花的其他部分如花被、花柱、花序轴等也参与了果实的形成，这种果实称为假果，如苹果、梨等。由花发育为果实过程如图3-35所示。

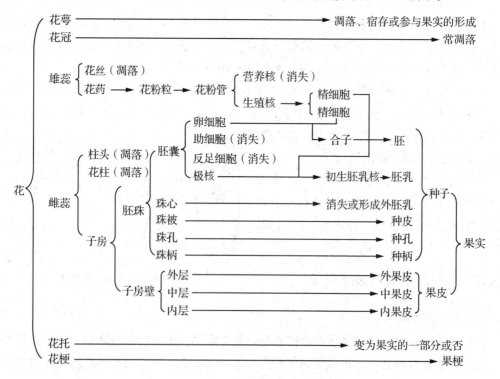

图 3-35　花发育成果实的过程

一般果实的形成，需要经过开花、传粉和受精作用。但有些植物不经过受精作用也能发育形成果实，称为单性果实。单性果实的果实无籽。单性果实分为自发单性结实和人为诱导单性结实两种。自发单性结实是植物自发形成的，如无籽葡萄、无籽柑橘等。人为诱导单性结实是通过人工诱导形成的，如用 30~100μL/L 的吲哚乙酸和 2,4-D 的水溶液，喷洒番茄、西瓜、辣椒等临近开花的花蕾，或用 10μL/L 的萘乙酸喷洒葡萄花序，都能得到无籽果实。但无籽果实不一定都是由单性结实形成的，如有的植物在受精作用之后，胚珠发育受阻也可形成无籽果实。

3.7.2　果实的结构

果实的结构包括果皮和种子两个部分。果皮可分为外果皮、中果皮和内果皮 3 层。外果皮一般较薄，只有 1~2 层细胞，常具有角质层、气孔、蜡层、毛等附属物。幼果的果皮细胞中常含有叶绿素而呈绿色；果实成熟时，果实细胞中产生有色体或花青素，所以呈现出红、黄、橙等颜色。中果皮较厚，占整个果实的大部分，在结构上各种植物差异很大。如桃、杏的中果皮肉质，由薄壁细胞组成；豌豆、刺槐的中果皮革质，由薄壁细胞和厚壁细胞组成。中果皮内分布有维管束，有的维管束特别发达，形成复杂的网状结构，如柑橘、瓜类。内果皮变化较大，有些植物的内果皮细胞木质化加厚，如桃、杏等；有些植物的内果皮呈肉质，如葡萄、番茄等。

对于假果，由于参与果实形成的部位及程度不同，致使假果的结构差异较大。如苹果、梨的食用部分，主要是由花托发育形成的，而真正的果皮，即外果皮、中果皮和内果皮则位于果实中央的托杯内，仅占很少部分，其内为种子。

◇ 实践教学

实训 3-5　种子和果实类型及结构的观察

一、实训目的

通过观察不同植物的实物标本、腊叶标本或图片，认识种子的结构，掌握种子的类型；认识果实的结构，掌握果实的类型；提高对植物结构的观察能力和对植物结构与功能关系的认识。

二、材料及用具

显微镜、放大镜、刀片、镊子、解剖针、培养皿、蒸馏水。浸泡好的黄豆、蓖麻、玉米、华山松等植物的种子。以下植物果实的实物标本、腊叶标本或图片：桃（或杏）、苹果、草莓、八角茴香、凤梨、无花果、葡萄、柑橘、黄瓜、豆角、油菜、棉花、向日葵、板栗、小麦、榆等。

三、方法及步骤

1. 种子的类型与结构

①双子叶植物无胚乳种子　观察黄豆种子，外面的革质部分是种皮，在种皮上凹侧有一斑痕为种脐。种脐一端有种孔。剥去种皮，里面的部分为胚；掰开相对扣合的两片肥厚子叶，子叶间有胚芽；在胚芽下面的一段为胚轴，胚轴下端为胚根。

②双子叶植物有胚乳种子　观察蓖麻种子，种皮呈硬壳状，光滑并具斑纹；种子的一端有海绵状突起为种阜，种子腹部中央有一条隆起条纹为种脊。剥去种皮，内部白色肥厚的部分为胚乳；用刀片平行于胚乳宽面作纵切，可见两片大而薄的片状物，上有明显的纹理，即为子叶；两片子叶基部与胚轴相连；胚轴很短，上方为很小的胚芽，夹在两片子叶之间；胚轴下方为胚根。

③单子叶植物有胚乳种子　观察玉米籽粒(颖果)，用镊子将果柄和果皮(包括种皮)从果柄处剥掉，在果柄下可见一块黑色组织即为种脐。用刀片从垂直玉米籽粒的宽面正中纵剖，种皮以内大部分是胚乳，在剖面基部呈乳白色的部分是胚，胚紧贴胚乳处，有一形如盾状的子叶(盾片)。

④裸子植物有胚乳种子　解剖华山松种子，外种皮较厚而硬，内种皮较薄而软。种皮内方有白色的胚乳，其中包藏着一个细长、呈白色的棒状体，即胚。胚根位于种子尖细的一端，胚轴上端着生多片子叶，子叶中间包着细小的胚芽。

2. 果实的类型与结构

①真果　将桃(或杏)纵剖观察，最外一层膜质部分为外果皮，其内肉质肥厚部分为中果皮，是食用部分，中果皮里面是坚硬的果核，果核的硬壳即为内果皮，内果皮内有一粒种子。

②假果　取苹果观察，苹果果柄相反的一端有宿存的花萼，苹果是下位子房，子房壁和花筒合生。用刀片将苹果横剖，可见横剖面中央有5个心皮，心皮内含有种子，心皮的壁部(子房壁)分为3层；内果皮纸质或革质，比较清楚明显；中果皮和外果皮之间界限不明显，均肉质化。近子房外缘为很厚的肉质花筒部分，是食用部分。

③单果　桃和苹果的果实分别由单心皮雌蕊和复心皮雌蕊发育形成，属于单果。

④聚合果　解剖草莓和八角茴香果实进行观察，草莓为聚合瘦果，八角茴香为聚合蓇葖果。

⑤聚花果　取凤梨和无花果果实作纵剖观察。凤梨整个花序形成果实，花着生在花轴上，食用部分除肉质化的花被和子房外，还有花序轴。无花果的果实是由许多小坚果包藏在肉质化凹陷的花序轴内，食用部分为肉质化的花序轴。

继续观察其他植物果实的实物标本、腊叶标本或图片，并分析它们的特征。

四、实训作业

(1)绘制各种肉质果、干果的结构图，注明各部分的名称。

(2)绘制各类种子的结构图，注明各部分的名称。

(3)观察各种果实，完成表3-1。

表3-1　果实及主要特征记录

果实类型			植物名称	主要特征
单果	肉质果	浆果		
		核果		
		柑果		
		梨果		
		瓠果		

（续）

果实类型			植物名称	主要特征
单果	干果 裂果	荚果		
		蓇葖果		
		角果		
		蒴果		
	闭果	瘦果		
		坚果		
		颖果		
		翅果		
聚合果				
聚花果				

◇自测题

1. 名词解释

根尖，初生生长，初生结构，凯氏带，通道细胞，根瘤，菌根，次生生长，次生构造，早材，晚材，年轮，等面叶，异面叶，栅栏组织，海绵组织，泡状细胞，常绿树，落叶树，离层，无融合生殖，多胚现象。

2. 填空题

(1) 根尖自下而上分为_____、_____、_____和_____ 4 个区域。

(2) 根的维管柱包括_____、_____、_____ 3 个部分。

(3) 根的初生木质部的发育成熟方式为_____式，即_____在外侧，_____在内侧。

(4) 凯氏带分布在双子叶植物根的内皮层细胞的_____壁和_____壁上。

(5) 禾本科植物根的内皮层细胞常_____面增厚，横切面上增厚的部分呈_____形。

(6) 根的次生构造包括由_____活动产生的_____和由_____活动产生_____的。

(7) 侧根起源于_____，属于_____起源。在四原型的根上，侧根在正对着_____部位的中柱鞘发生。在多原型的根上，侧根发生于_____。

(8) 双子叶植物和裸子植物茎的初生构造均包括_____、_____和_____ 3 个部分。

(9) 棉花茎的增粗生长，主要是维管形成层进行了_____分裂和_____分裂的结果。

(10) 双子叶植物茎的次生韧皮部主要由_____、_____、_____和_____组成。

(11) 具有年轮的树木通常生长在_____地区，每一年轮包括_____和_____。

(12) 温带地区的树木，秋季维管形成层细胞活动_____，所产生的木质部细胞管径_____、壁_____，因此，木材质地_____，颜色_____，这样的木材叫秋材或晚材。

(13)双子叶植物叶片的结构包括_____、_____和_____。

(14)叶肉部分具有栅栏组织和海绵组织分化的叶称为_____。

(15)裸子植物叶的气孔由表皮下陷到下皮层,称为_____。

(16)落叶前在叶柄基部常常产生_____,它包括_____和_____两个部分。

(17)植物的繁殖可分为_____、_____和_____3种类型。

(18)在生产实践中,经常采用的人工营养繁殖措施有_____、_____、_____等。

(19)传粉的方式有_____和_____两种,传粉的媒介主要是_____和_____。

(20)花药通常具有_____个花粉囊,囊内产生大量_____。

(21)花粉母细胞进行减数分裂前,花粉囊壁一般由_____、_____、_____和_____组成。花粉发育成熟时,药壁只留下_____和_____。

(22)成熟的花粉粒包括两个细胞即_____和_____,或3个细胞,即_____、_____和_____。

(23)一个成熟的胚珠包括_____、_____、_____和_____等几部分。

(24)一个成熟的八核胚囊包括_____、_____、_____和_____。

(25)核型胚乳和细胞型胚乳发育的最大区别是胚乳形成过程中是否有一个_____期。

(26)被子植物双受精后,受精卵发育成_____,受精的极核发育成_____,珠被发育成_____,珠孔发育成_____,珠柄发育成_____,整个胚珠发育成_____,整个子房发育成_____。

(27)果实的结构包括_____和_____两个部分。

(28)果皮由_____发育而成,果皮可分为_____、_____和_____3层。

(29)植物种子的结构一般包括_____、_____和_____3个部分。

3. 判断题

(1)不定根是由中柱鞘细胞恢复分裂产生的。　　　　　　　　(　　)

(2)根毛分布在根尖的伸长区和成熟区。　　　　　　　　　　(　　)

(3)在初生根的横切面上,初生木质部和初生韧皮部各3束,故为"六原型"。(　　)

(4)根的中柱鞘细胞具有凯氏带。　　　　　　　　　　　　　(　　)

(5)根中木质部发育方式为内始式,而韧皮部为外始式。　　　(　　)

(6)根的初生木质部在次生木质部的内侧。　　　　　　　　　(　　)

(7)茎的木栓形成层只能来自中柱鞘。　　　　　　　　　　　(　　)

(8)等面叶的叶内无栅栏组织和海绵组织的区别。　　　　　　(　　)

(9)双子叶植物的叶多为等面叶。　　　　　　　　　　　　　(　　)

(10)气孔器具副卫细胞的现象在单子叶植物与双子叶植物中均存在。(　　)

(11) C_4 植物叶的光合效率低，C_3 植物叶的光合效率高。　　　　（　　）

(12) 淀粉鞘是植物茎中普遍存在的结构。　　　　（　　）

(13) 根的初生木质部成熟方式为外始式，而在茎中为内始式。　　　　（　　）

(14) 玉米茎的维管束主要由维管束鞘和次生木质部、次生韧皮部构成。　　　（　　）

(15) 维管射线包括木射线和韧皮射线。　　　　（　　）

(16) 植物的次生生长就是产生周皮和次生维管组织的过程。　　　　（　　）

(17) 边材属次生木质部，心材属初生木质部。　　　　（　　）

(18) 果实的结构包括果皮、果肉和种子。　　　　（　　）

(19) 单子叶植物胚中的外胚叶相当于双子叶植物中的外胚乳。　　　　（　　）

(20) 植物的珠被层数与其种皮层数总是相同的。　　　　（　　）

4. 选择题

(1) 根的吸收作用主要是在（　　　）。

　　A. 根冠　　　　　　B. 分生区　　　　C. 伸长区　　　　D. 根毛区

(2) 根冠的外层细胞不断死亡、脱落和解体，同时由于（　　　），根冠得到补充。

　　A. 根冠细胞进行有丝分裂　　　　　　B. 根冠细胞进行无丝分裂

　　C. 分生区细胞不断进行有丝分裂　　　D. 分生区细胞不断进行无丝分裂

(3) 侧根起源于（　　　）。

　　A. 表皮　　　　　　B. 外皮层　　　　C. 内皮层　　　　D. 中柱鞘

(4) 根的初生维管束中，初生木质部与初生韧皮部的排列是（　　　）的。

　　A. 内外排列　　　B. 散生　　　　　C. 相间排列　　　D. 不规则

(5) 植物根初生构造的中央部分是（　　　）。

　　A. 后生木质部　　B. 髓　　　　　　C. 髓或后生木质部　　D. 髓或后生韧皮部

(6) 通道细胞位于（　　　）。

　　A. 外皮层　　　　B. 内皮层　　　　C. 木质部　　　　D. 韧皮部

(7) 根的木栓形成层最初由（　　　）细胞恢复分裂能力而形成。

　　A. 表皮　　　　　　B. 外皮层　　　　C. 内皮层　　　　D. 中柱鞘

(8) 观察根的初生构造时选择切片最合适的部位是（　　　）。

　　A. 根冠　　　　　　B. 分生区　　　　C. 伸长区　　　　D. 根毛区

(9) 双子叶植物茎初生结构的特点是（　　　）。

　　A. 具周皮　　　　　　　　　　　　　B. 具凯氏点

　　C. 具通道细胞　　　　　　　　　　　D. 维管束排成不连续的一轮

(10) 双子叶植物茎的初生结构中，占比例最大的部分通常是（　　　）。

　　A. 表皮　　　　　　B. 周皮　　　　　C. 皮层　　　　　D. 髓

(11) 茎的维管束发育方式有（　　　）。

　　A. 初生韧皮部为外始式，初生木质部为内始式

　　B. 初生韧皮部为内始式，初生木质部为外始式

　　C. 初生韧皮部和初生木质部均为外始式

D. 初生韧皮部和初生木质部均为内始式

(12)茎中的初生射线是指(　　)。

    A. 髓射线   B. 维管射线   C. 木射线   D. 韧皮射线

(13)木本植物茎增粗时，细胞数目最明显增加的部分是(　　)。

    A. 次生韧皮部   B. 次生木质部

    C. 周皮   D. 维管形成层

(14)产生根或茎的次生结构是(　　)。

    A. 顶端分生组织   B. 侧生分生组织

    C. 居间分生组织   D. 额外形成层

(15)禾本科植物茎维管束外侧的维管束鞘为(　　)。

    A. 薄壁组织   B. 厚壁组织   C. 厚角组织   D. 基本组织

(16)禾本科植物茎的结构中不具有(　　)。

    A. 初生木质部   B. 初生韧皮部

    C. 形成层   D. 维管束鞘

(17)叶片中可进行光合作用的结构是(　　)。

    A. 表皮   B. 栅栏组织

    C. 海绵组织   D. 栅栏组织和海绵组织

(18)叶是由茎尖生长锥周围的(　　)结构发育而成的。

    A. 叶原基   B. 腋芽原基   C. 叶轴   D. 腋芽

(19)栅栏组织属于(　　)。

    A. 薄壁组织   B. 分生组织   C. 保护组织   D. 机械组织

(20)水稻叶上、下表皮的主要区别在于(　　)。

    A. 气孔数量多少   B. 表皮细胞形状

    C. 有无硅质细胞   D. 有无泡状细胞

(21)裸子植物叶肉细胞的特点是(　　)。

    A. 有栅栏组织与海绵组织之分   B. 细胞壁内突成皱褶

    C. 无光合作用能力   D. 位于下皮层之上

(22)花粉粒是由(　　)分裂形成的。

    A. 大孢子母细胞   B. 小孢子母细胞

    C. 大孢子   D. 周缘细胞

(23)减数分裂发生在(　　)的过程中。

    A. 花粉母细胞→小孢子   B. 造孢细胞→花粉母细胞

    C. 孢原细胞→造孢细胞   D. 造孢细胞→小孢子

(24)花粉粒的壁分两层，即(　　)。

    A. 初生壁和次生壁   B. 果胶层和初生壁

    C. 外壁和内壁   D. 果胶层和次生壁

(25)珠柄、合点、珠孔三者在一条直线上的胚珠叫(　　)。

A. 倒生胚珠　　　　B. 横生胚珠　　　　C. 直生胚珠　　　　D. 弯生胚珠

(26) 一个造孢细胞一般最终可产生( )个卵细胞。

A. 1　　　　　　B. 2　　　　　　C. 4　　　　　　D. 8

(27) 由助细胞、反足细胞或极核发育成胚称为( )。

A. 孤雌生殖　　　　　　　　　　B. 无配子生殖

C. 无孢子生殖　　　　　　　　　D. 营养繁殖

(28) 由卵细胞直接发育成胚称为( )。

A. 孤雌生殖　　　　B. 营养繁殖　　　　C. 无孢子生殖　　　　D. 无配子生殖

(29) 双子叶植物种子的胚包括( )。

A. 胚根、胚芽、子叶、胚乳　　　　B. 胚根、胚轴、子叶、胚乳

C. 胚根、胚芽、胚轴　　　　　　　D. 胚根、胚轴、胚芽、子叶

(30) 种子中最主要的部分是( )。

A. 胚　　　　　　B. 胚乳　　　　　　C. 种皮　　　　　　D. 子叶

(31) 种子内贮藏营养的结构是( )。

A. 胚　　　　　　B. 胚乳　　　　　　C. 子叶　　　　　　D. 胚乳或子叶

5. 问答题

(1) 双子叶植物根的初生结构包括哪几个部分? 各部分有何特点和功能?

(2) 说明双子叶植物根的加粗生长及次生结构。

(3) 根的初生构造与次生结构有哪些区别和联系?

(4) 侧根是怎样形成的?

(5) 举例说明禾本科植物根的结构特点。

(6) 说明双子叶植物茎各部分的特点。

(7) 分析木本双子叶植物的茎是怎样进行增粗生长的? 说明其次生结构。

(8) 年轮是怎样形成的?

(9) 以小麦、玉米茎为例说明禾本科植物茎的结构,并比较它们之间的异同。

(10) 结合裸子植物和双子叶植物茎的次生结构,说明为什么被子植物比裸子植物进化?

(11) 比较双子叶植物和单子叶植物的叶片结构,说明二者的异同。

(12) 松针的结构有哪些特点? 有何意义?

(13) 试述落叶的原因。落叶对植物有何意义?

(14) 植物如何在花部的形态结构和生理上避免自花传粉发生?

(15) 各种不同传粉方式的花的形态结构特征如何?

(16) 列表说明花药和花粉粒的发育与结构。

(17) 列表说明胚珠和胚囊的发育与结构。

(18) 双子叶植物胚和单子叶植物胚的发育过程有什么区别? 各有何特点?

(19) 说明果实的形成过程与结构。

单元 4 植物的分类

◇ **知识目标**

(1)掌握植物常见的分类方法和分类等级单位。

(2)了解植物的命名规则和植物的基本类群。

(3)掌握被子植物主要科的特征及代表植物。

◇ **技能目标**

(1)能够应用植物检索表检索主要科的代表植物，会鉴别常见植物类型。

(2)能应用学到的操作方法进行植物标本的采集制作。

(3)能区分双子叶植物与单子叶植物的形态结构差异。

◇ **理论知识**

植物分类学是在人类认识植物和利用植物的社会实践中发展起来的一门古老的科学，它的任务不仅仅是识别物种、鉴定名称，而且要阐明物种之间的亲缘关系并建立自然的分类系统。地球上的植物有 50 多万种，面对如此浩瀚的植物种类，对其进行科学系统的分类是应用植物的基础和前提。

4.1　植物分类基础知识

植物分类学是植物科学中历史最悠久的学科，它的内容包括植物的调查采集、鉴定、分类、命名以及对植物进行科学的描述，探究植物的起源与进化规律等。这是各植物应用学科的基础学科。

4.1.1　植物分类方法

在植物学的发展历史中，植物分类的方法归纳起来可分为两种：人为分类法和自然分类法。

（1）人为分类法

人为分类法是人们按照自己的目的和方法，选择植物的一个或几个特征为标准进行分类，然后根据一些人为的标准，将植物类群顺序排列形成分类系统。如我国明朝李时珍

（1518—1593）所著《本草纲目》，依照植物外形和用途，把植物分为草、木、谷、果、菜 5 个部。又如现今经济植物学中将植物分为淀粉类植物、脂肪类植物、纤维类植物、单宁类植物等。这种分类法和所建立的分类系统都是人为的，它不能反映出植物间的亲缘关系和进化的次序，但因比较实用，还常被采用。

（2）自然分类法

自然分类法及其所形成的分类系统，是以植物进化过程中亲缘关系的远近程度作为分类依据的。通常根据植物的形态结构判断亲疏程度。例如，大豆、豌豆彼此间的相同点较多，在分类上属于同一个科；而油菜、小麦相同点较少，在分类上分别隶属于不同的科。但以上这些植物都能产生种子，都归属于种子植物门，而与不产生种子的苔藓类、蕨类的亲缘关系则较疏远。

随着学科的发展，现代植物分类学还综合运用细胞学、植物化学、植物胚胎学、植物地理学、遗传学、生态学等其他学科的研究成果，研究植物间的进化和亲缘关系，使自然分类系统的研究水平提高了一大步，更能准确反映彼此间的亲缘关系。

4.1.2　植物分类单位

根据生物进化学说，一切生物均起源于共同的祖先，彼此之间都有亲缘关系，并经历从低级到高级、由简单到复杂的系统演化过程。植物分类学将数量繁多的植物种类按类似的程度和亲缘远近，把那些相近的种归纳为属，相近的属组合成科，相近的科合并为目，以此类推，以至组成纲、门、界等不同的等级。因此，植物分类的等级主要包括界、门、纲、目、科、属、种，有时在各阶层之下分别加入亚门、亚纲、亚目、亚科、族、亚属等。现以玉兰为例说明各级分类单位：

界（kingdom）：植物界（Regnum Plantae）

门（division）：种子植物门（Spermatophyta）

纲（class）：木兰纲（Magttoliatab）

目（order）：木兰目（Magnoliales）

科（family）：木兰科（Magnoliaceae）

属（genus）：木兰属（*Magnolia*）

种（species）：玉兰（*Magnolia denudata* Desr.）

植物的种或物种是植物最基本的分类单位。种的概念及定种的标准一直是令科学家困惑的难题。关于种的概念大致有两种观念：一是形态学种，强调物种间形态方面的差别；二是生物学种，强调的是物种间的生殖隔离。这两种观念均有其合理之处，从目前来看，还难以统一，但作为植物分类学习者来说，应掌握以下几点：一是物种是客观存在的。二是物种既有变的一面，又有不变的一面。种可代代遗传，也正因为某些形态特征相对稳定，才可区分不同的物种，决定其分类归属；但物种的变异是绝对的，没有变异，就不会有进化，新种也不会产生。三是同一物种的个体来源于共同的祖先并能正常地繁育后代，不同的种具明显的形态上的间断或生殖上的隔离（杂交不育或育性降低）。

种内群体往往具不同的分布区，分布区生境条件的差异会导致种群分化为不同的生态型、生物型及地理宗，分类学家根据其表型差异划分出种下的等级：

①亚种(subspecies, subsp.)　在形态上已有比较大的变异且具不同分布区的变异类型。

②变种(varietas, var.)　为使用最广泛的种下等级，一般是指具不同形态特征的变异居群，常用于已分化的不同的生态型。

③变型(forma, f.)　多是在群体内形态上发生较小变异的一类个体。例如：桃(*Prunus persica* L.)中的蟠桃与油桃都是变种。槐(*Sophora japonica* L.)中的龙爪槐则是变型。

此外，在园林、园艺及农业生产实践中，还存在着一类由人工培育而成的栽培植物，它们在形态、生理、生化等方面具相异的特征，这些特征可通过有性和无性繁殖得以保持，当这类植物达到一定数量而成为生产资料时，则可称为该种植物的品种(cultivar, cv. 目前具体用单引号表示)，如圆柏的栽培品种'龙柏'，以及葡萄(*Vitis vinifera* L.)的'玫瑰香''龙眼''巨峰'都是品种。由于品种是人工培育出来的，植物分类学家均不把它作为自然分类系统的对象。

4.1.3　植物命名法则

每一种植物，在不同地区、不同民族往往具不同的名称；不同的国家由于语言文字上的差异，一种植物的名称更是多种多样。这就造成了"同物异名"和"同名异物"的混乱，不利于学术交流及生产实践上的应用。因此，每种植物必须有世界上统一的、共同遵守的名称，此名称被称为植物的学名。

1867年，在巴黎召开的第一次国际植物学会即颁布了简要法规，规定以林奈在其《植物种志》中首创并倡用的双名法作为植物学名的命名法。双名法规定，植物的种名由两个拉丁化的词组成。第一个词为所在属的属名，第一个字母要大写，用名词单数第一格；第二个词为种加词，多为形容词，与属名名词性、数、格一致，也可采用名词单数第二格，书写时均为小写。此外，还要求在种加词之后加上该植物命名人姓氏的缩写。若命名人为两人，则在两人姓氏缩写间用"et"相连，如银杉(*Cathaya argyrophylla* Chun et Kuang)；若由一人命名，另一人发表，则前一人为命名人，后一人为发表该种的作者，中间用"ex"相连，如白皮松(*Pinus bungeana* Zucc. ex Endl.)。杂交种命名，将"×"加在属名和种加词之间，或在属名后，母本与父本的种加词用"×"相连，作为杂种名，如二乔玉兰[*Magnolia* × *soulangeana*(Lindl.)Soul.-Bod.]。

种下级单位中，亚种名是在种名之后加亚种拉丁词"subspecies"的缩写"subsp."或"ssp."，再加上亚种加词，最后写亚种命名人缩写。变种名是在种名后加变种拉丁词"varietas"的缩写"var."，再加变种加词，最后写变种命名人缩写。变型名则在种名后再加上变型拉丁词"forma"的缩写"f."，再加上变型加词，最后写变型命名人缩写。栽培变种，种名后直接写品种名称，需加上单引号，不附命名人的姓名。

4.1.4 植物分类检索表

检索表是用来鉴别植物种类的不可缺少的工具。检索表的编制是根据拉马克 (Lamarck，1744—1829)的二歧分类原则，把各植物类群的相对特征(性状)分成相对的两个分支，再把每个分支中的相对性状分成相对应的两个分支，依次下去直到编制到科、属或种检索表的终点为止。鉴别植物时，利用检索表从两个相互对立的性状中选择一个相符的，放弃一个不符的，依序逐条查索，直到查出植物所属科、属、种。

常用的检索表有定距检索表和平行检索表两种。

(1)定距检索表

把相对的两个性状编为同样的号码，并且从左边同一距离处开始，下一级两个相对性状向右退一定距离开始，逐级下去，直到最终。如对木兰科某几个属编制定距检索表如下：

1. 叶不分裂，聚合蓇葖果。
　2. 花顶生。
　　　3. 每心皮具 4~14 胚珠，聚合果常球形 ·················· 木莲属 *Manglietia*
　　　3. 每心皮具 2 胚珠，聚合果常为长圆柱形 ·················· 木兰属 *Magnolia*
　2. 花腋生 ·· 含笑属 *Michelia*
1. 叶常 4~6 裂，聚合小坚果具翅 ································ 鹅掌楸属 *Liriodendron*

(2)平行检索表

平行检索表的主要特点是左边的数字及每一对性状的描写均平头排列。如上述检索表可编制如下：

1. 叶不分裂，聚合蓇葖果 ··· 2
1. 叶常 4~6 裂，聚合小坚果具翅 ······················ 鹅掌楸属 *Liriodendron*
2. 花顶生 ··· 3
2. 花腋生 ······································· 含笑属 *Michelia*
3. 每心皮具 4~14 胚珠，聚合果常球形 ················· 木莲属 *Manglietia*
3. 每心皮具 2 胚珠，聚合果常长圆柱形 ················· 木兰属 *Magnolia*

编制检索表的过程中，选用区别性状时，应选择那些容易观察的表型性状，最好是仅用肉眼或手持放大镜就能看到的性状。相对性状最好有较大的区别，不要选择那些模棱两可的特征。编制时，应把某一性状可能出现的情况均考虑进去，如叶序为对生、互生或轮生，在检索表中植物每一组相对的特征必须是真正对立的，事先一定要考虑周全。

◇实践教学

实训 4-1 检索表的使用与编制

一、实训目的

了解植物检索表的类型和用途；学习使用和编制植物检索表的基本方法。

二、方法及步骤

从指导教师处取2~3种植物材料，按照下述要求进行鉴定，确定其为何种植物。

1. 了解检索表

根据教材中有关检索表的介绍，参看其他常用的工具书，了解植物检索表的常见类型和式样。

检索表有两种常见的形式，即定距检索表和平行检索表。在定距检索表中，相对应的特征编为同样号码，并书写在距书页左边同样距离处，下一级两个相对性状比上一级向右缩进一定距离，如此下去，直到出现科、属、种。在平行检索表中，描述相对性状特征的两行文字相邻，便于比较，每一行描述之后为一学名或数字，如果是数字，此数字将在下一项相对性状特征描述之前出现，以此类推，直到终点。

2. 检索表的使用

在使用植物检索表时，首先要能用科学规范的形态术语对待鉴定植物的形态特征进行准确的描述，然后根据待鉴定植物的特点，对照检索表中所列的特征，一项一项逐次检索，鉴定出该种植物所属的科，再用该科的分属检索表查出其所属的属，最后利用该属的分种检索表检索确定其为哪一种植物。

注意：

①待鉴定植物要尽可能完整，不仅要有茎、叶部分，最好还有花和果实，特别是花的特征对准确鉴定尤其重要；

②在鉴定时，要根据看到的特征，按次序逐项检索，不允许跳过某一项而去查另一项，并且在确定待查标本的性状属于某个特征两个对应状态中的哪一类时，最好把两个对应状态的描述都看一看，然后根据待查标本的特点，确定属于哪一类，以免发生错误。

3. 检索表的编制

在学会使用检索表后，从指导教师处取10种植物材料，编制一个用以区分这10种植物的检索表。在编制检索表以前，可用列表的方式对这10种植物的主要形态特征进行比较，然后根据比较结果，确定各级检索性状，编制检索表。

注意：

①在检索表中只能有两种性状相对应，而不能有3种或更多种并列。

②最好选择性状本身比较稳定、不同类群之间又有明显间断的性状作为检索性状，避免使用诸如叶的大小这类不很稳定且不同类群之间主要表现为数量差异的性状。

③对性状状态进行描述时，要把器官名称放在前面，把表示性状状态的形容词或数字放在器官名称的后面。比如，描写花的颜色要写成"花白色"，而不是"白花"；描写雄蕊的数目要写成"雄蕊5"，而不是"5枚雄蕊"。要尽可能正确使用专业术语。

三、实训作业

在校园中选取10种常绿植物，并将这10种植物编成一个分种检索表。

4.2　植物界主要类群

最原始的植物大约在 34 亿年前的太古代出现，在以后极漫长的时间里，这些最原始的植物的一部分经遗传保留了下来，另一部分则逐渐演化成新的植物。随着地质的变迁和时间的推移，新的植物种类不断产生，但也有一部分老的植物由于各种因素消亡了，这样经过不断的遗传、变异和演化就形成了如今地球上这样丰富多样的植物界。

根据植物构造的完善程度、形态结构、生活习性、亲缘关系将植物分为高等植物和低等植物两大类。每一大类又可分为若干小类（图4-1）。

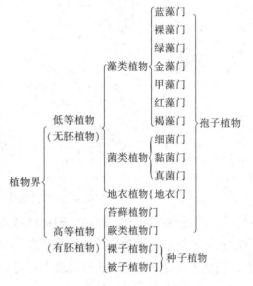

4.2.1　低等植物

图 4-1　植物界各类群的划分及其关系

低等植物是植物界起源较早、构造简单的一类植物，主要特征是：水生或湿生，没有根、茎、叶的分化；生殖器官是单细胞，有性生殖的合子不形成胚，直接萌发成新植物体。低等植物可分为藻类植物、菌类植物和地衣植物。

4.2.1.1　藻类植物

藻类植物是细胞内含有光合色素，能进行光合作用的低等自养植物的统称，是植物界中形态和结构最简单的类群。目前已经发现和记载的藻类植物近 3 万种，包括蓝藻门、裸藻门、绿藻门、金藻门、甲藻门、红藻门、褐藻门等，绝大多数藻类植物的细胞中含有叶绿素与其他色素，而且由于各种色素的成分与比例的差异，它们呈现出不同的颜色。藻类植物体形态结构差异很大，小球藻、衣藻等要用显微镜才能看到，而巨藻长度可达 100m 以上。藻类植物的分布和生态习性也是极其多样的，90%以上的种类生活在海水或淡水中，少数种类生活在潮湿的土、岩石、墙壁、树干等表面，一些种类能专门生长在水温高达 80℃的温泉中，而另外一些可以生活在雪峰、极地等零下几十摄氏度的环境中。藻类植物的繁殖方式也多种多样，有营养繁殖、孢子繁殖或配子繁殖等。衣藻的生殖及生活史如图 4-2 所示。

许多藻类可供食用，如地木耳（葛仙米）、发菜（已被列为国家重点保护野生植物）、海带、紫菜等。有些藻类有助于岩石的风蚀，其胶质能黏合沙土。有些藻类具有药用价值，如褐藻含有大量的碘（代表植物有海带），可治疗和预防甲状腺肿大。近年来开发利用的螺旋藻，是一种优良的保健食品。也有一些藻有固氮作用，可增加土壤肥力。水生藻类有的能吸收和积累某些有毒物质，起到净化污水、消除污染的作用。藻类还可作工业原

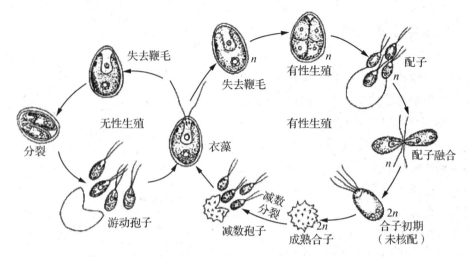

图 4-2　藻类植物(衣藻)的生殖及生活史

料,提取藻胶质、琼脂、酒精、碘化钾等。有的藻类可作为鱼类、家畜或家禽的饲料。但有的藻类对栽培植物和鱼类、贝类有害,如水绵可危害水稻,绿球藻可附生在鱼和贝的鳃部,使其生病死亡。裸藻在有机质丰富时,可以大量繁殖形成水华,污染水体。

4.2.1.2　菌类植物

菌类植物是单细胞或丝状体,除极少数种类外一般无光合色素,不能进行光合作用,靠现成的有机物质生活,营养方式为异养,包括寄生和腐生。目前已被定名的菌类有 10 万余种。菌类植物分为细菌门、黏菌门、真菌门,在形态、结构、繁殖和生活史上差异很大,分别介绍如下。

①细菌门　细菌是一群个体微小(其直径一般在 $1\mu m$ 左右)的单细胞原核生物,分布极广,水中、空气中、土壤及动植物体表或内部,都有细菌存在。已经发现的细菌有 2000 多种。从形态上看,细菌分为球菌、杆菌和

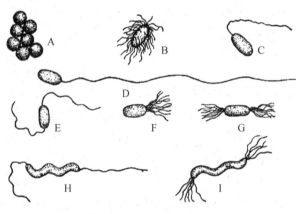

图 4-3　细菌的 3 种常见类型
A. 球菌　B~G. 杆菌　H、I. 螺旋菌

螺旋菌 3 种基本类型(图 4-3)。

细菌结构简单,具有细胞壁、细胞膜和细胞质等,有核质但无核结构。有些细菌还生有鞭毛和荚膜,有利于运动和起保护作用。有些细菌在环境不良时,如干旱、低温或高温时,可以通过细胞壁加厚形成芽孢,度过不良环境,待环境适宜时其细胞壁溶解消失,再形成一个正常的细菌,所以芽孢是细菌抵抗不良环境条件的休眠体。有的芽孢在 $-253℃$ 或 $100℃$ 下 30min 不死,故对医疗、生产和科研的灭菌、消毒要求比较严格。

大多数细菌不含叶绿体,营异养生活,少数细菌含有细菌叶绿素,如硫细菌、铁细菌

等可进行自养。细菌通常以裂殖的方式进行繁殖，其繁殖速度很快，在适宜环境下，每20~30min 可以分裂繁殖 1 代，理论上 24h 可以繁殖 47~71 代，故由细菌引起的疾病传播速度很快，有时难以控制。

大多数细菌对人类是有益的，如利用乳酸杆菌制乳酸。细菌能使有机质分解，所以在自然界物质循环中起重要作用，在工、农业上利用也很广泛，如制药、纺织、化工、固氮等都与细菌的作用分不开。但细菌也是许多动植物致病的病原菌，如人类的结核病、伤寒，家畜的炭疽病，以及白菜的软腐病等均由细菌引起。

②黏菌门　是一类介于动物和植物之间的真核生物，它们在生活史的营养期是一团裸露的、没有细胞壁的多核原生质体，能不断变形运动和吞食小的固体食物，与动物相似。在繁殖期能产生具有纤维素壁的孢子，所以又表现出了植物的性状。黏菌有 500 多种，多数生长在阴暗潮湿的地方。

③真菌门　真菌种类很多，已知的有 1 万余属，7 万种以上，是不含色素、进行异养生活的真核植物，多数植物体由一些分隔或不分隔的丝状体组成。其繁殖方式多样，可由菌丝断裂进行营养繁殖，也可产生各种孢子进行无性繁殖，还可进行多种多样的有性繁殖。

真菌分布极广，尤以土壤中最多。根据营养体的形态、生殖方式不同，可将真菌分为藻菌纲(代表植物有黑根霉、白锈菌)、子囊菌纲(代表植物有酵母菌、黄曲霉)、担子菌纲(代表植物有银耳、猴头)和半知菌纲(代表植物有稻瘟病菌)。

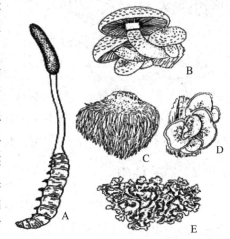

真菌与人类关系密切，很多真菌具有药用价值，如灵芝、冬虫夏草、茯苓等均可药用，抗生素中的青霉素、灰黄霉素也取自真菌。近年来还发现有 100 多种真菌具有抗癌作用，如香菇等。一些真菌是美味的山珍，如口蘑、香菇、平菇、松茸、猴头菇、木耳、银耳等(图 4-4)。同时，真菌在酿造、皮革软化、羊毛脱脂等方面起着重大作用，如酵母菌在无氧条件下能将糖类分解为二氧化碳与酒精，在发酵工业上应用广泛，如常用于制造啤酒。但真菌对生物也有有害的一面，如某些伞菌有剧毒，误食后会中毒或死亡。很多真菌可使动植物致

图 4-4　与人类关系密切的真菌植物

A. 冬虫夏草　B. 香菇　C. 猴头菇

D. 木耳　E. 银耳

病，如稻瘟病、水稻纹枯病、棉花黄枯萎病、玉米黑粉病、苹果腐烂病等。真菌中的黑根霉常使蔬菜、水果和食物等腐烂。动物皮肤上的癣也是由真菌引起的。真菌中的黄曲霉所产生的黄曲霉素毒性很大，能使动物致死和引起肝癌，所以被其感染的食物不能食用。

4.2.1.3　地衣植物

地衣是真菌和藻类的共生复合体，两者关系密切，并有专一性关系。地衣中的菌类多为子囊菌，少数为担子菌；藻类则为单细胞或丝状体的蓝藻或绿藻。一般菌类在地衣中占

大部分,藻类则在共生体内成一层或若干团,数量较少。藻类为整个复合体制造养分,而菌类则吸收水和无机盐,为藻类提供原料,并围裹藻类防止其干燥。

地衣约15 500种,分布极广,从平地到高山、从热带到寒带都有。它们生长在岩石、树皮、树叶、土壤和沙漠上。按照外部形态,地衣可分为3种类型:

①壳状地衣 生长在岩石、砖瓦、树皮或土上,形成薄层的壳状物,紧贴基物,难以分开。

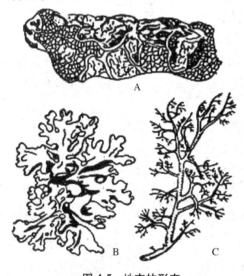

图4-5 地衣的形态

A. 壳状地衣 B. 叶状地衣 C. 枝状地衣

②叶状地衣 扁平叶片状,只下面假根伸入基物,易于采下。

③枝状地衣 植物体向上立起,具分枝,类似一株小树,或倒悬在空中(图4-5)。

地衣可进行营养繁殖,繁殖时叶状体断裂,或在体表形成一种粉末状的"粉芽"和"珊瑚芽",它们脱离母体后再形成新个体。地衣也可进行有性生殖,以其共生的真菌独立进行,产生孢子后放出,在适宜的基质上,遇到一定的藻细胞,便萌发为菌丝,二者反复分裂,便形成新的地衣。

地衣是多年生植物,需要的土壤、营养和水湿条件很低,也能忍受长期的干旱和低温。地衣在岩石的表面生长后,对岩石风化、土壤形成有促进作用,是植被形成的先锋植物。有些地衣可药用,如松萝、石蕊等。有的地衣具有抗菌的作用,还有的可作饲料,如滇金丝猴的主要食物就是地衣。地衣对SO_2气体反应敏感,可用作对大气污染的监测指示植物。在工业上地衣可制作化妆品、香水、染料等。但地衣也可危害茶树、柑橘等植物。

4.2.2 高等植物

高等植物较低等植物而言,具有如下主要特征:植物体结构复杂,具有根、茎、叶的分化;具有由多细胞组成的生殖器官;卵受精后先形成胚,再由胚形成新个体;生活史具有明显的世代交替(有性世代和无性世代相互更迭的过程);多为陆生;除苔藓植物外,都具有适应陆生环境的维管系统。

高等植物包括苔藓植物门、蕨类植物门、裸子植物门和被子植物门。

4.2.2.1 苔藓植物门

苔藓植物是高等植物中最简单、最低等的一类,大多数生活在水边和阴暗之处。它们属过渡性的陆生植物,由于没有维管组织,缺乏长距离输送物质和水分的能力,所以植物体矮小。植物体有假根和类似茎、叶的分化。世界上现有的苔藓植物约4000种,我国约2100种。

苔藓植物是继蓝藻、地衣之后,生活于沙碛、荒漠、冻原地带及裸露的石面或新断裂的岩层上的植物。在生长的过程中，能不断地分泌酸性物质，溶解岩面，本身死亡的残骸亦堆积在岩面之上，年深日久，即为其他高等植物创造了生存条件，因此，它是植物界的拓荒者之一。苔藓植物一般都有很强的吸水能力，在防止水土流失上起着重要的作用。苔藓植物的叶只有一层细胞，空气中 SO_2 和 HF 等有毒气体可以从背、腹两面侵入叶细胞，使苔藓植物无法生存。人们利用苔藓植物的这个特点，把它当作检测空气污染程度的指示植物。部分苔藓可作燃料、填充料、药棉及供药用等。如大金发藓，全株可入药，用以消炎、镇痛、止血、止咳。

苔藓植物在生活史中具有明显的世代交替。配子体自养，体形相对显著，而且生活的时间较长，即配子体占优势；孢子体终身寄生在配子体上，不能独立生活。

配子体为小型多细胞绿色组织，体内无维管组织分化，属非维管植物；没有真根而只有假根，有的是叶状体的形态，如地钱（*Marchantia polymorpha* L.）（图 4-6）。有的具有类似茎、叶的分化，称茎叶体或拟茎叶体，但是基本没有保护组织，各部分都可以吸取环境中的水分，也没有输导组织和机械组织。

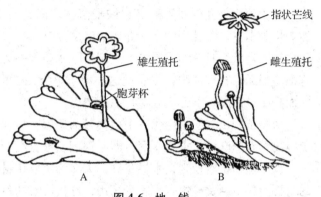

图 4-6　地　钱
A. 雄株　B. 雌株

有性生殖时，配子体上产生多细胞的雌、雄生殖器官分别称为颈卵器和精子器，其内部分别产生卵细胞和精子。这两种生殖器官，都具有由多细胞构成的外壁。精子上有鞭毛，能游动，在有水的情况下游至颈卵器内与卵细胞结合。受精卵在颈卵器中发育成胚，由胚再发育成小型的孢子体。孢子体生活的时间短，终身依赖于配子体生活。孢子体中孢子母细胞通过减数分裂形成孢子，孢子萌发后，先产生一个简单的丝状体，称为原丝体，原丝体上再产生配子体。

苔藓植物门分为苔纲和藓纲，藓纲中的葫芦藓（*Funaria hygrometrica* Hedw.）是常见的藓类植物。

4.2.2.2　蕨类植物门

蕨类植物门是高等植物中比较原始的一大类群，是高等植物中较低级的一类，也是最早的陆生植物，繁盛于晚古生代，至现代多为草本植物。这种植物生长在山野，有着顽强而旺盛的生命力，遍布于全世界温带和热带。现有的蕨类植物约有 12 000 种，我国约有 2600 种，一般为陆生。有根、茎、叶的分化，并有维管系统，既是高等的孢子植物，又是原始的维管植物。配子体和孢子体皆能独立生活，而且孢子体占优势。经常见到的蕨类植物都是孢子体，并有明显的世代交替。配子体产生颈卵器和精子器；孢子体产生孢子束。蕨类可分 4 纲：裸蕨纲、石松纲、节蕨纲、真蕨纲。

蕨类植物对植被环境的形成、水土保持和生态平衡具有重要作用。

蕨类植物的经济价值是多方面的。有近 100 种蕨类植物是很好的药用植物，如海金沙、贯众(可治急、慢性肝炎)、问荆、木贼等；有很多蕨类植物可供食用，如蕨、紫萁等；有些蕨类植物可作饲料和绿肥，如满江红、槐叶萍等；蕨类植物叶大、干矮、茂密，可作观赏和插花用材。有些蕨类植物由于耐阴，可作为庭园居室观赏植物，如肾蕨、铁线蕨、巢蕨、凤尾蕨等；许多蕨类由于具有重要的研究价值、利用价值或珍稀或濒危等，被我国列为国家重点保护野生植物，如桫椤、鹿角蕨、金毛狗等。蕨类植物曾是地球上十分繁茂的植物类群，在地质大变动的时代有许多被埋入地下，经过上期的演变称为煤炭。至今蕨类植物仍然是森林植被的重要组成部分，不少种类可以作为土壤指示植物。

4.2.2.3 裸子植物门

裸子植物是介于蕨类植物和被子植物之间的一类维管植物。裸子植物其孢子体很发达。均为木本，而且多为常绿乔木。叶多为针形、条形、线形、鳞形。解剖构造上茎中维管束排成环状，具有形成层和次生结构。木质部中无导管和纤维而只有管胞，韧皮部中只有筛胞而无筛管和伴胞。主根发达。裸子植物无子房构造，胚珠裸露，生在大孢子叶上，因而种子也裸露，不形成果实，故而得名。

裸子植物出现于古生代，中生代最为繁盛，后来由于地史的变化，逐渐衰退。现代裸子植物约有 800 种，隶属 5 纲，即苏铁纲、银杏纲、松柏纲、红豆杉纲和买麻藤纲。

裸子植物干直枝少，木材坚硬，大多为重要用材树种，以及生产纤维、树脂、单宁等的重要原料。麻黄、银杏子实可药用；红松、榧的种子可食用；圆柏、侧柏、南洋杉、雪松等因树形优美，叶常青，可作园林绿化观赏树种。银杏、水杉为中生代孑遗、我国特有的活化石树种。

4.2.2.4 被子植物门

被子植物是植物界最高级的一类，是地球上最完善、出现得最晚的植物。自新生代以来，它们在地球上占着绝对优势。已知被子植物共 1 万多属，20 多万种，占植物界的1/2，我国有 2700 多属，约 3 万种。被子植物能有如此众多的种类，有极其广泛的适应性，与它们的结构复杂化、完善化分不开，特别是繁殖器官的结构和生殖过程的特点，为它们提供了适应、抵御各种环境的内在条件，使它们在生存竞争、自然选择的过程中不断产生新的变异、新的物种。其主要特征为：

①最显著的特征是具有真正的花，由花被(花萼、花冠)、雄蕊群和雌蕊群等部分组成。雄蕊是由小孢叶转化而来，分化为花丝和花药两个部分。雌蕊是由大孢叶特化而来，分为子房、花柱和柱头，是花中最重要的部分。

②胚珠包藏在心皮构成的子房内，受精后，子房形成果实，种子又包被在果皮之内。果实的形成使种子不仅受到特殊保护，免遭外界不良环境的伤害，而且有利于种子的散布。

③孢子体(植物体)高度发达，在它们的生活史中占绝对优势，木质部由导管分子组成，并伴随有木纤维，使水分运输畅通无阻。

④配子体进一步简化。被子植物的配子体达到了最简单的程度。小孢子即单核花粉粒发育成的雄配子体只有 2 个细胞或者 3 个细胞。大孢子发育成的成熟雌配子体称为胚囊，

胚囊通常只有 7 个细胞：3 个反足细胞、1 个中央细胞（包括 2 个极核）、2 个助细胞、1 个卵细胞。颈卵器消失。可见，被子植物的雌、雄配子体均无独立生活能力，终生寄生在孢子体上，结构上比裸子植物更加简化。

⑤出现双受精现象和新型胚乳。被子植物生殖时，一个精子与一个卵细胞结合发育成胚（$2n$），另一个精子与两个极核结合形成三倍体的胚乳（$3n$）。所以，不仅胚融合了双亲的遗传物质，而且胚乳也具有双亲的特性，这与裸子植物的胚乳直接由雌配子体（n）发育而来不同。

⑥生长形式和营养方式具有明显的多样性。被子植物的生长形式有木本和草本之分，木本植物的生长形式分乔木、灌木和藤本，又有常绿和落叶之分；草本植物的生长形式分多年生、二年生及一年生。被子植物大部分可进行光合作用，是自养的，也有寄生和半寄生的、食虫的、腐生的以及与某些低等植物共生的营养类型。

裸子植物和被子植物总称为种子植物，两者共同的特征是能够产生种子，以度过不良的环境。这有利于物种的繁衍，所以种子植物得以在当今植物界中占优势。

4.3 主要被子植物简介

被子植物有 300 多科，25 万种，我国约有 3 万种，可分为双子叶植物纲和单子叶植物纲。

4.3.1 双子叶植物纲的主要科

双子叶植物种子的胚具有 2 片子叶，茎内的维管束在横切面上常排列成圆环形，有形成层和次生组织，叶脉常为网状脉，花多以 5 或 4 为基数，一般主根发达，为直根系。

（1）木兰科（Magnoliaceae）

形态特征：落叶或常绿乔木或灌木。茎、叶含油细胞。单叶互生，全缘，很少有裂；托叶大，包被幼芽，脱落后常留有明显的环形托叶痕。花常两性，单独顶生或腋生，辐射对称；萼片与花瓣常相似，多数，离生，排成数轮；雄蕊多数，离生，螺旋状排列在柱状花托的下部；雌蕊有多数离生心皮，螺旋状排列在柱状花托的上部，子房 1 室，含 1 至多数胚珠。果实多为聚合蓇葖果，稀为翅果或翅果。种子具胚乳。

本科是双子叶植物中最原始的科。

本科有约 15 属 250 余种。主要分布于热带和亚热带。我国有 12 属 130 种。

（2）毛茛科（Ranunculaceae）

形态特征：多年生或一年生草本，稀攀缘藤本。叶基生或互生，稀对生，单叶或羽状复叶，托叶不发达或无。花两性，少单性，辐射对称或两侧对称；萼片 5 至多数；花瓣 5 至多数或退化；有的萼片呈花瓣状，有的花萼和花瓣变为距而成特殊蜜腺；雄蕊多数；心皮多数，离生或一部分合生；子房 1 室，胚珠 1 至多个。果为瘦果或蓇葖果，少为浆果或蒴果。

本科与木兰科相似，与木兰科是两个平行发展的科。具两性花，花各部多数、离生，呈螺旋状排列等原始性状。双子叶草本植物即由本科保留了草本性质演化而来。

毛茛科植物含有各种生物碱,不少种类为药用或有毒植物。花大,色泽艳丽,因而有些为观赏植物。

本科有40余属1500余种,主产于北温带。我国有36属600余种。

(3)十字花科(Cruciferae)

形态特征:一、二年生或多年生草本。单叶互生,基生叶常呈莲座状,无托叶,全缘或羽状深裂。花两性,辐射对称,常排成总状花序;萼片、花瓣各4枚,花冠十字形;雄蕊6枚,4长2短,为四强雄蕊;雌蕊由2心皮组成,被假隔膜分成2室,侧膜胎座,子房上位。果实为角果。种子无胚乳。

本科有375属3000余种,分布于世界各地。我国有96属411种,全国分布。

(4)石竹科(Caryophyllaceae)

形态特征:草本。茎节部膨大。单叶全缘、对生,常在基部连成一横线。花两性,辐射对称,多为聚伞花序;萼片4~5枚,宿存、分离或合生;花瓣4~5枚,分离;雄蕊2轮,8~10枚,花粉球形;雌蕊2~5心皮,子房上位,1室,特立中央胎座(稀基底或中轴胎座);蒴果,顶端齿裂(少数瓣裂或为浆果)。胚珠多数或为1枚,种子内无胚乳,胚弯生。

本科有75属2000余种,分布于全球,尤以北温带最多。我国有32属367种,全国均有分布。有的供观赏,有的药用,也有的是田间杂草。

(5)蓼科(Polygonaceae)

形态特征:草本,稀木本。茎的节部常膨大。单叶互生,全缘;托叶膜质鞘状,抱茎。花两性,稀单性;花序穗状或圆锥状;花小,整齐;花被片3~6枚,常排成2轮,分离或合生,花瓣状,宿存;雄蕊3~6枚,有时9枚,与花被片对生;雌蕊由2~3心皮组成,子房上位,1室;花柱2~3裂,花柱2~3,分离或下部连合。果实为瘦果或坚果,两面凸起或三棱形,部分或全部包于宿存的花被内。种子有胚乳。

(6)苋科(Amaranthaceae)

形态特征:一年生或多年生草本,有时为小灌木或攀缘植物。单叶互生或对生,无托叶。花小,两性或单性,单被,辐射对称,常密集簇生;萼片3~5枚,干膜质;雄蕊1~5枚,与萼片对生,基部连合成管;子房上位,由2~3心皮组成,1室,胚珠1枚,稀多数,花柱2~3裂。果为胞果,盖裂或不裂。

本科约有65属850种,分布于热带和温带。我国有13属50种,南北均有。

(7)葫芦科(Cucurbitaceae)

形态特征:一年生或多年生草质藤本,植株被毛,粗糙,常有卷须。单叶,互生,常掌状分裂。花单性,同株或异株;萼片、花瓣各5枚,合瓣或离瓣;雄蕊5枚,常两两连合,1枚独立,成为3组,或完全连合;花药常折叠弯曲,呈"S"形;雌蕊3心皮合生,子房下位。瓠果。

本科约有90属700种,大部分产于热带地区。我国有22属100余种,主要分布于南北各地。

（8）椴树科（Tiliaceae）

形态特征：木本，稀草本，具星状毛。茎皮富含纤维。单叶互生，偶对生，基部常具小裂片或偏斜，有托叶，且往往早落，脉多三出。花两性，整齐，聚伞或圆锥花序，有时花序柄与舌状苞叶合生；萼片 5 枚，镊合状排列，花瓣 5 枚；雄蕊多数，分离或连合成束，有时有花瓣状的假雄蕊；上位子房，2~10 室。蒴果、核果状果或浆果。种子有胚乳。

本科约 35 属 400 余种，主要分布在热带和亚热带。我国有 8 属 80 余种。

（9）锦葵科（Malvaceae）

形态特征：草本或木本，常被星状毛或鳞片状毛。单叶互生，全缘或浅裂，有托叶。花两性，辐射对称，萼片 5 枚，常有副萼（苞片）形成的总苞；花瓣 5 枚，旋转状排列；雄蕊多数，花丝连合成单体雄蕊；花药 1 室，纵裂；花粉球形，大而被刺；上位子房，2 至多室，彼此结合；花柱上部分枝，每室有 1 至多数倒生胚珠。果实为蒴果或分果。

本科约 50 属 1000 余种，分布于温带和热带。我国有 15 属 80 余种。本科中许多种类是著名的纤维作物，如棉花、苘麻、红麻等。亦有极具观赏价值的花卉植物。

（10）大戟科（Euphorbiaceae）

形态特征：草本、灌木或乔木，多含乳汁。单叶互生，少复叶，常有托叶，叶基部常有腺体。花单性，同株，稀异株；常有聚伞花序或杯状聚伞花序。萼片 3~5 枚，常无花瓣，有花盘或腺体；雄蕊 1 至多数；雌蕊由 3 心皮合成，子房上位，3 室。果为蒴果，稀核果。种子具胚乳。

本科约 300 属 8000 种，广布世界各地，主产于热带。我国有 60 属 364 种，主产于长江流域以南地区。

（11）蔷薇科（Rosaceae）

形态特征：灌木、乔木或草本。有刺或无刺。单叶或复叶，多互生，常有托叶。花两性，偶单性［如假升麻属（Aruncus）］，辐射对称；单生或排成伞房、圆锥花序；花托有各种类型，有的突起呈圆锥形，有的下陷呈壶状、杯状或盘状，有的扩大成肉质，有的不显著；花萼基部多与花托愈合呈碟状或坛状萼管，有的有副萼；萼片与花瓣常 5 数，覆瓦状排列；雄蕊 5 至多数，着生于花托或萼管的边缘；雌蕊 1 至多心皮，离生或合生。果实有核果、梨果、瘦果和蓇葖果。

本科有 4 亚科约 124 属 3300 余种，广布于世界各地，主产于北温带。我国有 55 属 1000 余种，分布于全国各地。

（12）杨柳科（Salicaceae）

形态特征：乔木或灌木。单叶互生，有托叶。花单性异株，柔荑花序；常于初春先于叶开放；每花有 1 枚苞片，无花被，有花盘或腺体；雄蕊 2 至多数；雌蕊由 2 心皮组成，子房 1 室，上位，侧膜胎座，花柱 2~4。蒴果 2~4 瓣裂。种子小，多数，基部有长毛。

本科 3 属约 540 种，分布于北温带和亚热带。我国有 3 属 80 种。多为速生用材树种和绿化树种。

（13）壳斗科（Fagaceae）

形态特征：落叶或常绿乔木或灌木。单叶互生，托叶早落。花单性，雌、雄同株；雄花为柔荑花序或头状花序，花萼4~8裂，雄蕊4~20裂；下位子房，3~7室，每室有胚珠1~2个，仅有1个发育；花柱3~7个。坚果部分或全部包藏于一个有鳞片或刺的碗状或封闭的总苞中。

本科约有8属9000种。主要分布于热带及北半球亚热带。我国有6属300余种，分布于全国。

（14）桑科（Moraceae）

形态特征：木本，常有乳汁，具钟乳体。常叶互生，托叶明显、早落。花小、单性，雌雄同株或异株；聚伞花序常集成头状、穗状、圆锥状花序或陷于密闭的总花托中而成隐头花序；花单被；雄花萼4裂，雄蕊4枚；雌花萼4裂，雌蕊由2心皮结合；子房上位，1室，花柱1~2。坚果或核果，有时被宿存萼包被，并在花序中集合成聚花果，如桑葚、构树果、榕树果等。

本科约40属1000种，主要分布在热带、亚热带，我国有16属160余种，主产于长江流域以南地区。

（15）大麻科（Cannabinaceae）

形态特征：直立或缠绕草本。单叶互生或对生，常掌状分裂。花单性，异株，雄花有柄，排成圆锥花序；雌花无柄，有显著的苞片，集生成头状或穗状花序；雄花萼片5裂，雄蕊5枚；雌花萼膜质，紧包子房，子房1室，有1下垂胚珠。瘦果，包于宿存萼内。

本科只有2属3种，分布于北温带。我国东北有分布。

（16）鼠李科（Rhamnaceae）

形态特征：乔木或灌木，直立或攀缘状，稀草本。常有刺。单叶，通常互生，托叶小，脱落。花小，辐射对称，两性，少数单性，呈聚伞、穗状、伞形、总状或圆锥花序；萼4~5裂，花瓣4~5枚或无；雄蕊4~5枚，与花瓣对生；花盘肉质，子房上位或一部分于花盘内，2~4室，每室有1个胚珠，花柱2~4裂。果为蒴果或核果。

本科约58属900种，广布于全球。我国有15属约135种，南、北均产。

（17）葡萄科（Vitaceae）

形态特征：藤本，常具与叶对生的卷须，稀为直立灌木。叶互生，单叶或复叶，有托叶。花小，两性或单性，通常为聚伞花序或圆锥花序。萼片4~5枚，分离或基部连合；花瓣与萼片同数，分离或有时帽状黏合而整体脱落；花盘杯状或分裂；雄蕊4~5枚，与花瓣对生；子房上位，2至多室，每室有胚珠2个。果实为浆果。

本科约12属700种，多分布于热带和温带地区。我国有7属约109种，南、北均产。

（18）胡桃科（Juglandaceae）

形态特征：落叶乔木，稀灌木。常具片状髓。奇数羽状复叶，互生，无托叶。花单性，雌雄同株；雄花成柔荑花序，雄蕊3至多枚，雄花被与苞片合生；雌花单生或成总状或穗状花序，雌花被裂片3~5枚，与子房合生，雌蕊由2心皮合生，子房下位，1室，胚珠 1 个。果实为核果状坚果或翅果。种子无胚乳。

本科有 8 属约 60 种，分布于北温带及亚洲的热带地区。我国有 7 属约 27 种，南、北各地均有分布。

（19）伞形科（Umbelliferae）

形态特征：草本。茎常中空，有纵棱，常含有挥发油而有香气。叶互生，大部分为复叶，叶柄基部膨大呈鞘状，抱茎。伞形或复伞形花序，常有总苞；花小，两性，辐射对称，萼微小或缺；花瓣 5 枚；雄蕊 5 枚，着生于上位花盘的周围，雌蕊由 2 心皮组成，子房下位，2 室。果实为双悬果。种子胚乳丰富，胚小。

本科约 250 属 2000 种，多产于北温带。我国有 57 属 500 余种。

（20）菊科（Compositae）

形态特征：多数草本，稀灌木或乔木，有的具乳汁或具芳香油。单叶互生，稀对生或轮生，全缘、具齿或分裂，无托叶。花两性或单性，少有中性；由管状花或舌状花集成头状或盘状花序，花序外为 1 至多列叶状总苞片；头状花序中，有的全为管状或全为舌状花，亦有的中央为管状花，外围的边花为舌状花；萼片退化成冠毛或鳞片状；雄蕊 5 枚，花药连合成聚药雄蕊，花丝分离；雌蕊由 2 心皮合生，子房下位，1 室，柱头 2 裂。果实为瘦果。种子无胚乳。

菊科是被子植物中最大的一个科，约 1000 属 25 000~30 000 种，广布于世界各地，主产于北温带。我国有 230 属 2300 余种，分布于全国各地。

（21）茄科（Solanaceae）

形态特征：草本或灌木，稀乔木。单叶互生，无托叶。花两性，常辐射对称，单生、簇生或组成聚伞花序；花萼常 5 裂，果时常增大，宿存；花冠常 5 裂，下部合生成钟状、轮状或漏斗状；雄蕊 5 枚，着生在花冠管上，与花冠裂片互生；花药 2 室，纵裂或孔裂；雌蕊由 2 心皮合生，子房上位，2 室或由假隔膜分成多室，中轴胎座，每室含多数胚珠。果实为浆果或蒴果。

本科约有 85 属 2500 种。主要分布于热带及温带。我国有 26 属约 107 种，各地均有分布。

（22）唇形科（Labiatae）

形态特征：草本，稀灌木。茎四棱形，常含有芳香性挥发油。单叶对生或轮生。花轮生于叶腋，形成轮伞花序，常再组成穗状或总状花序。花两性；花萼 4~5 裂或二唇裂，宿存；花冠唇形，上唇 2 裂，下唇 3 裂；雄蕊 4 枚，2 长 2 短，为二强雄蕊，或退化成 2 枚，生于花冠管上；雌蕊由 2 心皮组成，裂为 4 室，每室 1 个胚珠；子房上位，花柱 1，生于分裂子房基部。果实为 4 枚小坚果。

本科约有 220 属 3500 种，分布于世界各地。我国有 99 属 800 余种。

本科植物几乎都含有芳香油，可提取香精，其中有许多著名的药用和香料植物。

4.3.2　单子叶植物纲的主要科

单子叶植物种子的胚具有 1 片子叶；茎内的维管束星散排列，无形成层和次生结构；

叶脉常为平行脉或弧形脉；花部常为3基数；一般主根不发达，有不定根组成须根系。

（1）泽泻科（Alismataceae）

形态特征：水生或沼生草本。有根状茎。叶常基生，基部有开裂的鞘，叶形变化很大。花两性或单性，辐射对称，常轮生于花茎上；总状或圆锥状花序；萼片3枚，绿色，宿存；花瓣3枚，脱落；雄蕊6至多数，稀3枚，分离；子房上位，1室。果为聚合瘦果。

本科约有13属90种，分布于全球。我国有5属13种，分布于全国。

（2）百合科（Liliaceae）

形态特征：多年生草本。具根茎、鳞茎或球茎，茎直立或攀缘状。单叶互生，少数对生或轮生，或常基生，有时退化为膜质鳞片，以枝行使叶的作用。花单生或排成总状、穗状、圆锥状或伞形花序，少数为聚伞花序；花两性，辐射对称，少有单性者；花被片6枚，排成两轮；雄蕊通常6枚，与花被片对生；雌蕊常由3心皮组成，子房上位，3室。果实为蒴果或浆果。

本科约有175属2000种，广布于全球。我国有54属334种，分布于全国。

百合科是单子叶植物纲中的一个大科，有的系统将百合科分为若干个不同的科，或把一部分植物归入其他的科。

（3）莎草科（Cyperaceae）

形态特征：多年生草本，稀为一年生。常具根状茎，少有块茎或球茎；茎常三棱形，少圆柱形，实心，花序以下不分枝。叶常3列，狭长，有时退化为仅有叶鞘，叶鞘闭合。花小，两性，少有单性；雌雄同株或异株，排列成很小的穗状花序，称为小穗；每一朵花具1枚苞片，称为鳞或颖片；花被完全退化，或为鳞片状、刚毛状、毛状，少有花瓣状；有时雌花为囊苞包被；雄蕊1～3枚，通常为3枚；雌蕊1枚，子房上位，柱头2～3裂。果为小坚果。

本科约有800属4000余种，广布于世界各地。我国有31属670种，分布于全国各地。

（4）禾本科（Gramineae）

形态特征：一年生、二年生或多年生草本，少有木本（竹类）。通常具有根状茎，地上茎称为秆，常于基部分枝，节明显，节间常中空。单叶互生，排成2列；叶鞘包围茎秆，边缘常分离而覆盖，少有闭合；叶舌膜质，或退化为一圈毛状物，很少没有叶舌；叶耳位于叶片基部的两侧或缺；叶片常狭长，叶脉平行。花两性，稀单性，由1至多朵花组成穗状花序，称为小穗，由许多小穗再排成穗状、总状、圆锥状等花序；每小花基部有外稃与内稃，外稃常有芒，相当于苞片，内稃无芒，相当于小苞片，外稃的内侧有两个退化为半透明的肉质鳞片，称为浆片；雄蕊3枚，稀1枚、2枚或6枚；雌蕊由2心皮组成，子房上位，1室，1胚珠；花柱2，柱头常为羽毛状。果实多为颖果。

本科是被子植物中的大科之一，约有660属近10 000种，广布于世界各地。我国有225属1200余种，分布于全国。

（5）兰科（Orchidaceae）

形态特征：多年生草本，陆生、附生或腐生。陆生及腐生的常有根状茎或块茎，附生的常具假鳞茎以及肥厚而有根被的气生根。单叶互生，2 列，稀对生或轮生，基部常有鞘。花两性，两侧对称；单生或排成总状、穗状、伞形或圆锥花序；花被片 6 枚，排成 2 轮；外轮 3 枚萼状或呈花瓣状，位于中央上方的 1 枚称为中萼片，下方两侧的 2 枚称为侧萼片；内轮 3 枚，两侧的呈花瓣状，中央 1 枚称为唇瓣，常特化成各种形状；雄蕊与花柱合生，称为合蕊柱，合蕊柱半圆柱形，与唇瓣对生；雄蕊通常 1 枚，生于合蕊柱顶端，稀具 2 枚生于合蕊柱两侧；花药 2 室，具由花粉粒黏结成的花粉块 2~8 个；子房下位，1 室，侧膜胎座，稀 3 室而具中轴胎座；胚珠倒生，多数。果实为蒴果。种子细小，无胚乳。

兰科是被子植物中仅次于菊科的第二大科，700 余属 17 000 余种，主要分布于热带和亚热带地区。我国约 166 属 1100 种，主要分布于长江以南各地。本科有很多著名的观赏植物和药用植物。

◇实践教学

实训 4-2　植物标本的采集

一、实训目的

通过本实验，掌握野外植物标本的采集方法。

二、材料及用具

标本夹，吸水纸，采集袋，枝剪，高枝剪，标本，台纸，铅笔，小刀，镊子，白纸条，大针，机线，乳白胶，采集记录表，采集号签，标本鉴定签，剪刀，毛笔，胶水等。

三、方法及步骤

1. 野外观察

在野外观察种子植物时，要了解它们所处的环境、形态特征，以及它们与环境之间的相互关系。

在野外观察一种植物时，可以从以下几个方面入手：

(1)了解植物所处的环境

植物生长地的环境包括地形、坡度、坡向、光照、水湿状况、同生植物，以及动物的活动情况等。尽量做到观察全面细致。

(2)观察植物习性

野外观察时要看该种植物是草本植物还是木本植物。如果是草本植物，观察是一年生植物、二年生植物还是多年生植物，是直立草本植物还是草质藤本植物；如果是木本植物，是乔木、灌木还是半灌木，是常绿植物还是落叶植物。同时要注意观察它们是肉质植物还是非肉质植物，是陆生植物、水生植物还是湿生植物，是自养植物还是寄生或附生植物、腐生植物。

还要注意看它是直立、斜倚、平卧、匍匐、攀缘还是缠绕。

(3)观察植物各部分

典型的种子植物包括根、茎、叶、花、果实和种子 6 个部分。在观察植物各部分时要养成开始于根，结束于花果的良好习惯。应先用肉眼观察，然后用放大镜协助，要注意植物各部分所处的位置，它们的形态、大小、质地、颜色、气味，其上有无附属物以及附属物的特征，以及折断后有无浆汁流出等，尽量做到观察全面细致。特别是花、果，它们是高等植物分类的基础，对于花的观察要从花柄开始，到花萼、花瓣和雄蕊，直到柱头的顶部，一步一步、从外向内地进行观察。

从根、茎、叶、花、果实几个方面观察时要注意：

①根 是直根系还是须根系，是块根还是圆锥根，是气生根还是寄生根。

②茎 是圆茎、方茎、三棱形茎还是多棱形茎，是实心还是空心，茎的节和节间明显与否，是匍匐茎还是平卧茎、直立茎、攀缘茎、缠绕茎，是否具根状茎、块茎、鳞茎、球茎、肉质茎。

③叶 是单叶还是复叶。复叶是奇数羽状复叶、偶数羽状复叶、二回偶数羽状复叶还是掌状复叶，是单身复叶还是掌状三小叶、羽状三小叶等。叶是对生、互生、轮生、簇生还是基生。叶脉是平行脉、网状脉、羽状脉、弧形脉还是三出脉。叶的形状(如圆形、心形等)、叶基的形状、叶尖的形状、叶缘、托叶以及有无附属物等都要做全面观察。

④花 首先观察花是单生还是组成花序，以及其花序是哪种花序。然后观察花是两性花、单性花还是杂性花，如果是单性花，则要看是雌雄同株还是异株。花被的观察看花萼与花瓣有无区别，是单被花还是双被花，是合瓣花还是离瓣花。观察雄蕊是由多少枚组成，排列怎样，是否合生，与花瓣的排列是互生还是对生，有无附属物或退化雄蕊存在，是单体雄蕊、四强雄蕊、二强雄蕊、二体雄蕊还是聚药雄蕊等。对于雌蕊应观察心皮数目，合生还是离生，胎座类型、胚珠数、子房的形状，子房是上位还是下位、半下位。花柱、柱头等都要细致观察。

⑤果实 首先分清果实所属的类型，其次是大小、附属物的有无、果实的形状。

以上所述是观察种子植物的一般方法，但对于木本植物和草本植物的特殊之处还需要注意下面两点：

a. 观察木本植物时，要注意树形(主要是树冠的形状)。由于树种不同，或同一树种由于树龄或所处的环境条件不同，树冠的形状也不相同，一般可分为圆锥形、圆柱形、卵圆形、阔卵形、圆球形、倒卵形、扁球形、伞形、茶杯形、不整齐形等。观察树形，有助于识别树种。

树皮的颜色、厚度、平滑或开裂、开裂的深浅和形状等都是识别木本植物的特征。

树皮上皮孔的形状、大小、颜色、数量及分布情况等，因树种不同亦有差异，有助于识别树种。

还要注意观察枝条的髓部，了解髓的有无、形状、颜色及质地等。

茎或枝上的叶痕形状、维管束痕(叶迹)的形状及数目、芽着生的位置或性质等，也是识别树种的依据。

b. 有些草本植物具地下茎，一般地下茎在外表上与地上茎不同，但常与根混淆。在观察草本植物时，要注意植物的地下部分，注意地下茎和根的特殊变化。

总的来说，在野外观察一种植物时，应从植物所处的环境到植物的个体、由个体的外部形态到内部结构进行观察，既要注意植物种的一般性、代表性，也要能识别个别的和特殊的特征。

2. 植物标本的采集

通常所用的植物标本(或腊叶标本)是由一株植物或植物的一部分经过压制干燥后而制成的。将植物制成标本的目的是便于保管，以便今后学习、研究及对照之用。为达到此目的，要求在野外采集时，选材、压制及对植物的记录等应尽量完备。

(1)采集植物标本时应注意的事项

应该采什么样的标本要依标本用途而定，对于学习、研究用的标本，一般来说，采集时应注意下列几点：

①见到一种需要采集的植物时，首先要考虑需要哪一部分或哪一枝和采多大的植株最为理想。标本的尺度以台纸的尺度为准。当植物体过小，而个体数又极稀少时，因种类奇特少见，即使标本小，也采集。每种植物应采若干份，这要根据植物种类的性质、野外情况和需要数量来决定。一般至少采两份，一份可作学习观察之用，另一份送交植物标本室保存，以便将来学习、研究之用。同时，采集时可多采些花，以作室内解剖观察之用。在采集复份标本时，必须是采同种植物的，在采集草本植物复份标本时更要小心，否则不能当作复本。

②植物的花、果是目前在分类学上鉴定种子植物的依据，因此，采集时须选多花多果的枝来采。当一枝上仅有一花或数花时，可多采同株植物上一些短的花果枝，经干制后置于纸袋内，附在标本上。如果是雌雄异株的植物，力求两者皆能采到，才能有利于鉴定。

③一份完整的标本，除有花果外，还需有营养体部分，故要选择生长发育好的，最好是无病虫害的，而且要将具有代表性的植物体部分作为标本。同时，标本上要具有 2 年生枝条，因为当年生枝尚未定型，变化较大，不易鉴别。

④采集草本植物时，要采全株。而且要有地下部分的根状茎和根。若有鳞茎、块茎，必须采到，这样才能显示出该植物是多年生还是一年生，才有助于鉴定。

⑤采好一种植物标本后，应立即牢固地挂上号牌。号牌用硬纸做成，长 3~5cm，宽 15~30mm，有的号牌上还印有填写的项目(图 4-7)。号牌必须用铅笔填写，其编号必须与采集记录表上的编号相同。

(2)采集特殊植物的方法

①棕榈类植物 棕榈类植物有大型的掌状叶和羽状复叶，可只

图 4-7 采集号牌式样

注：〇为穿孔线。

采一部分(这一部分要恰好能容纳在台纸上)，但必须把全株的高度、茎的粗度、叶的长度和宽度、裂片或小叶的数目、叶柄的长度等记在采集记录表上。叶柄上如果有刺，也要取一小部分。棕榈类的花序也很大，不同种的花序着生的部位不同，有生在顶端的，有生在叶腋的，有生在叶鞘下面的，如果不能全部压制，必须详细地记下花序的长度、阔度和着生部位。

②水生有花植物 水生有花植物有的种类有地下茎，有的种类叶柄和花柄随着水的深度增加而增长。因此，要采一段地下茎来观察叶柄和花柄着生的情况。另外，有的水生植物，茎叶非常纤细、脆弱，一露出水面枝叶就会粘贴重叠，失去原来的形状，因此，最好

成束地捞起来,用湿纸包好或装在布袋里带回来,放在盛有水的器具里,等它恢复原状后,用一张报纸放在浮水的标本下面,把标本轻轻地托出水面,连报纸一起用干纸夹好压起来,压上以后要勤换纸,直到把标本的水分吸干为止。

③寄生植物 高等植物中,有很多是寄生植物,如列当、槲寄生、桑寄生等,都寄生在其他植物体上。采集这类植物的时候,必须连寄主上它们所寄生的部分同时采下,并且要把寄主的种类、形状、同寄生植物的关系记录下来。

3. 野外记录

在野外采集时,必须做记录。记录的方式有两种:一是日记,二是填写已印好的表格。日记适用于观察记录,表格适用于采集记录。野外每采集一种植物标本时需填写一份采集记录表(图4-8)。

在填写采集记录表时,应注意以下几点:

①填写时要认真负责,填写的内容要求正确、精简扼要。

②记录表上的采集号必须与标本上挂的号牌的编号相同。

③填写植物的根、茎、叶、花、果的性状时,应尽量填写一些在经过压制干燥后易于失去的特征(如颜色、气味、是否肉质等)。

④将填写好的表格按采集号的次序集中成册,不得遗失、污损。

四、实训作业

在校园中采集20种以上常见的植物。

植物标本采集记录

采集号:　　　采集日期:　年　月　日　采集人:
地点:　　　　　　　　海拔:
生境:(如山坡、盐碱地等) 生活型:(如常绿灌木等)
年龄:　　高度:　　胸(基)径:　　冠幅:
形态:1.皮(根):
　　　2.枝(茎):
　　　3.芽:
　　　4.叶:
　　　5.花:
　　　6.果实(种子):
附录:
中文名(俗名):
学名:　　　　　　科名:

图4-8 植物标本采集记录表式样

实训4-3 植物腊叶标本的制作

一、实训目的

1. 掌握植物腊叶标本的制作方法。

2. 掌握植物标本保存方法。

二、材料及用具

各种植物标本,标本夹,吸水纸,乳白胶,标签纸,各种杀虫剂等。

三、方法及步骤

1. 整理标本

把标本上多余的枝叶疏剪一部分,以免遮盖花果。对于较长的植株可以折成"N"状或"V"状。

2. 压制植物标本

在野外将植物标本采集好后,如果方便,可就地进行压制,亦可带回室内压制;若将标本带回压制，需注意不要使标本萎蔫卷缩(尤其是草本植物采集后若不及时压制，时间稍长则会如此)，否则会增加压制时的麻烦，亦会影响标本质量。

所采到的标本要及时压制，对一般植物，采用干压法，就是把标本夹的两块夹板打开，用有绳的一块平放着作底，上面铺上四五张吸水纸，放上一份标本，盖上两三张吸水纸，再放上一份标本。放标本时应注意：第一，要整齐平坦，不要把上、下两枝标本的顶端放在夹板的同一端；第二，每份标本都要有一两片叶背面朝上。等叠放到一定的高度后(30~50cm 不等)，上面多放几张吸水纸，放上另一块不带绳子的夹板，压标本的人轻轻地跨坐在夹板的一端，用底板的绳子绑住另一端，绑的时候要略加一些压力，同时跨坐的一端用同样大的压力顺势压下去，使两端高低一致，然后以手按着夹板来绑另一端，将身体移开，改用一脚踩着，用余下的绳子将标本夹绑好。

在压制中，标本的任何一部分都不要露出纸外。花果比较大的标本，压制的时候常常因为突起而造成空隙，使一部分叶卷缩起来，所以，在压这种标本的时候，要用吸水纸折好把空隙填平，让全部枝叶受到同样的压力。新压的标本，经过 0.5~1d 就要更换一次吸水纸，否则标本会腐烂发霉。换下来的湿纸必须晒干或烘干、烤干，预备下次换纸的时候用。换纸的时候要特别注意把重压的枝条、折叠着的叶和花等小心地张开、整好，如果发现枝叶过密，可以疏剪一部分。有些叶和花、果脱落了，要把它装在纸袋里，保存起来，袋上写上原标本的编号。

标本压上以后，通常经过 8~9d 就会完全干燥，此时把一片叶折起来就能折断，标本不再有初采时的新鲜颜色。

针叶树标本在压制过程中，针叶最容易脱落。为了防止发生这种现象，采后放在酒精或沸水或稀释过的热黏水胶溶液里浸一会儿。

多肉的植物(如石蒜科、百合科、景天科、天南星科等)标本不容易干燥，通常要 1 个月以上，有的甚至在压制过程中还能继续生长。所以，采后必须先用开水或药物处理一下，破坏它们的生长能力，然后压制，但是花绝对不能放在沸水里浸。

在压制一些肉质而多髓心的茎和肉质的地下块根、块茎、鳞茎及肉质而多汁的花果时，还可以将它们剖开，压其一部分，压的部分必须具有代表性，同时要把它们的形状、颜色、大小、质地等详细地记录下来。

对于一些珍贵的植物及个别特殊植物，在采集时或压制处理前，除详细记录外，必要的时候可以摄影，以后可将照片和标本附在一起。

标本压制干燥后，要按照编号顺序把它们整理好，用一张纸把一个编号的正、副标本分隔开，再用一张纸把这个编号的标本夹套成一包，然后在纸包表面右下角写上标本的编号。每 20 包(可视压制者的意愿)依编号捆在一起。这样就可以贮存或者运送了。

3. 植物标本的装订

(1)上台纸

将已压干的植物标本经消毒处理以后，根据原来登记的号码把标本一枝枝地取出来，标本的背面要用毛笔薄薄地涂上一层乳白胶，然后贴在台纸上。台纸是由硬纸做的，一般长 42cm，宽 29cm，但也可以稍有出入。如果标本比台纸大，可以修剪一下，但是顶部必须保留。每贴好十几份，就捆成一捆，选比较笨重的东西压上，让标本和台纸黏结在一起。用重物压过以后，取出来，放在玻璃板或木板上，然后在枝、叶的主脉左、右顺着枝、叶的方向，用小刀在台纸上各切一个小长口，再用镊子夹一张小白纸插入小长口里，小白纸两端呈相反方向拉紧并涂胶，贴在台纸背面。每一枝标本，最少要贴5张小白纸，有时候遇到多花多叶的标本，需要贴30~40张。有的标本枝条很粗，或者果实比较大，不容易贴牢固，可以用线缝在台纸上。缝的线在台纸背面要整齐地排列，不要重叠起来，而且最后的线头要拉紧。有些植物标本的叶、花及小果实等很容易脱落，要把脱落的叶、花、果实等装在牛皮纸袋内，并且把纸袋贴在台纸的左下角。有些珍稀标本如原始标本(模式标本)很难获得，应该在台纸上贴一张玻璃纸或透明纸，把标本保护好，防止磨损。

(2)登记和编号

标本上台纸后，要把已填写好的采集记录表贴在左上角，要注明标本的学名、科名、采集人、采集地点、采集日期等。

每一份标本都要编上号码。在野外记录本、野外记录表、卡片、鉴定标签上，同一份标本的号码要相同。

(3)标本鉴定

根据标本、野外记录，认真查找工具书，核对标本的名称、分类地位等，如果已经鉴定好，就要填好鉴定标签并贴在台纸的右下角。

4. 植物标本的保存及使用

(1)腊叶标本的保存

保存植物标本很重要，在潮湿而昆虫多的地方应特别重视。贮藏标本的地方必须干燥通风。

植物标本容易受虫害(如啮虫、甲虫、蛾等幼虫危害)，对于这类虫害，一般用药剂来防除。

①在上台纸前，要用升汞酒精饱和溶液消毒。具体做法：有的把标本浸在溶液里面，有的用喷雾器往标本上喷，有的用笔涂。用升汞消过毒的标本，台纸上要注明"涂毒"等字样，由于升汞水在空气中发散对人是有害的，使用的时候要注意。

②往标本柜里放焦油脑、樟脑精、卫生球等有恶臭的药品。

③用二硫化碳熏蒸，这种方法的杀虫效果很好，但是时间一长杀虫效力就消失，所以要熏48h才行。

④用氰酸钾消毒。使用这种方法的时候，要把标本室通到室外的放气管开关关紧，门窗的空隙也要用纸条封好，把标本柜的门打开，然后在盆里放上氰酸钾，盆上用铁架盛放一个分液漏斗，漏斗里盛稀硫酸。布置好以后，其余人退出，留一个人把漏斗的开关打开，然后这个人要立即退出，尽可能快地把门关紧上锁。经过24h后，在室外打开放气管，向外放散毒气，等毒气散尽后，把门窗打开，经过24h，才能回到标本室内工作。

⑤在标本橱里放精萘粉。把精萘粉用软纸包成若干小包(每小包100~150g)，分别放

在标本橱的每个格里，这个方法很简便，效果也很好。

（2）使用标本时应注意的事项

对标本尤其是原始标本一定要好好爱护，不让它曲折。有些人看标本的时候顺次翻阅几份或者几十份标本，随看随叠上，看完后把所有的标本抱起整个翻过来，有些人则看完以后随意乱放，这样很容易损坏标本，所以都是不允许的。在使用标本的时候，顺着次序翻阅以后，要按照相反的次序，一份一份地翻回，同时，看完的标本尤其是原来收藏在标本橱里的标本，必须立刻放回原处。

阅览标本的时候，如果贴着的纸片脱落了，应该把它照旧贴好。

在查对标本的时候，不要轻易解剖标本。

四、实训作业

在校园内外选取 10 种植物，将其制作成植物腊叶标本。

实训 4-4　常见植物的识别与鉴定

一、实训目的

通过观察不同植物的实物标本、腊叶标本或图片，熟悉植物的各种形态术语，掌握常见植物的主要识别特征。

二、材料及用具

校园或实验基地的各种类型植物，放大镜，刀片，枝剪，镊子，照相机，笔记本，笔，检索表及相关工具书。

三、方法及步骤

1. 现场观察与描述

在教师的带领下，到校园进行现场观察。学生边听教师的讲解边记录下各种植物名称和特性。教师讲解完后，学生拍摄记录植物的形态和采集讲解过的植物，并辨认采集到的植物，加深记忆。

2. 室内观察与描述

剪取校园中 5 种以上常见的带花、果的植物枝条，带回实验室，用科学的术语对植物枝条的形态和结构特征进行描述，解剖植物的花或果，写出花、果的结构特征，并鉴别出胎座类型与果实类型。

3. 检索表的编制与植物标本的检索

采集 6~8 种植物标本，编制一个用于区分这些植物的定距检索表。在编制检索表之前，先把这些植物的主要特征观察清楚并归纳比较，依据检索表的编制原则，确定各级检索特征后再编制。

采集 6~8 种植物标本，用检索表、植物图鉴、植物志等将植物检索到科、属、种。还可以通过网上搜索扩充对植物的了解。

四、实训作业

识别当地常见的园林植物 80~120 种，要求能说出其主要形态特征和识别要点。

实训4-5 校园植物类型的调查

一、实训目的

通过对校园植物的观察、调查、研究，熟悉观察、研究区域植物及其分类的方法，以便今后自主学习和研究；了解本校校园内或实训基地的植物类型和生物学特性；增长见识，培养对本专业的兴趣，加深对本专业的理解。

二、材料及用具

照相机，笔记本，笔，检索表及相关工具书，采集袋。

三、方法及步骤

1. 校园植物的归纳分类

在对校园植物进行识别、统计后，为了全面了解、掌握校园内的植物资源情况，还须进行归纳分类。分类的方式可根据自己的研究兴趣和校园植物具体情况进行选择。对植物进行归纳分类时要学会充分利用有关的参考文献。下面是几种常见的校园植物归纳分类方式：

①按植物形态特征分类　木本植物：乔木、灌木、木质藤本。草本植物：一年生、二年生、多年生。

②按植物系统分类　苔藓植物、蕨类植物、裸子植物、被子植物(双子叶植物、单子叶植物)。

③按经济用途分类　观赏植物、药用植物、食用植物、纤维植物、油料植物、淀粉植物、材用植物、蜜源植物、其他经济植物。

2. 调查记录

调查校园内常见植物的类型，并做好记录。

3. 知识扩充

应用网络，对上述所调查的植物进行搜索，以扩充对植物的了解。

四、实训作业

完成校园常见植物类型调查一览表(表4-1)。

表4-1　校园常见植物类型调查一览表

序　号	植物名称	植物类型	备　注

◇**自测题**

1. 名词解释

人为分类法，自然分类法，物种，品种，双名法。

2. 填空题

(1)高等植物包括_____、_____、_____和_____四大类群。

(2) 低等植物包括_____、_____和_____三大类群。

(3) 双名法是由_____提出的。

(4) 植物分类常采用的各级分类单位有_____、_____、_____、_____、_____、_____和_____。_____是最基本的分类等级。

(5) 真菌植物的子实体可分为_____和_____两大类。

(6) 植物进化的总趋势是沿着从_____到_____，从_____到_____，以及_____越来越简化，而孢子体越来越发达的方向发展。

(7) 木兰科的原始性状主要有：_____、_____、_____和_____。此科的观赏树种中，常见的有_____、_____、_____等。

(8) 蔷薇科的主要形态特征有_____。

(9) 十字花科的主要形态特征有_____。

(10) 锦葵科的识别特征有_____、_____、_____和_____。该科中常见的花卉植物有_____、_____等。

3. 判断题

(1) 苹果的学名应写成 *Malus pumila* L. 。 （   ）

(2) 在苔藓植物的生活史中，孢子体寄生于配子体上。 （   ）

(3) 双子叶植物的花冠常具有4枚或5枚花瓣，它们可相互连合或分离，且大小一致。

（   ）

(4) 凡松科植物均具针叶。 （   ）

(5) 被子植物大多为草本、灌木，而裸子植物大多为高大乔木，所以裸子植物的孢子体更为发达，被子植物的进化趋势是孢子体逐渐退化。 （   ）

4. 选择题

(1) 经典的植物分类学资料主要来自于植物的（   ）方面的特征。

    A. 细胞遗传学   B. 花粉学及胚胎学

    C. 生物化学与分子生物学   D. 形态解剖学及地理学

(2) 下列具伞形花序的植物可能是（   ）。

    A. 菊花   B. 蔷薇   C. 胡萝卜   D. 锦葵

(3) 被子植物种子的胚乳染色体数目为（   ）。

    A. $2n$ B. $3n$ C. $4n$ D. $1n$

(4) 指示变型的缩写符号是（   ）。

    A. sp.   B. var.   C. f.   D. subsp.

(5) 百合学名 *Lilium brownii* var. *viridulum* Baker 的命名方法是（   ）。

    A. 双名法   B. 三名法   C. 四名法   D. 多名法

5. 问答题

(1) 苔藓植物门的植物有哪些特征？

(2) 比较双子叶植物纲与单子叶植物纲的区别。

单元 5　植物的新陈代谢

◇ **知识目标**

(1)了解植物细胞的结构和组成与新陈代谢的关系。

(2)了解植物根系吸水的原理，掌握水分在植物体内的运输及水分散失的过程。

(3)掌握根系吸收矿质元素的特点、过程、运输途径。

(4)了解光合作用的概念和生理意义；理解影响光合作用的因素，认识农业生产中提高光合速率的可行途径；掌握植物体内同化物的分配规律和影响因素。

(5)了解植物呼吸作用的概念、生理意义和类型；理解主要外界因素对植物呼吸作用的影响；掌握呼吸作用原理在生产上的应用。

◇ **技能目标**

(1)学会用小液流法测定植物组织的水势。

(2)能应用称重法测定植物的蒸腾强度。

(3)能进行植物的溶液培养和缺素症状观察分析。

(4)能进行叶绿体色素的提取、分离和叶绿素的定量测定。

(5)能应用改良半叶法进行植物光合速率的测定。

(6)能应用小篮子法测定植物的呼吸速率。

(7)能进行种子生活力的测定。

◇ **理论知识**

新陈代谢是植物存在的必要条件。无论是单细胞的低等植物，还是多细胞的高等植物，只要它的生命活动不停止，就必须进行新陈代谢，与周围环境不断发生物质和能量的交换。植物通过新陈代谢，逐渐增加体内的物质积累，扩大体积、增加体重，并产生新的个体，也就是进行生长、发育和繁殖等生命过程。高等植物的生命活动是许多细胞新陈代谢活动的综合表现。

5.1　植物细胞的新陈代谢基础

细胞是组成植物体的结构单位，也是植物进行生命活动的基本单位。植物体内复杂多样的代谢活动，都能同时在单个细胞内有节奏地协调进行，这说明细胞内部有复杂精微的机能结构，各种生理生化过程。

5.1.1　植物细胞的结构特点及其功能

　　一个成熟的植物细胞可分为三大部分：最外层是细胞壁，这是相当坚固的保护层；最里面是包含着具有一定浓度水溶液的液泡；中央则是表现生命现象的重要部分——原生质体。

　　植物细胞的结构特征可以归纳为以下几点：

　　①相邻细胞的细胞壁之间靠胞间层连接起来，构成植物体的一个连续系统。所以这连续的细胞壁便成了植物整体的内在骨架，支持个体挺立于环境中。这个支架还有一定的弹性和韧度，可以承受外界风吹雨打的机械压力。

　　②每个细胞内的生活原生质靠胞间连丝通过细胞壁而互相沟通，形成植物体内的另一个连续系统。所以就整体来看，细胞间的生活原生质可以相互交流，互通有无。

　　③原生质体内部高度分化，有序分工，完成不同的生理功能。如叶绿体是进行光合作用的场所，其作用是生产糖；线粒体是进行呼吸作用的场所，其作用是释放能量供细胞利用；细胞核决定个体的遗传。所以在同一细胞内，可以同时进行多种生理生化过程，这些过程进行得顺利而有次序，活跃却不紊乱。同时，这些生理变化保证了生活细胞随时都在进行新陈代谢，随时都在自我更新，即保证了细胞生命活动的正常进行。当前，虽然技术科学已发展到相当高的水平，但是还没有任何一个实验室或工厂可以与生活细胞相比拟，因为细胞既有精巧细微的组织结构，又有极高的工作效率，最终还表现出活跃的生命现象。

　　④成熟的植物细胞内有一个大液泡，其中是以水为介质，累积了大量可溶性物质，使之具有一定的浓度，调节着细胞与外界的水分交换。植物之所以挺立并保持新鲜就与细胞的水分状况有关。

5.1.2　植物细胞生命活动的物质基础——原生质

5.1.2.1　原生质及其化学组成

　　原生质是细胞内具有生命活动的物质，是组成原生质体的基本成分。它的主要特征就是能不断地进行新陈代谢。

　　原生质具有极其复杂的化学成分，物理性质和生物学性质都很特别。植物细胞原生质的化学组成概括地说有三大类：水、无机物和有机物。水可占 80% 以上，其余为干物质。可使细胞中的各种物质处于水合状态，并为它们的各种生理、生化反应提供一个良好的环境。水是以两种形式存在的，一部分水与原生质体中的大分子物质（如蛋白质等）结合得很紧密，不易自由流动，称为束缚水或结合水；另一部分水处于自由流动状态，称为自由水。这两种水的含量比例与生命活动密切相关。当原生质体内自由水含量相对高时，生命活动旺盛，但这时也比较容易遇旱脱水，遇冷结冰，抗逆性弱；当束缚水含量相对高时，生命活动速率降低，抗逆能力增强。干物质包括大量的各种有机物及少量的无机物，有机物可占干重的 90%～95%，无机物占 5%～10%。细胞原生质中的无机物可以离子态存在，如 K^+、Na^+、Cl^-、PO_4^{3-}、Ca^{2+}、Mg^{2+}、Cu^{2+}、Fe^{3+} 等。这些离子也可以与蛋白质、糖等大分子结合成具有特殊功能的物质。如铁和某些蛋白质结合构成了一种呼吸酶，磷酸根与糖结合后在物质转化和能量转化中起重要作用。

5.1.2.2 主要有机物及其生理功能

原生质中的有机物种类繁多，其中最主要的是蛋白质、核酸、脂类和糖类，这些物质的分子质量一般都很大，所以又称生物大分子。这些生物大分子的基本组成元素是 C、H、O，此外，还有 N、P 和 S。生物大分子在细胞内又可彼此结合，因而它们的结构就更复杂，功能也就更特殊了。如脂类与蛋白质结合成脂蛋白，它是构成生物膜的成分；核酸和蛋白质结合成核蛋白，是构成细胞核内染色体的成分。

(1) 蛋白质

蛋白质可占原生质干重的 60% 以上。组成蛋白质的基本单位是氨基酸，目前发现有20余种。一个蛋白质分子的氨基酸数目少则几十个，多则几千甚至上万个。由于氨基酸的种类、数目和排列次序不同，就形成各种各样的蛋白质，所以蛋白质的种类是非常多的。一个蛋白质分子是由一条或几条氨基酸链组成的。组成蛋白质分子的氨基酸链不是简单地成为一条直线，而是按照一定的方式旋转、折叠成一定的空间结构。每种蛋白质都有特定的空间结构，蛋白质只有维持这种稳定的空间结构，才能表现出特有的生理功能。一旦由于某些不良因素如高温、强酸、强碱等的影响，蛋白质的空间结构就会被破坏，而使氨基酸链松散开来，这种现象称为蛋白质的变性。变性的蛋白质，会失去其生理活性。因此，蛋白质结构和功能的关系是十分密切的。蛋白质的多样性正是生物界多样性的基础。

蛋白质在植物细胞中，一部分是组成细胞的结构成分，如构成细胞膜、细胞核、线粒体、叶绿体、内质网等；还有一些蛋白质是贮藏蛋白质，是作为养料而贮存的。另一部分起生物催化剂——酶的作用，正是由于酶的作用，新陈代谢才能沿着一定的途径有条不紊地进行。

(2) 核酸

核酸是植物细胞中另一类重要的基本组成物质，普遍存在于生活细胞内。无细胞结构的病毒也含有核酸，它担负着贮存和复制遗传信息的功能，对蛋白质的合成起特别重要的作用，所以说核酸是重要的遗传物质。

核酸也是大分子化合物，构成核酸的基本单位是核苷酸。每个核苷酸又由一个磷酸、一个五碳糖和一个含氮碱基组成。碱基分为嘌呤碱和嘧啶碱两类，常见的有腺嘌呤(A)、鸟嘌呤(G)、胞嘧啶(C)、胸腺嘧啶(T)和尿嘧啶(U)。由于所含碱基不同，核苷酸的种类也不同。许多核苷酸分子以一定的顺序脱水而结合成的长链称为多核苷酸。核酸就是一种多核苷酸。

核酸依所含五碳糖的不同可分两大类，五碳糖为核糖的称为核糖核酸(RNA)，五碳糖为脱氧核糖的称为脱氧核糖核酸(DNA)。核酸除所含五碳糖不同外，其所含碱基也有个别不同。RNA 所含的碱基是腺嘌呤、鸟嘌呤、胞嘧啶、尿嘧啶 4 种，DNA 所含的碱基是腺嘌呤、鸟嘌呤、胞嘧啶、胸腺嘧啶 4 种。

从结构上看，RNA 分子是由一条多核苷酸链组成的(图 5-1)。RNA 主要存在于细胞质中，在细胞核的核仁里也有少量分布。除少量呈游离状态外，多数与蛋白质结合成核蛋白体。生长旺盛的细胞中 RNA 含量比衰老细胞中的多。RNA 的主要生理功能与细胞内蛋白质的合成有着极为密切的联系，在蛋白质的形成过程中起重要作用。

DNA 由两条多核苷酸链组成（图 5-1）。DNA 的空间结构特点是：两条多核苷酸链以相反的走向排列，并右旋成双螺旋结构，形状像一架螺旋状的梯子。每条多核苷酸链中的磷酸和脱氧核糖互相连接，构成"梯子"的骨架；与脱氧核糖连接的碱基则朝向"梯子"的内侧，两条链上相对应的碱基通过氢键结合成对，形似"梯子"的踏板，称为碱基对。碱基对具有特异性，只能是 A 和 T、G 和 C 相结合。这样，当一条链上的碱基排列顺序确定了，另一条链上必定有相对应的碱基排列顺序。DNA 主要存在于细胞核中，是染色体的主要成分，是生物的主要遗传物质。

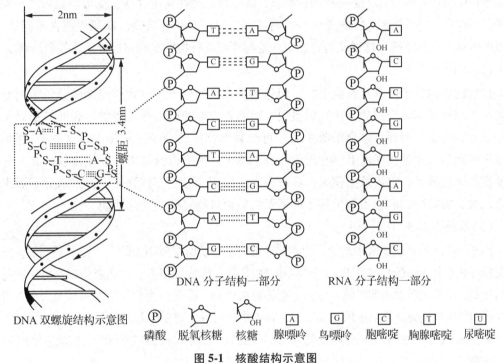

图 5-1 核酸结构示意图

（3）脂类

植物细胞中所含的脂类有脂肪和类脂。植物体内的脂肪是作为贮藏物质以小油滴的状态存在于种子和少数果实中，如大豆、花生和向日葵种子里都含有大量脂肪。类脂包括磷脂、糖脂和硫脂等。植物体所含的磷脂主要是卵磷脂，它在细胞里与蛋白质结合而构成膜结构。除磷脂外，植物体内还有糖脂和硫脂，它们常与蛋白质结合形成脂蛋白。脂蛋白也是生物膜的成分，称为膜蛋白。

（4）糖类

植物细胞中含有的糖类有单糖、双糖和多糖 3 类。植物细胞所含有的单糖主要是五碳糖（戊糖）和六碳糖（己糖）。此外，还有三碳糖、四碳糖。戊糖（如核糖和脱氧核糖）是核酸的成分，己糖（如葡萄糖和果糖）是细胞代谢活动中提供能量的主要物质。植物细胞内重要的双糖是蔗糖，它是植物体内糖类运输的主要形式。植物体内重要的多糖是淀粉和纤维素，淀粉是植物的主要贮藏物质，纤维素则是细胞壁的主要成分。此外，组成细胞壁的果胶质、半纤维素也是多糖。

5.1.2.3 原生质的胶体特性

组成原生质的蛋白质、核酸、磷脂等，都是大分子颗粒，其颗粒直径恰好与胶体颗粒的直径相当。这些颗粒具有极性基团，如—NH_2、—OH、—$COOH$ 等，能吸附水分子，所以按物理性质来说，原生质是一种复杂的亲水胶体。

（1）带电性

原生质胶体主要由蛋白质组成，蛋白质的氨基酸链中，仍然存在着游离的羧基和氨基。因此蛋白质与氨基酸一样，是一种两性物质，既可以以两性离子存在，又可以以阳离子和阴离子状态存在，随着溶液 pH 的变化，不同状态之间可以相互转变。即原生质在不同的 pH 环境中带有不同的电荷，这就使得它能更好地与环境进行物质交换和进行新陈代谢活动。

（2）吸附性

任何物质的分子间都具有吸引力，但是物质表面的分子与该物质内部的分子吸引力不相同。内部分子与其周围的分子互相吸引，因此各方面的引力是相等的。表面分子只与内部分子互相吸引，因而有多余的吸引力，可与其他物质的分子互相作用，这就是吸附力，所以吸附现象都发生在界面上。物质的表面积越大，吸附力就越大。原生质胶体是一种分散度高的多相体系，它的总面积大，界面也大，因而能吸附多种物质；吸附水分子而表现出亲水性，吸附酶、矿物质和生理上的活跃物质而进行复杂的生命活动。

（3）黏性和弹性

由于原生质胶体能够吸附水分，而胶粒外围的水分子所受吸附力的大小是不相同的，所以离胶粒近的水分子受胶粒的吸附力大而不易自由移动，称为束缚水；远离胶粒的水分子因受胶粒的吸附力小或无吸附力的影响，水分子能够自由移动，称为自由水。束缚水和自由水含量的多少影响原生质的黏滞性。束缚水相对多，自由水相对少，则黏性大；反之，黏性小。

若用显微操作法将原生质从植物细胞中拉出，细胞质被拉成长丝，去掉这种拉力之后，细胞质就收缩成小滴，这种现象说明原生质有弹性。

原生质的黏性和弹性随植物生长的不同时期以及外界环境条件的改变而经常发生变化。原生质的黏性增加，则代谢减弱，与环境的物质交换减少，受环境的影响也减弱；若原生质黏性降低，则代谢增强，生长旺盛。如植物在开花和生长旺盛时期，原生质的黏性低，代谢强；而成熟种子的原生质黏性高，代谢弱。

细胞原生质弹性越大，则忍受机械压力的能力越大，对不良环境的适应性越强。因此，凡原生质黏性和弹性大的植物，其抗旱性和抗寒性也较强。

（4）凝胶化和凝聚作用

凝胶和溶胶是一种胶体系统的两种存在状态，它们之间是可以互相转变的。溶胶在一定条件下可转变成一种具弹性的半固体状态的凝胶，这个过程称为凝胶化作用。引起这种变化的主要因素是温度。当温度降低时，胶粒的动能减小，胶粒两端互相连接起来以至形成网状结构，水分子则被包围在网眼之中，这时胶体呈凝胶态。随着温度的升高，胶粒的动能增大，分子运动速度增快，胶粒的联系消失，网状结构不再存在，胶粒呈流动的溶胶态。如果温度再次降低，又会发生上述变化过程。

植物的生活状态不同，原生质胶体的状态也不同。种子成熟时，水分减少，种子细胞内的原生质则由溶胶态转变为凝胶态；种子萌发时又可因吸水，加上酶的活动而使种子细胞的原生质由凝胶态转变为溶胶态。

原生质胶体的亲水性使胶粒有水层的保护，原生质胶体的带电性使得具有相同电荷的胶粒彼此相斥，带相反电荷的胶粒因有水层的保护彼此不能接触，从而呈分散态。因此，原生质胶体的带电性和亲水性是原生质胶体稳定的因素。当这种稳定因素受到破坏时，胶体粒子合并成大的颗粒而析出沉淀，这种现象称为凝聚。

大量的电解质既能使胶粒失去水膜的保护，又可因相反电荷的作用而使胶粒的电荷中和。这样，胶粒就会发生凝聚，若时间增长，原生质的胶体结构就会被破坏，植物就会死亡。由于原生质胶体主要是由蛋白质组成，因此，凡能影响蛋白质变性的因素，也是原生质胶体产生凝聚以致死亡的因子。贮藏过久的种子往往丧失萌发力，这与其中的蛋白质发生变性有关。

5.1.3　生物膜和内膜系统

（1）生物膜及其化学组成

生物膜是细胞的质膜、液泡膜和细胞器内外所有膜的总称。在细胞的原生质体中，生物膜所占的比例很大，可占整个原生质体干重的 70%~80%。所有的生物膜几乎完全是由蛋白质和脂类两大类物质组成。此外，也含有少量糖（糖蛋白和糖脂）以及微量核酸等，还有少量水分子。

一般来说，生物膜中含蛋白质越多，生物膜的功能越复杂多样。生物膜中的脂类主要包括磷脂、胆固醇和其他脂类，以磷脂为主要成分。生物膜中还有一定量的糖类，主要以糖脂和糖蛋白的形式存在。这些糖类在细胞识别过程中起重要作用，如细胞相互结合为组织、花粉粒在柱头上萌发、接穗与砧木嫁接成活、精细胞与卵细胞结合等，都与糖蛋白和糖脂对异物的识别有关。

（2）生物膜的生理功能

①对外界物质有选择透性　质膜是细胞对外界的最好屏障，它对外界物质有选择吸收的功能。质膜可以主动地选择吸收某些物质并将其运输至内部，这与质膜上的载体有关。

②各种膜结构将细胞器分隔开　这样可以保证各个细胞器按室分工并维持其相当稳定的内在条件，顺利进行各种生理生化变化。如叶绿体、线粒体以及其他细胞器之间互不干扰地进行活动。

③能量的转换也在膜上进行　如在有光条件下，叶绿体分子吸收的光能转化为化学能是在叶绿体的内膜上进行的；呼吸作用释放能量是在线粒体内膜上进行的。

此外，生物膜在物质的贮存与运输、对内外物质的识别，以及对刺激的感受和传递等方面，都具有重要的作用。

（3）内膜系统

内膜系统是细胞内的一种膜的连续系统，大多是由质膜内陷而成。其中包括核膜、内质网膜、高尔基体和小泡、液泡等的膜结构。所谓内膜，是与外层的质膜相对而言。其结构大多与一般生物膜结构相近，有的稍薄些。

内膜往往构成细胞内部的一个连续体系，大多参与了物质的合成与运输。

需注意的是，内膜系统并不包括其他某些细胞器的膜，如叶绿体的膜和线粒体的膜，这些细胞器的膜在结构上都是独立的，不与内膜相连，在功能上也各具特色。

5.1.4 植物细胞生命活动的催化剂——酶

（1）酶的概念

植物在生活过程中，最重要也是最基本的特征就是不断地进行新陈代谢，体内的物质在不断地合成与分解。这些过程是由一系列有次序而又连续的化学反应所组成的。这些反应能在生物体内的常温、常压下极为迅速地进行着，是由于在生物体内存在一类有催化活性的蛋白质——酶。少量的酶能催化比它多几万倍甚至上百万倍的物质发生化学反应，不同的酶催化着不同的生化反应，加速了生物体内的新陈代谢。所以说，酶是生活细胞自行产生的、具有特殊催化能力的蛋白质。也常把酶叫作生物催化剂。酶所催化的反应称为酶促反应。被酶作用的物质称为底物。酶参加反应但本身并不消失。酶一旦被破坏，生命即告停止。

（2）酶的化学组成

根据酶的化学组成，可将酶分成以下两类：

①单成分酶　单纯由蛋白质组成的酶称为单成分酶。大多数的水解酶都属于这类酶，如脲酶、核糖核酸酶和蛋白酶等。

②双成分酶　由蛋白质(酶蛋白)部分和非蛋白质部分(活性基团)组成的酶称为双成分酶。双成分酶的酶蛋白与活性基团单独存在时，都没有催化作用，只有互相结合成全酶后，才能表现出催化活性。

双成分酶的活性基团分为辅基和辅酶。凡与酶蛋白结合较牢固的活性基团称为辅基，凡与酶蛋白结合得不牢固而很容易分开的活性基团称为辅酶。

辅基和辅酶的成分也很复杂，多数是由含金属或不含金属的有机化合物组成。如有些氧化酶的辅基是含 Fe 的有机物，有些酶的辅基或辅酶含有 Mn、Zn、Mo 等微量元素，也有些酶的辅基或辅酶的成分是维生素，特别是 B 族维生素。由此可见，这些微量元素和维生素对植物的重要性。

（3）酶的作用特点

①高效率的催化活性　酶的催化活性远远大于无机催化剂。例如，蔗糖酶可引起相当于酶重量 100 万倍的蔗糖水解，它比用强酸水解蔗糖的效率要高 1000 倍。

②酶作用的专一性　酶的作用一般都有专一性，一种酶只能催化一种或一类物质进行反应。例如，淀粉酶只能催化淀粉水解产生糊精和麦芽糖，蛋白酶只能催化蛋白质水解产生氨基酸，这两种酶不能相互代替各自催化的反应。

③酶作用方向的可逆性 许多酶催化的反应是可逆的。也就是说，很多酶既可促进物质的合成，又能促进物质的分解。例如，酯酶既可促进酯水解为酸和醇，又可促进酸和醇合成为酯。

一般来说，酶促反应是否可逆与反应过程中能量的变化有关。如果某一反应在变化过程中需要大量吸能或大量放能，那么这种反应就不可逆；反之，则是可逆的。

(4)影响酶促反应的因素

外界条件如温度、酸碱度、激活剂和抑制剂等对植物生命活动的影响，在很大程度上是通过影响酶的反应速度而实现的。因此，往往可以通过控制这些因素来调整植物体内的酶促反应的强度和方向。例如，在生产上采用温水浸种催芽、温床育苗等就是通过温度的调节来控制植物体内酶活性，以利于植物的生长；使用农药则是抑制昆虫或病菌体内酶的活性，引起代谢紊乱而致死，从而起到保护植物正常生长的作用。

①温度 酶促反应与温度条件有很密切的关系。酶促反应的速度随着温度变化而发生变化。当温度低时，酶的活性很低；随着温度上升，酶的活性也增强；当温度再升高时，酶蛋白受破坏而变性，酶促反应速度下降，以致最后停止作用。

一般来说，在30℃以内，酶促反应速度的总趋势是随着温度的增加而加速。超过30℃时酶开始受到破坏，但很轻微，直至40~50℃时，温度对酶促反应的促进作用仍占优势。因此，酶的最适温度在40~50℃。到50~60℃时，温度对酶的破坏作用便占优势，在60℃以上时，酶则失去活性。酶失去活性的现象称为酶的失活。在生活植物体内不至于有使酶失活的高温出现。

由于植物生长在自然环境中，温度条件随地区、季节而变化着，植物在长期的进化过程中，对外界条件有所适应，如多年生植物遇到季节变化时，往往以调整体内酶的活性来适应环境，在生长旺盛的夏季，体内的酶活性就很高，在寒冷的冬季，酶活性大大降低，代谢活动也减缓，以利于抗寒越冬。

②酸碱度 酶的催化作用受酸碱度的影响也很大。每一种酶只能在一定的 pH 范围内才显示它的活性。每种酶都有其最适的 pH 范围，酶活性最高时的 pH 称为酶促反应的最适 pH。由于酶是蛋白质，而 pH 能影响蛋白质结构的稳定性，所以，不同的酶，由于其结构不同，最适 pH 也不相同。如小麦淀粉酶的最适 pH 是 4.6，木瓜蛋白酶的最适 pH 是 5.6，而过氧化氢酶的最适 pH 则是 6.8。

③激活剂或抑制剂 许多酶在进行催化作用时，需要一些物质的存在以激活或增强其活性，这些物质统称为激活剂。不同的酶可以被不同的激活剂所激活。激活剂可以是无机离子或大分子物质，如多肽。例如，K^+ 可以激活许多与呼吸作用有关的酶类，Cl^-、Br^- 和 I^- 可以激活淀粉酶的活性，Mg^{2+} 可以激活磷酸化酶及二肽酶的活性。

能使酶降低或丧失活性的物质称为酶的抑制剂。很多重金属盐（Cu^{2+}、Hg^{2+}、Ag^+、Pb^{2+} 等），强酸、强碱和乙醇，以及一些物理因素如高温、X 射线及紫外光照射等都能使酶蛋白变性而失去活性。如 KCN 可以对含有金属辅基的酶类起抑制作用，因为 KCN 可以和 Fe 及 Cu 结合，使含 Fe 的酶类（过氧化氢酶、细胞色素氧化酶）以及含 Cu 的酶类（多酚氧化酶)失去活性,所以 KCN 等氰化物是剧毒药剂,对动植物有毒。农药往往是利用含有某些重金属的药物作为酶抑制剂,从而达到杀虫、灭菌的目的。

酶是由生活细胞产生的,但它并不是均匀地分布在细胞中。大部分酶分布在原生质体的各种结构上,也有一小部分酶分布在液泡及细胞壁中。细胞的各个部分结合的酶不相同,其生理功能也不相同。如在叶绿体中具有催化光合作用的全套酶系统,因此它能进行光合作用;线粒体具有催化呼吸作用的酶系,因此成为细胞呼吸作用的中心。随着细胞年龄的变化和组织的分化,不同的组织和器官亦分布着不同的酶。

由于酶在细胞内有严格的活动区域,因而使代谢活动能有秩序、协调地进行。若内膜体系被破坏,则结构蛋白质、氧化还原体系、代谢产物和酶的位置发生改变,原来被溶酶体包含的酶,也因溶酶体膜的破坏而释放出来起水解作用。这样,原生质的机能发生紊乱。

5.2　植物的水分代谢

生命离不开水,没有水就没有生命。植物的一切生命活动只有在含有一定水分的条件下才能进行,否则,就会生长不良,甚至死亡。农谚说:"有收无收在于水,收多收少在于肥。"由此可见,水在植物的生命活动中十分重要。

植物对水分的吸收、运输、利用和散失的整个过程称为植物的水分代谢。植物水分代谢的基本规律是植物栽培中合理灌水的理论依据,合理灌水能为植物提供良好的生长环境,对植物优质、高产具有重要意义。

5.2.1　植物的含水量和水在植物生命活动中的重要性

(1)植物的含水量

植物的含水量因植物种类、器官和生活环境的不同而有很大差异。如水生植物(浮萍、满江红、轮藻等)的含水量可达 90%以上,在干旱地区生长的植物(地衣、藓类)含水量仅为 6%,草本植物的含水量为 70%～80%,木本植物的含水量稍低于草本植物。根尖、嫩梢、幼苗和肉质果实(番茄、桃的果实)含水量可达 60%～90%,树干的含水量为 40%～50%,干燥的谷物种子含水量仅为 10%～14%,油料植物种子含水量在 10%以下。同一植物生长在荫蔽、潮湿环境中比在向阳、干燥的环境中含水量要高一些,生长旺盛的器官比衰老的器官含水量高。

(2)植物体内水分的存在状态

水在植物生命活动中的作用,不但与数量有关,而且与存在状态有密切关系。植物细胞的原生质、膜系统和细胞壁是由蛋白质、核酸和纤维素等大分子组成的,它们有大量的亲水基团(如—NH_2、—COOH、—OH 等),这些亲水基团有很大的亲和力,容易发生水合作用。水分在植物细胞中有束缚水和自由水两种存在状态,自由水参与各种代谢反应,束缚水不参与反应过程,干燥的种子中含的水分是束缚水。实际上,这两种状态的划分也不是绝对的,它们之间有时界限并不明显。

自由水可直接参与植物的生理代谢过程。随着代谢的变化，植物细胞内的水分存在状态经常处在动态变化之中，自由水与束缚水的比值也相应发生变化。自由水与束缚水比值高时，植物代谢旺盛，生长速度快，但抗逆性差。反之，生长速度缓慢，其抗逆性强。

（3）水在植物生命活动中的作用

①水分是细胞质的主要成分　细胞质的含水量一般在 70%～80%，使细胞质呈溶胶状态，有利于新陈代谢正常进行，如根尖、茎尖的细胞质；在含水量减少的情况下，细胞质变成凝胶状态，生命活动大大减弱，如休眠的种子的细胞质。

②水分是代谢作用的反应物质　在光合作用、呼吸作用、有机物质合成和分解的过程中，都有水分子参与。植物细胞的正常分裂和生长都必须有充足的水分。

③水分是植物吸收和运输物质的溶剂　一般来说，植物不能直接吸收固态的无机物质和有机物质，这些物质只有溶解在水中才能被植物吸收。各种物质在植物体内的运输、分解、合成都需水作为介质。

④水分可以保持植物的固有姿态　细胞含有大量水分，可维持细胞的紧张度（膨压），使植物枝叶挺立，便于充分接受光照和交换气体，同时，在植物开花时使花瓣展开，有利于传粉和受精。

⑤水分可以调节植物自身的温度　水分有较高的汽化热，可通过蒸腾作用散热，保持植物自身适当的温度，避免在烈日下灼伤。

5.2.2　植物对水分的吸收

5.2.2.1　植物细胞的吸水

植物的生命活动是以细胞为基础的，一切生命活动都是在细胞内进行的，植物对水分的吸收最终决定于细胞之间的水分关系。细胞对水分的吸收有以下两种方式：渗透吸水——有液泡的细胞以渗透性吸水为主；吸胀吸水——干燥的种子在未形成液泡之前的吸水方式。在这两种吸水方式中，渗透吸水是细胞吸水的主要方式。

（1）植物细胞的渗透吸水

①水势的概念　根据热力学原理，系统中物质的总能量可分为束缚能和自由能两部分。束缚能是不能转化为用于做功的能量，而自由能是在温度恒定的条件下用于做功的能量。在等温等压条件下，1mol 物质，不论是纯的或存在于任何体系中，它所具有的自由能，称为该物质的化学势。水势是指每摩尔的纯水或溶液中水的自由能。通常用符号 Ψ_w 表示，其单位为帕斯卡，简称帕（Pa），一般用兆帕（MPa，$1MPa=10^6Pa$）来表示。过去曾用大气压（atm）或巴（bar）作为水势单位，它们之间的换算关系是：$1bar=0.1MPa=0.987atm$，$1atm=1.013\times10^5Pa=1.013bar$。

水势的绝对值是无法测定的，人为规定，在标准情况下，纯水的水势为 0MPa，其他任何体系的水势都是与纯水相比而来的，因此，都是相对值。溶液的水势全是负值，溶液浓度越高，自由能越小，水势也就越低，其负值也就越大。例如，在 25℃下，纯水的水势为 0MPa，荷格伦特（Hoagland）培养液的水势为 -0.05MPa，1mol 蔗糖溶液的水势为

-2.70MPa。一般正常生长的叶片的水势为-0.8~-0.2MPa。

②植物细胞的水势　植物细胞外有细胞壁，对原生质有压力，内有大液泡，液泡中有溶质，细胞中还有多种亲水胶体，都会对细胞水势高低产生影响。因此，植物细胞的水势比溶液的水势要复杂得多。植物细胞的水势至少要受到3个组分的影响，即渗透势(Ψ_s)、压力势(Ψ_p)、衬质势(Ψ_m)，为上述3个组分的代数和：

$$\Psi_w = \Psi_s + \Psi_p + \Psi_m$$

渗透势(Ψ_s)　亦称溶质势，是由于溶质颗粒的存在，降低了水的自由能，因而使水势低于纯水的水势。溶液的渗透势等于溶液的水势，因为溶液的压力势为0MPa。植物细胞的渗透势因内外条件不同而异。一般来说，温带生长的大多数作物叶组织的渗透势在-2~-1MPa，而旱生植物叶片的渗透势很低，仅有-10MPa。

压力势(Ψ_p)　细胞的原生质体吸水膨胀，对细胞壁产生一种作用力，于是引起富有弹性的细胞壁产生一种限制原生质体膨胀的反作用力。压力势是由于细胞壁压力的存在而增加的水势，因此是正值。草本植物的细胞压力势，在温暖的午后为0.3~0.5MPa，晚上则达到1.5MPa，在质壁分离的情况下为0MPa。

衬质势(Ψ_m)　是指细胞胶体物质(蛋白质、淀粉和纤维素等)的亲水性和毛细管对自由水的束缚而引起的水势降低的值，以负值表示。未形成液泡的细胞具有一定的衬质势，干燥的种子衬质势可达-100MPa左右，但已形成液泡的细胞，其衬质势仅有-0.01MPa左右，占整个水势的很少一部分，通常可省略不计。

因此，有液泡的细胞水势的组成公式可简化为：

$$\Psi_w = \Psi_s + \Psi_p$$

③植物细胞的渗透作用　渗透作用是水分进出细胞的基本过程。为了弄清楚什么是渗透作用，我们先做一个试验：把种子的种皮(或猪膀胱等)紧缚在漏斗上，注入蔗糖溶液，然后把整个装置浸入盛有清水的烧杯中，漏斗内、外液面相等。由于种皮是半透膜(水分子能自由通过而蔗糖分子不能通过)，所以整个装置就成为一个渗透系统。水分的移动是沿着自由能减少的方向进行的，即水分总是由水势高的区域移向水势低的区域。因此在一个渗透系统中，水的移动方向取决于半透膜两侧溶液的水势高低。由于清水的水势高，蔗糖溶液的水势低，从清水到蔗糖溶液的水分子比从蔗糖溶液到清水的水分子多，所以在外观上，烧杯中的水流入漏斗内，漏斗玻璃管内的液面上升，静水压也开始升高。随着水分逐渐进入玻璃管，液面逐渐上升，静水压力增大，压迫水分从玻璃管内向烧杯移动的速度加快，膜内外水分进出速度越来越接近。最后，液面不再上升，停滞不动，实质是水分进出的速度相等，呈动态平衡(图5-2)。水分从水势高的一方通过半透膜向水势低的一方移动的现象，就称为渗透作用。

具有液泡的细胞，主要靠渗透吸水。当与外界溶液接触时，细胞能否吸水，取决于两者的水势差。当外界溶液的水势大于植物细胞的水势时，细胞正常吸水；当外界溶液的水势小于植物细胞的水势时，植物细胞失水；当植物细胞和外界溶液的水势相等时，植物细胞既不吸水也不失水，暂时达到动态平衡。

当外界溶液的浓度很大、细胞严重失水时，液泡体积变小，原生质和细胞壁跟着收缩，但由于细胞壁的伸缩性有限，当原生质继续收缩而细胞壁停止收缩时，原生质便慢慢

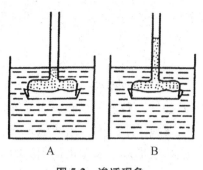

图 5-2 渗透现象

A. 实验开始时 B. 经过一段时间

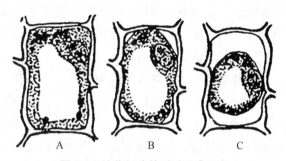

图 5-3 植物细胞的质壁分离现象

A. 正常细胞 B. 初始质壁分离

C. 原生质体与壁完全分离

脱离细胞壁，这种现象称为质壁分离(图 5-3)。把发生质壁分离的细胞放在水势较高的清水中，细胞外的水分便进入细胞，液泡变大，使整个原生质慢慢恢复原来的状态，这种现象称为质壁分离复原。

④细胞间的水分移动　植物相邻细胞间水分移动的方向取决于细胞之间的水势差，水总是从水势高的细胞流向水势低的细胞(图 5-4)。当多个细胞连在一起时，如果一端的细胞水势较高，依次逐渐降低，则形成一个水势梯度，水便从水势高的一端移向水势低的一端。水势高低不同不仅影响水分移动方向，而且也影响水分移动速度。两个细胞间水势差异越大，水分移动越快。植物叶片由于蒸腾作用不断散失水分，水势较低；根部细胞因不断吸水，水势较高。所以，植物体内的水分总是沿着水势梯度从根输送到叶。

（2）植物细胞的吸涨吸水

植物细胞的吸涨吸水就是靠吸涨作用吸水，主要发生在无液泡的细胞。所谓吸涨作用，是指细胞原生质及细胞壁的亲水胶体物质吸水膨胀的现象。这是因为在细胞内的纤维素、淀粉粒、蛋白质等亲水胶体含有许多亲水基团，特别是干燥种子的细胞中，细胞壁的成分(纤维素)和原生质成分(蛋白质)等生物大分子都是亲水性的，它们对水分的吸引力很强。蛋白质类物质亲水性最大，淀粉次之，纤维素较小。因此，大豆及其他富含蛋白质的豆类种子吸胀现象比富含淀粉的禾谷类种子要显著。

吸涨吸水是未形成液泡的植物细胞吸水的主要方式。果实和种子形成过程的吸水、干燥种子在细胞形成中央液泡之前阶段的吸水、刚分裂完的幼小细胞的吸水等，都属于吸涨吸水。这些细胞吸涨吸水能力的大小，实质上就是衬质势的高低。一般干燥种子衬质势常低于 -100MPa，远低于外界溶液(或水)的水势，因此吸涨吸水很容易发生。

5.2.2.2 植物根系对水分的吸收

根系吸水是陆生植物吸水的主要途径。根系在地下形成一个庞大的网络结构，在土壤中分布范围比较广，因此，根系在土壤中吸收能力相当强。

（1）根部吸水的区域

根系是植物吸水的主要器官，根系吸水主要在根尖进行。根尖可分为根冠区、分生区、伸长区和成熟区 4 个部分，由于前 3 个区域细胞原生质浓，对水分移动阻力大，吸水能力较弱。成熟区有密集的根毛，吸水量多，另外，根毛区分化的输导组织发达，对水分的移动阻力小，所以，成熟区是根系吸水的主要区域。

(2)植物根系吸水的方式

植物根系吸水主要有以下两种方式：一是被动吸水，二是主动吸水。

①被动吸水 当植物进行蒸腾作用时，水分便从叶片的气孔和表皮细胞表面蒸腾到大气中，其 Ψ_w 降低，失水的细胞便从邻近水势较高的叶肉细胞吸水，如接近叶脉导管的叶肉细胞向叶脉导管、茎的导管、根的导管和根部吸水，这样便形成了一个由低到高的水势梯度，使根系再从土壤中吸水。这种因蒸腾作用所产生的吸水力量，称为蒸腾拉力。蒸腾拉力是蒸腾作用旺盛季节植物吸水的主要动力。由于吸水的动力来源于叶的蒸腾作用，故把这种吸水称为根的被动吸水。

②主动吸水 根的主动吸水可由吐水和伤流现象说明。小麦、油菜等植物在土壤水分充足、土温较高、空气湿度大的早晨，从叶尖或叶缘水孔溢出水珠的现象称为吐水(图5-4)。在夏天晴天的早晨，经常可看到植物叶尖和叶缘出现吐水现象。吐水的多少可作为鉴定植物苗期是否健壮的标志。

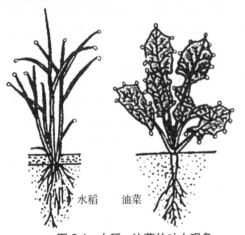

图5-4 水稻、油菜的吐水现象

葡萄在发芽前有伤流期，表现为有大量的溶液从伤口(修剪时留下的剪口、锯口或枝蔓受伤处)流出，这种从植物组织伤口溢出液体的现象称为伤流，流出的汁液称为伤流液。若在切口处连接一个压力计，可测出一定的压力，这是由根部活动引起的，与地上部分无关。这种靠根系的生理活动产生使液流由根部上升的压力称为根压。以根压为动力引起的根系吸水过程，称为主动吸水。

伤流是由根压引起的。葡萄及葫芦科植物伤流液较多，水稻、小麦等植物伤流液较少。同一种植物，根系生理活动强弱、根系有效吸收面积的大小都直接影响根压和伤流量。因此，根的伤流量和成分，是反映植物根系生理活性强弱的生理指标之一。

(3)影响根系吸水的因素

根系通常分布在土壤中，所以根系自身因素和土壤条件都影响到植物根系的吸水。

①根系自身因素 根系吸水的有效性取决于根系密度及根表面的透水性。根系密度通常指每立方厘米土壤内根长的厘米数(单位：cm/cm^3)。根系密度越大，占土壤体积越大，吸收的水分就越多。根的透水性也影响到根系对水分的吸收，一般初生根的尖端透水能力强，而次生根失去了表皮和皮层，被一层栓化组织包围，透水能力差。根系遭受土壤干旱胁迫时透水性降低，供水后透水性逐渐恢复。

②土壤条件

土壤水分 土壤中的水分可分为束缚水、毛管水和重力水3种类型。束缚水是吸附在土壤颗粒外围的水，植物不能利用；毛管水是植物能够利用的有效水；重力水在干旱的农田为无效水，在稻田是可以利用的水分。植物根部有吸水的能力，而土壤也有保水的能力。假如前者大于后者，植物吸水；否则，植物则失水。

土壤通气状况　在通气良好的土壤中，根系吸水性很强；若土壤透气性差，则吸水受抑制。试验证明，用 CO_2 处理根部，以降低呼吸作用，小麦、玉米和水稻幼苗的吸水量降低 $14\% \sim 15\%$，尤以水稻最为显著；如果通以空气，则吸水量增大。

土壤温度　不但影响根系的生理生化活性，也影响土壤水分的移动。因此，在一定的温度范围内，根系中水分运输加快；反之则减弱。温度过高或过低，对根系吸水均不利。

土壤溶液浓度　一般情况下，土壤溶液浓度较低，水势较高。随着土壤溶液浓度升高，其水势降低。若土壤溶液水势低于根系水势，植物不能吸水，反而造成水分外渗。一次施化肥过多产生"烧苗"现象，就是由于土壤溶液浓度过高，土壤溶液水势小于根细胞水势，根部不但不能吸水，甚至外渗失水的缘故。盐碱地土壤溶液浓度过高，会造成植物吸水困难，导致生理干旱。如果水的含盐量超过 0.2%，就不能用于灌溉植物。

5.2.3　植物体内水分的运输

陆生植物根系从土壤中吸收的水分，必须运到茎、叶和其他器官，供植物生理活动的需要或蒸腾到体外。

（1）水分运输的途径和速度

①水分运输的途径　水分从被植物吸收到蒸腾到体外，大致需要经过下列途径：首先，水分从土壤溶液进入根部，通过皮层薄壁细胞，进入木质部的导管和管胞中；然后，水分沿着木质部向上运输到茎或叶的木质部(叶脉)；接着，水分从叶的木质部末端细胞进入气孔下腔附近的叶肉细胞壁的蒸发部位；最后，水蒸气通过气孔蒸腾出去(图5-5)。

由此可见，土壤、植物、空气三者之间的水分是具有连续性的。

水分在茎、叶细胞内的运输有两种途径：

经过死细胞　导管和管胞都是中空无原生质体的长形死细胞，细胞和细胞之间都有孔，特别是导管细胞的横壁几乎消失殆尽，对水分运输的阻力很小，适于长距离的运输。裸子植物的水分运输途径是管胞，被子植物的水分运输途径是导管和管胞。管胞和导管的水分运输距离依植株高度而定，由几厘米到几百米。

经过活细胞　水分由叶脉到气孔下腔附近的叶肉细胞的运输，都是经过活细胞。这部分在植物体内的间距只有几毫米，距离很短。该途径由于活细胞内有原生质体，水分以渗透的方式运输，阻力很大，所以不适于长距离运输。没有真正输导系统的植物(如苔藓和地衣)生长不高。在进化过程中出现了管胞(蕨类植物和裸子植物)和导管(被子植物)，才有可能出现高达几米甚至几百米的植物。

②水分运输的速度　水分通过活细胞的运输主要靠渗透传导，距离虽短，但运输阻力大，运输速度一般只有 $0.001cm/h$。另一部分水分通过维管束中的死细胞(导管或管胞)和细胞间隙进行长距离运输。由于导管是中空而无原生质的长形死细胞，阻力小，所以运输

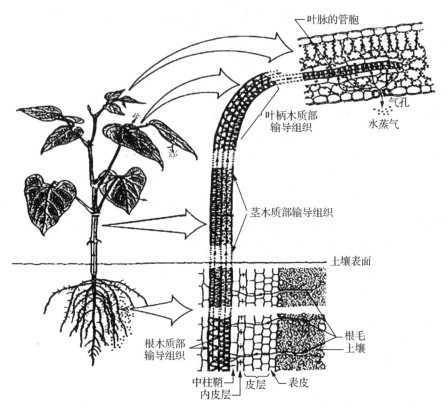

图 5-5 菜豆植株木质部水分运输途径(包括细胞间运输与导管运输)

速度快,一般运输速度为 3~45m/h。而管胞中由于两管胞相连的细胞壁未打通,水分要经过纹孔才能在管胞间移动,所以运输阻力较大,运输速度一般不到 0.6m/h,比导管慢得多。水分在木质部导管或管胞中的运输占水分运输全部途径的 99.5%以上。

(2)水分运输的动力

水分沿导管或管胞上升的动力有两种:一是根压,二是蒸腾拉力。

①根压 各种植物的根压大小不同,大多数植物的根压一般不超过 0.2MPa。0.2MPa的根压可使水分沿导管上升到 20.4m 的高度。在热带雨林区的乔木能长成参天大树,高度在 50m 以上,所以水分上升的动力不是靠根压。只在早春树木刚发芽,叶子尚未展开时,根压对水分上升才起主导作用。

②蒸腾拉力 是由于叶片的蒸腾失水而使导管中水分上升的力量。对于高大的乔木而言,蒸腾拉力才是水分上升的主要动力。

在导管中的水分,一方面受蒸腾拉力的驱动向上运动;另一方面,水分本身具有重力。这两种力的方向相反,上拉和下坠使水柱产生张力。当蒸腾拉力很大时能否将导管中的水柱拉断?试验证明,水分子的内聚力能使水分在导管中形成连续不断的水柱。相同分子之间的相互吸引的力量称为内聚力。由于水分子之间有强大的内聚力,水分子与导管壁之间有强大的附着力,所以导管中的水柱能忍受强大的张力而不会断裂,也不会与导管壁脱离。内聚力学说是爱尔兰人迪克森(H. H. Dixon, 1914)和伦纳(Renner, 1912)提出来的。据测定,水分子的内聚力可达到 30MPa 以上,而水柱的张力一般为 0.5~3.0MPa,可见水分子的内聚力远远大于张力，可以保证水柱连续不断，水分能不断沿导管上升。这种由于水分子蒸腾拉力和分子间内聚力大于张力，使水分在导管内连续不断向上运输的学说，称为蒸腾-内聚力-张力学说，也称为内聚力学说。

5.2.4　植物体内水分的散失——蒸腾作用

蒸腾作用是指水分以气体状态通过植物体表面（主要是叶片），从体内散失到大气中的过程。植物吸收的水分除一小部分用于植物代谢之外，大部分水分散失到体外。水分从植物体散失到外界有两种形式：一是以液体形式散失到体外，如伤流、吐水；二是以气态散失掉，即蒸腾作用。后者是植物水分散失的主要形式。

蒸腾作用和水分的蒸发有着本质的区别，这是因为蒸腾作用受植物代谢和气孔的调节。

5.2.4.1　蒸腾作用的部位和方式

幼小的植物体地上部分都能进行蒸腾作用。木本植物长成以后，其茎干与枝条表面发生栓质化，只有茎枝上的皮孔可以进行蒸腾作用，称为皮孔蒸腾。皮孔蒸腾仅占全部蒸腾的0.1%，因此，植物的蒸腾作用主要是通过叶片进行的。叶片蒸腾作用有两种方式：一种是通过角质层的蒸腾，称为角质蒸腾；另一种是通过气孔的蒸腾，称为气孔蒸腾。这两种蒸腾方式在蒸腾作用中所占的比重与植物种类、生长环境、叶片年龄有关。如生长在潮湿环境中的植物，其角质蒸腾往往超过气孔蒸腾，幼嫩叶子的角质蒸腾可占总蒸腾量的1/3～1/2。但一般植物的功能叶片，角质蒸腾量很小，只占总蒸腾量的5%～10%，因此，气孔蒸腾是一般中生植物和旱生植物叶片蒸腾的主要形式。

5.2.4.2　蒸腾作用的生理意义

①蒸腾作用是植物吸水和水分运输的主要动力　如果没有蒸腾作用产生的拉力，植物较高部位就得不到水分的供应，蒸腾拉力对高大乔木尤其重要。

②蒸腾作用能降低植物的温度　据测定，夏天在直射光下，叶面温度可达50～60℃，由于水的汽化热比较高，在蒸腾过程中把大量的热量带走，从而降低了叶面的温度，使植物免受高温的伤害。

③蒸腾作用有助于根部吸收的无机离子以及根中合成的有机物转运到植物体的各个部位，满足植物生命活动的需要。

④蒸腾作用使气孔张开，有利于光合原料CO_2的进入和呼吸作用对O_2的吸收等。

5.2.4.3　蒸腾作用的指标

①蒸腾速率　植物在一定时间内单位叶面积上散失的水量称为蒸腾速率，又称蒸腾强度，常用$g/(dm^2 \cdot h)$来表示。大多数植物通常白天的蒸腾速率是$0.15～2.5g/(dm^2 \cdot h)$，晚上为$0.01～0.2g/(dm^2 \cdot h)$。

②蒸腾效率　植物每消耗1kg水所形成干物质的质量（g），或者说在一定时间内干物质的累积量与同期所消耗的水量之比，称为蒸腾效率或蒸腾比率。野生植物的蒸腾效率是

1~8g，而大部分作物的蒸腾效率是2~10g。

③蒸腾系数　植物制造1g干物质所消耗的水量（g）称为蒸腾系数（或需水量）。一般野生植物的蒸腾系数是125~1000g，而大部分作物的蒸腾系数是100~500g。不同作物蒸腾系数存在着一定差异（表5-1）。

表5-1　几种主要农作物的蒸腾系数

g

作物	蒸腾系数	作物	蒸腾系数
水　稻	211~300	油　菜	277
小　麦	257~774	大　豆	307~368
大　麦	217~755	蚕　豆	230
玉　米	174~406	马铃薯	167~659
高　粱	204~298	甘　薯	248~264

植物在不同生育期的蒸腾系数是不同的。在旺盛生长期，由于干重增加快，所以蒸腾系数小；在生长较慢、温度较高时，蒸腾系数变大。研究植物的蒸腾系数或需水量，对植物合理灌溉有重要的指导意义。

5.2.4.4　蒸腾作用的过程和机理

（1）气孔的大小、数目及分布

气孔是植物叶表皮上由保卫细胞所围成的小孔，它是植物叶片与外界进行气体交换的通道，直接影响着光合作用、呼吸作用、蒸腾作用等生理过程。不同植物气孔的大小、数目和分布有明显差异（表5-2）。气孔一般长7~30μm，宽1~6μm，每平方毫米叶面少则有100个气孔，最高可达2230个。大部分植物的叶上、下表面都有气孔，但不同植物的叶上、下表面气孔数量不同，同一种植物在不同的生态环境下气孔的分布也有明显差异。如浮水植物气孔仅分布在叶片上表面，禾谷类作物叶片上、下表面气孔数目较为接近，双子叶植物棉花、蚕豆、番茄等，叶片下表面比上表面气孔多。近期研究证明，气孔密度与环境中CO_2浓度关系密切，CO_2浓度高时，气孔密度低。

表5-2　不同植物气孔的数目、大小和分布

植物种类	1mm² 叶面气孔数		下表皮气孔大小
	上表皮	下表皮	（长，μm）×（宽，μm）
小　麦	33	14	38×7
野燕麦	25	23	38×8
玉　米	52	68	19×5
向日葵	58	156	22×8
番　茄	12	130	13×6
苹　果	0	400	14×12

（2）气孔蒸腾过程

气孔蒸腾分两步进行：第一步，水分在叶肉细胞壁表面进行蒸发，水汽扩散到细胞间隙和气室中；第二步，这些水汽从细胞间隙、气室经气孔扩散到大气中。

叶片上气孔的数目虽然很多，但是所占面积比较小，一般只有叶面积的1%~2%。但蒸腾量比同面积的自由水面高出50倍。因为气孔的孔隙很小，当完全张开时，长度为7~30μm，宽1~6μm，但水分子的直径只有0.000 454μm，比它更小。根据小孔扩散原理，即气体通过小孔扩散的速度不与小孔的面积成正比，而与孔的周长成正比，孔越小，其相对周长越大，水分子扩散速度越快。这是因为在小孔周缘处扩散出去的水分子相互碰撞的机会少，所以扩散速度就比小孔中央水分子扩散的速度快，这种现象称为边缘效应(图5-6)。

　　另外，小孔间的距离对扩散的影响也很重要，小孔分布太密，边缘扩散出去的水分子彼此碰撞，发生干扰，边缘效应不能充分发挥。据测定，小孔间距离约为小孔直径的10倍，才能充分发挥边缘效应。

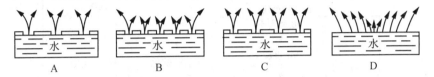

图5-6　水分通过多孔的表面(A~C)和自由水面(D)蒸发情况的比较
A. 小孔分布很稀　B. 小孔分布很密　C. 小孔分布适当　D. 自由水面

（3）气孔开闭的机理
关于气孔开闭的机理主要有以下3种学说。

①淀粉与糖转化学说　在光照下，光合作用消耗了CO_2，于是保卫细胞细胞质pH增高到7，淀粉磷酸化酶催化正向反应，使淀粉水解为糖，引起保卫细胞渗透势下降，从周围细胞吸取水分，使保卫细胞膨大，因而气孔张开。

在黑暗中，保卫细胞的光合作用停止，而呼吸作用仍进行，产生的CO_2积累使保卫细胞pH下降，淀粉磷酸化酶催化逆向反应，使糖转化成淀粉，溶质颗粒数目减少，细胞渗透势升高，细胞失去膨压，导致气孔关闭。

$$淀粉 + H_3PO_4 \underset{pH=5}{\overset{pH=7}{\rightleftharpoons}} 葡萄糖-1-磷酸$$

该学说可以解释光和CO_2的影响，也符合观察到的淀粉白天消失、晚上出现的现象。然而后来的研究发现，在一部分植物保卫细胞中并未检测到糖的累积。有些植物的气孔运动不依赖光合作用，与CO_2可能无关。这些研究表明，用这个学说解释气孔运动还有一定的局限性。

②K^+积累学说　在20世纪70年代，观察到当气孔保卫细胞内含有大量的K^+时，气孔张开，气孔关闭后K^+消失。K^+积累学说认为，在光照下保卫细胞的叶绿体通过光合磷酸化作用合成ATP，活化了质膜H^+-ATP酶，把K^+吸收到保卫细胞中，K^+浓度增高，水势降低，促进保卫细胞吸水，气孔张开。相反，在黑暗条件下，K^+从保卫细胞扩散出去，细胞水势提高，水分流出细胞，气孔关闭。

③苹果酸代谢学说　20世纪70年代初，人们发现苹果酸在气孔开闭中起着某种作用，便提出了苹果酸代谢学说。在光照下，保卫细胞内的部分CO_2被利用时，pH就上升到8.0~8.5，从而活化了PEP羧化酶(磷酸烯醇式丙酮酸羧化酶)，它可催化由淀粉降解产生

的 PEP 与 HCO$_3^-$结合形成草酰乙酸，并进一步被 NADPH 还原为苹果酸。

$$PEP+HCO_3^- \xrightarrow{\text{PEP 羧化酶}} \text{草酰乙酸}+\text{磷酸}$$

$$\text{草酰乙酸}+NADPH(\text{或 }NADH) \xrightarrow{\text{苹果酸还原酶}} \text{苹果酸}+NADP(\text{或 }NAD)$$

苹果酸解离出 2 个 H$^+$与 K$^+$交换，保卫细胞内 K$^+$浓度增加，水势降低；苹果酸根进入液泡和 Cl$^-$共同与 K$^+$保持保卫细胞的电中性。同时，苹果酸也可作为渗透物质降低水势，促使保卫细胞吸水，气孔张开(图 5-7)。当叶片由光下转入暗处时该过程逆转。近期研究证明，保卫细胞内淀粉和苹果酸之间存在一定的数量关系，即淀粉、苹果酸与气孔开闭有关。

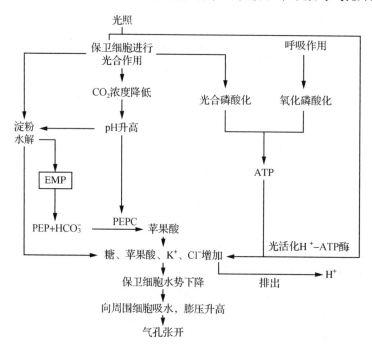

图 5-7 气孔运动机制图解(李合生，2004)

5.2.4.5 影响蒸腾作用的因素

影响蒸腾作用的环境因子主要是温度、大气湿度、光照、风和土壤条件等。

①温度 在一定范围内温度升高、蒸腾作用加快，因为在较温暖的环境中，水分子汽化及扩散加快。

②大气湿度 大气湿度对蒸腾作用的强弱影响极大。大气湿度越小，叶内、外蒸汽压差越大，叶内水分子越容易扩散到大气中去，蒸腾作用越快。反之，大气湿度越大，叶内、外蒸汽压差越小，蒸腾作用越受抑制。

③光照 光照加强，蒸腾作用加快，因为光可促进气孔的开放，并提高大气与叶面的温度，加速水分的扩散。

④风 风对蒸腾作用的影响比较复杂，微风能把叶面附近的水汽吹散，并摇动枝叶，加快了叶内水分子向外扩散，从而促进了蒸腾作用；但强风会使气孔关闭和降低叶温，减

少蒸腾。

⑤土壤条件　因植物地上部的蒸腾作用与根系吸水有密切关系，因此，各种影响根系吸水的土壤条件，如土壤温度、土壤通气、土壤溶液的浓度等，均可间接影响蒸腾作用。

总之，影响蒸腾作用的环境因素是多方面的，且各因素之间相互制约和相互影响。如光影响温度，温度影响着湿度。但在一般自然条件下，光是影响蒸腾作用的主导因子。

5.2.5　合理灌溉的生理基础

植物根系从土壤中不断地吸收水分，叶片通过气孔蒸腾失水，这样就在植物生命活动中形成了吸水与失水的连续运动过程。一般把植物吸水、用水、失水三者之间的和谐动态关系称为水分平衡。

在生产中，应根据不同植物的需水规律合理灌溉，保持植物体内的水分平衡，达到植物高产、稳产的目的。

5.2.5.1　植物的需水规律

①不同植物对水分的需要量不同　植物的蒸腾系数就是指植物的需水量，植物种类不同，需水量有很大差异。如小麦和大豆需水量较大，高粱和玉米需水量较小。生产等量的干物质，需水量小的植物比需水量大的植物所需水分少，因此，在水分较少的情况下，需水量小的植物能制造较多的干物质，因而受干旱影响比较小。生产上常以植物的生物产量乘以蒸腾系数为理论最低需水量。但植物实际需要的灌溉量要比理论值大得多，因为土壤保水能力、降水及生态需水的多少等都会对植物的吸水造成影响。

②同一植物不同生育期对水分的需求量不同　植物在整个生育期中对水分的需求有一定的规律，一般在苗期需水量较小，在开花前的旺盛生长期需水量大，开花结果后需水量逐渐减小。例如，早稻在苗期，由于蒸腾面积较小，水分消耗量不大；进入分蘖期后，蒸腾面积扩大，气温也逐渐升高，水分消耗量明显加大；到孕穗开花期，耗水量达最大值；进入成熟期后，叶片逐渐衰老脱落，耗水量又逐渐减小。

③植物的水分临界期　植物一生中对水分缺乏最敏感、最易受害的时期，称为水分临界期。一般而言，植物的水分临界期处于花粉母细胞四分体形成期。这个时期如果缺水，就会使性器官发育不正常。禾谷类作物一生中有两个水分临界期：一是拔节到抽穗期，如果缺水可使性器官形成受阻，降低产量；二是灌浆到乳熟末期，这时缺水，会阻碍有机物质的运输，导致籽粒糠秕，粒重下降。

植物水分临界期的生理特点是原生质的黏性和弹性都显著降低，忍受和抵抗干旱的能力减弱，此时，原生质必须有充足的水分，代谢才能顺利进行。因此，在农业生产上必须采取有效措施，满足作物水分临界期对水分的需求，这是取得高产的关键。

5.2.5.2　合理灌溉的指标

①土壤含水量指标　植物灌溉一般是根据土壤含水量来进行，即根据土壤墒情决定是

否需要灌水。一般作物生长较好的土壤含水量为田间持水量的60%～80%，如果低于此含水量，就应及时进行灌溉。但这个值不固定，常随许多因素的改变而变化。此值在农业生产中有一定的参考意义。

②植物形态指标　植物缺水时，其形态表现为：幼嫩的茎叶在中午发生暂时萎蔫，导致生长速度下降，茎、叶变暗、发红，这是因为干旱时生长缓慢，叶绿素浓度相对增大，使叶色变深，此外，在干旱时糖的分解大于合成，细胞中积累较多的可溶性糖并转化成花青素，花青素在弱酸条件下呈红色。形态指标易于观察，当植物在形态上表现受旱或缺水症状时，其体内的生理生化过程早已受到水分亏缺的影响，这些形态症状不过是生理生化过程改变的结果。因此，更为可靠的灌溉指标是生理指标。

③植物生理指标

叶水势　是一个灵敏的反映植物水分状况的生理指标。当植物缺水时，水势下降。当水势下降到一定程度时，就应及时灌溉。对不同作物，发生干旱危害的叶水势临界值不同，表5-3列出了几种作物光合速率开始下降时的叶水势值。

表5-3　光合速率开始下降时的叶水势值　　　　　　　　　　MPa

作　物	光合速率下降时的叶水势值	气孔开始关闭的叶水势值
小　麦	-1.25	
高　粱	-1.40	
玉　米	-0.80	-0.48
豇　豆	-0.40	-0.40
早　稻	-1.40	-1.20
棉　花	-0.80	-1.20

细胞汁液的浓度　干旱情况下植物细胞汁液浓度比水分供应正常情况下高，当细胞汁液浓度超过一定值时，就应灌溉，否则会阻碍植株生长。

气孔开度　水分充足时气孔开度较大，随着水分的减少，气孔开度逐渐缩小；当土壤可利用水耗尽时，气孔完全关闭。因此，气孔开度缩小到一定程度时就要灌溉。

叶温—气温差　缺水时叶温—气温差加大，可以用红外测温仪测定作物群体温度，计算叶温—气温差，确定灌溉指标。目前已利用红外遥感技术测定作物群体温度，指导大面积作物灌溉。

植物灌溉的生理指标因栽培地区、时间、植物种类、植物生育期的不同而异，甚至同一植株不同部位的叶片指标也有差异。因此，在实际运用时，应结合当地的情况，测出不同植物的生理指标阈值，以指导合理灌溉。在灌水时尤其要注意看天、看地、看苗情，不能用某一项生理指标生搬硬套。

5.2.5.3　合理灌溉增产的原因

合理灌溉对植物的生长发育和生理生化过程有着重要影响，合理灌溉增产的生理原因主要是改善了植物的光合性能，其中包括光合面积、光合时间、光合速率、光合产物的消耗、光合产物的分配利用5个方面。

①增大了光合面积和光合速率　合理灌溉能显著促进植物生长，尤其是扩大了光合面积。光合面积主要是指叶面积，在生产实际中植物的实际光合面积要比叶面积大一些，植物的幼茎、果实等都能进行光合作用，棉花的苞叶、玉米的苞叶、小麦的穗和穗下节间也能进行光合作用。在一定的范围内植物的叶面积和光合速率呈正相关。在接近水分饱和状态下，叶片能充分接受光能，气孔张开，有利于 CO_2 的吸收，促进光合作用。

②延长光合时间　合理灌溉能延缓衰老，延长叶片的功能期，从而延长了光合时间。例如，小麦在灌浆期保证水分供应十分重要，合理灌溉可使叶片落黄好，降低呼吸强度，减少午休现象，提高千粒重，同时也为下茬作物的播种奠定了基础。

③促进有机物质运输　光合作用合成的有机物质都是在水溶状态下运输的，尤其是在作物生长后期灌水，能显著促进有机物运向结实器官，提高植物产量和经济系数。

④改善生态环境　合理灌水不但能满足植物各生育期对水分的需求，而且还能满足植物需求的土壤条件和气候条件，如降低植物株间气温，提高相对湿度等。合理灌水可以改善农田小气候，对植物的生长发育十分有利。在盐碱地合理灌水还有洗盐压碱的作用。

【实践教学】

实训 5-1　快速称重法测定植物蒸腾速率

一、实训目的

通过实验操作，学会用快速称重法测定植物蒸腾速率。

二、材料及用具

分析天平、剪刀、秒表、镊子、叶面积仪（或透明方格纸）、白纸及扭力天平等；不同植物（或同一植物不同部位）的新鲜叶片。

三、方法及步骤

（1）在测定植株上选一个枝条（重约 20g），剪下后立即放在扭力天平上称量，记录质量及起始时间，并把枝条放回到原来环境中。

（2）过 3~5min 后，取枝条进行第二次称量，准确记录 3min 或 5min 内的蒸腾失水量和蒸腾时间。

注意：称量要快，要求两次称的质量变化不超过 1g，失水量不超过 10%。

（3）用叶面积仪（或透明方格纸、质量法）测定枝条上的总叶面积（m^2），按下式计算蒸腾速率：

$$蒸腾速率\left[g/(m^2 \cdot h)\right] = \frac{蒸腾失水量(g)}{叶面积(m^2) \times 测定时间(h)}$$

质量法测定叶片面积　选择一张各部分分布均匀的白纸（纸的质量与纸的面积成正比），测定其单位面积的质量（m_1/S_1），将枝条上的叶片的实际大小描在白纸上，并沿线剪下来，然后称其总质量（m），则叶的总面积为：

$$S = \frac{S_1}{m_1} \cdot m$$

（4）不便计算叶面积的针叶树类等植物，可以鲜重为基础计算蒸腾速率。即于第二次称量后摘下针叶，再称枝条重，用第一次称得的重量减去摘叶后的枝条重，即为针叶（蒸腾组织）的原始鲜重。用下式计算蒸腾速率（1g叶片每小时蒸腾水分的质量）：

$$蒸腾速率[mg/(g \cdot h)] = \frac{蒸腾失水量(mg)}{组织鲜重(g) \times 测定时间(h)}$$

四、实训作业

记录实验结果（表5-4），计算所测植物的蒸腾速率。

表5-4　蒸腾速率记录

植物名称	取材部位	重　复	开始时间	叶面积（cm²）	测定时间（min）	蒸腾失水量（g）	蒸腾速率	当时天气	备　注

实训5-2　小液流法测定植物组织水势

一、实训目的

学会用小液流法测定植物组织水势的方法；了解水势高低是水分移动方向的决定因素。

二、材料及用具

10mL 试管(附有软木塞)8 支、指形试管(附有中间插橡皮头弯嘴毛细管的软木塞)8 支、特制试管架 1 个、面积 0.5cm² 的打孔器 1 个、镊子 1 把、解剖针 1 支、5mL 移液管 8 支、1mL 移液管 8 支及特制木箱 1 个(可将上述用具装箱带到田间应用)等；甲烯蓝粉末(装于青霉素小瓶中)、1mol/L CaCl₂ 溶液(也可用蔗糖溶液)；菠菜、油菜、丁香或其他植物新鲜叶片。

三、方法及步骤

水势梯度是植物组织中水分移动的动力，水分总是顺水势梯度移动。当植物组织与外液接触时，如果植物组织的水势低于外液的渗透势(溶质势)，组织吸水，重量增大而使外液浓度变大；反之，则组织失水，重量减小而使外液浓度变小；若两者相等，则水分交换保持动态平衡，组织重量及外液浓度保持不变。根据组织重量或外液的变化情况即可确定与植物组织相同水势的溶液浓度，然后根据公式计算出溶液的渗透势，即为植物组织的水势。溶液渗透势的计算：

$$\Psi_S = -iRTC$$

式中：Ψ_S——溶液的渗透势(MPa)；

R——普适气体常量[0.008 314L/(MPa·mol·K)]；

T——热力学温度(K)(即 273+t，t 为实验室温度，℃)；

C——溶液的浓度(mol/L)；

i——溶液的等渗系数，CaCl₂ 为 2.6，蔗糖为 1。

1. 浓度梯度液的配制

取 8 支干洁试管，编号(为甲组)，按表 5-5 配制 0.05～0.40mol/L 的等差浓度的 CaCl₂ 溶液，必须振荡均匀。

表 5-5　CaCl₂ 浓度梯度液的配制

项　　目	试管 1	试管 2	试管 3	试管 4	试管 5	试管 6	试管 7	试管 8
溶液浓度(mol/L)	0.05	0.10	0.15	0.20	0.25	0.30	0.35	0.40
1mol/L CaCl₂ 溶液体积(mL)	0.5	1.0	1.5	2.0	2.5	3.0	3.5	4.0
蒸馏水体积(mL)	9.5	9.0	8.5	8.0	7.5	7.0	6.5	6.0

另取 8 支干燥清洁的指形试管(或小瓶)，编号(为乙组)，与甲组各试管对应排列，分别从甲组试管中准确用相应序号的移液管吸取 1mL 1mol/L 的 CaCl₂ 溶液放入相应的乙组指形试管中。

2. 样品水分平衡

选取数片叶子，洗净，擦干，用同一打孔器切取叶圆片若干，混匀，每个指形试管中放 8～10 片，浸入 CaCl₂ 溶液内，塞紧软木塞，平衡 20～30min。期间多次摇动试管，以加速水分平衡。到预定时间后，取出叶圆片，用解剖针蘸取少许甲烯蓝粉末，加入各指形管中，摇匀，溶液变为浅蓝色。

3. 检测

取干燥清洁的毛细管8支，编号，分别吸取少量蓝色溶液，插入相应序号的甲组试管中。将滴管先端插至甲组试管溶液中间，轻轻压出一滴蓝色溶液，然后小心抽出滴管，观察毛细管中蓝色液滴移动方向，将结果记录在表5-6中，找出等渗浓度。如果找不出等渗浓度，相邻两支试管中毛细管的小液流一个为上升，另一个为下降，可以取两个浓度的平均值进行计算。

表5-6　实验现象观察与分析

项　　目	试管1	试管2	试管3	试管4	试管5	试管6	试管7	试管8
液流方向(↑↓)								
原　　因								

4. 计算

计算被测植物组织水势。

5. 注意事项

(1)加入指形试管的甲烯蓝粉末不宜过多，以免影响相对密度。

(2)移液管、胶头毛细吸管要各溶液专用。

(3)指形试管、试管要干洁，不能沾有水滴。

(4)释放蓝色液滴的速率要缓慢，防止冲力过大影响液滴移动方向。

(5)所取材料在植株上的部位要一致，用打孔器打取叶圆片时要避开主脉和伤口。

(6)取材以及用打孔器打取叶圆片的操作要迅速，以免失水。

四、实训作业

(1)记录实验结果，分析各种现象发生的原因。

(2)计算所测植物组织的水势。

5.3　植物的矿质营养

在植物生长过程中，不仅需要从外界环境中吸收水、光、O_2、CO_2，还必须从土壤中吸收所需的矿质元素，才能维持其正常的生长发育。植物能吸收、运转和同化的矿质元素，称为矿质营养。了解矿质元素的生理作用，以及植物对矿质元素的吸收、运输和利用规律，对于指导合理施肥、提高产量、改进品质等具有非常重要的意义。

5.3.1　植物体内的必需元素

5.3.1.1　植物必需元素的标准及确定方法

植物体内含有许多化合物，同时也含有许多有机和无机的离子。无论是化合物还是离子，它们都由各种元素组成。在105℃下将植物烘干，即得到占植物体鲜重5%~90%的干物质。再将干物质置于 600℃ 下处理，有机物中的 C、H、O 和 N 便以气态化合物的形式（如 CO_2、水蒸气、N_2、NH_3 等）散失，S 也有一部分以 SO_2 或 H_2S 的形式散失，只剩下少量的灰分。灰分中的元素称为灰分元素或矿质元素。一般灰分中不含有 N，但 N 的来源和吸收方式与矿质元素相似，主要以离子状态被植物根系从土壤中吸收，农业上均作为肥料应用。所以，习惯上把氮素归在矿质元素之中。

植物体内的矿质元素种类很多，据分析，地壳中存在的元素几乎都可在不同植物中找到。已发现 70 种以上的元素存在于不同植物中，但并不是每一种元素都是植物必需的。所谓必需元素，是指植物生长发育必不可少的元素。国际植物营养学会规定的鉴定植物必需元素的 3 条标准如下：一是完全缺乏某种元素，植物不能正常地生长发育，即不能完成生活史。二是完全缺乏某种元素，植物出现的缺素症状是专一的，不能被其他元素替代（不能由于加入其他元素而消除缺素症状），只有加入该元素之后植物才能恢复正常。三是某种元素的功能必须是直接的，绝对不是由于改善土壤或培养基的物理、化学和微生物条件所产生的间接效应。对于某一种元素来说，如果完全符合上述 3 条标准，就是植物的必需元素。否则，即使该元素能改善植物的营养，也不能列为必需元素，如 Si、Se、Na、Co 等。

在研究方法上，为了确定哪些矿质元素是植物的必需元素，必须人为控制植物赖以生存的介质成分。由于土壤条件很复杂，其中所含各种矿质元素很难人为控制，此外，还有微生物的活动，使土壤养分处于不断变化中，所以无法通过土培试验来确定哪些矿质元素是植物必需的。19 世纪 60 年代，植物生理学家萨克斯（J. Sachs）和克诺普（W. Knop）将植物培养在含有适量元素的水溶液中，证明了 K、Mg、Ca、Fe、P、S 和 N 是植物的必需矿质元素，这种方法叫溶液培养（无土栽培）。目前，用来研究与植物营养有关的溶液培养方法有：

①水培法　就是用含有全部或部分营养元素的溶液栽培植物的方法。适宜于植物正常生长发育的培养液称为完全溶液。这种溶液中含有植物所必需的所有矿质元素，且各元素可利用的浓度和元素间的比例以及溶液 pH 都适当。表 5-7 是几种常用的培养液配方。

表 5-7　适于培养各种植物的 Amon 和 Hoagland 培养液（pH＝6.0~7.0）

试　剂	浓度（g/L）	试　剂	浓度（g/L）
A. 大量元素		B. 微量元素	
$Ca(NO_3)_2 \cdot 4H_2O$	0.95	H_3BO_3	2.86
KNO_3	0.61	$MnCl_2 \cdot 4H_2O$	1.81
$MgSO_4 \cdot 7H_2O$	0.49	$ZnSO_4 \cdot 7H_2O$	0.22
$NH_4H_2PO_4$	0.12	$CuSO_4 \cdot 5H_2O$	0.08
酒石酸铁	0.005	H_2MoO_4	0.02

进行水培试验时，培养液的成分和状态特别重要。培养液中各种盐类的阴、阳离子带电荷量必须平衡。在进行溶液培养时，由于植物对离子的选择吸收以及蒸腾作用会改变溶

液的浓度，导致溶液中离子间的比例失调，引起溶液 pH 的改变，所以要经常调节溶液的 pH 和定期更换培养液。此外，由于水溶液的通气性较差，因此每天要给溶液通气。这些问题在现代的流动溶液培养中已得到解决。

②砂培法　是用洁净的石英砂、珍珠岩、小玻璃球等作为固定基质，再加入培养液来栽培植物的方法。实际上砂培法仍属于水培法，砂只起固定植物的作用，植物所需养分仍由溶液提供。

③气栽法　是将根系悬于培养箱中，定时用营养液向根部喷淋的方法。该方法实际上也是一种改良水培法。目前，已可以进行电脑控制，广泛用于蔬菜与花卉的工厂化生产。

5.3.1.2　植物必需元素的种类

借助营养液培养法及鉴定必需元素的 3 条标准，现已确定植物必需的矿质元素有 13 种，它们是氮(N)、磷(P)、钾(K)、钙(Ca)、镁(Mg)、硫(S)、铁(Fe)、铜(Cu)、硼(B)、锌(Zn)、锰(Mn)、钼(Mo)、氯(Cl)，加上从空气和水中得到的碳(C)、氢(H)、氧(O)，植物必需的元素共有 16 种。根据植物对各必需元素的需要量及其在植物体内的含量，可将其分为大量元素和微量元素两大类：C、H、O、N、P、K、Ca、Mg、S 这 9 种元素是植物需要量大的元素，称为大量元素，占植物体干重的 0.1%；Fe、Mn、Zn、Cu、B、Mo、Cl 这 7 种元素需要量少，称为微量元素，占植物干重的 0.01% 以下。

除 16 种必需元素外，植物体内还有许多其他元素含量也较高，如镍(Ni)、钠(Na)、钴(Co)、硒(Se)、硅(Si)、钒(V)等元素，这些元素对植物的正常生长有影响，但对整个植物界来讲，并不是大多数植物所必需的。

5.3.1.3　必需元素的生理作用及缺素症

(1)必需元素的一般生理作用

总体来说，必需元素在植物体内的作用有以下几个方面：

①细胞结构物质的组分　例如，C、H、O、N、P、S 等是糖类、脂类、蛋白质和核酸等有机物的组分。

②生命活动的调节者　一方面，许多金属元素参与酶的活动，或者是酶的组分(以一种螯合的形式并入酶的辅基中)，通过自身化合价的变化传递电子，完成植物体内的氧化还原反应，如 Fe、Cu、Zn、Mn、Mo 等；或者是酶的激活剂，提高酶的活性，加快生化反应的速度，如 Mg。另一方面，必需元素还是生理活性物质(如内源激素和其他生长调节剂)的组分，调节植物的生长发育。

③电化学作用　例如，某些金属元素能维持细胞的渗透势，影响膜的透性，保持离子浓度的平衡和原生质的稳定，以及电荷的中和等，如 K、Mg、Ca 等元素。

(2)大量元素的生理作用及缺素症

多数大量元素都是植物细胞结构物质和生命活动调节物质(酶、激素等)的组成成分。当缺乏某种元素时，就会出现特有的病征，称为缺素症。

①碳(C)、氢(H)、氧(O)　植物有机体除去水分之后剩下的干物质中，90% 是有机

化合物，其中碳占 45%，氧占 45%，氢占 6%。碳原子是组成有机化合物的骨架，并与氧、氮、氢等其他元素以各种方式结合，从而决定了有机化合物的多样性。

②氮（N）　植物主要通过根从土壤中吸收氮素，其中以无机氮为主，即铵态氮（NH_4^+）和硝态氮（NO_3^-），也可吸收一部分有机氮，如尿素等。氮在植物体内所占分量不大，一般只占干重的 1%～3%。尽管含量少，但对植物的生命活动却起着重要的作用。氮是蛋白质、核酸、磷脂的主要成分，而这三者又是原生质、细胞核和生物膜的重要组分。氮还是植物激素（如生长素、细胞分裂素）、维生素（维生素 B_1、维生素 B_2、维生素 B_3 等）、酶及许多辅酶和辅基（如 NAD^+、$NADP^+$、FAD）的成分，它们在生命活动中起调节作用。此外，氮还是叶绿素的组成元素，与光合作用有密切的关系。由此可见，氮在植物的生命活动中占有首要地位，所以被称为生命元素。

当氮肥供应充足时，植株高大，分蘖（分枝）能力强，枝繁叶茂，叶大而鲜绿，籽粒中蛋白质含量高。氮过多时，营养体徒长，叶大而深绿，柔软披散，植物体内含糖量相对不足，茎部机械组织不发达，易倒伏和被病虫侵害，花果少，产量低。缺氮时，植物黄瘦、矮小、分蘖（分枝）减少，花、果易脱落，导致产量降低。由于氮在体内可以移动，老叶中的含氮化合物分解后可运到幼嫩组织中重复利用，所以缺氮症状通常从老叶开始，逐渐向幼叶扩展，下部叶片黄化后提前脱落（禾本科作物的叶片例外）。

③磷（P）　在土壤中以 $H_2PO_4^-$ 和 HPO_4^{2-} 的形式被植物的根所吸收，在植物幼嫩组织和种子、果实中含量较多。磷是核酸、核蛋白和磷脂的主要成分，它与蛋白质合成、细胞分裂及生长有密切的关系；磷是许多辅酶如 NAD^+、$NADP^+$ 的成分，它们参与光合作用、呼吸作用；磷是 AMP、ADP 和 ATP 的成分，所以与细胞内能量代谢有密切关系；磷还参与糖类、蛋白质及脂肪的代谢和运输。

施磷肥能使植物生长发育良好，促进早熟，并能提高抗旱性与抗寒性。缺磷时代谢过程受阻，株体矮小，茎叶由暗绿色渐变为紫红色；分枝或分蘖减少，成熟延迟，果实与种子小且不饱满；但施磷肥过多会影响植物对其他元素的吸收，如阻碍硅的吸收，使水稻易患稻瘟病；水溶性磷酸盐可与锌结合，从而减少土壤中有效锌的含量，故施磷过多时植物易产生缺锌症。磷在植物体内可移动，故能重复利用。所以缺磷时，病症首先出现在老叶并逐渐向上发展。

④钾（K）　在土壤中以 KCl、K_2SO_4 等盐的形式存在。被植物吸收后，以离子（K^+）状态存在于细胞内。植物体内的钾主要集中在生命活动最旺盛的部位，如生长点、形成层、幼叶等。

钾的生理功能是多方面的：一是调节水分代谢。钾在细胞中是构成渗透势的主要成分。在根内钾从薄壁细胞运至导管，降低其水势，使水分从根表面沿水势梯度向上运转；钾能影响气孔运动，从而调节蒸腾作用。二是作为酶的激活剂。目前已知钾可作为 60 多种酶的激活剂，如谷胱甘肽合成酶、琥珀酰 CoA 合成酶、淀粉合成酶、琥珀酸脱氢酶、苹果酸脱氢酶、果糖激酶、丙酮酸激酶等，因而在糖类与蛋白质代谢以及呼吸作用中具有重要功能。三是促进能量代谢，这是一种间接作用。在线粒体中 K^+ 与 Ca^{2+} 作为 H^+ 的对应离子做反向移动，使 H^+ 从衬质向膜外转移，造成膜内外 H^+ 浓度差，促进氧化磷酸化；在叶绿体中 K^+ 与 Mg^{2+} 作为 H^+ 的对应离子，使 H^+ 从叶绿体间质向类囊体转移，促进光合磷酸化。四是提高抗性。在钾的作用下原生质的水合度增加，细胞保水力提高，抗性也提高。五是参与物质运输。钾不仅促进新生的光合产物的运输，而且对贮藏物质(如贮于茎叶中的蛋白质)的运转也有影响。

钾供应充足时，糖类合成加强，纤维素和木质素含量提高，茎秆坚韧，抗倒伏。由于钾能促进糖分转化和运输，使光合产物迅速运输到块茎、块根或种子，故栽培马铃薯、甘薯、甜菜时增产显著。供钾不足的症状是：最初生长速率下降，以后老叶出现缺绿症，叶尖与叶缘先枯黄，继而整个叶片枯黄，即所谓缺钾赤枯病。缺钾时抗逆性降低，易倒伏，严重缺钾时蛋白质代谢失调，导致有毒胺类(腐胺与鲱精胺)生成。供钾过多时，果实出现灼伤病等，并且在贮藏过程中易腐烂。钾很容易从成熟的器官移向幼嫩器官，因此，当植株缺钾时，症状首先出现在老叶上。

由于植物对氮、磷、钾的需要量大，且土壤中通常缺乏这 3 种元素，所以在生产中经常需要补充这 3 种元素。因此，N、P、K 被称为"肥料三要素"。

⑤钙(Ca)　植物从土壤中吸收 $CaCl_2$、$CaSO_4$ 等盐中的 Ca^{2+}。在植物体中，钙主要分布在老叶、其他老组织或器官中。钙是胞间层中果胶酸钙的组分。缺钙时，细胞壁形成受阻，细胞分裂停止或不能正常完成，形成多核细胞。钙能作为磷脂中的磷酸与蛋白质的羧基间结合的桥梁，具有稳定膜结构的作用。钙可提高植物的抗病性，至少有 40 多种水果和蔬菜的生理病害是因低钙引起的。钙还可以与草酸形成草酸钙结晶，消除过多草酸对植物的毒害。钙也是一些酶的活化剂，如由 ATP 水解酶、磷脂水解酶等催化的反应都需要 Ca^{2+} 参与。

钙是不易移动的元素，缺乏时，病症首先出现在上部的幼嫩部位，幼叶呈淡绿色，叶尖出现典型的钩状，随后坏死。如大白菜缺钙时，心叶呈褐色。

⑥镁(Mg)　主要存在于幼嫩的器官和组织中，成熟时则集中在种子里。镁是叶绿素的成分，又能活化某些酶，如磷酸激酶等，在糖类的代谢中占有重要地位。此外，镁还能促进氨基酸的活化，有利于蛋白质的合成。

镁是可移动的元素，缺乏时，病症首先从下部叶片开始。缺镁时叶片失绿，叶肉变黄，而叶脉仍保持绿色，能见到明显的绿色网状特征，这是与缺氮症状的主要区别。缺镁严重时，可引起叶片的早衰与脱落。

⑦硫(S)　以 SO_4^{2-} 的形式被植物吸收。硫是含硫氨基酸如胱氨酸、半胱氨酸、蛋氨酸等的组成成分，参与蛋白质的组成。辅酶 A 和一些维生素如维生素 B_1 中也含有硫，且辅酶 A 的硫氢基(—SH)具有固定能量的作用。硫还是硫氧还蛋白、铁硫蛋白与固氮酶的组分，因而在光合作用、固氮等反应中起重要作用。

硫不易移动，缺乏时一般在幼叶出现缺绿症状，且新叶均匀失绿，呈黄白色并易脱落。缺硫情况在生产上少见，因土壤中有足够的硫供给植物需要。

(3)微量元素的生理作用及缺素症

微量元素 Fe、Mn、Zn、Cu、B、Mo、Cl 等主要生理作用及缺素症状详见表 5-8。

表 5-8　微量元素的主要生理作用及缺乏症状

元素名称	被根吸收形式	主要生理作用	缺乏症状
铁（Fe）	二价离子螯合形式	促进光合作用、呼吸作用的电子传递，利于叶绿素的合成	叶脉间失绿黄化，以至整个幼叶黄白色
铜（Cu）	Cu^{2+}	参与植物体内某些氧化还原反应以及光合作用的电子传递	幼叶萎蔫，出现白色叶斑，果、穗发育不正常
锌（Zn）	Zn^{2+}	利于生长素合成，促进光合作用、呼吸作用的进行	叶小簇生，主脉两侧出现斑点，生育期推迟
锰（Mn）	Mn^{2+}	促进新陈代谢，稳定叶绿体构造，参与光合放氧	脉间失绿，出现细小棕色斑点，组织易坏死
硼（B）	可能是不解离的硼酸	促进花粉管萌发、生长和受精作用，促进糖类的运输和代谢	茎、叶柄变粗、脆、易开裂，花器官发育不正常，生育期延长
钼（Mo）	钼酸根	促进豆科植物固氮，参与磷酸代谢	叶片生长畸形，斑点散布在整个叶片
氯（Cl）	Cl^-	加速水的光解放氧，影响渗透势并与钾离子一起参与气孔运动	叶片萎蔫，缺绿坏死，根变成短粗而肥厚，顶端成棒状

5.3.2　植物对矿质元素的吸收和运输

5.3.2.1　根系对矿质元素的吸收

（1）根部吸收矿质元素的区域

根部是植物吸收矿质元素的主要器官。而根尖的根毛区是吸收矿质元素最活跃的区域。这是因为根毛区的吸收面积大，其表皮细胞未被栓质化，透水性好，同时该区域具有发达的输导组织，吸收的离子积累少，大部分被运走。放射性同位素（如 ^{86}Rb、^{32}P）实验表明，根毛区累积的离子很少，但根毛区吸收 K^+ 的速度高出分生区 80%。

（2）根系吸收矿质元素的特点

植物对矿质元素的吸收是一个复杂的生理过程。它一方面与吸水有关系，另一方面又有其独立性，同时对离子的吸收还具有选择性。植物吸收矿质元素的特点是：

①根系对水和矿质元素的吸收不成比例　无机盐只有溶于水后才能被根所吸收，并随水流一起进入根部的自由空间。但吸水主要是因蒸腾而引起的被动过程，而吸收无机盐则主要是经载体运输、消耗能量的主动吸收过程，所以吸水量和吸盐量不成比例。

②根对离子的吸收具有选择性　植物对同一溶液中的不同离子或同一盐分中的阴、阳离子吸收比例不同。如土壤中的硅（Si），水稻较棉花吸收的多。施用 $(NH_4)_2SO_4$ 时，因植物对氮的需求量大于硫，所以 NH_4^+ 的吸收量多于 SO_4^{2-}，NH_4^+ 与根细胞表面吸附的 H^+ 置换，从而使土壤中 SO_4^{2-} 和 H^+ 浓度加大，使土壤 pH 下降，故称这类盐为生理酸性盐；施用 $NaNO_3$ 时，根吸收 NO_3^- 多于 Na^+，在吸收 NO_3^- 时，NO_3^- 与根细胞表面的 HCO_3^- 交换，结果使

土壤中 OH^- 增多（$HCO_3^- + H_2O \rightleftharpoons H_2CO_3 + OH^-$），使土壤 pH 升高，因此称这类盐为生理碱性盐；再如多种硝酸盐，施用 NH_4NO_3 时，植物对 NO_3^- 和 NH_4^+ 几乎等量吸收，根部交换下来的 H^+ 与 OH^- 相等，不会使土壤 pH 发生变化，故这类盐称为生理中性盐。可见根对离子的吸收具有选择性，所以在生产中，要科学合理用肥，不宜长期单一地在土壤中施用某一类化肥，否则可能使土壤酸化或碱化，从而破坏土壤结构。

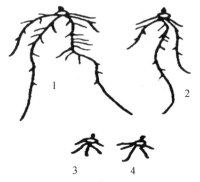

图 5-8 小麦根在单盐溶液和盐混合液中的生长情况
1. NaCl+KCl+CaCl₂ 2. NaCl+CaCl₂
3. CaCl₂ 4. NaCl

③单盐毒害与离子颉颃 任何植物长期培养在单一的盐类溶液中，会渐渐死亡的现象，称为单盐毒害。即使是在需要量大的元素溶液中，也会如此。如将小麦的根浸入钙盐、镁盐、钾盐等任何一种单盐中，根系都会停止生长，分生区细胞壁黏液化，细胞被破坏，最后死亡。

若在单盐中加入少量其他元素，单盐毒害就会减弱或消除，这种离子间能相互消除毒害的现象，称为离子颉颃。如在 KCl 溶液中加入少量 $CaCl_2$，就不会产生毒害（图 5-8）。

所以，植物只有在含有适当比例的多盐溶液中才能正常生长，这种溶液称为平衡溶液。对海藻来说，海水就是平衡溶液；对陆生植物来讲，土壤溶液一般也是平衡溶液。

（3）根系吸收矿质元素的方式及过程

①根系吸收矿质元素的方式 植物吸收矿质元素主要有两种方式，即被动吸收和主动吸收。

被动吸收 是指植物利用扩散作用或其他物理过程而进行的吸收，不需要消耗代谢能量，所以又称为非代谢吸收。当外界溶液中某种离子的浓度大于根细胞内的浓度时，外界溶液中的离子就会顺着浓度梯度扩散到根细胞内，并迅速使根内、外溶液浓度相同。其主要影响因素是根内、外离子的浓度差。

主动吸收 植物利用呼吸作用所提供的能量逆浓度梯度吸收矿质元素的过程，称为主动吸收。它是根系吸收矿质元素的主要方式。

②根系吸收矿质元素的过程 分为两步：第一步是土壤胶体颗粒上或土壤溶液中的矿质元素通过某种方式到达根的表面或根皮层的质外体，这是不需消耗代谢能量的物理过程；第二步是矿质元素通过细胞膜进入共质体，这是耗能的主动吸收过程。

离子的交换吸附 根部细胞呼吸作用放出的 CO_2 和土壤中的 H_2O 生成 H_2CO_3，解离成 H^+ 和 HCO_3^- 离子。

$$CO_2 + H_2O \rightleftharpoons H_2CO_3$$
$$H_2CO_3 \rightleftharpoons H^+ + HCO_3^-$$

这些离子吸附在根系细胞的表面，并和土壤中的无机离子进行"同荷等价"交换。交换的方式有两种：通过土壤溶液进行交换和接触交换。通过土壤溶液进行交换是指根表面吸

附的 H^+ 和 HCO_3^- 同溶于土壤溶液中的离子如 K^+、Cl^- 等进行交换，结果土壤中的 K^+、Cl^- 离子换到了根表面，而根表面的 H^+ 和 HCO_3^- 则换到了土壤溶液中。接触交换是指当根系和土壤胶粒接触时，土壤表面所吸附的离子与根表面的离子直接进行交换。因为根表面和土壤颗粒表面所吸附的离子，是在一定吸附力的范围内振动着，当两个离子的振动面部分重合时，便可相互交换。由于呼吸作用可不断产生 H^+ 和 HCO_3^- 离子，它们与周围溶液和土壤颗粒的阴、阳离子迅速交换，因此，无机离子就会被吸附在根表面(图5-9)。

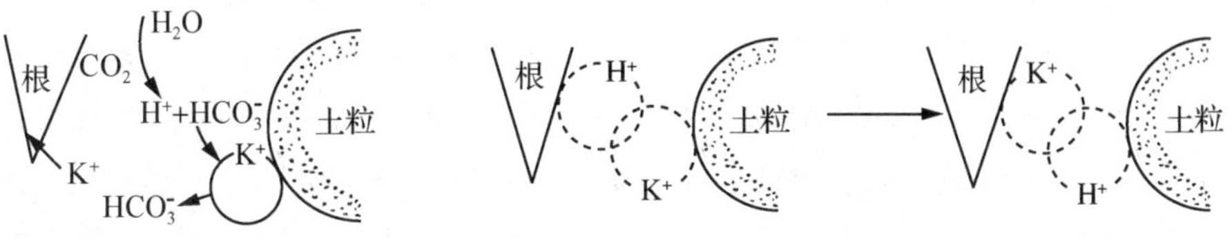

植物根部通过土壤溶液
和土粒进行离子交换

接触交换

图 5-9　离子交换吸附示意

吸附在根表面的离子转移到细胞内部　此过程目前常用"载体学说"来解释。这个理论认为：离子是通过膜上某种物质载体运进细胞内部的，这种载体就是细胞膜上一些特殊的蛋白质，它们具有专门运输物质的功能，称为运输酶或透过酶。运输酶与物质的结合具有专一性，而且结合的专一性很强，一种运输酶只能与一定的离子或分子结合。它对所结合的离子或分子具有高度的亲和力，因此其吸收是有选择性的。当膜外存在新的可结合物质时，质膜上的运输酶能分辨出这种物质并与之结合，形成复合体。然后复合体旋转 180°，从膜外转向膜内。由于消耗了能量，运输酶的亲和力变弱，就把物质释放到细胞内。当运输酶再次获取能量时，运输酶恢复原状，亲和力提高，结合位置又转向膜外。如此往复，就把膜外的物质不断运到膜内，积累于细胞内。

(4)影响根系吸收矿质元素的外界因素

植物对矿质元素的吸收是一个与呼吸作用密切相关的生理过程，因此，凡是能影响呼吸作用的外界因子，都能影响根对矿质元素的吸收。

①土壤温度　在一定温度范围内，根系吸收矿质元素的速度随土壤温度的升高而加快。因为土温影响根部的呼吸强度，从而影响根的主动吸收，土温还可影响酶的活性。当土温低时，根系生长缓慢，吸收面积小，酶活性低，呼吸强度下降，各种代谢减弱，矿质元素的需求量减少，吸收减慢。同时，原生质的黏滞性加强，膜的透性降低，增加了离子进入根细胞内部的阻力，所以影响根的吸收。当温度过高时，根系易老化，根系吸收面积减少；酶钝化，影响吸收和代谢；同时高温会破坏原生质的结构，使其透性增加，引起物质外漏；温度过高还会加速根的木质化进程，降低根系吸收矿质元素的能力。

②土壤通气状况　由于呼吸作用为根系的吸收作用提供能量，所以土壤通气状况直接影响到根系的吸收。通气良好时，有利于根系呼吸、生长，促进根系对离子的主动吸收。土壤板结或积水而造成通气性差时，则根系生长缓慢，呼吸减弱，从而影响根对矿质元素的吸收。通气不良时，土壤中的还原性物质增多，还对根系产生毒害作用。此外，土壤的

通气状况还会影响矿质元素的形态和土壤微生物的活动等，从而间接地影响植物对养分的吸收。

③土壤溶液浓度　在一定范围内，随着土壤溶液浓度的增加，根部吸收量也增多。但土壤溶液浓度过高时，会引起水分的反渗透，使根细胞脱水甚至产生烧苗现象。所以在生产上，施肥要采取"薄施勤施"的原则。

④土壤 pH　首先，在酸性条件下，根吸收阴离子多，而在碱性条件下，根吸收阳离子多。因为蛋白质为两性电解质，在酸性环境中，氨基酸带正电，所以易吸收外液中的阴离子；反之，在碱性条件下，易吸收阳离子。其次，pH 还影响无机盐的溶解度。在碱性条件下，Fe、P、Ca、Mg、Cu、Zn 易形成不溶性化合物，使根对这些元素吸收减少。盐碱地植物往往缺铁而失绿，就是因碱性太大影响对铁的吸收的缘故。在酸性环境中，Mg、K、P、Ca 等溶解度增加，植物来不及吸收，这些元素就随水流失，所以在酸性红壤中植物常缺乏这些元素。当酸性过大时，Fe、Al、Mn 等溶解度加大，植物则会因吸收过量而中毒。因此，土壤过酸或过碱，对植物都不利，一般植物生长的最适 pH 为 6~7。但有些植物如烟草、马铃薯等，喜微酸环境；有些植物如甜菜，喜偏碱性环境。

⑤土壤水分　土壤水分过少，矿质元素的溶解释放减少，蒸腾速率降低，养分向上运输受阻。所以，可以通过降低或增加土壤的含水量来控制或促进植物对矿质元素的吸收，从而达到控制或促进植物生长的目的。生产上的"以水调肥，以水控肥"就是这个道理。

5.3.2.2　矿质元素在植物体内的运输

(1) 矿质元素的运输形式

根吸收的氮素，绝大部分在根内转变成氨基酸和酰胺，如天冬氨酸、天冬酰胺、谷氨酸、谷氨酰胺等，然后向上运输。磷酸盐主要以无机离子形式运输，但可能有少量先在根内合成磷酰胆碱和 ATP、ADP、AMP、6-磷酸葡萄糖等化合物再向上运输。金属元素以离子形态如 K^+、Ca^{2+} 等运输，非金属元素既可以离子形式也可以小分子有机物的形式运输。

(2) 矿质元素的运输途径

根吸收的矿质元素，其中少数参与细胞的各种代谢活动或积累到液泡中，大部分则通过胞间连丝在细胞间移动，最后进入导管随蒸腾流上升，运向植物各个部位。与此同时，也进行横向运输，运向正在生长的幼茎、幼叶和果实等器官。

矿质元素向上运输时，在植物体内积累最多的部位，并不是蒸腾最强的部位，而是生长最旺盛的部位——生长中心，如生长点、嫩叶和正在生长的果实等。

5.3.2.3　叶片对矿质元素的吸收

植物除了根系以外，地上部分的茎叶也能吸收矿质元素。生产中常把肥料配成溶液直接喷洒在叶面上以供植物吸收，这种施肥方式称为根外施肥或叶面施肥。

喷洒在叶片上的肥料，可以通过气孔和湿润的角质层进入叶脉韧皮部，也可横向运输到木质部，而后再运往各处。

根外追肥具有肥料用量少、见效快的特点，有利于不同生育期的使用，特别是植物生长后期，根系生活力降低、吸收机能衰退时效果更佳。当土壤缺水，土壤施肥难以发挥效用时，叶面施肥的意义更大。另外，根外追肥还可避免肥料(如过磷酸钙)被土壤固定失效和随水流失的弊端。

5.3.2.4　矿质元素的利用

矿质元素运到生长部位后，大部分与体内的同化物合成复杂的有机物质，如由氮合成氨基酸、蛋白质、核酸、磷脂、叶绿素等，由磷合成核苷酸、核酸、磷脂等，由硫合成含硫氨基酸、蛋白质、辅酶 A 等，再由上述有机物进一步形成植物的结构物质。未形成有机物的矿质元素，有的作为酶的活化剂，如 Mg^{2+}、Mn^{2+}、Zn^{2+} 等；有的作为渗透物质，调节植物细胞对水分的吸收。

已参与生命活动的矿质元素，经过一个时期后也可分解并运到其他部位被重复利用。不同必需元素被重复利用的情况不同，N、P、K、Mg 易重复利用，其缺乏症状从下部老叶开始。Cu、Zn 可在一定程度重复利用，S、Mn、Mo 较难重复利用，Ca、Fe 不能重复利用，其症状首先出现于幼嫩的茎尖和幼叶。N、P 可多次重复利用，能从衰老部位转移到幼嫩的叶、芽、种子、休眠芽或根茎中，待来年再利用。

5.3.3　合理施肥

施肥的目的是满足植物对矿质元素的需要，要想使植物增产，不仅要有足够的肥料，而且还要合理施用。因此，了解植物的需肥规律，适时、适量按需施肥，才能达到预期的目的。

5.3.3.1　植物需肥特点

①不同植物或同一植物的不同品种需肥不同　油菜对氮、磷、钾需要量都较大，要充分供给；禾谷类如水稻、玉米等除需氮肥外，还需一定的磷、钾肥；叶菜类如白菜等应多施氮肥，使叶片肥大，质地柔嫩；而豆科作物如大豆，因根瘤能固氮，需磷、钾较多；薯类如马铃薯需磷、钾较多，也需一定的氮；油料作物对镁有特殊需要。

②植物不同，需肥形态不同　烟草既需铵态氮，也需硝态氮，因为硝态氮能使烟叶形成较多的有机酸，可提高燃烧性；而铵态氮有利于芳香挥发油的形成，增加香味，所以烟草施用硝酸铵最好。水稻根内一般缺乏硝酸还原酶，所以不能还原硝酸，宜用铵态氮而不适宜施用硝态氮。马铃薯和烟草等忌氯，因氯可降低烟叶的可燃性和马铃薯的淀粉含量，所以用草木灰作钾肥比氯化钾好。

③同一植物不同生育期需肥不同　植物对矿质元素的需要量与植物生长量有密切关系。萌发期因主要利用种子中贮藏的养分，所以不吸收矿质营养；幼苗期吸收也较少；开花结实期吸收量达到高峰；以后随着植株各部分逐渐衰老而对矿质元素的需要量逐渐减少，以至根系完全停止吸收，甚至向外"倒流"。

④不同营养元素临界期不同　植物在生长发育过程中，常有一个时期对某种养分需求的绝对数量虽然不多，但在需要程度上很敏感，此时如果不能满足植物对该种养分的需求，将会严重影响植物的生长发育和产量。也就是说，错过这个时期，即使以后再大量补

给含有这种养分的肥料，也难以弥补此时由于养分不足所造成的损失。这个时期称为植物的营养临界期。植物营养临界期一般出现在植物生长的早期阶段。不同养分的临界期不同。大多数植物需磷的临界期都在幼苗期；植物需氮的临界期稍晚于磷，一般在营养生长转向生殖生长时期；植物需钾的临界期一般不易判断，因为钾在植物体内流动性大，被再利用的能力强。

⑤同一植物不同营养元素最大效率期不同　在植物的生长发育过程中，对养分的需求还存在一个不论是在绝对数量上，还是在吸收速率上都是最高的时期，此时施用肥料所起的作用最大，增产效果也最显著。这个时期称为植物营养最大效率期。植物营养最大效率期一般是植物营养生长的旺盛期或营养生长与生殖生长并进的时期。此时追肥往往能取得较大的经济效益。如生产上强调施用小麦的拔节肥、水稻的穗肥、玉米的大喇叭口肥等，原理就在于此。应当注意的是，同一植物不同营养元素其最大效率期是有差异的。

植物营养临界期和植物营养最大效率期是植物需肥的两个关键时期，生产上保证关键时期有充足的养分供应，对提高植物产量有重要的意义。但是，植物需肥的各个阶段是互相联系、互相影响的，除了上述两个关键时期外，也不可忽视植物吸收养分的连续性，在其发育阶段根据苗情或长势适当供给养分也是必要的。所以，在施用肥料时应根据植物的需肥特性和规律，做到施足基肥、重视种肥、适时追肥。

5.3.3.2　合理施肥的指标

合理施肥包含两层含意：一是满足植物对必需元素的需要；二是使肥料发挥最大的经济效益。确定植物是否需要施肥、施什么肥、施多少肥、有多种指标。比如，土壤的营养水平、植物的长势、植物体内某些物质的含量，均可作为施肥的指标。

（1）形态指标

能反映植株需肥情况的外部形态(主要是植物的长势相貌)，称为追肥的形态指标。

①形态　如果氮肥多，植物生长快，株型松散，叶长而披软；氮不足则生长缓慢，株型紧凑，叶短而直。因此，可以把植物的形态作为追肥的一种指标。

②叶色　能灵敏地反映植物体内的营养状况(尤其是氮)。含氮量高时，叶色深绿，反之叶色浅黄。所以，生产上常用叶色作为施用氮肥的形态指标。

（2）生理指标

生理指标是指根据植物的生理活动与某些养分之间的关系，确定一个临界值，作为是否追肥的指标。一般以功能叶为测定对象，其指标主要有：

①体内营养元素　一般通过对叶的营养分析，找出不同组织、不同生育期、不同元素最低临界值用以指导施肥工作。

②叶绿素含量　植物体内叶绿素含量与含氮量相关，所以，可用叶绿素含量作为诊断的指标。

③淀粉含量　水稻体内含氮量与淀粉含量成负相关，氮不足时，淀粉在叶鞘中积累，所以鞘内淀粉越多，表示缺氮越严重。测定时，将叶鞘劈开，浸入碘液中，如果被染成蓝

黑色，颜色深，且占叶鞘面积比例大，表明缺氮。

　　植物合理施肥的生理指标还有很多，如测定酶的活性、植株体内天冬酰胺的含量等。值得注意的是，任何一种生理指标，都要因地制宜，多加实践，才具有指导意义。

5.3.3.3　发挥肥效的措施

　　①以水调肥，肥水配合　水与矿质元素的关系很密切。水是矿质元素的溶剂和向上运输的媒介，水还能防止肥过多而产生"烧苗"现象。所以水直接或间接地影响着矿质元素的吸收和利用。施肥时适量灌水或雨后施肥，能大大提高肥效，这就是以水促肥的道理。相反，如果氮肥过多，往往造成植物徒长，这时可适当减少水分供应，限制植物对矿质元素的吸收，从而达到以水控肥的效果。

　　②适当深耕，改良土壤环境　适当深耕，使土壤容纳更多的水和肥从而促进根系生长，增大根的吸收面积，有利于根系对矿质元素的吸收。

　　③改善光照条件　施氮肥促进叶的生长，扩大叶面积，即增大光合面积；为了发挥肥效，应该合理密植，通风透气，以利于改善光照条件，增加植物产量；反之，密度太大，田间荫蔽，株间光照不足，肥水虽足，不但起不到增产的效果，还会造成植物徒长、倒伏、病虫害增多，最后导致减产。

　　④改变施肥方法，促进植物吸收　改表施为深施。表层施肥，氧化剧烈，N、P、K易流失，植物的吸收率很低。据测算，表层施肥时，水稻对 N、P、K 的利用率只有 50% 左右。而深施(根系周围 5~10cm 的土层)，肥料挥发、流失少，供肥稳定，且由于根的趋肥性，促进了根系的下扎，有利于根的固着和吸收，促进增产。

　　另外，根外施肥可起到肥少功效大的作用，是一种非常经济的用肥方法。

【实践教学】

实训 5-3　植物的溶液培养和缺素症状的观察

　　一、实训目的

　　用溶液培养的方法，证实 N、P、K、Ca、Mg、Fe 等元素对植物生长发育的重要性和缺素症状。

　　二、材料及用具

　　培养缸(瓷质、玻璃、塑料均可)、试剂瓶、烧杯、移液管、量筒、黑纸、塑料纱网、精密 pH 试纸(测量范围 pH 5~6)、天平、玻璃管、棉花(或海绵)、通气装置；硝酸钙、硝酸钾、硫酸钾、磷酸二氢钾、硫酸镁、氯化钙、磷酸二氢钠、硝酸钠、硫酸钠、乙二胺四乙酸二钠；硫酸亚铁、硼酸、硫酸锌、氯化锰、钼酸、硫酸铜；玉米、棉花、番茄、油菜等植物种子。

　　三、方法及步骤

　　1. 育苗

　　选大小一致、饱满成熟的植物种子，放在培养皿中萌发。

2. 配制培养液(贮备液)

取分析纯的试剂,按表5-9配制成贮备液。配好贮备液后,按表5-10(为每升蒸馏水中贮备液用量)配制完全液和缺素液。用精密pH试纸测定培养液的pH。根据不同植物的要求,pH一般控制在5~6为宜,如果pH>6,则用1%HCl调节。

表5-9 贮备液的配制   g/L

大量元素贮备液		微量元素贮备液	
试剂	用量	试剂	用量
$Ca(NO_3)_2$	236	H_3BO_3	2.86
KNO_3	102	$ZnSO_4 \cdot 7H_2O$	0.22
$MgSO_4 \cdot 7H_2O$	98	$MnCl_2 \cdot 4H_2O$	1.81
KH_2PO_4	27	$MnSO_4$	1.015
K_2SO_4	88	$M_2MoO_4 \cdot H_2O$ 或 Na_2MoO_4	0.09
$CaCl_2$	111	$CuSO_4 \cdot 5H_2O$	0.08
NaH_2PO_4	24		
$NaNO_3$	170		
$NaSO_4$	21		
$EDTA-Na_2$	7.45		
$FeSO_4 \cdot 7H_2O$	5.57		

注:$EDTA-Na_2$(乙二胺四乙酸二钠)是隐蔽剂,能隐蔽其他元素的干扰。

表5-10 完全液和缺素液的配制   mL

贮备液	完全液	缺氮	缺磷	缺钾	缺钙	缺镁	缺铁
$Ca(NO_3)_2$	5	—	5	5	—	5	5
KNO_3	5	—	5	—	5	5	5
$MgSO_4$	5	5	5	5	5	—	5
KH_2PO_4	5	5	—	—	5	5	5
K_2SO_4	—	5	1	—	—	—	—
$CaCl_2$	—	5	—	—	—	—	—
NaH_2PO_4	—	—	—	5	—	—	—
$NaNO_3$	—	—	—	5	5	—	—
Na_2SO_4	—	—	—	—	—	10	—
$EDTA-Na_2$	1	1	1	1	1	1	1
微量元素							

注:$EDTA-Na_2$(乙二胺四乙酸二钠)是隐蔽剂,能隐蔽其他元素的干扰。

3. 水培装置准备

取容积1~3L的培养缸,若缸透明,则在其外壁涂黑漆或用黑纸套好,使根系处在黑暗环境中。缸盖上应打有数孔,一侧为海绵、棉花或软木(用于固定植物幼苗),再通橡皮管,使管的另一端与通气泵连接,作根系生长供氧之用。

4. 移植与培养

在以上配制的培养液中各加1200mL蒸馏水。将幼苗根系洗干净,小心穿入缸盖上的孔中，用海绵、棉花或软木固定，使根系全浸入培养液中，放在阳光充沛、温度适宜（20~25℃）的地方。

5. 管理、观察

用精密 pH 试纸检测培养液的 pH，用 1% 盐酸调整至 pH 5~6。每 3 天加蒸馏水一次以补充瓶内蒸腾损失的水分。

培养液 7~10d 更换一次，每天通气 2~3 次或进行连续微量通气，以保证根系有充足的氧气。

实验开始后应随时观察植物生长情况，并做记录（表 5-11）。当明显出现缺素症状时，用完全液更换缺素液，观察缺素症是否消失。

四、实训作业

描述植物缺少矿质元素所表现出的主要症状。

表 5-11　幼苗生长情况

处　理	幼苗生长情况
完全液	
缺　氮	
缺　磷	
缺　钾	
缺　钙	
缺　镁	
缺　铁	

5.4　植物的光合作用

绿色植物是地球上分布最广泛的自养植物，它的最基本功能是利用光能进行光合作用，制造有机物质。它是地球上最大的有机物质生产者，是人类和其他生物生存的物质基础。

5.4.1　光合作用的概念及其生理意义

（1）光合作用的概念

绿色植物吸收太阳光的能量，同化二氧化碳和水，制造有机物质并释放氧气的过程，称为光合作用。光合作用所产生的有机物质主要是糖类，贮藏着能量。光合作用的过程，可用下式表示：

$$CO_2 + H_2O \xrightarrow[\text{绿色细胞}]{\text{光能}} (CH_2O) + O_2$$

式中的（CH_2O）代表糖类。光合作用的产物中，有近 40% 的成分是碳元素，因此光合作用也被称为碳素同化作用。

（2）光合作用的生理意义

①把无机物变成有机物　植物通过光合作用制造有机物的规模是非常巨大的。据估计，每年光合作用约固定 $2×10^{11}$ t 碳元素，合成 $5×10^{11}$ t 有机物质。绿色植物合成的有机物质既满足植物本身生长发育的需要，又为生物界提供食物来源。人类生活所必需的粮、棉、油、菜、果、茶、药等都是植物光合作用的产物。

②蓄积太阳能　绿色植物通过光合作用将无机物转变为有机物的同时，将光能转变为贮藏在有机物中的化学能。以合成 $5×10^{11}$ t 有机物计算，相当于贮存 $3.2×10^{21}$ J 能量。目

前,工、农业生产和日常生活所利用的主要能源如煤、石油、天然气、木材等,都是古代或现代的植物光合作用所贮存的能量。

③保护环境 微生物、植物和动物等生物种类,在呼吸过程中吸收 O_2 并呼出 CO_2,工厂中燃烧各种燃料也大量地消耗 O_2、排出 CO_2,这样推算下去,大气中的 O_2 终有一天会用完。然而,事实上绿色植物广泛分布在地球上,不断地进行光合作用,吸收 CO_2 并放出 O_2,使得大气中的 O_2 和 CO_2 含量比较稳定。

由此可知,光合作用是地球上一切生命存在、繁荣和发展的根本源泉。对光合作用的研究在理论和生产实践上都具有重要意义。作物、果树、蔬菜、花卉和林木等农林产品的产量和品质都直接或间接地依赖于光合作用。各种农林业生产的耕作制度和栽培措施,都是为了使植物更大限度地进行光合作用,以达到增加产量和改善品质的目的。

5.4.2 叶绿体及其色素

叶片是进行光合作用的主要器官,而叶绿体是进行光合作用的重要细胞器。实验证明,植物对光能的吸收、CO_2 的固定和还原、同化产物(淀粉)的合成以及 O_2 的释放等,都是在叶绿体中进行的。叶绿体具有特殊的结构,并含有多种色素,这是与它的光合作用功能相适应的。

5.4.2.1 叶绿体的形态结构

在显微镜下可以看到,高等植物的叶绿体大多呈扁平椭圆形,一般直径为 $3\sim 6\mu m$,厚 $2\sim 3\mu m$。据统计,每平方毫米的蓖麻叶就含有 $3\times 10^7 \sim 5\times 10^7$ 个叶绿体。这样,叶绿体总的表面积就比叶面积大得多,因而对太阳光能和空气中 CO_2 的吸收和利用都有好处。在电子显微镜下,可以看到叶绿体由 3 个部分组成:叶绿体膜、基质和类囊体。叶绿体膜由两层薄膜构成,分别称为外膜和内膜,内膜具有控制代谢物质进出叶绿体的功能,是叶绿体的选择性屏障。叶绿体内膜以内的基础物质称为基质。基质成分主要是水、可溶性蛋白质(酶)和其他代谢活跃物质,呈高度流动状态。基质中的 1,5-二磷酸核酮糖羧化酶/加氧酶占基质总蛋白质的 50% 以上,具有固定 CO_2 的作用,所以光合产物(淀粉)是在基质中形成和贮藏起来的。类囊体是由单层膜围成的扁平小囊,囊腔空间约 10nm,类囊体内是水。由两个以上的类囊体垛叠在一起(像一叠镍币一样,从上看下去则呈小颗粒状)构成的颗粒称为基粒,基粒中的类囊体称为基粒类囊体,又称基粒片层,分布着许多光合作用色素;连接两个基粒之间的类囊体称为基质类囊体,又称基质片层。由于光合作用的光能吸收和转化主要在基粒类囊体膜上进行,所以类囊体膜亦称为光合膜。一般基粒类囊体数目越多,光合速率越高。一个叶绿体中有 $40\sim 80$ 个基粒。

5.4.2.2 叶绿体的成分

叶绿体约含 75% 的水分。在干物质中以蛋白质、脂类、色素和无机盐为主。蛋白质是叶绿体的结构和功能基础,一般占叶绿体干重的 30%~45%。蛋白质在叶绿体中的重要作用有:作为代谢过程中的酶;起电子传递作用;所有色素都与蛋白质相结合成为复合体。

叶绿体含有占干重 20%~40% 的脂类，它是组成膜的主要成分之一。叶绿体的色素占干重 8% 左右，参与光能的吸收、传递和转化。

叶绿体中还含有 10%~20% 的贮藏物质(糖类等)、10% 左右的灰分元素(Fe、Cu、Zn、K、P、Mg 等)。

此外，叶绿体还含有核苷酸(如 NAD^+ 和 $NADP^+$)和醌(如质体醌)，它们在光合作用过程中起着传递质子(或电子)的作用。

5.4.2.3　叶绿体色素

(1)叶绿体色素的种类及理化性质

在高等植物的叶绿体中含有两类色素，即绿色的叶绿素和黄色的类胡萝卜素。叶绿素包括叶绿素 a 和叶绿素 b，类胡萝卜素包括胡萝卜素和叶黄素。所有这些色素都不溶于水，而易溶于酒精、丙酮、石油醚等有机溶剂中，但在不同的溶剂中，4 种色素的溶解度不同。利用这一性质可将 4 种色素从植物中提取出来，并且彼此分开。叶绿体的 4 种色素及其分子式如下：

叶绿素 a	$C_{55}H_{72}O_5N_4Mg$	蓝绿色
叶绿素 b	$C_{55}H_{70}O_6N_4Mg$	黄绿色
胡萝卜素	$C_{40}H_{56}$	橙黄色
叶黄素	$C_{40}H_{56}O_2$	黄色

叶绿素分子中的 Mg^{2+} 不能自由移动，但容易被 H^+、Cu^{2+} 和 Zn^{2+} 等所取代，使叶绿素的颜色和稳定性发生改变。如植物叶片受伤后，液泡中的 H^+ 渗入细胞质，取代了叶绿素分子中的 Mg^{2+} 而形成褐色的去镁叶绿素，所以叶片常变成褐色；叶绿素分子中的 Mg^{2+} 被 Cu^{2+} 取代后形成铜代叶绿素，呈鲜亮的绿色且更稳定，根据这一原理用醋酸铜溶液处理绿色组织，用于保存标本或食品加工。

(2)叶绿体色素的光学性质

叶绿体色素的光学性质中，最主要的是它能有选择地吸收光能和具有荧光和磷光现象。

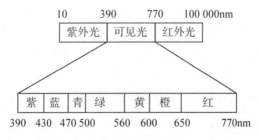

图 5-10　太阳光的光谱(潘瑞炽，2004)

①色素的吸收光谱　太阳光不是单色的光，波长 300~2600nm，其中只有波长在 390~770nm 的光是可见光。光束通过三棱镜后，可把白光分为红、橙、黄、绿、青、蓝、紫 7 色连续光谱，这就是太阳光的连续光谱(图 5-10)。

如果把叶绿素溶液放在光源和分光镜的中间，就可以看到光谱中有些波长的光被吸收了，因此，在光谱上出现黑线或暗带，这种光谱称为吸收光谱。叶绿素吸收光谱的最强吸收区有两个：一个在波长为640~660nm的红光部分；另一个在波长为430~450nm的蓝紫光部分。在光谱的橙光、黄光和绿光部分只有不明显的吸收带，其中以对绿光的吸收最少。由于叶绿素对绿光吸收最少，所以叶绿素的溶液呈绿色。叶绿素a和叶绿素b的吸收光谱很相似，但略有不同，其中叶绿素a在红光部分的吸收高峰偏向长波光方向，在蓝紫光部分则偏向短波光方向。

胡萝卜素和叶黄素的吸收光谱表明，它们只吸收蓝紫光，吸收带在400~500nm，而且在蓝紫光部分的吸收范围比叶绿素宽一些(图5-11)。类胡萝卜素基本不吸收红、橙和黄光，从而呈现橙红色或黄色。

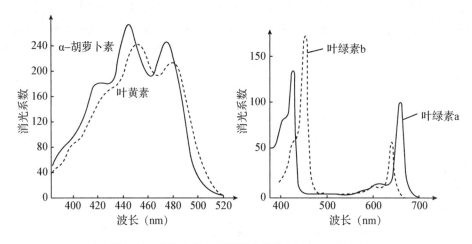

图5-11　主要光合色素的吸收光谱(李合生，2006)

太阳的直射光含红光较多，散射光含蓝紫光较多。因此，在阴天或背阴处，植物可以利用散射光进行光合作用。类胡萝卜素能吸收较多的蓝紫光，把能量转给叶绿素，使植物在较弱的光下，仍然能够进行一定强度的光合作用，这是植物在长期进化过程中所形成的一些特性。

②荧光现象和磷光现象　叶绿素溶液在透射光下呈绿色，而在反射光下呈暗红色，这种现象称为荧光现象。类胡萝卜素没有荧光现象。荧光的寿命很短，只有 $1×10^{-10}$ ~ $1×10^{-8}$ s。当去掉光源后，叶绿素还能继续辐射出极微弱的红光(用精密仪器测知)，这种光称为磷光。磷光的寿命较长($1×10^{-2}$ s)。

荧光现象产生的原因：叶绿素分子吸收光能后，就由最稳定的、能量最低的基态提高到不稳定的、高能状态的激发态。由于激发态极不稳定，迅速向较低能状态转变，能量有的以热形式消耗，有的以光形式消耗，而以光形式消耗的部分就是荧光。

叶绿素的荧光和磷光现象都说明叶绿素能被光激发，而叶绿素分子的光激发是将光能转变为化学能的第一步。

(3)叶绿素的形成及其条件

叶绿素也和植物体内其他有机物质一样，经常更新。据测定，燕麦幼苗在72h内叶绿素几乎全部更新，而且受环境条件影响很大。

①叶绿素的生物合成　叶绿素的生物合成是比较复杂的，其合成过程大致分两个阶段：第一阶段是合成叶绿素的前身物质——原叶绿素酸酯，该过程与光无关，为酶促反应过程；第二阶段是原叶绿素酸酯在叶绿体中与蛋白质结合，通过吸收光能被还原成叶绿素酸酯 a，再与叶绿醇结合生成叶绿素 a。叶绿素 b 是由叶绿素 a 转化而成的。第二阶段是光还原阶段，需要光的催化。

②叶绿素形成条件及叶色　植物叶片呈现的颜色是叶片中各种色素的综合表现。一般来说，正常叶片的叶绿素和类胡萝卜素的分子比例约为 3∶1，叶绿素 a 和叶绿素 b 的分子比例也约为 3∶1，叶黄素和胡萝卜素的分子比例约为 2∶1。由于绿色的叶绿素比黄色的类胡萝卜素多，占优势，所以一般的叶片总是呈现绿色。条件不适或叶片衰老时，叶绿素较易被破坏或降解，数量减少，而类胡萝卜素较稳定，所以叶片呈现黄色。秋天降温，叶片内积累较多糖分以适应寒冷，可溶性糖含量多了，就形成较多的花青素（红色），叶片就呈红色，如枫树叶片。花色素苷吸收的光不传递到叶绿素，不能用于光合作用。

许多环境条件影响叶绿素的生物合成，从而也影响叶色的深浅。

光　光是影响叶绿素形成的主要因素。缺光时，原叶绿素酸酯不能转变成叶绿素酸酯，故不能合成叶绿素。但类胡萝卜素的合成不受影响，这样植物叶片就表现橙黄色。这种因缺乏某些条件而影响叶绿素形成，使叶片发黄的现象，称为黄化现象。光线过弱不利于叶绿素的生物合成，所以，栽培密度过大或由于肥水过多而贪青徒长的植株，上部遮光过甚，下部叶片叶绿素分解速度大于合成速度，叶片变黄。

酶　叶绿素的生物合成过程，绝大部分都有酶的参与。温度影响酶的活性，也影响叶绿素的合成。一般来说，叶绿素形成的最低温度是 2~4℃，最适温度是 30℃ 左右，最高温度是 40℃。秋天叶片变黄和早春寒潮过后水稻秧苗变白等现象，都与低温抑制叶绿素形成有关。

矿质元素　矿质元素对叶绿素形成也有很大的影响。植株缺乏氮、镁、铁、锰、铜、锌等元素时，就不能形成叶绿素，呈现缺绿症。

5.4.3　光合作用机理概述

光合作用是自然界中十分特殊又极其重要的生命现象，人类对其研究已经历了两个多世纪，特别近年来又有新的进展。光合作用是一个极其复杂的生理过程，它至少包含几十个反应步骤，相互交错在一起。整个光合作用大致可分为下列 3 个阶段：第一阶段为原初反应，包括光能的吸收、传递和转换过程；第二阶段为电子传递与光合磷酸化，即电能转变为活跃的化学能的过程；第三阶段为碳同化，即活跃的化学能转变为稳定的化学能的过程。其中前两个阶段需要在有光的情况下才能进行，所以称为光反应，是在叶绿体的光合膜上进行的；第三阶段则在光下或暗中均可进行，为了与光反应相区别，一般称为暗反应，是在叶绿体的基质中进行的。

（1）原初反应

原初反应是光合作用中最初的反应，是指叶绿体色素分子对光能的吸收、传递与转换过程，是光合作用的第一阶段，速度非常快，且与温度无关。叶绿素在分子吸收光能后是如何进行光反应的呢？人们通过一系列研究，提出了光合单位的概念。光合单位＝聚光色素系统＋光合反应中心。

根据功能来区分，叶绿体类囊体上的色素可分为两类：一类是反应中心色素，又称作用中心色素，少数特殊状态的叶绿素 a 分子属于此类，它具有光化学活性，既是光能的"捕捉器"，又是光能的"转换器"（把光能转换为电能）。另一类是聚光色素，又称天线色素，它没有光化学活性，只有收集光能的作用，像漏斗一样把光能聚集起来，传到反应中心色素。绝大多数色素（包括大部分的叶绿素 a 和全部的叶绿素 b、胡萝卜素、叶黄素）都属于聚光色素。

光合反应中心是在类囊体中进行光合作用原初反应的最基本的色素蛋白复合体，它至少包括 1 个作用中心色素分子（P）、1 个原初电子受体（A）和 1 个原初电子供体（D）。

当作用中心色素分子（P）被聚光色素传递的光能激发后，立即放出电子而成氧化态（P^+）；原初电子受体（A）接受电子而被还原；作用中心色素分子（P）又从原初电子供体（D）夺得电子而复原，这样就产生了电子的传递。

（2）电子传递与光合磷酸化

被光能激发的反应中心色素分子，把电子传递给原初电子受体，将光能变为电能，电子再经过一系列电子传递体的传递，引起水的光解放氧和 $NADP^+$ 还原，并通过光合磷酸化促使 ADP 形成 ATP，把电能转化为活跃的化学能，贮存在 ATP 和 $NADPH+H^+$ 中。由于 ATP 和 $NADPH+H^+$ 含有很高的能量，属高能化合物，$NADPH+H^+$ 还具有很强的还原能力，二者用于暗反应中 CO_2 固定和还原形成糖类，因此，人们把叶绿体在光合作用中形成的 ATP 和 $NADPH+H^+$ 合称为同化力。

（3）碳同化

二氧化碳同化简称碳同化，是指植物利用光反应中形成的同化力（ATP 和 $NADPH+H^+$）将 CO_2 转化为糖类的过程。碳同化是在叶绿体的基质中进行的，有许多种酶参与反应。高等植物固定 CO_2 的生化途径有 3 条：C_3 途径、C_4 途径和景天科酸代谢途径（CAM 途径），其中 C_3 途径是所有植物光合作用碳同化的基本途径，同时，也只有这条途径才具备合成淀粉等产物的能力；其他两条途径不普遍（特别 CAM 途径），而且只能起固定、运转 CO_2 的作用，不能形成淀粉等产物。

C_3 途径的 CO_2 固定最初产物是一种三碳化合物（3-磷酸甘油酸）。一个 CO_2 分子与植物体内的一种五碳化合物相结合，形成两个三碳化合物分子，三碳化合物在 ATP 和许多种酶的作用下，接受光反应时水分解产生的 H^+，被 H^+ 还原，然后经过一系列复杂的变化，形成葡萄糖。这样，ATP 中的能量就释放出来，并且贮存在葡萄糖中。通过 C_3 途径同化 CO_2 的植物如水稻、小麦、棉花、大豆、菠菜等，称为 C_3 植物，木本植物几乎全部都是 C_3 植物。又因这条途径最早是由卡尔文（M. Calvin）等用 [14]C 示踪结合纸层析方法阐明的，故又称为卡尔文循环。

但某些植物中，CO_2 被固定后形成的最初产物为草酰乙酸（OAA）等含有 4 个碳原子的化合物，因此将这种固定 CO_2 的途径称为 C_4 途径。具有这种固定 CO_2 途径的植物称为 C_4 植物，这类植物大多数起源于热带或亚热带，适于在高温、强光与干旱条件下生长，如玉米、高粱、甘蔗、千日红、马齿苋等。

另外，许多起源于热带的植物，在对高温干旱环境的适应过程中，叶片退化或形成很厚的角质层，有些形成肉质茎，而且气孔在白天关闭以减少蒸腾，傍晚后气孔开放以吸收 CO_2，因而这类植物在光合碳同化上也演化出一条独特途径。这种代谢现象最早是在景天科植物中观察到的，所以人们把这种特殊的碳同化途径称为景天科酸代谢途径，简称 CAM 途径。具有 CAM 途径的植物称为 CAM 植物，主要包括景天科、仙人掌科、凤梨科及兰科等。其中，经济植物有菠萝、剑麻；观赏植物有兰花、景天、仙人掌、百合等。植物的光合碳同化途径的多样性，反映了植物对生态环境多样化的适应。

5.4.4 光呼吸

植物细胞在光下吸收氧气并放出二氧化碳的过程称为光呼吸。这种呼吸作用仅在光下发生，且与光合作用密切相关。一般生活细胞的呼吸作用在光照和黑暗中都可以进行，对光照没有特殊要求，称为暗呼吸。

由生化过程可见，光呼吸是一个消耗光合中间产物的过程，将光合作用固定的 CO_2 部分地释放掉，使有机物质的积累减少；从能量利用上看，光呼吸是一种能量消耗过程。因此，表面上光呼吸是一种浪费，光呼吸强的植物，其光合效率往往较低，但是目前推测光呼吸在回收碳素、消除乙醇酸毒害、维持低 CO_2 浓度条件下 C_3 途径的运转和防止强光对光合机构的破坏等方面有着重要的生理意义。

(1) 碳素回收

在有氧的条件下，光呼吸的发生虽然会损失一部分有机碳，但可回收 75% 的无机碳，避免了碳素的过多损失。

(2) 消除乙醇酸毒害

乙醇酸的产生在代谢中是不可避免的。光呼吸具有消除乙醇酸的作用，避免了乙醇酸的积累，使细胞免受伤害。

(3) 维持低 CO_2 浓度条件下 C_3 途径的运转

在干旱和高辐射胁迫下，叶片气孔关闭或外界 CO_2 浓度降低、CO_2 进入受阻时，光呼吸释放的 CO_2 能被 C_3 途径再利用，以维持 C_3 途径的运转。

(4) 防止强光对光合机构的破坏

因为光呼吸消耗了多余能量，所以避免了过剩同化力对光合细胞器的损伤，平衡同化力与碳同化之间的需求关系。

但在不影响植物正常生长发育的条件下，控制光呼吸发生，增加光合产物积累，对增加产量和改善品质有一定实践意义。

5.4.5 光合速率及影响光合作用的因素

植物光合作用经常受到外界环境因素和内部因素的影响而发生变化。而要了解这些因素对光合作用的影响，首先要了解光合作用的指标。表示光合作用变化的指标有光合速率和光合生产率。

（1）光合速率和光合生产率

光合速率是指单位时间、单位叶面积吸收 CO_2 的量或放出 O_2 的量。采用国际制(SI)计量单位以 $\mu mol\ CO_2/(m^2 \cdot s)$ 表示：$1\mu mol\ CO_2/(m^2 \cdot s) = 1.584mg\ CO_2/(dm^2 \cdot h)$。对于叶面积不易测定的植物，可改用叶的干重来代替叶面积。

一般测定光合速率的方法都没有把叶片的呼吸作用考虑在内，所以测定的结果实际是光合作用减去呼吸作用的差数，叫作表观光合速率或净光合速率。如果同时测定其呼吸速率，再与表观光合速率相加，则得到真正光合速率：

真正光合速率＝表观光合速率＋呼吸速率

光合生产率又称净同化率，是指植物在较长时间(一昼夜或一周)内，单位叶面积生产的干物质量，常用 $g/(m^2 \cdot d)$ 表示。由于测定时间较长，存在着夜间的呼吸作用和光合作用产物从叶片向外运输等的消耗，因此，测得的光合生产率低于短期测得的光合速率。

（2）影响光合作用的因素

①影响光合作用的内部因素

植株部位　由于叶绿素具有接受和转换能量的作用，所以，植株中凡是绿色的、具有叶绿素的部位都进行光合作用。在一定范围内，叶绿素含量越多，光合作用越强。如抽穗后的水稻植株，叶片、叶鞘、穗轴、节间和颖壳等部分都能进行光合作用。但一般而言，叶片光合速率最高，叶鞘次低，穗轴和节间很低，颖壳甚微。因此，在生产上应尽量保持足够的叶片，制造更多光合产物，为高产提供物质基础。

就叶片而言，最幼嫩的叶片光合速率低，随着叶片成长，光合速率不断提高，达到高峰，后来叶片衰老，光合速率下降。

生育期　植物的光合速率一般以营养生长中期最强，到生育末期下降。以水稻为例，分蘖盛期的光合速率最大，以后随生育期的发展而下降，特别在抽穗期以后下降较快。但从群体来看，群体的光合量不仅取决于单位叶面积的光合速率，而且很大程度上受总叶面积及群体结构的影响。水稻群体光合量有两个高峰：一个在分蘖盛期，另一个在孕穗期。此后，下层叶片枯黄，单株叶面积减小，光合量急剧下降。

②影响光合作用的外部因素

光照　光是光合作用的能源，所以光是光合作用必需的。光的影响包括光质(光谱成分)及光照强度的影响。自然界中太阳光的光质完全可以满足光合作用的需要。而光照强度则常常是限制光合速率的因素之一(图5-12)。

在黑暗中，光合作用停止，而呼吸作用不断释放 CO_2，呼吸速率大于光合速率。随着光照增强，光合速率逐渐增加，逐渐接近呼吸速率，最后光合速率与呼吸速率达到动态平衡。同一叶片在同一时间内，光合过程中吸收的 CO_2 与光呼吸和呼吸过程放出的 CO_2 等量时的光照强度，就称为光补偿点。植物在光补偿点时，有机物的形成和消耗相等，不能积累干物质，而夜间还要消耗干物质，因此，从全天来看，植物所需的最低光照强度，必须高于光补偿点，才能使植物正常生长。

当光照强度在光补偿点以上继续增加时，光合速率就呈比例地增加，但超过一定范围之后，光合速率的增加转慢，当达到某一光照强度时，光合速率就不再加快，这种现象称为光饱和现象。刚出现光饱和现象时的光照强度称为光饱和点，此时的光合速率达到最大值。

不同植物的光饱和点也有很大差异。一般草本植物的光饱和点和光补偿点要高于木本植物；喜光植物的光饱和点和光补偿点高于耐阴植物；

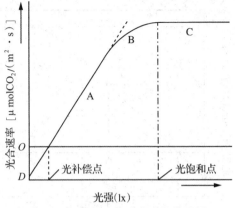

图 5-12　光强度-光合速率曲线模式图

A. 比例阶段　B. 过渡阶段　C. 饱和阶段

C_4 植物的光饱和点高于 C_3 植物。在一般光照下，C_4 植物没有明显的光饱和现象，这是由于 C_4 植物同化 CO_2 需要消耗更多的同化力，而且可充分利用较低浓度的 CO_2；而 C_3 植物的光饱和点仅为全光照的 1/4~1/2。所以在高温高光照强度条件下，C_3 植物的光合速率到一定程度后就不再加快，出现光饱和现象，而 C_4 植物仍保持较高的光合速率。因此，在利用日光方面，C_4 植物优于 C_3 植物。光饱和点和光补偿点可以作为植物需光特性的主要指标，用来衡量需光量。光补偿点低的植物较耐阴。

掌握植物光补偿点和光饱和点的特性对生产实践有指导作用。例如，间作与套种时作物种类的搭配，林带树种的选择，合理密植的程度，树木的修剪、采伐、定植等，都要根据植物光合作用对光照强度的要求来确定。例如，冬季或早春的光照强度低，在温室管理上避免高温，则可以降低光补偿点，并且减少夜间呼吸消耗。在大田作物的生长后期，下层叶片的光照强度往往处于光补偿点以下，生产上除了强调合理密植和调节水肥管理外，通过整枝、去老叶等措施都能改善下层叶片的通风透光条件。去掉部分处于光补偿点以下的枝叶，还有利于增加光合产物的积累。

CO_2 浓度　CO_2 是光合作用的原料，对光合速率的影响很大。陆生植物光合作用所需的 CO_2 主要来源于空气。CO_2 通过叶表面的气孔进入叶内，经过细胞间隙到达叶肉细胞的叶绿体。

CO_2 浓度与光合速率的关系类似于光照强度与光合速率的关系，既有 CO_2 补偿点，也有 CO_2 饱和点（图 5-13）。在光下 CO_2 浓度等于 0 时，光合作用器官只有呼吸作用，释放 CO_2（图 5-13 中的 A 点）。随着 CO_2 浓度的增加，光合速率增加，当光合作用吸收的 CO_2 等于呼吸作用放出的 CO_2 量时，即光合速率与呼吸速率相等时，外界的 CO_2 浓度称为 CO_2 补偿点。各种植物的 CO_2 补偿点不同。据测定，玉米、高粱、甘蔗等 C_4 植物的 CO_2 补偿点很低，为 0~10μL/L。小麦、大豆等 C_3 植物的 CO_2 补偿点较高，约为 50μL/L。植物必须在高于 CO_2 补偿点的条件下，才有同化物的积累，才会生长。

当空气中 CO_2 浓度超过植物 CO_2 补偿点后，随着空气 CO_2 浓度提高，光合速率直线提高。但是随着 CO_2 浓度的进一步提高，光合速率变慢。当 CO_2 浓度达到某一范围时，光合速率达到最大值（P_m），此时的 CO_2 浓度被称为 CO_2 饱和点（图 5-13 中的 S 点）。不同植物

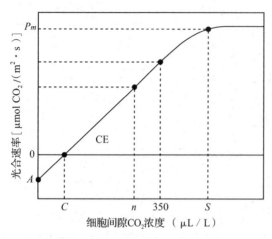

图 5-13 CO_2 浓度-光合速率曲线模式图(王宝山，2006)

(n：空气浓度下细胞间隙的 CO_2 浓度；350：与空气浓度相同的细胞间隙 CO_2 浓度)

CO_2 饱和点相差很大，C_3 植物的 CO_2 饱和点较 C_4 植物的高。环境中 CO_2 的浓度超过植物 CO_2 饱和点时，再增加 CO_2 浓度，光合作用便受抑制。

植物的最适 CO_2 浓度随着光照强度、温度、水分等条件的变化而变化。如光照强度加强，植物就能吸收利用较高浓度的 CO_2，CO_2 饱和点提高，光合速率加快。

大气中 CO_2 浓度约为 $350\mu L/L$（即 1L 空气中含 $0.69mg\ CO_2$），一般不能满足植物对 CO_2 的需要。在中午前后光合速率较高时，株间 CO_2 浓度更低，可能降低至 $200\mu L/L$，甚至 $100\mu L/L$。所以，必须有对流空气，让新鲜空气不断通过叶片，才能满足光合作用对 CO_2 的需要。在平静无风的情况下，或在密植的田块，空气流动受阻，中午或下午常会出现 CO_2 的暂时亏缺。因此，生产上要求田间通风良好，原因之一就是要保证 CO_2 的供应。在温室栽培中，加强通风、增施 CO_2 可防止出现 CO_2"饥饿"；在大田生产中，增施有机肥，经土壤微生物分解释放 CO_2，能有效地提高作物的光合效率。

目前，由于人类的活动，空气中的 CO_2 浓度持续上升，这虽然可能减轻由于 CO_2 缺乏对植物光合作用的限制，但也导致了温室效应，会给地球的生态环境及人类活动带来一系列严重的问题。

温度 光合作用的暗反应是由酶催化的化学反应，而温度直接影响酶的活性，因此，温度对光合作用的影响也很大。一般植物可在 $10\sim35℃$ 下正常地进行光合作用，其中以 $25\sim30℃$ 最适宜，在 $35℃$ 以上时光合作用效率就开始下降，$40\sim50℃$ 时即完全停止。植物的光合作用温度的三基点因植物种类的不同而不同。一般而言，耐寒植物光合作用的最低和最适温度低于喜温植物，而最高温度相似。

光照强度不同，温度对光合作用的影响不同，在强光条件下，光合作用受酶促反应限制，温度成为主要影响因素。但是，在弱光条件下，光合作用受光照强度限制，提高温度无明显效果，甚至会促进呼吸作用而减少有机物积累。如温室栽培管理上，应在夜间或阴雨天气适当降温，以提高净光合速率。

水分 水分是光合作用的原料之一，缺乏时可使光合速率下降。水分在植物体内的功能是多方面的，叶片要在含水量较高的条件下才能生存，而光合作用所需的水分只是植物所吸收水分的一小部分(1%以下)。因此，水分缺乏主要是间接地影响光合作用。具体来说，缺水使气孔关闭，影响 CO_2 进入叶内；缺水使叶片淀粉水解加强，糖类堆积，光合产物输出缓慢，这些都会使光合速率下降。试验证明，由于土壤干旱而处于萎蔫状态的甘蔗叶片，其光合速率比正常叶片下降87%。再灌以水，叶片在数小时后可恢复膨胀状态，但净光合速率在几天后仍未恢复正常。由此可见，叶片缺水过甚，会严重损害光合进程。因此，在生产中，水稻烤田，棉花、花生炼苗时，要认真控制烤田或炼苗程度，不能过头。

　　矿质元素　植物生命活动所需的各种矿质元素，对光合作用都有直接或间接的影响。如氮、镁、铁、锰等是叶绿素生物合成所必需的矿质元素；铜、铁、硫和氯等参与光合电子传递和水裂解过程；钾、磷等参与糖类代谢，缺乏时便影响糖类的转变和运输，这样也就间接影响了光合作用；同时，磷也参与光合作用中间产物的转变和能量传递，所以对光合作用影响很大。因此，合理施肥对于保证光合作用的顺利进行是非常重要的。

　　（3）光合速率的日变化

　　影响光合作用的外界条件每天都在时时刻刻变化着，所以光合速率在一天中也有变化。在温暖的日子里，如果水分供应充足，太阳光照成为主要影响因素，光合过程一般与太阳辐射进程相符合：无云的晴天，从早晨开始，光合作用逐渐加强，中午达到高峰，以后逐渐降低，到日落则停止，成为单峰曲线。如果云量变化不定，则光合速率随着到达地面的光照强度的变化而变化，成不规则曲线。但晴天无云而太阳光照强烈时，光合进程形成双峰曲线：一个高峰在上午，一个高峰在下午。中午前后光合速率下降，呈现"午休"现象。出现这种现象的主要原因是：水分在中午供给不上，气孔关闭；CO_2 供应不足；光呼吸增加。这些都使光合速率下降。

　　由于光合"午休"造成的损失可达光合生产的 30%，所以在生产上应通过适时灌溉、选用抗旱品种等措施，增强植株的光合能力，避免或减轻光合"午休"现象，提高产量。

5.4.6　光合产物的运输与分配

　　高等植物的所有个体都是由多种器官(根、茎、叶、花、果实)组成的，这些器官之间分工明确，相互依存。叶片是产生光合产物的主要器官。所合成的光合产物能不断地向根、茎、芽、果实和种子中运输，为其他器官的生长发育和呼吸消耗提供能量，或作为贮藏物质加以积累。即使是贮藏器官中的光合产物，也会在某一时期被调运到其他器官，供生长需要。如果某一植物的叶片光合能力很强，能形成大量的光合产物，即生物学产量很高，但若运输不畅或分配不合理，很少将光合产物运输或转移到种子内部，形成人类所需要的经济产量(通常所说的作物产量)，就不可能达到高产，不能实现人们的预期目的。因此，从生产实践来说，光合产物的运输与分配，无论对植物的生长发育还是对植物的产量、品质都十分重要。

5.4.6.1　光合产物的运输系统

　　植物体内的光合产物的运输与分配十分复杂，就运输而言，主要有短距离运输和长距离运输两种。

　　（1）短距离运输

　　①胞内运输　主要指细胞内、细胞器间的物质交换。包括分子扩散推动原生质的环流，细胞器膜内、外的物质交换，以及囊胞的形成与囊胞内含物的释放等。

　　②胞间运输　是指细胞间通过质外体、共质体以及质外体与共质体之间的短距离运输。将细胞壁、质膜与细胞壁间的间隙以及细胞间隙等空间称为质外体。由胞间连丝把原

生质体连成一体的体系称为共质体。

质外体运输 物质在质外体中的运输称为质外体运输。由于质外体中液流的阻力小，所以物质在质外体中的运输速度较快。但质外体内没有外围的保护，运输物质容易流向体外，同时运输速率也受外力的影响。

共质体运输 物质在共质体中的运输称为共质体运输。与质外体运输相比，共质体运输过程中原生质的黏度大，运输阻力大，但共质体中的物质有质膜的保护，不易流失于体外。一般而言，细胞间的胞间连丝多，孔径大，存在的浓度梯度大，有利于共质体的运输。

质外体与共质体间的运输 即为物质通过质膜的运输。它包括 3 种形式：一为顺浓度梯度的被动转运，包括自由扩散和通过通道或载体的协助扩散。二为逆浓度梯度的主动转运，包括一种物质伴随另一种物质进出质膜的伴随运输。三为以小囊泡方式进出质膜的膜动转运，包括内吞、外排和出胞等。

（2）长距离运输

①光合产物运输通道——韧皮部 植物体内的维管束是由以导管为中心、富有纤维组织的木质部，以筛管为中心、周围有薄壁组织伴联的韧皮部，穿插或包围木质部和韧皮部的多种细胞，以及维管束鞘组成。木质部和韧皮部是进行长距离运输的两条途径，实验证明，光合产物的长距离运输是由韧皮部完成的。

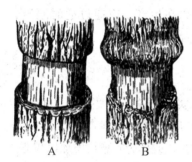

图 5-14 木本枝条的环割

A. 刚环割

B. 环割后一段时间形成瘤状

环割试验（图 5-14）：在植物的枝条或树干上近根部环割一圈，深度至形成层为止。剥去圈内的韧皮部，经过一定时间后环割处上部的树枝照常生长，并在环割的上端切口处聚集许多有机物，生成粗大的愈伤组织，有时形成瘤状物。再过一段时间，地上部分就会慢慢枯萎直至整个植株死亡。该处理主要是切断了叶片形成的光合产物在韧皮部的向下运输通道，导致光合产物在环割上端切口处积累而引起膨大，而环割的下端尤其是根系的生长得不到同化物质（也包括一些含氮化合物和激素等），时间久了根系就会死亡，这就是所谓的"树怕剥皮"。

环割处理在实际生产中有许多应用。例如，对苹果、枣树等果树的旺长枝条进行适度的环割，使环割上方枝条积累较多的糖分，提高 C/N 比，促进花芽分化，对控制旺长、提高坐果率有一定的作用。再如，在进行花卉苗木的高空压条繁殖时，可在欲使生根的枝条上环割，在环割处敷上湿土并用塑料膜包裹，由于该处理能使养分和一些激素集中在切口处上端，再加上有一定水分，故能促进环割处生根。

证明有机物质运输途径的更准确的方法是同位素示踪法，使用 $^{14}CO_2$，可追踪光合同化物的运输方向。

②韧皮部中运输的主要物质 韧皮部运输的物质因植物的种类、发育阶段、生理生态环境等因素的变化表现出很大的差异。一般来说，典型的韧皮部汁液样品其干物质含量占 10%～25%，其中多数为糖类，其余为蛋白质、氨基酸、无机和有机离子（表 5-12）。

表 5-12 蓖麻幼苗和成年株韧皮部汁液主要成分和含量

化合物	浓度（mmol/L）		化合物	浓度（mmol/L）	
	幼苗	成年株		幼苗	成年株
蔗糖	270	259	BO_4^{3-}	5	17.8
葡萄糖	1.8	痕量	K^+	25	68.1
果糖	0.6	痕量	SO_4^{2-}	2.5	25.8
氨基酸	158	113	NO_3^-	0.1	3.6
Na^+	3	3.9	苹果酸	0.5	7
Mg^{2+}	4	4	其他有机阴离子	—	13.2
Ca^{2+}	0.1	3.5	磷酸糖	3	—
Cl^-	6	6.4			

5.4.6.2 光合产物分配及其控制

（1）源与库的概念

人们在研究有机物分配方面提出了源与库的概念。源（代谢源）是指能制造养料并向其他器官提供营养物质的部位或器官。如绿色植物的功能叶。库（代谢库）指消耗或贮藏光合产物的部位或器官，如植物的幼叶、茎、根以及花、果、种子等。

（2）源与库的关系

源形成和输出光合产物的能力称为源强。它与光合速率、丙糖磷酸从叶绿体向细胞质的输出速率以及叶肉细胞蔗糖合成速率有关。源强能为库提供更多的光合产物，所以植物生产上往往把不同时期的叶面积指数作为高产栽培、合理施肥的重要指标。

库接纳和转化光合产物的能力称为库强。根据光合产物到达库以后的用途不同，可将库分为代谢库和贮藏库两类。前者指代谢活跃、正在迅速生长的器官或组织。如顶端分生组织、幼叶、花器官。后者指一些光合产物贮藏性器官，如块根、块茎、果实和种子。

实践证明，源是库的供应者，而库对源具有一定的调节作用，源、库两者相互依赖、相互制约。同时认为，源强有利于库强潜势的发挥，而库强则有利于源强的维持。在实际生产中，必须根据植物生长的特点，以及人们对植物生产的要求，提出适宜的源、库量。栽培技术上，采用去叶、提高 CO_2 浓度、调节光强等处理可以改变源强；而采用去花、疏果、变温、使用呼吸控制剂等处理可以改变库强。

（3）光合产物的分配规律

植物体内光合产物分配的总规律是由源到库，具体归纳为以下几点：

①优先供应生长中心　生长中心是指正在生长的主要器官或部位。其特点是代谢旺盛，生长速度快。各种植物，在不同的生育期都有其不同的生长中心。这些生长中心既是矿质元素的输入中心，也是光合产物的分配中心。如稻、麦类植物前期主要以营养生长为主，因此根、新叶和分蘖是生长中心；孕穗期是营养生长和生殖生长共生阶段，营养器官的茎秆、叶鞘和生殖器官的小穗是生长中心；灌浆结实期，籽粒是生长中心。

不同的器官对光合产物的吸收能力有较大的差异。在营养器官根、茎、叶中，茎、叶的吸收能力大于根，因此当光照不足、光合产物较少时，优先供应地上部分器官，往往影响根系生长；在生殖器官中，果实吸收养料能力大于花，所以当养分不足、光合产物分配矛盾时，花蕾脱落增多，果树、棉花、豆科植物表现特别明显。因此，在生产中，对该类植物可采取摘心、整枝、修剪等技术，调节有机养分的分配，以提高坐果率和果实产量。

②就近供应　根据源—库单位理论，一个库的光合产物来源主要依靠附近源的供应，随着库、源间距离的加大，相互间的供应能力明显减弱。一般来说，植物上部叶片的同化产物主要供应茎顶端嫩叶的生长，而下部叶的光合产物主要供应根和分蘖的生长，中间的叶片光合产物则向上、下输送。例如，大豆、蚕豆在开花结荚时，本节叶片的光合产物供给本节的花荚，棉花也是如此，因此，保护果枝上叶片的正常光合作用，是防止花荚、蕾铃脱落的方法之一。

③纵向同侧供应　是指一个方位的叶制造的光合产物主要供应相同方位的幼叶、花序和根。如水稻、小麦等禾本科植物，奇数叶在一侧，偶数叶在另一侧，由于同侧叶间的维管束相通，对侧叶间维管束联系较少，因此幼嫩叶及其他的库所需的光合产物主要来源于同侧功能叶的提供。换句话说，第三叶与第一、第五叶联系密切，第四叶与第二、第六叶联系密切。

（4）光合产物的再分配与再利用

所有生物在其生命活动中，都存在着合成、分解的代谢过程，该过程循环往复，直至生命终止。植物体除了已经构成植物骨架的细胞壁等成分外，其他的各种细胞内含物在器官或组织衰老时都有可能被再度利用，即被转移到另外一些器官或组织中去。植物种子在适宜的温度、水分、氧气条件下能生根、发芽，这一自养阶段的过程就是同化物再分配与再利用的过程。

许多植物的器官衰老时，大量的糖以及可再度利用的矿质元素如氮、磷、钾都要转移到就近新生器官中去。在生殖生长时期，营养器官细胞内的光合产物向生殖器官转移的现象尤为突出。小麦籽粒在达到25%最终饱满程度时，植株对氮、磷的吸收已达90%，当籽粒最后充实时，叶片原有的85%的氮和90%的磷将转移到穗部。即使在生殖器官内部，许多植物的花在完成受精后，花瓣细胞中的光合产物也会大量转移到种子中去，以致花瓣迅速凋谢。另外，植物器官在离体后仍能进行光合产物的转运。如已收获的洋葱、大蒜、大白菜、萝卜等植物，在贮藏过程中其鳞茎或外叶已枯萎干瘪，而新叶甚至新根照常生长。这种光合产物和矿质元素的再度利用是植物体的营养物质在器官间进行再分配、再利用的普遍现象。

　　细胞光合产物的转移与生产实践密切相关，如小麦叶片中细胞光合产物过早转移，会引起该叶片的早衰，而过迟转移则会造成贪青迟熟。小麦在灌浆后期，如果遇干热风的突然袭击，不仅叶片很快失水枯萎，而且该叶片的大量营养物质不能及时转移到籽粒中去，突然的高湿或低温也会发生类似现象。所有这些都与所采取的施肥、灌溉、整枝、打顶、抹赘芽、打老叶、疏花疏果等栽培措施及其进行时间的早晚有十分重要的关系。农产品的后熟、催熟、贮藏保鲜等与营养物质再分配的关系同样密切。探讨细胞光合产物再分配的模式，寻找促控的有效途径，不但在理论研究方面，而且在生产实践上都十分重要。只要明确原理，采取一定的调控手段，就能得到良好的效果。

　　生产上应用光合产物的再分配与再利用的例子很多。例如，北方农民为了减少秋霜危害，在严重霜冻来临之际，把玉米连秆带穗一同拔起并堆在一起，大大减轻植株茎叶的冻害，使茎、叶的有机物继续向籽粒转移，这种被人们称为"蹲棵"的措施一般可增产 5%~10%。水稻、小麦、芝麻、油菜等收割后堆在一起，并不马上脱粒，对提高粒重同样效果比较明显。

5.4.6.3　影响与调节光合产物运输的因素

　　光合产物在植株内的运输过程是十分复杂的，受植物体内、外因素的影响。

　　(1) 内因

　　①叶片细胞内蔗糖浓度　蔗糖是许多植物中光合产物的主要运输形式。叶片光合作用所同化的矿质元素转变为蔗糖的数量调节着蔗糖运输到叶脉韧皮部的速率。叶片蔗糖浓度存在输出阈值，当蔗糖浓度低于某阈值时，蔗糖属非运输态，很难输出。因此，提高叶片内蔗糖浓度是提高输出的基础。但是蔗糖进入库细胞之前必须先转化为己糖磷酸酯，蔗糖合成酶和转化酶活力往往与库组织输入蔗糖的速率紧密相关。

　　②无机磷含量　无机磷是调节同化产物向蔗糖与淀粉转化的物质。一般功能叶内无机磷含量高时有利于光合产物的向外运输。

　　③植物激素　吲哚乙酸是具有吸引光合产物输入效应的植物激素。

　　(2) 外因

　　植物体内同化物质的运输和分配受温度、光照、水分和矿质元素的影响。

　　①温度　显著影响光合产物的运输速度。气温与土温的差异对光合产物分配方向有一定的影响。当土温高于气温时，有利于光合产物向根部运输；反之，则有利于向地上部运输。因此，气温昼夜温差大时有利于块根、块茎的生长。

　　②光照　通过光合作用影响光合产物的运输。功能叶光合产物输出率白天明显高于夜间。造成这种现象的原因可能是由于光下叶肉细胞内蔗糖浓度升高，ATP 合成较多，光合产物运输速率加快。

　　③水分　水是有机物溶解的溶剂，也是光合产物运输的载体，所以水分不足必定会影响光合产物的运输。水分胁迫使光合速率降低，叶片细胞内可运态蔗糖浓度降低，从源输出的光合产物总量减少，同时由于缺水，筛管内集流的纵向运输速度也降低。但对于整株

植物而言，果实和籽粒是竞争力很强的库，因此，光合产物的分配受抑制不大，水分不足时主要是向下部节间运输分配的光合产物数量有所减少。

④矿质元素　影响同化物质运输的元素主要有磷、钾、硼。磷参与同化物质的形成，它以高能磷酸键形式贮存和利用能量，广泛参与植物的代谢，促进光合作用，所以磷有促进同化物质运输的作用。因此，在作物产量形成后期，适当追施磷肥有利于同化产物向经济器官内运输，提高产量。在棉花开花期喷施磷肥，也能达到减少蕾、铃脱落的目的。钾能促进蔗糖转化为淀粉，因此，禾谷类作物在籽粒灌浆期，薯类植物在块根膨大期施用钾肥，有利于籽粒、块根内蔗糖转化成淀粉，同时造成库、源间膨压的差异，从而促进叶片内的有机物质不断运输到籽粒和块根中去。硼能和糖结合形成复合物，容易通过质膜，从而促进糖在植物体内的运输。实验证明，棉花花铃期喷施 $0.01\% \sim 0.05\%$ 的硼酸溶液，能促使同化物质向幼蕾、幼铃的运输，显著减少蕾、铃的脱落。

5.4.7　光合作用和植物产量

高等植物一切有机物质的形成最初都源于光合作用。光合作用制造的有机物占植物总干重的 $90\% \sim 95\%$。植物产量的形成主要靠叶片的光合作用，如何提高植物的光能利用率，制造更多的光合产物，是农业生产的一个根本性问题。

（1）植物产量构成因素

人们栽种不同植物有不同的目的。人们把直接作为收获物的这部分的产量称为经济产量，如禾谷类的籽粒、甘薯的块根、棉花的皮棉、叶菜的叶片、果树的果实等。而植物一生中合成并积累下来的全部有机物质的干重，称为生物产量。经济产量与生物产量之比称为经济系数或收获指数。

不同植物的经济系数相差很大，一般禾谷类作物为 $0.3 \sim 0.5$，棉花为 $0.35 \sim 0.5$，薯类为 $0.7 \sim 0.85$，叶菜类近 1.0。同一植物的经济系数，也随栽培条件而变化，如肥水不足，生长衰弱，或过度密植等，都会使经济系数变小；肥水过多，发生徒长时，经济系数也会变小。要提高经济系数，首先应使植物生长健壮，在制造较多的有机物的基础上，采取合理的田间管理措施，促进有机物分配到经济器官中去。在生产上推广矮秆、半矮秆品种，可提高经济系数，并且能增加密度，防止倒伏；果树采用矮化砧，不但可提高经济系数，还便于果园管理。从光合作用的角度来剖析生物产量与经济产量的关系，可看出：

$$生物产量 = 光合产量 - 光合产物消耗$$
$$光合产量 = 光合面积 \times 光合速率 \times 光合时间$$
$$经济产量 = 生物产量 \times 经济系数$$
$$= (光合面积 \times 光合速率 \times 光合时间 - 光合产物消耗) \times 经济系数$$

可见，构成植物经济产量的因素有 5 个：光合面积、光合速率、光合时间、光合产物消耗和经济系数。通常把这 5 个因素合称为光合性能。光合性能是产量形成的关键。因此，提高光合速率，适当增加光合面积，尽量延长光合时间，减少呼吸消耗、器官脱落及病虫害等以及提高经济系数，是提高植物经济产量的根本途径。农业生产的一切技术措施，主要是通过改善这几个方面来提高产量和品质的。概括起来是 3 个方面：一是开源，即增加光合生产；二是节流，即减少光合产物的消耗；三是提高经济系数，即控制光合产物的运输分配。

（2）植物对光能的利用率

①光能利用率的概念　光能利用率是指单位面积植物光合作用形成的有机物中所贮存的化学能与照射到同面积地面上的太阳能之比，可用下列公式计算：

$$光能利用率 = \frac{单位面积植物总干物质重折算含热能}{同面积入射太阳总辐射能} \times 100\%$$

在太阳总辐射中，波长为 390～770nm 的可见光为光合有效辐射，约占 40%。然而，植物对光合有效辐射并不能全部利用，因为只有被叶绿体色素吸收的光能，在光合作用中才能转化为化学能。即使是一个非常茂密的植物群体，也不能将照射在它上面的太阳光全部吸收，这里至少包括两个方面的损失：一是叶片的反射；二是群体漏光和透射的损失，约占总辐射的 8%。此外，热散失占 8%，其他代谢能耗损失约占 19%。最终只有 5% 的光能被光合作用转化贮存在糖类中（图 5-15）。生产中作物光能利用率远低于此值，一般为 1%～2%。如大面积单产超 7500kg/hm^2 的小麦在整个生长季节的光能利用率为 1.46%～1.89%。世界上单产较高的国家如日本（水稻）、丹麦（小麦），作物的光能利用率也只有 2.0%～2.5%。这说明目前作物生产水平仍然比较低，农业生产还有较大的增产潜力。

②影响光能利用率的主要原因

漏光损失　植物生长初期，生长缓慢，叶面积小，日光的大部分直接照射到地面上而损失。据估计，一般水稻、小麦田间平均漏光损失达 50% 以上，这是光能利用率低的一个重要原因。

光饱和现象的限制　群体上层叶片虽处于良好的光照条件下，但这些叶片不能利用超过光饱和点的光能来提高光合速率，水稻、小麦等 C$_3$ 植物的光饱和点为全

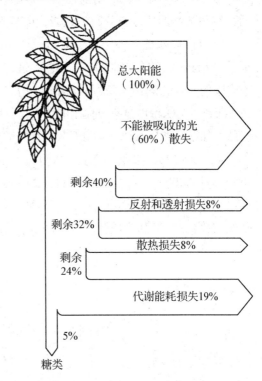

图 5-15　叶片吸收转化太阳能的能力
（张继澍，2006）

日照的 1/4～1/2，由于光饱和现象而影响群体光能利用率是明显的。

其他因素　如温度过高或过低、水分不足、某些矿质元素的缺乏、二氧化碳供应不足及病虫危害等外因，都限制光合速率，进而影响光能利用率。

(3)提高植物产量的途径

提高复种指数 复种指数就是全年内农作物的收获面积与耕地面积之比。提高复种指数可以增加收获面积，延长单位土地面积上作物的总光合时间。提高复种指数的措施就是通过轮种、间种和套种等栽培技术，在一年内巧妙地搭配各种作物，从时间上和空间上更好地利用光能，缩短田地空闲时间，减少漏光率。

补充人工光照 在小面积的温室或塑料棚栽培中，当阳光不足或日照时间过短时，可用人工光照补充。日光灯的光谱成分与日光近似，而且发热微弱，是较理想的人工光源。但是人工光源耗电太多，使成本增加。

合理密植 种得过稀，个体发展较好，但群体得不到充分发展，光能利用率低；种得过密，下层叶片受到光照少，在光补偿点以下，变成消费器官，光合生产率减弱，也会减产。合理密植能指使作物群体得到合理发展，群体具有最适的光合面积，因而具有最高的光能利用率，并获得高产。

改变株型 比较优良的高产新品种(如水稻、小麦和玉米等)，株型都具有共同特征，即秆矮，叶直而小、厚，分蘖密集。改善株型能增加密植程度，改善群体结构，增大光合面积，耐肥不倒伏，充分利用光能，提高光能利用率。

增加 CO_2 浓度 空气中的 CO_2 含量一般占 0.035%，即 350μL/L，这个浓度与多数作物最适 CO_2 浓度(1000~1500μL/L)相差太远，尤其是密植栽培，肥水多，需要的 CO_2 量就更多，空气中的 CO_2 量满足不了要求。因此，增加空气中的 CO_2 浓度能显著提高光合速率。在自然条件下增加 CO_2 浓度是难以控制的。但是，增加室内(如塑料大棚等)环境的 CO_2 浓度还是易行的，如燃烧液化石油气，用石灰石加废酸发生化学反应，或用干冰(固体 CO_2)等。

减少光呼吸 水稻、小麦、大豆等 C_3 植物的光呼吸很显著，消耗光合作用新合成的有机物总量的 20%~27%。为了提高这些植物的光合能力，要设法降低它们的光呼吸。可以利用光呼吸抑制剂去抑制光呼吸，提高光合效率。例如，用乙醇酸氧化酶抑制剂(α-羟基磺酸类化合物)抑制乙醇酸变成乙醛酸。我国也有人施用亚硫酸氢钠于水稻、小麦、棉花等，也可提高光合效率。

【实践教学】

实训5-4 叶绿体色素的提取与分离

一、实训目的

学习和掌握叶绿体色素的提取和分离技术。

二、材料及用具

研钵1套、漏斗、滴管、大试管(带胶塞)、大头针、滤纸、天平、量筒、毛细管、试管架、100mL 锥形瓶、玻璃棒、剪刀、药匙、定量滤纸；95%乙醇、石英砂、碳酸钙粉、推动剂[按石油醚、丙酮、苯为10：2：1的比例(体积比)配制]；新鲜的菠菜(或芹菜、油菜)叶，也可从校园内采集其他植物的新鲜绿叶。

三、方法及步骤

1. 叶绿体色素的提取

（1）取菠菜或其他植物的新鲜叶片 4~5 片（2g 左右），洗净，擦干，去掉中脉后剪碎，放入研钵中。

（2）研钵中加入少量石英砂及碳酸钙粉（碳酸钙中和细胞中的酸，防止 Mg^{2+} 从叶绿素中释放），加 2~3mL 95% 乙醇，研磨至糊状，再加 10~15mL 95% 乙醇，提取 3~5min，上清液过滤于锥形瓶中，残渣用 10mL 95% 乙醇冲洗，过滤于同一锥形瓶中。

2. 叶绿体色素的分离

（1）点样

取前端剪成三角形的滤纸条，用毛细管吸取叶绿体色素提取液，如图 5-16 分几次点样，注意每次所点溶液不可过多。点样后晾干，再重复操作数次。

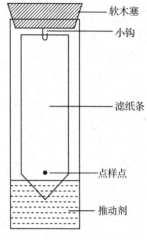

图 5-16　点样示意（陈建勋，2006）

（2）分离

在大试管中加入推动剂，然后将滤纸固定于胶塞的小钩上，插入试管中，使尖端浸入溶剂内（点样点要高于液面，滤纸条边缘不可碰到试管壁），盖紧胶塞，直立于阴暗处层析。

当推动剂前沿接近滤纸上部边缘时，取出滤纸，风干，即可看到分离的各种色素。叶绿素 a 为蓝绿色，叶绿素 b 为黄绿色，叶黄素为鲜黄色，胡萝卜素为橙黄色。用铅笔标出各种色素的位置和名称。

四、实训作业

（1）说明用滤纸分离叶绿体的结果并解释色素分层的原因。

（2）绘制叶绿体色素纸层析分离效果简图，并附原始分离图。

实训 5-5　叶绿体色素的定量测定

一、实训目的

通过实际操作，掌握植物叶绿体色素的定量测定技术。

二、材料及用具

722 型分光光度计、研钵 1 套、剪刀 1 把、玻璃棒、25mL 棕色容量瓶 3 个、小漏斗 3 个、直径 7cm 定量滤纸、吸水纸、擦镜纸、滴管、电子天平（感量 0.01g）；96% 乙醇（或 80% 丙酮）、石英砂、碳酸钙粉等；新鲜（或烘干）的植物叶片。

三、方法及步骤

（1）取新鲜植物叶片（或其他绿色组织）或干材料，擦净组织表面的污物，剪碎（去掉中脉），混匀。

（2）称取剪碎的新鲜样品 0.2g，共 3 份（3 个重复），分别放入研钵中，加少量石英砂和碳酸钙粉及 2~3mL 96% 乙醇（或 80% 丙酮）研磨成匀浆，再加乙醇 10mL，继续研磨至组织变白,静置 3~5min。

(3)每个重复分别取滤纸 1 张,置于漏斗中,用乙醇湿润,沿玻璃棒把提取液倒入漏斗中,过滤到 25mL 棕色容量瓶中,用少量乙醇冲洗研钵、研棒及残渣数次,最后连同残渣一起倒入漏斗中。

(4)用滴管吸取乙醇,将滤纸上的叶绿体色素全部洗入容量瓶中。直至滤纸和残渣中无绿色。最后用乙醇定容至 25mL,摇匀。

(5)把叶绿体色素提取液倒入比色杯内。以 96% 乙醇为空白,在波长 665nm、649nm 和 470nm 下测定吸光度。

(6)结果计算,将测定得到的吸光度代入下式:

$$C_a = 13.95A_{665} - 6.88A_{649} \tag{5-1}$$

$$C_b = 24.96A_{649} - 7.32A_{665} \tag{5-2}$$

$$C_{x.c} = \frac{1000\ A_{470} - 2.05\ C_a - 114.8\ C_b}{245} \tag{5-3}$$

据此可得到叶绿素 a、叶绿素 b 和类胡萝卜素的浓度(C_a、C_b、$C_{x.c}$,mg/L),式(5-1)、式(5-2)之和为总叶绿素的浓度。最后,根据下式进一步求出植物组织中各色素的含量(用每克鲜重或干重所含毫克数表示):

$$叶绿体色素的含量(mg/g) = \frac{色素浓度(mg/L) \times 提取液总体积(L) \times 稀释倍数}{样品质量(干重或鲜重, g)}$$

若提取液未经稀释,稀释倍数取 1。

四、注意事项

(1)为了避免叶绿素的光分解,操作时应在弱光下进行,研磨时间应尽量短些,以不超过 2min 为宜。

(2)叶绿体色素提取液不能浑浊。否则应重新过滤。

五、实训作业

(1)计算所测植物叶片的叶绿素含量。

(2)试讨论:叶绿素 a、叶绿素 b 在蓝光区也有吸收峰,能否用这一吸收峰波长进行叶绿素 a、叶绿素 b 的定量分析?为什么?

实训 5-6 植物光合速率的测定(改良半叶法)

一、实训目的

掌握改良半叶法测定叶片净光合速率、总光合速率的原理和方法。

二、材料及用具

分析天平(感量 0.1mg)1 台、烘箱 1 台、称量皿(或铝盒)2 个(或者 20 个)、剪刀 1 把、刀片、金属或有机玻璃模板 1 块、打孔器 1 个、纱布 2 块、热水瓶或其他可携带的加热设备、用纱布包裹的试管夹 2 个、毛笔 2 支、纸牌 20 个、铅笔、有盖搪瓷盘;5%~10% 三氯乙酸、石蜡;生长在植株上的小麦、水稻、棉花、核桃或柿子叶片。

三、方法及步骤

1. 选择叶片

实验可在晴天 7:00~8:00 开始。预先在田间选定有代表性的叶片(叶片在植株上的部位、年龄、受光条件等应尽量一致)10 片，挂牌编号。

2. 叶片基部处理

根据材料的形态解剖特点任选一种：

(1)对于叶柄木质化较好且韧皮部和木质部易分开的双子叶植物，可用刀片将叶柄的外皮环割约 0.5cm 宽，切断韧皮部运输途径。

(2)对于韧皮部和木质部难以分开的小麦、水稻等单子叶植物，可用刚在开水(水温 90℃以上)中浸过的用纱布包裹的试管夹，夹住叶鞘及其中的茎秆烫 20s 左右，以伤害韧皮部。两个夹子可交替使用。玉米等叶片中脉较粗壮，开水烫不彻底，可用毛笔蘸烧至 110~120℃ 的石蜡烫其叶基部。

(3)对叶柄较细且维管束散生，环剥法不易掌握或环剥后叶柄容易折断的一些植物如棉花，可采用化学环割。即用毛笔蘸三氯乙酸(蛋白质沉淀剂)点涂叶柄，以杀伤筛管活细胞。

为了使经以上处理的叶片不致下垂，可用锡纸、橡皮管或塑料管包绕，使叶片保持原来的着生角度。

3. 剪取样品

叶基部处理完毕即可剪取样品，记录时间，开始进行光合速率测定。一般按编号顺序分别剪下对称叶片的一半(中脉不剪下)，并按编号顺序将叶片夹于湿润的纱布上，放入带盖的搪瓷盘内，保持黑暗，带回室内。带有中脉的另一半叶片则留在植株上进行光合作用。4~5h 后(光照好、叶片大的样品，可缩短处理时间)，再依次剪下另一半叶片。同样按编号包入湿润纱布中带回室内。两次剪叶的次序与所花时间应尽量保持一致，使各叶片经历相同的光照时间。

4. 称量比较

将各同号叶片的两半对应部位叠在一起，用大小适当的模板和单面刀片(或打孔器)，在半叶的中部切(打)下同样大小的叶块，将叶块分别放在 105℃ 下杀青 10min，然后在 80℃ 下烘至恒重(约 5h)，在分析天平上分别称量，将测定的数据填入表 5-13 中，并计算结果。

表 5-13　改良半叶法测定光合速率记录表

测定日期：　　年　　月　　日	地点：
植物材料：	生育期：
平均光照强度(klx)：	平均气温：
第一次取样时间：	第二次取样时间：
取样面积(dm^2)：	光合作用时间(h)：

（续）

测定日期：　　　年　　月　　日	地点：
暗处理叶的干重(mg)：	光照叶的干重(mg)：
(光-暗)干重增量(mg)：	
光合速率[mg/(dm² · h)](以干物质计)：	
光合速率[mg CO₂/(dm² · h)](以CO₂同化量计)：	

5. 结果计算

①按干物质计算　光合速率$[mg/(dm^2 \cdot h)] = \dfrac{\text{干重增加总量(mg)}}{\text{叶片切块面积总和}(dm^2) \times \text{光合时间(h)}}$

②按CO_2同化量计算　由于叶片内光合产物主要为蔗糖与淀粉等糖类，而1mol的CO_2可形成1mol的糖类，故将干物质重量乘以系数1.47(44/30＝1.47)，便得单位时间内单位叶面积的CO_2同化量。

上述是总光合速率的测定与计算，如果需要测定净光合速率，只需将前半叶取回后，立即切块、烘干即可，其他步骤和计算方法同上。

四、注意事项

(1)如果烫伤不彻底，部分有机物仍可外运，测定结果偏低。凡具有明显的水浸渍状者，表明烫伤完全，这一步骤是该方法能否成功的关键之一。

(2)对于小麦、水稻等禾本科植物，烫伤部位以选在叶鞘上部靠近叶枕5mm处为好，既可避免光合产物向叶鞘中运输，又可避免叶枕处被烫伤而使叶片下垂。

五、实训作业

(1)计算叶片光合速率，完成实训报告。

(2)比较叶片总光合速率与净光合速率测定时的不同之处，说明原因。

5.5 植物的呼吸作用

呼吸作用是植物的重要生理功能。呼吸作用停止意味着生物体的死亡。呼吸作用将植物体内的物质不断分解，提供了植物体内各种生命活动所需的能量和合成重要有机物质的原料，还可增强植物的抗病力。植物生活细胞无时不在进行呼吸作用，掌握植物呼吸作用的规律，对调节和控制植物的生长发育、提高产量、改善品质具有十分重要的意义。

5.5.1 呼吸作用概述

(1)呼吸作用的概念及其类型

植物的呼吸作用，是指植物的生活细胞在一系列酶的作用下，把某些有机物逐步氧化分解，并释放能量的过程。呼吸作用的产物因呼吸类型不同而有差异。依据呼吸过程中是否有氧参与，可将呼吸作用分为有氧呼吸和无氧呼吸两大类。

①有氧呼吸　是指生活细胞利用氧气(O_2)，将某些有机物彻底氧化分解，形成二氧

化碳和水，同时释放能量的过程。呼吸作用中被氧化的有机物称为呼吸底物，糖类、有机酸、蛋白质、脂肪都可以作为呼吸底物。一般来说，淀粉、葡萄糖、果糖、蔗糖等糖类是最常利用的呼吸底物。如以葡萄糖作为呼吸底物，则有氧呼吸的总反应可用下式表示：

$$C_6H_{12}O_6 + 6O_2 \rightarrow 6CO_2 + 6H_2O + 能量\ 2871.6kJ$$

上式表明，在有氧呼吸时，呼吸底物被彻底氧化分解为二氧化碳和水，氧被还原为水。有氧呼吸总反应式和燃烧反应式相同，但是在燃烧时底物分子与氧反应迅速激烈，能量以热的形式释放；而在呼吸作用中，氧化作用则分为许多步骤进行，能量是逐步释放的，其中一部分转移到 ATP 和 NADH+H$^+$ 分子中，成为随时可以利用的储备能，另一部分则以热的形式放出。

有氧呼吸是高等植物呼吸的主要形式，通常所说的呼吸作用，主要是指有氧呼吸。

②无氧呼吸　是指生活细胞在无氧条件下，把某些有机物分解成为不彻底的氧化产物，同时释放能量的过程。微生物的无氧呼吸通常称为发酵。例如，酵母菌在无氧条件下分解葡萄糖产生酒精（乙醇），这种作用称为酒精发酵，其反应式如下：

$$C_6H_{12}O_6 \rightarrow 2C_2H_5OH（乙醇）+ 2CO_2 + 能量\ 226kJ$$

高等植物也可发生酒精发酵，例如，甘薯、苹果、香蕉贮藏久了，水稻种子催芽时堆积过厚，都会产生酒精，这便是酒精发酵的结果。

此外，乳酸菌在无氧条件下分解葡萄糖产生乳酸，这种作用称为乳酸发酵，其反应式如下：

$$C_6H_{12}O_6 \rightarrow 2CH_3CHOHCOOH（乳酸）+ 能量\ 197kJ$$

高等植物也可以发生乳酸发酵，如马铃薯块茎、甜菜块根、玉米胚和青贮饲料在进行无氧呼吸时就会产生乳酸。

呼吸作用的进化与地球上大气成分的变化有密切的关系。地球上本来是没有游离的氧气的，生物只能进行无氧呼吸。由于植物的出现，大气中氧含量提高了，生物体的有氧呼吸才相伴而生。现今高等植物的呼吸类型主要是有氧呼吸，但仍保留着进行无氧呼吸的能力。如种子吸水萌动，胚根、胚芽等在未突破种皮之前，主要进行无氧呼吸；成苗之后遇到淹水时，可进行短时期的无氧呼吸，以适应缺氧条件。

（2）呼吸作用的生理意义

呼吸作用是植物物质代谢和能量代谢的中心，植物体内进行的物质代谢与能量代谢与呼吸作用密不可分。在植物的生命活动中，呼吸作用具有重要的生理意义。

①为植物生命活动提供所需的能量　在呼吸作用的过程中，植物把贮藏在有机物中的能量通过一系列的生物氧化反应逐步释放出来，供给植物生命活动需要。例如，细胞原生质的流动、更新，活细胞对水分和矿质元素的吸收，有机物质的合成与运输，细胞的分裂，器官的形成，植物的开花与受精等，无一不需要呼吸作用提供能量。呼吸作用将有机物进行生物氧化，使其中的化学能以 ATP 的形式贮存起来。当 ATP 在 ATP 酶作用下分解时，再把贮存的能量释放出来，未被利用的能量就转化为热能而散失掉。呼吸放热可以提高植物体温，有利于种子萌发、幼苗生长、开花传粉、受精等。另外，呼吸

作用还为植物体内有机物的生物合成提供还原力(NADPH+H⁺、NADH+H⁺)。任何活细胞都在不停地进行呼吸。一旦呼吸停止,生命也就停止了。

②中间产物是合成植物体内重要有机物的原料 呼吸作用的底物氧化分解经历一系列的中间过程,产生许多的中间产物,这些中间产物可以成为合成其他各种重要化合物的原料。例如,有些中间产物可以转化为氨基酸,最后可合成蛋白质;有些中间产物可以转化为脂肪酸和甘油,最后合成脂肪;蛋白质和脂肪也可以通过这些中间产物参加到呼吸作用过程中去。因此,呼吸作用与植物体各种有机物的合成、转化有着密切的联系,成为物质代谢的中心。活跃的呼吸作用是植物生命活动旺盛的标志。

③在植物的抗病免疫方面有着重要作用 植物受伤时,受伤部位的细胞呼吸作用迅速增强,有利于伤口的愈合,防止病菌侵害。植物染病时,病菌分泌毒素,危害植物,但染病的组织呼吸作用提高,促使毒素氧化分解,消除毒素。因此,植物受伤或染病部位的呼吸作用增强,是一种保护性反应,对提高植物的抗病力有一定作用。此外,呼吸作用的加强还可促进具有杀菌作用的绿原酸、咖啡酸等的合成,以增强植物的免疫能力。

(3)呼吸作用的场所

进行呼吸作用的部位是细胞质和线粒体,但与能量转换关系更为密切的一些步骤(三羧酸循环和氧化磷酸化过程)是在线粒体中进行的,所以线粒体犹如植物细胞的能量供应站。所有高等植物细胞内都有线粒体,一个典型的植物细胞有500~2000个线粒体。代谢微弱的衰老细胞或休眠细胞的线粒体较少。线粒体的嵴增加了内膜的表面,也就是有效地增大酶分子附着的表面积。内部空间充满透明的胶体状态的基质,基质中含有很多蛋白质、脂类和催化三羧酸循环的酶类。

5.5.2 呼吸作用的机理

高等植物呼吸作用的特点:一是复杂性,呼吸作用的整个过程是一系列复杂的酶促反应;二是作为物质代谢和能量代谢的中心,它的中间产物是合成多种重要有机物的原料,起到物质代谢的枢纽作用;三是呼吸作用的多样性,表现在呼吸途径的多样性。如植物呼吸作用并不只有一种途径,不同的植物、同一植物的不同器官或组织在不同的生育时期、不同环境条件下,呼吸底物可以通过不同的途径氧化降解,并且当一种代谢途径受阻时,可通过另一种代谢途径继续维持正常的呼吸作用,这是植物长期进化过程中所形成的适应性。糖酵解-三羧酸循环途径(EMP-TCA)是植物体内有机物氧化分解的主要途径,下面就糖酵解-三羧酸循环途径加以简要说明(图5-17)。

(1)糖酵解(EMP)

糖酵解是指葡萄糖在一系列酶的催化下,经过脱氢氧化降解成丙酮酸的过程,亦称EMP途径。糖酵解在细胞质中进行,催化这一过程的各种酶均存在于细胞质中。这个过程没有游离氧的参加,它是有氧呼吸和无氧呼吸都要经历的过程。丙酮酸的生成标志糖酵解过程的结束(图5-17)。

(2)三羧酸循环(TCA循环)

三羧酸循环是指糖酵解过程中所形成的丙酮酸,在有氧条件下进入线粒体,继续氧化

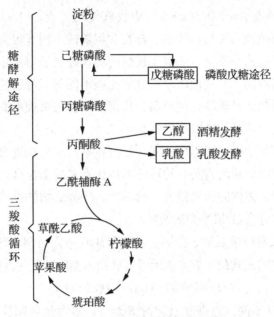

图 5-17　植物呼吸代谢的主要途径

分解，生成二氧化碳和水，并逐步释放能量的过程。由于这一过程中产生含有 3 个羧基的有机酸(柠檬酸)，并且整个过程是一个循环，所以称为三羧酸循环。催化三羧酸循环的酶都存在于线粒体中，所以三羧酸循环是在线粒体中进行的，并经过一系列的反应形成许多中间产物。

三羧酸循环既是糖、脂肪、蛋白质彻底氧化分解的共同途径，又可通过代谢中间产物与其他代谢途径发生联系和相互转化。

(3)电子传递和氧化磷酸化

在糖酵解-三羧酸循环途径中脱下的氢离子和电子在线粒体的内膜上，不能直接与游离氧结合，需要经过各个传递体组成的链状系统——呼吸链传递后，才能与氧结合。呼吸链又称电子传递链，组成呼吸链的传递体可分为氢传递体和电子传递体，可以进行迅速且可逆的氧化还原反应。

氧化磷酸化即氧化与磷酸化的偶联反应，就是呼吸底物脱下的氢和电子传到氧时，同时发生 ADP 被磷酸化形成 ATP 的偶联反应。

ATP 在细胞中既是贮能物质，又是供能物质。ATP 水解为 ADP 和 Pi 时，释放出所贮藏的能量用于推动其他生理生化过程的进行。植物向外界吸收物质、体内合成有机物、植物生长发育都需要消耗能量，这些能量都是由 ATP 供给的。

5.5.3　呼吸作用的生理指标及影响因素

(1)呼吸作用的生理指标

①呼吸速率　又称呼吸强度，是最常用的生理指标。通常以单位时间内单位植物材料(鲜重、干重、面积)释放 CO_2 或吸收氧的数量(mL 或 mg)来表示。常用单位是 μmol CO_2/

(g·h)(放出二氧化碳)或 μmol O_2/(g·h)(吸收氧气)。

植物的呼吸速率随植物的种类、年龄、器官和组织的不同有很大的差异。

植物种类不同,呼吸速率不同。一般生长快的植物呼吸速率高于生长慢的植物。同一植株不同器官,因代谢不同、非代谢组成成分的比例不同等,呼吸速率也有较大差异。如生长旺盛、幼嫩部位呼吸速率较高,生殖器官比营养器官呼吸速率高;生殖器官中雌蕊呼吸速率较雄蕊高,雄蕊中花粉的呼吸速率最高。

同一器官不同组织的呼吸速率不同。同一器官在不同的生长发育时期呼吸速率也表现差异。呼吸速率也与植物的年龄有关,幼嫩的部位比衰老的部位高。呼吸速率还表现出周期性变化,与外界环境、体内的代谢强度、酶活性、呼吸底物的供应情况等有关。呼吸底物充足时呼吸增强,水分含量高时呼吸增强。

②呼吸商(RQ) 又称呼吸系数,指同一植物组织在一定时间内所释放的 CO_2 量与所吸收的 O_2 量(体积或摩尔数)的比值。它是表示呼吸底物的性质及氧气供应状态的一种指标。

$$RQ = 释放的 CO_2 量/吸收的 O_2 量$$

呼吸底物不同,RQ 不同:糖彻底氧化时 $RQ=1$;富含氢的脂肪、蛋白质为呼吸底物时吸收的氧多,$RQ<1$;棕榈酸($C_{16}H_{32}O_2$)转变为蔗糖时,$RQ=0.36$;富含氧的有机酸(氧含量高于糖)氧化时,$RQ>1$;苹果酸($C_4H_6O_5$)氧化时,$RQ=1.33$。

环境的氧供应对 RQ 影响很大。如糖在无氧时发生酒精发酵,只有 CO_2 产生,无 O_2 的吸收,则 RQ 远大于 1。不完全氧化时吸收的氧保留在中间产物中,放出的 CO_2 量相对减少,RQ 会小于 1。

(2)影响呼吸作用的因素

温度 温度过高或过低都会影响酶活性,进而影响呼吸速率,影响呼吸作用。

最适温度是指呼吸保持稳态的最高呼吸强度时的温度,一般为 25~35℃(温带植物),稍高于同种植物光合作用的最适温度。

最低温度则因植物种类不同而有很大差异。一般植物在 0℃ 时呼吸作用就进行得很慢,但冬小麦在 -7~0℃ 仍可进行呼吸作用。有些多年生越冬植物在 -25℃ 仍进行呼吸作用,但在夏天温度低于 -4℃ 时就不能忍受低温而停止呼吸。

呼吸作用的最高温度一般为 35~45℃。最高温度在短时间内可使呼吸速率迅速提高,但随时间延长,呼吸速率迅速下降。

在一定温度范围内,呼吸作用随温度的升高而增强,达到最大值后,温度继续升高时呼吸速率则下降。

种子的低温贮藏就是利用低温使呼吸减弱以减少呼吸消耗,但温度不能低到破坏植物组织的程度。早稻浸种时用温水淋冲翻堆是为了控制温度、通风,以利于种子萌发。

氧 氧浓度影响着呼吸速率,进而影响呼吸作用。当氧浓度低于 20% 时,呼吸速率开始下降。

氧浓度还影响呼吸类型。在低氧浓度时逐渐增加氧,无氧呼吸会随之减弱,直至消失;无氧呼吸停止时的组织周围空气中最低氧含量称为无氧呼吸的消失点。水稻和小麦无氧呼吸的消失点约为18%，苹果果实无氧呼吸的消失点约为10%。在组织内部，由于细胞色素氧化酶对氧的亲和力极高，当内部氧浓度为大气氧浓度的0.05%时，有氧呼吸仍可进行。

随着氧浓度的增大，有氧呼吸增强，此时呼吸速率增加，但氧浓度增加到一定程度时对呼吸作用就没有促进作用了，此时的氧浓度称为呼吸作用的氧饱和点。在常温下，许多植物在大气氧浓度（21%）下即表现饱和。一般温度升高，氧饱和点也提高。氧浓度过高，对植物生长不利，这可能与活性氧代谢形成自由基有关。氧浓度低时，直接影响呼吸速率和呼吸性质。长期处于低氧甚至无氧环境，植物生长会受到伤害甚至死亡。

CO_2 环境中CO_2浓度增高时脱羧反应减慢，呼吸作用受抑制。当CO_2浓度高于5%时呼吸作用明显受抑制，达10%时可使植物死亡。因此，果蔬贮藏时可适当提高CO_2浓度。

水分 整体植物的呼吸速率一般是随着植物组织含水量的增加而升高。干种子呼吸作用很微弱，当其吸水后呼吸速率迅速增加。当植株受干旱接近萎蔫时呼吸速率有所增加，而在萎蔫时间较长时呼吸速率则会下降。

机械损伤 机械损伤明显促进组织细胞的呼吸作用。在正常情况下，氧化酶与其底物在结构上是隔开的，机械损伤使原来的间隔被破坏，如酚与酶接触而迅速被氧化；损伤使一些细胞脱分化为分生组织或愈伤组织，比原来休眠或成熟组织的呼吸速率快得多。

5.5.4 呼吸作用的应用

（1）呼吸作用与种子贮藏

呼吸作用影响种子的发芽和幼苗生长。如水稻的浸种、催芽、育苗是通过对呼吸作用的控制使幼苗生长健壮。经常换水和翻动是为了补充O_2，使有氧呼吸正常进行。否则无氧呼吸增加，酒精积累，并且温度升高，造成酒精中毒，或出现"烧苗"现象。早稻浸种时用温水淋冲以增加温度，保证呼吸作用所需温度条件。

种子内部发生的呼吸作用强弱和所发生的物质变化将直接影响种子的生活力和贮藏寿命。呼吸作用快时，消耗较多的有机物，放出水分，使湿度增加。湿度增加后反过来促进呼吸作用。放出的热量使温度升高，也促进呼吸作用和微生物活动，导致种子的霉变和变质。

一般油料种子在安全含水量8%～9%，淀粉种子在安全含水量12%～14%时，风干种子中的水都是束缚水，呼吸酶的活性降低到最低，呼吸微弱，可以安全贮藏。种子的含水量偏高时呼吸作用显著增加。因为含水量增加后，种子内出现自由水，酶活性增加。

种子安全贮藏措施：种子要晒干；防治害虫；仓库要通风以散热、散湿；低温或密闭贮藏；可适当增加CO_2量和降低O_2的含量。常用方法有脱氧保管法、充氮保管法。

（2）呼吸作用与植物栽培

通过栽培管理措施可以调节植物群体呼吸作用。呼吸作用不仅为植物的各种生理过程提供需要的能量，而且是各种有机物质之间转化的中心。所以，呼吸作用的强弱，不仅影响植物的无机营养和有机营养，也影响物质的运输和转化，最后必然影响到细胞和器官的形成，影响植物的生长发育。

①改善土壤通气条件 增加氧的供应，分解还原物质，生长良好，根系发达。如生产

上植物生长过程中的中耕松土、水稻移栽后的露田和晒田等，可改善土壤通气条件；地下水位较高时挖深沟(埋暗管)是为了降低地下水位，以增加土壤中的氧气，保证根系的正常呼吸，促进根系对矿质和水分的吸收，从而促进植物的生长。

②调节温度　早稻灌浆成熟期正处于高温季节，可以灌"跑马水"降温，以减少呼吸消耗，有利于种子成熟。保护地栽培时，阴雨天要适当降温，以降低呼吸消耗，保证植物正常生长。

(3)呼吸作用与作物产量

呼吸作用与产量的关系复杂，一方面呼吸作用消耗有机物，在玉米、燕麦等作物中观察到降低叶呼吸作用时，其产物增加；另一方面，呼吸作用下降，有机物代谢，能量代谢减慢，最后也会导致产量的下降。因此，生产上只有将呼吸作用调整到合适的范围，才有利于植物生长，增加产物积累，提高产量。

(4)呼吸作用与果实、蔬菜贮藏

果实、蔬菜贮藏与种子贮藏不同，需要保持一定的水分，使果实、蔬菜呈新鲜状态。某些果实成熟到一定时期，其呼吸速率会突然增高，然后又突然下降，此时果实成熟。果实成熟前呼吸速率突然升高的现象称为呼吸跃变现象(呼吸高峰)。它与果实内乙烯释放有关，因为乙烯可增加细胞的透性，使 O_2 进入，加快细胞内有机物的氧化分解，促进果实成熟。呼吸跃变可改善品质，如使果实变软、酸度下降、变甜等。呼吸跃变明显的果实有苹果、梨、香蕉、番茄等，呼吸跃变不明显的有柑橘、葡萄、瓜类、菠萝等。

呼吸跃变的出现与果实中贮藏物质的水解是一致的，出现呼吸跃变时，果实进入完全成熟阶段，此时，果实的色、香、味俱佳，是食用的最好时期。过了此时期，果实将要腐烂而失去食用价值。因此，推迟呼吸跃变能延长果实的贮藏期限。肉质果实贮藏保鲜时，可适当降低温度以推迟呼吸跃变的出现，从而推迟成熟，延长保鲜期。降低氧浓度和贮藏温度，增加 CO_2 浓度(但不能超过10%，否则果实中毒变质)，可以减弱呼吸作用，促进果实长期保存。如苹果、梨、柑橘等果实在0~1℃贮藏可达几个月；番茄装箱后用塑料布密封，抽去空气，充以氮气，把氧气浓度降至3%~6%，可贮藏3个月以上。采取自体保藏法，在密闭环境中贮藏果蔬，由于其自身不断呼吸放出 CO_2，使环境中 CO_2 浓度增高，从而抑制呼吸作用，可稍微延长贮藏期。

【实践教学】

实训 5-7　植物呼吸速率的测定(小篮子法)

一、实训目的

学会用小篮子法测定植物的呼吸速率，为今后的生产实践和研究打下良好的基础。

二、材料及用具

500mL 广口瓶(带3孔胶塞)3套、钠石灰管1支、酸式滴定管(25mL)1支、滴定架一个、药物天平1架、纱布1块、线、量筒(50mL)2支、移液管、透明胶带、温度计1支；1/44mol/L 草酸溶液[准确称取重结晶草酸($H_2C_2O_4 \cdot 2H_2O$)1g，溶于少量蒸馏水中，定容至 1000mL，每毫升相当于 1mg CO_2]、0.05mol/L $Ba(OH)_2$ 溶液[$Ba(OH)_2$ 8.6g 溶于 1000mL 蒸馏水中]、酚酞指示剂；马铃薯及甘薯的块茎、块根和苹果等大型果实，萌动、发芽的种子或木本植物的茎、叶、花、果等。

三、方法及步骤

植物在广口瓶中进行呼吸作用，放出的 CO_2 被瓶内过量的 $Ba(OH)_2$ 溶液吸收，生成不溶性的 $BaCO_3$，剩余的 $Ba(OH)_2$ 用草酸溶液滴定。呼吸作用放出的 CO_2 越多，则剩余的 $Ba(OH)_2$ 越少，消耗草酸溶液的量也越少。因此，根据空白和样品消耗草酸溶液的差，即可求得植物材料呼吸放出的 CO_2 量。其反应式如下：

$$Ba(OH)_2 + CO_2 = BaCO_3 \downarrow + H_2O$$
$$Ba(OH)_2(剩余) + H_2C_2O_4 = BaC_2O_4 \downarrow + 2H_2O$$

1. 呼吸装置的制备

取 500mL 广口瓶（带 3 孔胶塞）一个，一孔插入钠石灰管，使进入瓶内的空气不含 CO_2，另一孔插入温度计，第三孔用小橡皮塞或胶带临时封闭，供滴定时用。瓶塞下面装上用纱布包好的植物材料（小篮子），特别注意小篮子挂在瓶中不能接触溶液（图 5-18）。

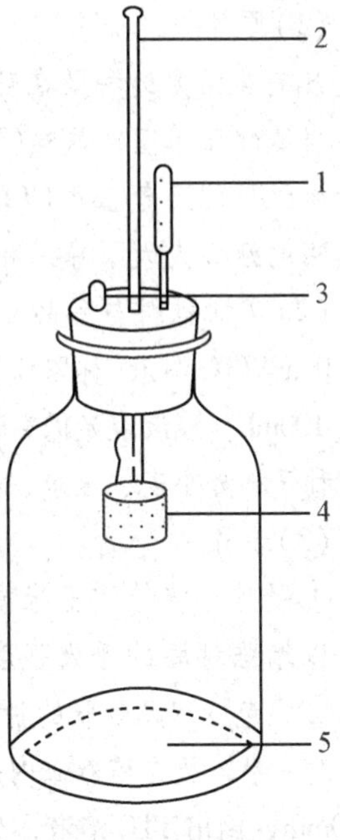

图 5-18　测呼吸作用装置
1. 钠石灰　2. 温度计　3. 小橡皮塞
4. 铁丝篮　5. $Ba(OH)_2$ 溶液

2. 空白滴定

用移液管准确加入 20mL $Ba(OH)_2$ 溶液到广口瓶中，封口，轻轻摇动，待瓶中的 CO_2 被全部吸收后，从瓶口加入 3 滴酚酞指示剂，此时，溶液变成粉红色。从瓶口用草酸滴定至无色，记录草酸的用量 V_1。

3. 样品滴定

用移液管准确加入 20mL $Ba(OH)_2$ 溶液到广口瓶中封好。称取 10g 植物材料，用纱布包好，使袋内保持疏松，用线将口扎好，快速挂在瓶塞下，立即盖紧，并开始计时。经常轻摇广口瓶，30min 后，打开瓶盖取出材料，从瓶口加入 3 滴酚酞指示剂，此时溶液变成粉红色。从瓶口滴定草酸至无色，记录草酸的用量 V_2。

4. 实验结果计算

用下列公式计算呼吸速率：

$$呼吸速率[mgCO_2/(g \cdot h)] = \frac{V_1 - V_2}{材料重(g) \times 时间(h)}$$

四、实训作业

记录实验结果并计算出所测植物的呼吸速率。

实训 5-8　种子生活力的快速测定

一、实训目的

了解几种快速测定种子生活力的方法，并能在生产中利用这些方法解决实际问题。

二、方法及步骤

1. 氯化三苯基四氮唑(TTC)法

(1)原理

凡有生活力的种胚在呼吸作用过程中都有氧化还原反应,而无生活力的种胚则无此反应。当氯化三苯基四氮唑(TTC)溶液渗入种胚或细胞内,并作为氢受体被脱氢辅酶还原时,可产生红色的三苯基甲(TTF),胚便染成红色。当种胚生活力下降时,呼吸作用明显减弱,脱氢酶的活性大大下降,胚的颜色变化不明显。故可由染色的程度推知种子的生活力强弱。

(2)实训材料与用品

0.5%TTC溶液(称取0.5g TTC放在烧杯中,加入少许95%乙醇使其溶解,然后用蒸馏水稀释至100mL。溶液避光保存,最好是随用随配,若放置过久溶液变红色就不能再使用);各种植物的种子,如小麦、玉米、菜豆、大豆等;烧杯、恒温箱、培养皿、刀片、镊子、天平。

(3)步骤

①浸种 将待测玉米或小麦等植物的种子用冷水浸泡12h,或用30~35℃温水浸泡6~8h,以增强种胚的呼吸强度,使显色迅速明显。

②显色 取已吸胀的种子100粒,用刀片沿胚的中心纵切为两半,取其中胚的各部分比较完整的一半,放在培养皿内,加入0.5%TTC溶液,浸没种子,放置在40~45℃的黑暗条件下染色20min,倒出TTC溶液,用清水冲洗1~2次,立即观察种胚被染色的情况,判断种子的生活力。凡种胚全部染红的为生活力旺盛的种子,死的种胚完全不染色或染成极淡的红色。

③计算 计数胚染成粉红色的有生活力的种子数目,计算出百分数(生产上测定要有3次重复)。

2. 红墨水染色法

(1)原理

有生活力的种子其胚细胞的原生质具有半透性,有选择吸收外界物质的能力,某些染料如红墨水中的酸性大红G不能进入细胞内,胚部不染色。而丧失生活力的种子丧失了对物质选择吸收的能力,染料进入细胞内部使胚染色,所以可根据种子胚部是否染色来判断种子的生活力。

(2)实训材料与用品

用具与TTC法相同。红墨水溶液的配制:取市售红墨水稀释20倍(即一份红墨水加19份自来水)。植物材料为大豆种子、玉米种子、其他植物的种子。

(3)实训方法与步骤

①浸种 同TTC法。

②染色 取已吸胀的种子200粒,沿种子胚的中线切为两半,将其中的一半平均分置于两个培养皿中,加入稀释后的红墨水,以浸没种子为度,染色10~20min。倒去红墨水溶液,用水冲洗多次,至冲洗液无色为止。观察染色情况:种胚不着色或着色很浅的为活种子;种胚与胚乳着色程度深的为死种子。可用沸水杀死另一半种子作对照观察。

③计算 计算种胚不着色或着色浅的种子数,按下式算出具生活力的种子所占供试种子总数的百分率:

$$具有生活力的种子百分率 = \frac{胚部不着色的种子}{供试种子总数} \times 100\%$$

三、实训作业

试讨论 TTC 法和红墨水染色法测定种子生活力结果是否相同，为什么？

【自测题】

1. 名词解释

自由水，束缚水，水势，渗透作用，吸涨作用，质壁分离，蒸腾速率，蒸腾效率，根压，蒸腾拉力，必需元素，大量元素，微量元素，水分临界期，单盐毒害，离子颉颃作用，平衡溶液，光合作用，荧光现象，光呼吸，光合速率，光补偿点，光饱和点，CO_2 补偿点，CO_2 饱和点，光能利用率，代谢源，代谢库，生长中心，呼吸跃变。

2. 填空题

(1) 通常认为蒸腾拉力引起的吸水为_____吸水，而根压引起的吸水为_____吸水。

(2) 植物带土移栽的主要目的是_____。

(3) 树木移栽时，常常要去掉一部分枝叶，其目的是减少_____。

(4) 某种植物每制造 1g 干物质需要消耗 500g 水，其蒸腾效率为_____，蒸腾系数为_____。

(5) 利用质壁分离现象，可以判断细胞的_____，测定细胞的_____。

(6) 植物吐水是以_____散失水分的过程，而植物蒸腾作用是以_____散失水分的过程。

(7) 光合色素均不溶于_____，而易溶于_____、_____、_____等有机溶剂。

(8) 影响光合作用的环境因素主要有_____、_____、_____、_____、_____。

(9) 黄化植物缺叶绿素的原因是_____；早春植物叶绿素含量低、呈黄绿色的原因是_____。

(10) 光合作用的过程可分为 3 个阶段，即_____、_____、_____。

(11) 粮油种子贮藏的主要原则是_____和_____。可采取的措施是_____、_____、_____、_____。

(12) 肉质果实、蔬菜贮藏的主要原则是_____和_____。适宜的条件是_____、_____、_____。

3. 判断题

(1) 将植物细胞放入一定浓度的溶液中，如果这个细胞既不从外界溶液中吸水，也不向外界溶液中排水，则这个细胞的水势等于零。　　　　　　　　　　　（　　）

(2) 当植物细胞处于浓度高的溶液中时，由于溶液的水势大于细胞的水势，便发生质壁分离现象。　　　　　　　　　　　　　　　　　　　　　　　（　　）

(3) 植物根系要吸收土壤中的水分，土壤溶液浓度必须小于细胞液的浓度。（　　）

(4) 成长的叶片水分散失主要是通过气孔。　　　　　　　　　　　　（　　）

（5）蒸腾效率高的植物，一定是蒸腾量小的植物。　　　　　　　　（　　）

（6）吐水多说明植物根系代谢活动旺盛。　　　　　　　　　　　　（　　）

（7）水分在植物体内的运输要经活细胞和死细胞，其中经活细胞的运输速度快。　（　　）

（8）水分从根毛到根部导管，或由叶脉到气室附近的叶肉细胞，其运输方式主要靠渗透作用。　　　　　　　　　　　　　　　　　　　　　　　　　　　　（　　）

（9）不同植物，其灰分中各种元素的含量不一定完全相同。　　　　（　　）

（10）植物的必需元素是指在植物体内含量很大的一类元素。　　　　（　　）

（11）钙离子与绿色植物的光合作用有密切关系。　　　　　　　　　（　　）

（12）铁、氯这两种元素植物需要很多，故为大量元素。　　　　　　（　　）

（13）植物缺氮时，植株矮小，叶小、色淡或发红。　　　　　　　　（　　）

（14）温度是影响根部吸收矿物质的重要条件，温度增高，吸收矿质的速率加快，因此，温度越高越好。　　　　　　　　　　　　　　　　　　　　　　　　　　　（　　）

（15）$NaNO_3$和$(NH_4)_2SO_4$都是生理碱性盐。　　　　　　　（　　）

（16）呼吸作用的部位是细胞质和线粒体。　　　　　　　　　　　　（　　）

（17）有氧呼吸消耗的物质少，获得的能量多，是正常的生理过程；无氧呼吸消耗的物质多，获得的能量少，并产生有毒物质危害植物体，所以是病理过程。　（　　）

（18）活跃的呼吸作用是植物生命活动旺盛的标志，所以在正常条件下，呼吸作用越强，植物生长越快。　　　　　　　　　　　　　　　　　　　　　　　　　（　　）

（19）采用控制温、湿度等方法，使果实的呼吸高峰提早出现，就可延长果品的贮藏时间。　　　　　　　　　　　　　　　　　　　　　　　　　　　　　　　（　　）

（20）新鲜的水果、蔬菜，贮藏期间要保持适当低温和一定湿度。　　（　　）

（21）在呼吸过程中，被氧化分解的物质称为呼吸底物，如葡萄糖、淀粉、蛋白质、脂肪、有机酸等有机物都可作为呼吸底物。　　　　　　　　　　　　　　　　（　　）

（22）绿色植物之所以是绿色的，说明对光合作用最重要的光是绿光。　（　　）

（23）在弱光下，光补偿点较高的植物能形成较多的光合产物；在强光下，光饱和点较高的植物能形成更多的光合产物。　　　　　　　　　　　　　　　　　　（　　）

（24）叶是光合作用制造有机物的器官，因此它是植物的"代谢源"。　（　　）

（25）果树在结果期间有机物主要输送到果实。　　　　　　　　　　（　　）

4. 选择题

（1）已形成液泡的细胞，其吸水主要靠（　　）。

　　A. 渗透作用　　　　B. 代谢作用　　　　C. 吸胀作用　　　　D. 其他作用

（2）夏季，高大乔木从土壤中吸收水分并运至整个植物体的主要动力来自（　　）。

　　A. 细胞内大分子亲水性物质　　　　B. 呼吸作用生成的ATP

　　C. 细胞液的渗透压　　　　　　　　D. 植物的蒸腾作用

（3）在移栽植物时，将一种无色的喷剂喷洒到叶面上，能结一层薄膜，这层膜可以让CO_2通过而水分子不能通过，从而提高移栽植株的成活率，这类物质的作用是（　　）。

　　A. 抗呼吸作用　　B. 抗蒸腾作用　　C. 增强光合作用　　D. 增强蒸腾作用

(4) 当细胞内自由水/束缚水比值低时，植物细胞(　　)。

　　A. 代谢强、抗性弱　　　　　　　　　B. 代谢弱、抗性强

　　C. 代谢、抗性都强　　　　　　　　　D. 代谢、抗性都弱

(5) 为提高移栽树苗的成活率，常采用根部带土和去掉部分叶子的措施，是为了(　　)。

　　A. 保护根毛，减少蒸腾作用　　　　　B. 防止根部营养损失，增强呼吸

　　C. 促进根的发育，降低光合作用　　　D. 保护幼根，提高植物体温度

(6) 蒸腾系数指(　　)。

　　A. 一定时间内，在单位叶面积上所蒸腾的水量

　　B. 植物每消耗 1kg 水时所形成的干物质的克数

　　C. 植物制造 1g 干物质所消耗水分的千克数

　　D. 水分以气体状态通过植物体表面，从体内散发到大气的过程

(7) 矿质元素中的硫、钙、锰、铁等元素很少参与循环，它们往往集中分布在(　　)。

　　A. 老叶　　　　　B. 新叶　　　　　C. 茎秆　　　　　D. 树皮

(8) 植物叶片的颜色常作为(　　)肥是否充足的指标。

　　A. 磷　　　　　　B. 硫　　　　　　C. 氮　　　　　　D. 钾

(9) 下列元素中，属于必需的大量元素有(　　)。

　　A. 铁　　　　　　B. 氮　　　　　　C. 硼　　　　　　D. 氯

(10) 下列元素中，属于必需的微量元素有(　　)。

　　A. 铁　　　　　　B. 氮　　　　　　C. 硫　　　　　　D. 钾

(11) 植物缺铁时，幼嫩叶子呈淡黄色或柠檬绿色，老叶则仍呈绿色，其原因是(　　)。

　　A. 幼嫩部位生长旺盛，需铁比老叶多

　　B. 铁容易移动，由幼叶部位移向老叶

　　C. 铁形成难溶的化合物，不能再度利用

　　D. 幼叶细胞吸收铁的能力比老叶弱

(12) 被称为肥料三要素的植物必需元素是(　　)。

　　A. 碳、氢和氧　　B. 铁、镁和铜　　C. 硼、钼和锌　　D. 氮、磷和钾

(13) 实验证明，植物体内的同化物是靠(　　)进行长距离运输的。

　　A. 木质部　　　　B. 管胞　　　　　C. 韧皮部　　　　D. 胞间连丝

(14) 一般来说，叶片中叶绿素与类胡萝卜素的比值约为(　　)。

　　A. 1:1　　　　　B. 2:1　　　　　C. 3:1　　　　　D. 4:1

(15) 在秋天或在不良环境中，叶片呈现出黄色是因为(　　)。

　　A. 叶片中叶绿素不易降解，而类胡萝卜素易降解

　　B. 叶片中叶绿素和类胡萝卜素都易降解

　　C. 叶片中叶绿素和类胡萝卜素都不易降解

　　D. 叶片中叶绿素易降解，数量减少，而类胡萝卜素较稳定

(16) 绿色植物通过光合作用将光能贮藏在(　　)中。

　　A. 叶绿体　　　　B. 氧气　　　　　C. 水　　　　　　D. 有机物

(17)植物呼吸作用的主要场所是(　　　)。

  A. 叶绿体   B. 线粒体   C. 核糖体   D. 高尔基体

(18)在呼吸作用中,糖酵解的最终产物是(　　　)。

  A. 酒精   B. 乳酸   C. 丙酮酸   D. 二氧化碳和水

(19)呼吸作用的实质是(　　　)。

  A. 合成有机物,贮存能量   B. 合成有机物,释放能量

  C. 分解有机物,贮存能量   D. 分解有机物,释放能量

(20)在农业生产中,下列措施中有利于呼吸作用的是(　　　)。

  A. 给植物松土   B. 植物移栽后遮阴

  C. 低温贮藏蔬菜、水果   D. 粮食晒干后贮藏

(21)低温以及适当控制氧气和二氧化碳浓度可以延长果蔬的贮藏期,这主要是因为该环境(　　　)。

  A. 能使呼吸作用旺盛   B. 能使呼吸作用减弱

  C. 能调节光合作用强度   D. 使细菌等微生物不能生存

(22)肉质果实安全贮藏的相对湿度一般在(　　　)。

  A. 8%～16% B. 16%～20% C. 30%～40% D. 80%～90%

(23)以葡萄糖作为呼吸底物,其呼吸商(　　　)。

  A. $RQ=1$ B. $RQ>1$ C. $RQ<1$ D. $RQ=0$

(24)如果人们经常在草坪上行走,会造成土壤板结,从而影响草的生长,土壤板结影响植物生长的主要原因是(　　　)。

  A. 植物缺少水分,影响呼吸作用 B. 气孔关闭,影响了蒸腾作用

  C. 植物缺少水分,影响光合作用 D. 土壤缺氧,影响了根的呼吸

(25)贮藏蔬菜或水果时,将空气抽掉一部分并增加二氧化碳的量,能延长贮存时间,原因是(　　　)。

  A. 抑制了水果的呼吸作用   B. 控制了有害微生物的繁殖

  C. 加快了物质的转化   D. 促进了光合作用

(26)植物进行呼吸的主要形式是(　　　)。

  A. 有氧呼吸   B. 无氧呼吸   C. 酒精发酵   D. 乳酸发酵

(27)果实食用品质最佳时期是(　　　)。

  A. 呼吸高峰出现前   B. 呼吸高峰出现时

  C. 呼吸高峰出现过后   D. 成熟后

(28)浇水过勤,土壤中总是含有大量的水分,这样会导致烂根,植株死亡,其原因是(　　　)。

  A. 水分过多,根毛吸水涨破   B. 水分过多,根毛无法呼吸

  C. 根吸收的水分过多而死亡   D. 水分过多,使土壤成分破坏

(29)贮存蔬菜时,适当提高二氧化碳的浓度可延长贮存时间,原因是(　　　)。

  A. 二氧化碳杀菌   B. 二氧化碳抑制呼吸

  C. 二氧化碳降低温度   D. 二氧化碳促进光合作用

(30)有氧呼吸与无氧呼吸的共有阶段是糖酵解，其产物是(　　)。

 A. 丙酮酸   B. 乙醇   C. 乳酸   D. 乙酰 CoA

(31)冬季温室栽培中，如果遇阴天光照不足，应该(　　)。

 A. 适当提高温度以提高光饱和点 B. 适当降低温度以提高光饱和点

 C. 适当提高温度以降低光补偿点 D. 适当降低温度以降低光补偿点

5. 问答题

(1)简述水分在植物生命活动中的作用。

(2)植物的蒸腾作用有何生理学意义？

(3)简述一次施肥过多发生"烧根"的原因。

(4)简述水在植物体内的运输途径。

(5)何为水分临界期？了解水分临界期在农业生产上有何意义？

(6)在城市园林绿化中移植园林树木时如何维持水分平衡、提高其成活率？

(7)植物体内的必需元素分为哪两类？各有哪些？必需元素是如何确定的？

(8)试述氮、磷、钾的生理功能及缺素症状？

(9)植物根吸收矿质元素有何特点？矿质元素是怎样被根吸收的？

(10)根外追肥的优点有哪些？

(11)合理施肥为什么能增产？怎样才能做到合理施肥？充分发挥肥效的措施有哪些？

(12)何谓光合作用？光合作用有何意义？

(13)植物叶片为什么是绿色的？秋天树叶为什么会呈现黄色或红色？

(14)试述同化物质的运输原则和分配规律。

(15)植物为什么不能生长在光补偿点以下？

(16)试述二氧化碳浓度对光合作用的影响，温室和大田中分别采用哪些办法来提高二氧化碳浓度？

(17)为什么"树怕剥皮"？

(18)"环割"为什么能促进果树的花芽分化？

(19)冬季在温室内栽培蔬菜，采取哪些农业措施可提高植物的光合效率？

(20)解释下列现象或说明下列措施的生理依据：①阴天温室应适当降温；②对棉花、果树、番茄等进行摘心、整枝、修剪；③生产上要注意保护果位叶；④打老叶；⑤生产上要保证通风透光。

(21)何谓光能利用率？植物光能利用率不高的主要原因有哪些？在生产中可采取哪些措施来提高植物的光能利用率？

(22)何谓呼吸作用？呼吸作用有何意义？

(23)植物为什么不能长期进行无氧呼吸？

(24)在生产上，从调控呼吸作用的角度采取的栽培管理措施有哪些？

(25)早稻催芽时，用温水浸种和翻堆的目的是什么？

(26)种子贮藏时为什么要降低呼吸速率？

(27)如何协调好温度、湿度及气体间的关系来做好果蔬的贮藏？

单元6 植物的生长发育

◇**知识目标**

(1)了解植物生长物质的种类,熟悉各类生长物质的生理作用。

(2)了解植物种子休眠的原因,熟悉种子萌发的条件;了解芽休眠的原因,理解种子与芽休眠调控的基础。

(3)了解生长、分化和发育的概念,掌握植物生长的基本特性。

(4)了解植物的成花诱导及其条件。

(5)了解环境条件对植物的生殖、衰老和器官脱落的影响。

◇**技能目标**

(1)能根据园林生产目的选择合适的植物生长调节剂。

(2)能调控园林植物种子与芽的休眠。

(3)能利用植物营养生长的基本规律来指导园林生产。

(4)能运用光周期现象与春化作用的原理来指导园林生产。

(5)能采取适当的措施预防植物衰老和器官脱落。

◇**理论知识**

植物的营养生长是植物生长的重要过程。种子萌发是大多数植物营养生长的开始,外界条件适宜才能使种子顺利萌发。许多植物的种子和芽在不良的环境条件下能进行休眠,是植物的适应性表现。植物幼苗在营养生长到一定年龄,才能感受到适宜的外界环境条件的诱导,转向生殖生长,进而开花结实。果实和种子在成熟过程,生理生化上发生剧烈变化,最终整个植株趋向衰老,器官脱落,植株自然死亡,完成了一个完整的生命周期。植物生长物质是一些调节植物生长发育的物质,可分为内源的植物激素和人工合成的植物生长调节剂两类,它们应用于植物生产,通过调控植株的生长发育,为生产做出重要贡献。

6.1 植物的生长物质

植物的生长物质是一类调节和调控植物生长发育的微量化学物质,可分为两大类:植物激素和植物生长调节剂。植物激素是一类在植物体内合成，并从产生部位运输到别处，对植物生长发育产生显著作用的微量有机物；而植物生长调节剂是一类人工合成的具有类似植物激素生理效应的化合物。

目前为止，国际公认的植物激素有五大类：生长素类、赤霉素类（GAs）、细胞分裂素类（CTKs）、脱落酸（ABA）和乙烯（ETH）。近年来发现的植物激素还包括油菜素甾体类、茉莉酸类、水杨酸类、多胺类和多肽类等。

植物生长调节剂主要包括生长促进剂、生长抑制剂和生长延缓剂等。常见的植物生长调节剂有 α-萘乙酸、吲哚丙酸、乙烯利、6-苄基腺嘌呤等，现已广泛用于农业、林业生产，在打破种子休眠、控制株形、提高植物抗性、提早成熟、提高产量和品质以及产生无籽果实等方面有明显作用。

6.1.1　植物激素

6.1.1.1　生长素类

（1）生长素的种类

吲哚乙酸（IAA）是植物体内最常见也是最主要的生长素类物质，除了 IAA 以外，植物体内还有其他常见的生长素类物质，如苯乙酸（PAA）、4-氯-3-吲哚乙酸（4-Cl-IAA）、吲哚丁酸（IBA）。

（2）生长素的合成与分布

生长素在高等植物体内分布很广，根、茎、叶、花、果实、种子以及胚芽鞘均有分布，但大多集中在代谢旺盛的部位。如胚芽鞘、芽和根尖端分生组织、形成层、幼嫩的种子、受精后的子房等快速生长的组织和器官。而在趋向衰老的组织和器官中生长素较少存在。一般情况下，每克鲜重植物材料含 10~100ng 生长素。

植物体内的生长素类物质主要合成部位为叶原基、嫩叶、顶芽、根尖和正在发育的种子，其合成的前体为色氨酸。

（3）生长素的运输

生长素在植物体内的运输主要为极性运输，即生长素只能从植物体的形态学上端向下端运输，而不能反向运输。将燕麦胚芽鞘的尖头切去，将含有生长素的琼脂块置于上端，而不含有生长素的琼脂块置于下端，过一段时间后，发现下端的琼脂块中含有生长素；若将胚芽鞘倒置过来，把形态学的下端向上，做同样的实验，结果发现下端的琼脂块不含有生长素（图 6-1）。实验证明，

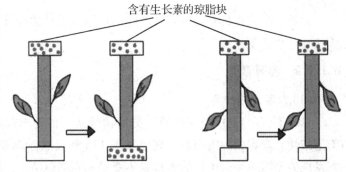

含有生长素的琼脂块

图 6-1　生长素的极性运输

燕麦胚芽鞘的生长素运输是极性的。

生长素的极性运输是一种主动运输的过程，需要消耗能量。因此，在缺乏氧气或存在呼吸毒物(氰化物、2,4-二硝基苯酚)等状况下会严重抑制生长素的运输。

(4)生长素的生理作用

生长素对植物的生长发育有着广泛的作用。主要对植物细胞的分裂、伸长和分化，以及植物营养器官和生殖器官的生长、成熟和衰老有着重要的影响。生长素的主要生理作用包括：

①促进伸长生长　适宜浓度的生长素对芽、茎、根细胞的伸长有明显的促进作用，从而达到营养器官伸长的效果。在一定浓度下，芽、茎、根的伸长可达到最大值，此时为生长最适浓度，若超过最适浓度，器官的伸长则受到抑制。不同器官的生长素最适浓度不同，茎端最高，芽次之，根最低。如图6-2所示，根对IAA最敏感，极低的浓度就可促进根生长，最适浓度为10^{-10}mol/L。茎对IAA的敏感程度比根低，最适浓度为10^{-5}mol/L。芽的敏感程度处于茎与根之间，最适浓度约为10^{-8}mol/L。所以，在使用生长素时必须注意使用的浓度和植物的部位。

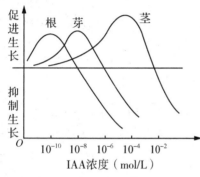

图6-2　不同器官伸长对IAA浓度的反应

②促进器官和组织分化　生长素与细胞分裂素配合能引起细胞分裂，从而诱导植物组织脱分化，产生愈伤组织，再进一步分化出不同器官和组织。植物组织培养和扦插时用生长素类物质处理可促进生根。用50~100mol/L的IAA、NAA或ABT(生根粉)处理葡萄、月季、山荆子等扦插枝条，可显著提高插条的生根成活率。黄瓜等瓜类作物在花芽分化期施用生长素类物质，能产生增加雌花的效应。

③其他效应

诱导单性结实　生物素及其化合物可以诱导番茄、茄子、青椒、黄瓜、西葫芦、南瓜、茄子、无花果、杧果、沙田柚、醋栗、番石榴、油梨和黑刺莓等的单性结实。

促进凤梨科开花　多数情况下IAA抑制花的形成，但IAA能强烈促进菠萝等凤梨科植物开花。

此外，生长素具有促进光合产物的运输、保持顶端优势、抑制花朵脱落、抑制块根形成和叶片衰老等作用。

6.1.1.2　赤霉素类

(1)赤霉素的种类

赤霉素(GA)是广泛存在的一类植物激素。各类赤霉素都含有羧基，故赤霉素类物质均呈酸性。赤霉素种类很多，现已发现126种天然赤霉素，GA右下角的数字代表该赤霉素发现的先后顺序。市售的赤霉素主要是赤霉酸(GA_3)，是生物活性最高的一种。

(2)赤霉素的合成与分布

赤霉素普遍存在于被子植物、裸子植物、蕨类植物、绿藻、褐藻、真菌和细菌中，含量最高的部位是植株生长旺盛的部位，如茎端、根尖、果实和种子。一般情况下，高等植物每克鲜重植物材料含赤霉素 1~1000ng，果实和种子（尤其是未成熟的种子）中赤霉素含量高达每克鲜重 3~4μg。在同一种植物中，往往含有几种赤霉素，如南瓜和菜豆分别含有 20 种与 16 种赤霉素。植物在不同发育时期赤霉素的种类、数目和状态也有差异。

赤霉素在植物体内的合成部位主要是正在发育的种子和果实、正在伸长的茎端和根部。

（3）赤霉素的运输

赤霉素在植物体内双向运输，没有极性。嫩叶合成的赤霉素通过韧皮部的筛管向下运输，而根部产生的赤霉素沿木质部导管向上运输。

（4）赤霉素的生理作用

赤霉素具有促进果实发育、诱导花芽分化、抑制衰老和促进坐果率等作用。

①促进茎、叶伸长生长　这是赤霉素最显著的生理作用，尤其对矮生突变品种的效果特别明显，但节间数目并不增加，对离体茎切段的伸长也几乎没有促进作用。50mg/L 的赤霉素能明显改善郁金香的切花品质，使花莛长度、花苞大小和单株面积都有所增长。百合品种'元帅''西伯利亚'生长期分别喷施 100mg/kg 和 200mg/kg 的赤霉素溶液，花苞增长效果较为显著，且'元帅'花苞增长幅度大于'西伯利亚'。

②促进抽薹和开花　赤霉素可代替长日照诱导长日植物在短日条件下开花。对于 2 年生植物，如果不经过低温阶段，则呈莲座状态不开花，而赤霉素可代替低温使其当年抽薹开花。赤霉素对于雌雄异株的植物，能促进雄花分化，如双子叶植物大麻、菠菜、黄瓜等，用赤霉素处理有利于雄花的形成。

③打破休眠　赤霉素可有效打破休眠，促进种子萌发。同时赤霉素也能破除树木和马铃薯的芽休眠，使其很快发芽。

④诱导 α-淀粉酶的合成　用赤霉素处理萌动未发芽的大麦种子，可促进糊粉层细胞形成 α-淀粉酶，从而使胚乳中的糖类物质分解，用于发酵生产啤酒。

⑤诱导形成无籽果实　赤霉素可促进某些植物单性结实。一般在葡萄盛花前 7~14d，用 25~200mg/L 的赤霉素喷或蘸花序，在花后 10~20d 再处理一次，可获得商品性无籽果实。赤霉素也可有效诱导番茄、茄瓜、苹果、梨、越橘、山楂、猕猴桃及甜橙的单性结实。

6.1.1.3　细胞分裂素类

（1）细胞分裂素的种类

细胞分裂素（CTK）是一类调节细胞分裂的激素。它是腺嘌呤的一种衍生物。天然存在的细胞分裂素可分为游离型细胞分裂素和结合型细胞分裂素两大类。游离型细胞分裂素共有 20 多种，如玉米素、玉米素核苷、二氢玉米素和异戊烯基腺嘌呤等。其中 1963 年由澳大利亚 Letham 在甜玉米未成熟种子中所提取的玉米素是分布最广泛的一类细胞分裂素。结合型细胞分裂素有异戊烯基腺苷、甲硫基玉米素等。

（2）细胞分裂素的合成与分布

一般认为，细胞分裂素在植物体的根尖合成。但随着研究的深入，发现根尖并不是唯一的细胞分裂素合成部位，如茎尖、未成熟的种子和发育着的果实均是细胞分裂素的合成部位。

细胞分裂素普遍存在于高等植物中，在藻类植物、细菌类和真菌类中也有分布。在高等植物中，细胞分裂素主要分布在细胞分裂的部位，如茎尖分生组织、未成熟种子和生长着的果实等部位。一般来说，每克植物材料鲜重含 1~1000ng 细胞分裂素。

（3）细胞分裂素的运输

细胞分裂素在植物体内的运输为非极性运输，主要是在根尖合成处由木质部运输到地上部分。最近研究表明，叶片等其他器官合成的细胞分裂素也可以从韧皮部向下运输。

（4）细胞分裂素的生理作用

①促进细胞分裂和扩大　细胞分裂包括细胞核分裂和细胞质分裂两个过程，细胞分裂素最明显的生理作用是促进细胞质分裂，而生长素只促进细胞核分裂，所以细胞分裂素只有在与生长素并存的条件下才能表现出促进细胞分裂的作用。

②促进芽的分化　促进芽的分化是细胞分裂素的重要生理效应之一。在植物组织培养试验中发现，细胞分裂素和生长素能对愈伤组织的根和芽的分化起调控作用。当细胞分裂素与生长素浓度的比值高时，可诱导芽的形成；反之，则有促进生根的趋势。

③抑制作用　抑制不定根和侧根形成，特别是延迟叶片衰老是细胞分裂素特有的作用。如在离体叶片上局部涂上细胞分裂素，其保持鲜绿的时间远远超过叶片上未涂细胞分裂素的其他部位，说明细胞分裂素有延缓叶片衰老的作用，同时也说明了细胞分裂素在组织中一般不易移动。

此外，细胞分裂素还具有促进侧芽发育、解除顶端优势、扩大叶片、使气孔张开、提高产量等作用。

6.1.1.4　脱落酸

脱落酸（ABA）是一类抑制生长发育的植物激素。

（1）脱落酸的合成与分布

脱落酸的合成部位主要是根尖和萎蔫的叶片，在茎、花、果实和种子等器官中也可合成脱落酸。

植物各器官和组织中均有脱落酸分布，尤其是在即将脱落、衰老或进入休眠的器官和组织中所含有的脱落酸较多。此外，在高温干旱等逆境条件下，脱落酸的含量也会迅速增加。一般情况下，每克植物材料鲜重含 10~50ng 脱落酸。

（2）脱落酸的运输

脱落酸在植物体内的运输不存在极性，主要以游离的形式运输。在植物体内运输速度很快，在茎和叶柄中的运输速度大约是 20mm/h。在木质部和韧皮部均可运输，大多数是在韧皮部运输。

（3）脱落酸的生理作用

①促进脱落　加速植物器官脱落是脱落酸的一个重要生理作用。脱落酸在植物器官脱落方面可能没有直接的作用，而只是引起器官的细胞过早衰老，随后刺激乙烯产量的上升而引起脱落，真正的脱落过程的引发剂是乙烯而不是脱落酸。

②促进气孔关闭　干旱条件下，脱落酸能够通过影响保卫细胞的膨压，促进气孔关

闭，以控制水分的散失。

③增加抗逆性　脱落酸又被称为胁迫激素、应激激素。近年研究发现，干旱、寒冷、高温、盐害、水渍等逆境都能使植株体内脱落酸含量迅速增加，从而调节植物的生理生化变化，提高抗逆性。

④促进休眠　脱落酸能促进多年生木本植物和种子的休眠。将脱落酸施用于红醋栗或其他木本植物生长旺盛的小枝上，植株就会出现节间缩短、营养叶变小、顶端分生组织有丝分裂减少、形成休眠芽、引起下部的叶片脱落等症状。

⑤抑制作用　脱落酸能抑制植物生长，也能抑制种子的发芽。

6.1.1.5　乙烯

乙烯(ETH)是一种非常独特的植物激素。它是一种挥发性气体。

(1)乙烯的合成与分布

在高等植物的所有部位，如叶、茎、根、花、果实、种子及幼苗在一定条件下都会产生乙烯。在逆境条件下，如干旱、水涝和机械损伤等不利因素，都能诱导乙烯的合成。

在植物的各种组织和器官中均广泛存在着乙烯，特别在种子萌发、果实后熟、叶片脱落和花衰老等阶段产生的乙烯最多。乙烯在植物体内含量非常少，成熟组织释放乙烯量一般为 $0.01 \sim 10 nL/(g \cdot h)$。

(2)乙烯的运输

乙烯是一种挥发性气体，易在植物体内移动，其运输属于被动扩散型。

(3)乙烯的生理作用

①改变植物的生长习性　乙烯改变植物生长习性主要表现出特有"三重反应"，即抑制茎的伸长生长、促进茎或根的横向增粗及茎的横向生长。同时乙烯还能使叶柄向下弯曲成水平方向，严重时叶柄下垂(图 6-3)。

0.00　0.005　0.01　0.02　0.04　0.08　0.16　0.32　0.64

乙烯浓度（μL/L）

最初大小（3日龄苗）　　A　　　　　　　　　　　　　　　B

图 6-3　乙烯的"三重反应"

A. 不同乙烯浓度下黄化豌豆幼苗的生长状态　B. 10μL/L 乙烯处理 4h 后番茄幼苗的形态

②促进果实成熟　催熟果实是乙烯最显著和最重要的作用。乙烯促进果实成熟的原因是增加质膜的透性，提高果实中水解酶活性，使呼吸作用加强，使果肉有机物急剧变化，最终达到可以食用的程度。

③促进衰老和脱落　乙烯能极显著地促进器官衰老，施用乙烯可促进花的凋谢，乙烯

还可促进多种植物叶片和果实等的脱落。

④促进开花和雌花分化　乙烯可使细胞代谢水平升高，加快营养生长向生殖生长的转化，从而达到促花的目的。如乙烯能诱导菠萝等凤梨科植物提早开花，且花期一致。乙烯还可以改变花的性别(如促进黄瓜雌花分化)，并使雌、雄异花同株的雌花着生节位下降。乙烯在这方面的效应与 IAA 相似，而与 GA 相反，现在知道 IAA 增加雌花分化就是由于 IAA 诱导产生乙烯的结果。

⑤乙烯的其他效应　诱导插枝不定根的形成，促进根的生长和分化；打破种子和芽的休眠；促进植物体内次生物质(如橡胶树的胶乳、漆树的漆等)的排出；增加产量等。

6.1.1.6　植物激素间的相互作用

植物激素对生长发育和生理过程的调节作用，往往不是某一种植物激素的单独效果。由于植物体内各种内源激素间可以发生增效或颉颃作用，只有各种激素协调配合，才能保证植物正常生长发育。

①增效作用　就是一种激素可加强另一种激素的效应。如 IAA、GA 促进植物节间的伸长生长，表现为相互增效作用；IAA、CTK 共同作用，从而完成细胞的分裂(IAA 促进细胞核的分裂，CTK 促进细胞质的分裂)；CTK 加强了 IAA 的极性运输；IAA 使 CTK 的作用持续期延长；ABA 和 ETH 在促进器官脱落方面表现出增效作用。IAA 促进 ETH 产生作用，高浓度 IAA 条件下，可产生较多的乙烯，抑制生长(IAA 促进乙烯前体 ACC 合成酶的活性，促进乙烯的生物合成)。有人认为这是 IAA 对生长的双重作用的原因(低浓度促进生长，高浓度抑制生长)。

②颉颃作用　就是一种激素削弱或抵消另一种激素的生理效应。如 IAA 维持顶端优势，而 CTK 减弱顶端优势；IAA 促进扦插枝生根，GA 则抑制不定根的形成；IAA 推迟器官脱落的效应会被 ABA 抵消；GA 促进种子萌发，ABA 促进种子休眠；CTK 抑制叶绿素、核酸和蛋白质的降解，抑制叶片衰老，ABA 抑制核酸、蛋白质的合成并提高核酸酶的活性，从而促进核酸降解，使叶片衰老；CTK 促进气孔开放，ABA 促进气孔关闭。

③激素的相对含量　通过调节植物激素的比例可控制植物的发育。如 IAA 与 CTK 比例高，诱导根的分化；IAA 与 CTK 比例低，诱导芽的分化；IAA 与 CTK 比例适宜，诱导根、芽的分化；只有 IAA 则形成愈伤组织。IAA 与 CTK 比例高，能维持顶端优势；IAA 与 CTK 比例低，减弱顶端优势。IAA 与 GA 比例高，促进木质部分化；IAA 与 GA 比例低，促进韧皮部的分化。GA 与 CTK 比例高，促进顶芽分化为雄花；GA 与 CTK 比例低，促进顶芽分化为雌花。CTK 与 ABA 比例高，促进气孔开放；CTK 与 ABA 比例低，促进气孔关闭。

6.1.2　植物生长调节剂

6.1.2.1　常用的植物生长调节剂

植物生长调节剂种类繁多，本文主要介绍生产中常用的几类植物生长调节剂。

(1)生长促进剂

生长促进剂是可以促进细胞分裂、分化和伸长生长，或促进植物营养器官的生长和生殖器官发育的植物生长调节剂。人工合成的生长促进剂包括生长素类、赤霉素类、细胞分裂素类、多胺类等。常见的生长促进剂包括：2,4-D、萘乙酸、吲哚乙酸、吲哚丁酸、激动素等。

①2,4-D　化学名称为2,4-二氯苯氧乙酸，分子式为$C_8H_6O_3Cl_2$。纯品2,4-D为无色无味的晶体，一般为白色或略带褐色的粉末状。可溶于乙醇、丙酮等大多数有机溶剂，但难溶于水、苯和石油。为了方便使用，生产上通常都将2,4-D加工成易溶于水的铵盐或钠盐。

2,4-D浓度在15~25mg/kg范围内，可诱导愈伤组织形成，促进植物生长，防止落花、落果，诱导单性结实。而高浓度的2,4-D被广泛应用于杀除杂草、疏花疏果。此外，2,4-D还可用于水果和切花的保鲜，延缓衰老。

②萘乙酸　简称NAA，化学式为$C_{12}H_{10}O_2$。纯品NAA为白色针状或粉末状晶体，无任何气味，不溶于水。生产上为黄褐色、易溶于热水和酒精的粉末。对人、畜无害。

萘乙酸常用于促进扦插生根、提高产量、防止脱落等，如用5~10mg/kg萘乙酸溶液处理插条6~12h，可明显提高生根率。此外，NAA也可用于疏花疏果、提高植物抗性等方面。

③吲哚乙酸　见光易被氧化，使用不便，只在科研或组织培养上应用，生产上一般不用。

④吲哚丁酸　生产上应用的吲哚化合物以吲哚丁酸为主。它是一种白色粉剂，不溶于水，能溶于乙醇、丙酮，是一种高效的生长调节剂。主要用于促进插枝生根，作用较强烈，维持时间较长，诱导的不定根多而细长。

⑤激动素　主要用于花卉及蔬菜保鲜；用于组织培养，促进细胞分裂，诱导组织分化；诱导无籽果实，促进坐果和果实增大。

（2）生长抑制剂

生长抑制剂是一类抑制顶端分生组织生长，使植物失去顶端优势，从而使植物形态发生很大变化的物质。施用赤霉素不可逆转此抑制作用。常用的生长抑制剂有：三碘苯甲酸（TIBA）、整形素、青鲜素（MH）等。

①三碘苯甲酸　又称为抗生长素，化学式为$C_7H_3O_2I_3$，纯品为白色粉末，不溶于水，可溶于乙醇、丙酮、乙醚等有机溶液。商品三碘苯甲酸为黄色或浅褐色溶液或含98%三碘甲苯酸的粉剂。低毒，避免与皮肤和眼睛接触。

TIBA用于抑制植物顶端生长，使植株矮化，促进侧芽和分蘖生长。如高浓度TIBA抑制生长，可用于防止大豆倒伏；低浓度TIBA促进生根；在适当浓度条件下，具有促进开花和诱导花芽形成的作用。

②整形素　又名氯甲丹、形态素，化学式为$C_{15}H_{11}ClO_3$，无色结晶，难溶于水。整形素可使植物矮化，促进侧芽生长，抑制种子萌发，也常用于盆景造型。

③青鲜素（MH）　又称马来酰肼，化学式为$C_4H_4O_2N_2$。MH可用于防止马铃薯块茎、洋葱、大蒜、萝卜等贮藏期间抽芽，并有抑制作物生长、延长开花的作用。也可用作除草

剂或用于烟草的化学摘心。

（3）生长延缓剂

生长延缓剂是指抑制植物亚顶端分生组织生长的生长调节剂，能抑制节间伸长而不抑制顶芽生长。这种抑制作用是可逆的，可施用赤霉素将此抑制作用解除。常用的生长延缓剂有多效唑、矮壮素、B_9、助壮素等。

①多效唑（PP_{333}）　是20世纪80年代研制成功的三唑类生长延缓剂，是GA的抑制剂。PP_{333}化学式为$C_{15}H_{20}N_3OCl$，纯品为白色晶体，不溶于水，易溶于丙酮、甲醇等有机溶剂，通常与农药一起施用。商品PP_{333}一般是含量为15%的可湿性粉剂。PP_{333}通常用于植株的矮化，促进侧枝或分蘖生长，使幼树提早开花，并能促进增产。如用PP_{333}处理后的桃树，第三年的产量可达到$8000kg/hm^2$。此外，PP_{333}还有增强植株的抗逆性、培育健壮组培苗等作用。

②矮壮素（CCC）　化学式为$C_5H_{13}Cl_2N$，纯品为白色棱状结晶，有鱼腥味，易溶于水，不溶于乙醇、乙醚等有机溶剂，其作用与GA恰好相反，对植物的伸长生长起抑制作用。农业生产中主要用于大麦、水稻等农作物植株矮化，防止倒伏。此外，矮壮素还可用于抑制棉花枝条的徒长，从而达到增产的目的。

③B_9　又称为比久，化学式为$C_5H_{12}N_2O_3$，纯品为白色结晶，易挥发，微臭。B_9抑制生长素的运输和赤霉素的合成，其生理作用主要是促进花芽分化，提高坐果率，促进果实着色。

④助壮素　又名缩节胺（Pix），产品为结晶粉，易溶于水。它能缩短节间，抑制营养生长，已广泛应用于防止棉花疯长和蕾铃脱落，提高坐果率，增加产量。也可用于防止小麦徒长、倒伏。其药效缓和，且药效期长，对人、畜无毒。

（4）其他植物生长调节剂

①乙烯利　简称CERA，化学式为$C_2H_6ClO_3P$，纯品为白色针状结晶，商品为淡棕色液体，易溶于水、甲醇、丙酮、乙二醇、丙二醇，不溶于石油醚。其生理效应与乙烯相同，是优质高效的植物生长调节剂。在生产上主要用于打破植物休眠，促进植株矮化，促进果实成熟，疏花疏果，诱导黄瓜雌花形成等。

②ABT生根粉　一种具有国际先进水平的广谱、高效、复合型的植物生长调节剂。广泛应用于农、林业生产中，效果明显。ABT生根粉最主要的作用是促进扦插苗生根，提高生根率，此外，还可以提高种子的发芽率、促进植物生长、增强植物抗逆性以及提高作物产量等。

6.1.2.2　植物生长调节剂在生产上的应用

（1）促进扦插、移栽生根和发芽

促生根调节剂主要有NAA、IBA、NAA+IBA，其中NAA诱导产生的根短而粗，呈刷状，IBA诱导产生的不定根细而长，两者结合促生根效果好；B_9、IAA、萘乙酰胺、6-BA也有促生根的作用。生产实践中侧柏、大黄杨、杜鹃花、仙客来、一品红、天竺葵、杨树等扦插生根就是用配制好的NAA、IBA、B_9等植物生长调节剂处理。生根产品在使用时要注意浓度，过高会抑制生根，过低没有生根效果。

（2）促进种子萌发，打破休眠

在实践中赤霉素、细胞分裂素是最有效的萌发促进剂，它能打破种子休眠，促进发芽。如百合的鳞茎用赤霉素处理，6d 后就能发芽；杜鹃花、山茶、牡丹的种子用 100mg/L 赤霉素处理，能打破休眠，水仙、郁金香、菊花、山毛榉、龙胆等花卉也常用赤霉素打破休眠、促进萌发。

（3）调节花期、催花、促花

对于观赏植物，调控花期尤为重要。为了适应市场和节日的需要，控制植物的开花时间及延缓或促进开花，在生产实际中除调控光照、温度和肥水外，还运用植物生长调节剂（催花剂、迟花剂）诱导或延缓开花，增加花量。如郁金香株高 5~10cm 时用 GA 处理可提前开花；用乙烯利滴在观赏凤梨科植物叶腋中，能诱导开花。除此之外，B_9、矮壮素、多效唑也有促进开花的作用。

（4）调整株形，提高观赏度

根据商品化生产的需要，利用植物生长调节剂调整株形，控制植物的生长发育，创造出造型美观的中小型盆栽植物，进入千家万户，在花卉商品化生产中具有较大的潜力和广阔的市场前景。生产实践上常常利用植物生长延缓剂如矮壮素、丁酰肼、多效唑等进行造型、矮化。

（5）有利于鲜切花保鲜

鲜切花保鲜为一项综合性的技术。首先，不可忽视影响鲜切花寿命的外界环境，如温度、相对湿度、光照、空气的流速与乙烯的浓度等。这些都会直接影响鲜切花采收后的货架寿命。其次，在生产实践中还常用植物生长促进剂如 6-BA、激动素、赤霉素、2,4-D 和植物生长延缓剂（青鲜素、矮壮素、B_9），与各种辅助因子一起配制鲜切花保鲜剂，能延缓植物衰老，降低呼吸和代谢速率，延缓开花，延长鲜切花观赏期。

（6）防止落花、落果，延长观赏期

在实践中除改善植物的生长环境、加强管理外，合理协调植物营养生长与生殖生长的关系，并配合使用植物生长调节剂，就可有效地防止植物落叶、落花和落果。应用植物生长促进剂，还可有效地延长盆栽植物的寿命。在生产实践中常用植物生长调节剂 NAA、6-BA、B_9、GA 等延长一品红、菊花、百子莲、金鱼草、秋海棠、文竹、朱砂根等盆栽植物的寿命。同时可用抗蒸腾剂和营养增绿剂来保持厅堂内摆放的观叶植物叶色鲜绿。

（7）提高抗逆性和改善环境

科学研究证明，当植物受到不利环境因素影响时，叶片上的气孔就开始关闭，蒸腾作用和光合作用就会明显降低。此时，植物体内内源激素成分与含量发生明显改变，如脱落酸含量明显增加，所以在实践中利用植物生长调节剂脱落酸能增强植物的抗逆性。又如矮壮素、B_9 处理后植株矮壮、紧凑，叶片小而厚，这都与植物生长调节剂提高植物对不良环境影响的抗性有关。

总之，植物的生长物质在生产上应用的效果是多方面的，如前所述，既能防止植物落花、落果，又能疏花、疏果，既能促进发芽，又能抑制发芽，这些都是由于植物生长物质的种类或浓度不同的结果。在加速植物生长方面，还是应以水、肥和管理为基础，绝不能认为植物生长物质可以替代水肥管理，否则如果使用不当，不仅不能收到预期的效果，还会造成损失。

【实践教学】

实训6-1　萘乙酸对根和芽生长的影响

一、实训目的

通过实验，了解植物不同部分对不同浓度萘乙酸溶液的反应。

二、材料及用具

材料：绿豆种子。

设备：光照培养箱、100mL容量瓶、50mL烧杯、培养皿、移液管、小镊子、标签纸、瓷盘、剪刀、尺子。

试剂：100μg/mL NAA母液（准确称取10mg NAA于小烧杯中，加少量95%乙醇溶解，再加蒸馏水，搅拌使其完全溶解，然后倒入100mL容量瓶中定容至100mL），1%次氯酸钠。

三、方法及步骤

1. 绿豆的培养

精选绿豆种子，用1%次氯酸钠消毒15min，然后用水冲洗数次，浸种后放入瓷盘中，用湿纱布覆盖种子，在20~25℃温箱中培养至刚萌芽即可。

2. 系列浓度NAA溶液的配制

将100μg/mL NAA母液稀释成50μg/mL、10μg/mL、5μg/mL、1μg/mL、0.1μg/mL、0.01μg/mL、0.001μg/mL、0.0001μg/mL的系列浓度NAA溶液。溶液配制方法如下：

配制50μg/mL溶液：量取9mL 100μg/mL NAA母液，加水9mL。

配制10μg/mL溶液：量取2mL 100μg/mL NAA母液，加水18mL。

配制5μg/mL溶液：量取1mL 100μg/mL NAA母液，加水19mL。

配制1μg/mL溶液：量取2mL 10μg/mL NAA母液，加水18mL。

配制0.1μg/mL溶液：量取2mL 1μg/mL NAA母液，加水18mL。

配制0.01μg/mL溶液：量取2mL 0.1μg/mL NAA母液，加水18mL。

配制0.001μg/mL溶液：量取2mL 0.01μg/mL NAA母液，加水18mL。

配制0.0001μg/mL溶液：量取2mL 0.001μg/mL NAA母液，加水18mL。

3. 诱导绿豆苗生根发芽

（1）选取长势一致的萌芽绿豆90粒。

（2）取9个干净的大小一致的培养皿，编号。每个培养皿中铺一张滤纸，分别加入上述不同浓度的NAA溶液20mL，对照（CK）加20mL蒸馏水。每个培养皿内的滤纸上排放10粒根、芽生长一致的萌发种子，加盖。

（3）将各处理放入20~25℃的光照培养箱中培养，3d后观察并测量根、芽生长情况。

要随时注意烧杯中的培养液位，如果培养液因蒸发减少，用蒸馏水补充到原来液位。

四、实训作业

（1）培养3d左右，按表6-1填写实验结果。

（2）分析哪一个浓度最适宜根的生长，哪一个浓度最适宜胚芽生长，并说明各种浓度对根、茎生长的影响。

表6-1 不同浓度萘乙酸（NAA）处理对绿豆幼苗生根发芽的影响

生长素浓度 （μg/mL）	平均芽长度 （cm）	平均发根数 （条）	平均根长度 （cm）	根粗细 （-、+、++）	芽粗细 （-、+、++）
0（CK）					
0.0001					
0.001					
0.01					
0.1					
1					
5					
10					
50					
100					

注：-表示根或芽细，+表示根或芽较粗，++表示根或芽粗壮。

实训6-2 生长调节剂对菊花株高的调节

一、实训目的

用赤霉素和B_9两种生长调节剂有效控制菊花株高，以满足不同需要。

二、材料及用具

菊花苗或将要现蕾的盆栽菊花；花盆、喷壶、烧杯、容量瓶；6mg/L或150mg/L的赤霉素溶液，150mg/L的B_9溶液，洗洁精。

三、方法及步骤

（1）将上盆后的菊花苗分成3组，第一组在上盆后的1~3d及3周后各喷施一次6mg/L的赤霉素溶液；第二组于上盆后10d起，每10d喷一次150mg/L的B_9溶液，一共喷4次；第三组喷清水作对照。

（2）菊花开花后，测量株高，记录数据。

四、实训作业

比较两种处理的不同，解释赤霉素促进株高及B_9抑制株高的原因。

6.2 植物的休眠

6.2.1 植物休眠的概念及意义

植物休眠是指植物芽或其他器官在发育的某个时期暂时停止生长和代谢，植物体暂时停止生长或生长极为缓慢的现象，它是植物在长期进化中形成的一种对环境变化的主动适应性。根据休眠的深度和原因，通常将休眠分为强迫休眠和生理休眠两种。由于环境条件不适宜而引起的休眠，称为强迫休眠；植物本身的原因引起的休眠，称为生理休眠或真正休眠。

在自然界中，植物无论生活在哪个地方，总会遇到冷、热、干、湿等季节性气候条件的变化，本来旺盛的生命活动易受逆境影响，在长久的自然进化过程中植物形成躲避恶劣环境的防御机制，如种子或芽在气候不利的季节到来之前进入休眠状态从而度过寒冷、干旱等严酷时期，这是休眠的本质意义。

植物休眠的形式有多种，很多一、二年生植物以种子为休眠器官，种子在脱落后有一段时间不能萌发；多年生落叶树以休眠芽形式休眠，通常芽的外围有许多层透水、透气性差的鳞片所保护；多年生草本植物，地上部分死亡，以休眠的地下器官如鳞茎、球茎、块茎或根状茎等越冬。

6.2.2 植物休眠的原因

(1)种子休眠的原因

种子休眠是指有生活力的种子由于内在原因而在适宜萌发条件下仍不能萌发的现象。植物种类的不同，造成种子休眠及阻碍种子发芽的原因也有所不同，并且同一种子因纬度、海拔、土壤湿度、土壤肥力、温度等条件不同，其休眠的程度也有区别，因此，内外环境条件是造成种子休眠的主要因素。引起种子休眠的原因大致分为以下几类。

①种皮的限制 种皮引起的休眠大致有以下 4 种类型：一是种皮因具有栅状组织和果胶层而阻止水分吸收，如豆科种子有又硬又厚且不透水的果皮或种皮，在农业上一般称"硬实"。二是种皮阻止气体吸收与排放，空气中的含氧量是影响种子萌发的重要因子，缺氧或氧含量过高均不利于种子萌发。三是种皮的机械障碍，通常种皮对发育中的胚起着物理阻碍作用。四是种皮本身含有阻碍萌发的抑制物，如在黄桦的研究中发现种皮内含有能够抑制其萌发的化学物质，可通过冲洗将其洗脱。

②胚休眠 指种子外部形态已近成熟或已具备成熟特征却不能发芽。一般胚休眠大致分为 3 类：一是形态休眠，即胚的形态后熟。银杏种子是典型的形态休眠，其种子外部形态已近成熟，但胚尚未分化完全，仍需要继续分化直到完全成熟才可发芽。二是生理休眠，即为胚的生理后熟。大多数木本植物的种子均属于此类。三是两种方式同时存在引起的休眠，即为胚的形态后熟与生理后熟并存型，大多数的胚休眠种子均属于此类。

③内源抑制物质 是影响种子萌发的重要因子。目前，脱落酸和酚类这两类化学物质是影响种子发芽的主要抑制物质。脱落酸对种子萌发具有强烈的抑制作用；酚类物质是植物的主要次生代谢产物之一，对生物具有一定的抑制或毒害作用。另外，有些果实或种子内存在的氢氰酸、柠檬醛、咖啡因等物质也抑制种子的萌发。

④环境因素 没有休眠或已解除休眠的种子遇到不良环境时重新进入休眠状态，从而产生次生休眠。但是，大部分植物种子的休眠都属于综合休眠，是由多种内部因素和外部因素共同作用所引起的休眠。

（2）芽休眠的原因

芽是很多植物的休眠器官，多数温带木本植物在年生长周期中明显地出现芽休眠现象。树木芽的休眠往往发生在其他部分停止生长的 1~2 个月之前，而春季又最早萌动。在引种栽培实践中，芽在秋季能否适时进入休眠，关系到树木能否安全越冬；在春季能否适时萌动，又关系到能否抵御晚霜侵袭。另外，芽休眠和萌动的早晚还关系到树木生长期的长短。芽休眠不仅发生于植株的顶芽、侧芽，也发生于根状茎、球茎、鳞茎、块茎，以及水生植物的休眠冬芽中。

大体而言，芽休眠除受遗传因子控制外，光照、温度和激素是主要的影响因子。

①光照 日照长度是诱发和控制芽休眠最重要的因素。对多年生植物而言，通常长日照促进生长，短日照引起伸长生长的停止以及休眠芽的形成。大多数植物有一个临界日照长度，日照长度短于临界日照长度时就能引起休眠，长于临界日照长度则不发生休眠。如刺槐、桦树、落叶松幼苗在短日照下经 10~14d 即停止生长，进入休眠。

②温度 低温是引起休眠和解除休眠的一个重要因子。在自然条件下，落叶树生理休眠后，必须经历一段时间的低温才能够打破休眠，恢复正常生长。

③激素 促进休眠的物质中最主要的是脱落酸，其次是氰化氢、氨、乙烯、芥子油、多种有机酸等。如马铃薯块茎在收获后也有休眠。因此，要想收获后立即作种薯，就需要打破休眠。生产上一般采用赤霉素来破除马铃薯块茎（实质是芽）的休眠。具体的方法是将种薯切成小块，冲洗后在 0.5~1.0mg/L 的赤霉素溶液中浸泡 10min，然后上床催芽。也可用 5g/L 的硫脲溶液浸泡薯块 8~12h，发芽率可达 90%以上。

6.2.3 植物休眠的调控

（1）种子休眠的调控

种子休眠的调控主要是打破种子休眠。就实际生产而言，及时解除种子休眠常常可以避免发芽率低甚至隔年发芽的现象，保证育苗工作顺利进行。打破种子休眠的方法大体包括以下几类。

①物理机械方法 因种皮束缚所引起的休眠，可通过物理方法对种皮进行破除处理。现在人工破除种皮的方法很多，如用热水、硫酸、石灰、碱和其他化学溶剂浸种软化种皮，或用沙石与种子摩擦划破种皮或破损，或人工剥除等。如将南方红豆杉、沙拐枣和珙桐等植物种子用木棍反复敲打或用粗沙反复摩擦能够解除由机械阻碍造成的种子休眠，提

高种子发芽率。

②层积处理　目前解除种子休眠最有效的方法就是层积处理，特别是对解除由种子内源抑制物存在和生理后熟所引起的生理休眠效果尤其显著。在生产上，一般采用湿沙层积处理。常用的层积处理有低温层积、高温层积和变温处理。低温层积的温度一般为0~5℃，高温层积的温度为15~25℃，有时也可以为20~30℃。低温层积处理是目前打破休眠，提高萌发率的最常用、最有效的方法。如桃种子在4℃下可迅速打破休眠，山杏种子层积处理以2~5℃效果最好。有些植物种子需要较高的温度使胚后熟或胚根长出，然后用低温促进胚芽生长，因此，种子在低温处理前还需要先进行一段高温吸湿的处理，才能打破种子休眠。

③激素处理　激素能够打破种子休眠，实质是调节激素促进物与抑制物浓度的平衡。自20世纪60年代以来，这一直是种子休眠研究的重点之一。许多研究表明，一些休眠种子可经由乙烯、乙烯利、GA₃、CTK和NAA等激素处理后迅速发芽。GA₃和CTK是生产中最主要的生长调节剂，而GA₃效果尤为突出，常用来代替低温层积处理打破种子休眠。在很多情况下，不同激素综合应用，会产生更加显著的效果。如对休眠的卫矛、人参和槭树等植物种子，单单使用CTK是无效的，但GA₃和CTK联合处理即可使种子萌发。同时，激素处理时间和浓度不同都会产生不同的效果。处理时间过长或太短，浓度过高或过低，均不利于种子萌发，只有浓度和时间适当才能促进种子萌发。

④其他方法　微肥浸种对种子萌发有一定的效果。目前对微肥的研究主要集中在稀土元素上，一般认为稀土浸种可以促进种子萌发。如黄连木种子经过干冷藏后，用稀土溶液浸泡24h可促进萌发，其中高浓度1000mg/L稀土溶液处理效果明显。动物对某些植物果实的采食也有利于种子萌发。生产上常将种子与人、畜粪尿混拌发酵，使种皮在微生物的作用下增强透性，被称为沤制处理。

(2) 芽休眠的调控

芽休眠的调控包括打破休眠和延迟休眠两个方面。打破休眠的目的是提早萌芽，提早成熟上市；对一些萌芽、开花较早的树种或品种适当延迟休眠，可以有效地避开"倒春寒"危害，避免花、芽冻害发生。目前调控芽休眠常用的措施大体包括以下几类。

①打破芽休眠

低温处理　低温打破休眠是逐渐积累的过程。解除芽休眠的温度一般为0~10℃，大部分植物的最佳打破休眠的温度是5℃，而0℃以下的低温对打破休眠通常是无效的。许多木本植物休眠芽需经历260~1000h的0~5℃低温才能解除休眠，将解除芽休眠的植株转移到温暖环境下便能发芽生长。

光照处理　有些休眠植株未经低温处理而给予长日照或连续光照也可解除休眠。但北温带大部分木本植物一旦芽休眠被短日照充分诱发，再转移到长日照下也不能恢复生长，通常只有靠低温来解除休眠。

激素处理　要打破芽休眠，使用GA和CTK效果较显著。用1000~4000μL/L的GA

溶液喷施桃幼苗和葡萄枝条，或用 $100\sim200\mu L/L$ CTK 喷施桃幼苗，都可以打破芽的休眠。

其他方法　如将紫丁香花、铃兰整株或部分离体枝条放入含适量乙醚熏气的密封装置内，保持 $1\sim2d$ 即可发芽。或将丁香、连翘植株的地上部分或枝条浸入 $30\sim35℃$ 温水中 12h，取出放入温室就能解除芽的休眠。

②延长芽休眠期　在生产上，要延长植物贮藏器官的休眠期，使之耐贮藏，避免丧失市场价值。如马铃薯在贮藏过程中易出芽，同时还产生叫作龙葵素的有毒物质，不能食用。收获前 $2\sim3$ 周，用 $0.4\%\sim1.0\%$ 萘乙酸钠盐溶液或萘乙酸甲酯的黏土粉剂均匀撒布在马铃薯块茎上，可以防止在贮藏期中发芽。对洋葱、大蒜等鳞茎类蔬菜也可用类似的方法处理。

6.3　种子的萌发

严格地讲，植物的个体发育始于受精卵(合子)的第一次分裂。但由于植物生产往往是从播种开始，因此，一般认为植物的个体发育是从种子萌发开始的，进一步表现为根、茎、叶等营养器官的生长，然后进入生殖生长过程，最后形成新的种子。种子是种子植物所独有的延存器官，与种子植物生活史中实现种群更新和物种延续有密切关系。因此，了解和掌握自然条件下种子萌发的时机及其调控机理、种子萌发与外界条件的关系等具有重要的意义。

6.3.1　种子萌发的定义和条件

(1)种子萌发的定义

种子萌发是指种子从吸水到胚根突破种皮期间所发生的一系列生理生化的变化过程。种子萌发结束的标志是胚根刺破周围组织和种皮而伸出。

(2)种子萌发的影响因素

植物的种子萌发并发育成新个体，不仅要求种子本身具有良好的发芽力以及已解除休眠期准备进入生长发育阶段，而且需要适宜的环境条件，主要包括充足的水分、适宜的温度和足够的氧气。

①影响种子萌发的内在因素　种子形态结构上的差异会影响到种子的萌发特性。一般认为，种子千粒重越大，种子活力越高，但当种子增大到一定程度时，种子的活力会呈现出下降趋势。

种皮的厚度、种皮所含的内源激素均会影响种子萌发。种皮不易透气透水、坚硬，或种皮内含抑制物，都会限制种子的萌发，因此这类种子的休眠期较长，如冬青、侧柏等种子。

此外，种子的不完整性和种胚的成熟度不够均会造成种子难萌发，甚至不萌发。一般情况下，成熟度越高，种子发芽率就越高。

②影响种子萌发的环境因素　有生活力的种子必须在适宜的环境条件下才能够萌发。通常影响种子萌发的环境因素包括水分、温度、氧气、光照、土壤、生物等方面，其中最重要的影响因素是水分、温度和氧气。

水分　是影响种子萌发的最重要因素。种子吸收充足的水分后，一是可使坚硬的种皮膨胀软化，使氧气、二氧化碳等物质易透过种皮，既增强胚的呼吸作用，又有利于胚根、胚芽突破种皮；二是可使原生质从凝胶状态变为溶胶状态，代谢水平提高，在各种活性酶的作用下，加快物质转化和运输等活动；三是可促进分解产物运送到正在生长的幼胚中，为细胞分裂等活动提供养分和能源。因此，充足的水分是植物种子萌发的必要且重要的条件。

植物不同，其种子的组分不同，吸水能力也不一样。一般来说，林木种子的萌发率均随含水量和湿度的降低而降低；含水量在25%以上有利于热带植物种子的萌发，但在高温条件下，由于失水过多，含水量越高的种子萌发率反而越低。

温度　种子萌发时需在各种酶的催化作用下进行，而酶的作用受温度影响。所以，温度对种子的萌发具有重要的生理作用。一般来说，温度对种子的萌发具有最低温度、最适温度及最高温度三基点，最低温度和最高温度是种子萌发的两个极限温度，在最低温度时，种子能萌发，但所需时间长，发芽不整齐，易烂种；低于最低温度或高于最高温度均不能使种子萌发。

不同原产地或不同种类的植物，其种子萌发的最适温度也不一样。大部分植物种子最适萌发温度为15~25℃。一般原产于北方的植物(如小麦)，种子萌发时所需温度较低；而原产于南方的植物(如水稻)，种子萌发时所需温度则较高(表6-2)。

表6-2　几种常见植物种子萌发的温度　　　　　　　　　　　　　　℃

植物种类	最低温度	最适温度	最高温度	植物种类	最低温度	最适温度	最高温度
小麦	0~4	20~28	30~43	花生	12~15	25~37	41~46
玉米	5~10	32~35	40~44	黄瓜	15~18	31~37	38~40
水稻	8~12	30~37	40~42	烟草	10~12	25~28	35~40
棉花	10~13	25~32	38~40	落叶松	8~9	20~30	35~36
甜瓜	10~19	30~40	45~50	皂荚	9	28	30~35

氧气　种子的萌发需要足够的氧气。种子吸水后呼吸作用增强，需氧量加大。一般植物种子要求其周围空气中含氧量在10%以上才能正常萌发，而如大豆、花生等油料种子萌发时需氧更多。土壤空气含氧量在5%以下时大多数种子不能萌发。土壤水分过多或不良的土壤结构使土壤空隙减少，通气不良，从而影响种子的萌发和根系的生长。

光　光不是所有种子萌发都必需的条件，大多数栽培植物的种子萌发对光照不敏感，有光无光都可进行，称为中光种子。但有些种子萌发时必须有光，称为需光种子，如月见草、烟草、沙葱和拟南芥等的种子。有些种子只能在暗处萌发，光照会抑制其萌发过程，这些种子称为需暗种子，如茄子、番茄的种子。

对需光种子而言，白光和波长为660nm的红光都有促进萌发的作用，而红光效应可被远红光(730nm)所抵消。如果用红光和远红光交替照射处理，种子萌发状况则取决于最后一次照射光的种类(表6-3)。现已证明，红光和远红光对种子萌发的逆转作用是通过光敏色素来控制的。

表 6-3 交替照射红光(R)和远红光(FR)对莴苣种子萌发率的影响

光处理	萌发率(%)	光处理	萌发率(%)
R	70	R-FR-R-FR	6
R-FR	6	R-FR-R-FR-R	76
R-FR-R	74	R-FR-R-FR-R-FR	7

注：在 26℃温度下，连续以 1min 的红光和 4min 的远红光照射。

6.3.2 种子萌发的过程

(1)种子萌发的基本过程

种子萌发可分为吸胀、萌动和发芽 3 个阶段。

第一阶段，为快速吸水的阶段，是物理过程，称为吸胀作用、吸水萌动。

第二阶段，种子的鲜重增加趋于稳定，这是与该阶段停止或缓慢吸水有关。在第二阶段，主要进行内部物质和能量的转化，某些酶开始形成或活化，从而使代谢活性增强，为萌发的形态变化做好准备。

第三阶段，幼胚不断吸收营养，细胞数目不断增加，胚根细胞伸长，胚根首先突破种皮而伸出，俗称露白(萌发的标志)。生产上常把胚根的长度与种子长度相等、胚芽长度达到种子长度 1/2 时，定为种子发芽的标准。

(2)种子萌发过程中的生理生化变化

①胚乳和胚中的物质变化　胚乳的变化以物质分解为主，其重量不断减小。而在胚中，物质转化以合成为主，其重量不断增加，即胚由小变大，胚乳由大变小。从整个种子来看，则是分解作用大于合成作用。发芽的种子虽然体积和鲜重都在增加，但干重却显著减轻，直到幼苗由异养(由胚乳或子叶提供养料)转为自养(子叶进行光合作用制造有机物)，干重才能增加。干重的减少主要是由于呼吸作用消耗了一部分干物质。

②种子的吸水变化　种子的吸水可分为 3 个阶段(图 6-4)：吸胀吸水期、缓慢吸水期和生长吸水期。第一阶段的吸水主要是物理吸水，即吸胀作用，属于物理过程，所以有、无生命力的种子和休眠种子都可以进行。第二阶段是吸水的停滞阶段，在该阶段种子吸水缓慢，但有生活力的种子在这一阶段的代谢活动却非常旺盛，细胞分裂速度加快。而第三阶段为吸水高峰期，种子重新大量吸水，在该阶段胚根已经突破种皮。无生活力和休眠的种子仅停留在第二阶段。

③呼吸的变化　种子的呼吸可分为 3 个阶段：急速上升期、缓慢期、急速上升期。在种子吸水的第一阶段，种子吸胀后，呼吸作用迅速上升，可能与种子在萌发期间呼吸酶类的活性加强有关。第二阶段，呼吸缓慢甚至停滞，因为种皮限制外界 O_2 进入种子，于是种子进行无氧呼吸。前两个阶段种子呼吸产生的 CO_2 大大超过 O_2 的消耗。第三阶段，当胚根长出、鲜重又增加时，呼吸作用又急速加快，O_2 的消耗速率高于 CO_2 的释放速率(图 6-5)。这说明种子萌发初期的呼吸主要是无氧呼吸，随后是有氧呼吸。细胞呼吸促进了物质的转化，为种子萌发长成幼苗提供营养物质。

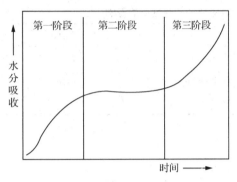

图6-4 种子萌发过程中水分吸收变化曲线

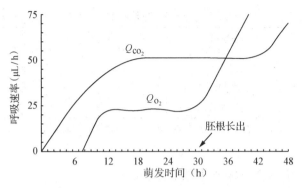

图6-5 种子萌发过程中呼吸速率的变化

④有机物转化 种子内含有大量的淀粉、脂肪和蛋白质，不同植物种子，这3种有机物的含量有很大差异。一般来说，习惯以含量最多的有机物为依据，将种子分为淀粉种子（淀粉较多）、油料种子（脂肪较多）、豆类种子（蛋白质较多）。这些复杂的有机物在酶的作用下分解为简单的物质。例如，淀粉分解为麦芽糖，再水解为单糖被利用；脂肪分解为甘油和脂肪酸；蛋白质分解为氨基酸。这些最终产物在胚中用来合成纤维素、蛋白质、脂肪等新细胞的物质，直接用来形成新的器官。

⑤植物内源激素的变化 植物的内源激素在种子的萌发过程中发挥调节作用。主要参

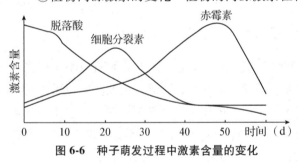

图6-6 种子萌发过程中激素含量的变化

与调节的激素包括生长素、细胞分裂素、赤霉素和脱落酸。在种子萌发期间，代谢活跃，生长素、赤霉素、细胞分裂素含量增加，抑制萌发的激素脱落酸减少。在种子破除休眠过程中，赤霉素与脱落酸之间存在颉颃作用，其含量变化如图6-6所示。

6.4 植物的生长、分化和发育

6.4.1 生长、分化和发育的概念

生长指植物的组织、器官及整体由于细胞的分裂和伸长而由小变大，在体积和质量（干重）上所发生的不可逆的增加，这是一种量的变化。如植株由矮小幼苗长成高大的植株，茎由细慢慢变粗等现象。通常将营养器官（根、茎、叶）的生长称为营养生长，生殖器官（花、果实、种子）的生长称为生殖生长。

分化是指来自同一合子或遗传特性相同的细胞转变为形态、生理生化上机能不同的细胞的过程。分化可简单理解为细胞特化的过程，不仅有量的变化，而且产生质的差异。

生长是分化的基础，没有生长就没有分化，停止了生长的细胞是不能进行分化的。分化

往往是通过生长而表现出来的。植物顶端分生组织细胞一边分裂一边分化出叶原基，但要通过长出叶片，才表现出来。所以生长和分化总是交替进行的。植物总是一边生长，一边分化出新的组织和器官。通常所看到的植物整体由小到大和组织与器官的有顺序出现，就是在生长的量变基础上的质变的反映，这种生长、分化统一的结果就是植物的整体发育过程。

发育是指植物生活史中细胞生长和分化成为执行不同功能的组织与器官的过程。在这个过程中，伴随着大小和重量的增加，新的结构和功能出现。这个过程主要包括胚胎建成、营养体建成、生殖体建成3个阶段。

6.4.2 植物生长的基本特性

(1)植物生长大周期

植物器官或整株植物的生长速度会表现出"慢—快—慢"的基本规律，即开始时生长缓慢，以后逐渐加快，达到最高速度后又减慢，直至最后停止。这一生长全过程称为生长大周期。如果以植物(或器官)体积对时间作图，可得到植物的"S"形生长曲线。如果用干重、高度、表面积、细胞数或蛋白质含量等参数对时间作图，也可得到同样类型的生长曲线。如以玉米的株高对生长时间作图，得到呈"S"形的生长曲线；若以生长速率对生长时间作图，得到的生长速率曲线则呈抛物线形(图6-7)。

在生产实践中，任何促进或抑制生长的措施都必须在生长速率达到最高以前采用，否则都将失去意义。农业生产上要求做到不误农时，就是这个道理。例如，要控制水稻或小麦的徒长，必须在拔节前使用矮壮素或节制水肥的供应，否则就达不到目的。

(2)植物生长的周期性

植株整株或器官的生长速率受昼夜或季节变化影响发生有规律的变化，这种现象称为植物生长的周期性。

①昼夜周期性 活跃生长的植物器官，其生长速率有明显的昼夜周期性。这主要是

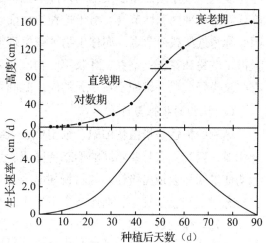

图6-7 玉米株高生长曲线和生长速率曲线

由于影响植株生长的因素，如温度、湿度、光照强度以及植株体内的水分与营养供应在一天中发生有规律的变化。在自然条件下，温度的变化主要表现在白天温度较高、夜间温度较低的周期性，植株或器官的生长速率随昼夜温度变化而发生有规律变化的现象称为温周期现象。如越冬植物，白天的生长量通常大于夜间，因为此时限制生长的主要因素是温度。但是在温度高、光照强、湿度低的季节里，影响生长的主要因素则为植株的含水量，此时在日生长曲线中可能会出现两个生长峰，一个在午前，另一个在傍晚。如果白天蒸腾失水强烈造成植株体内的水分亏缺，而夜间温度又比较高，日生长高峰就会出现在夜间。

植物生长的昼夜周期性变化是植物在长期系统发育中形成的对环境的适应性。例如，

番茄虽然是喜温作物，但系统发育是在变温下进行的。在白天温度较高(23~26℃)而夜间温度较低(8~15℃)时生长最好，产量也最高。如果将番茄放在白天与夜间都是26.5℃的人工气候箱中或改变昼夜的时间节奏(如连续光照或光暗各6h交替)，植株生长得不好，产量也低。如果夜温高于日温，则生长受抑更为明显。

②季节周期性　农作物的生长发育进程大体有以下几种情况：春播、夏长、秋收、冬藏，或春播、夏收，或夏播、秋收，或秋播、幼苗(或营养体)越冬、春长和夏收。总之，一年生、二年生或多年生植物的生长在一年四季中呈现周期性变化，即所谓植物生长的季节周期性。这种生长的季节周期性是与温度、光照、水分等因素的季节性变化相适应的。一年生植物完成生殖生长后，种子成熟进入休眠，营养体死亡。而多年生植物，如落叶木本植物，其芽进入休眠。一年生植物生长量的周期变化呈"S"形曲线，这也是植物生长季节周期性的表现。

③近似昼夜节奏——生物钟　大部分植物的生长发育对昼夜与季节变化的反应很大程度是由环境条件的周期性变化而引起的，而有一些植物的生命活动则并不取决于环境条件的变化。在20世纪30年代初期，邦宁(E. Bunning)和斯特恩(K. Sterrn)用记纹鼓记录菜豆叶片的运动现象，表明菜豆叶片在白天呈水平方向排列，到晚上则呈下垂状态，即使在外界连续光照或连续黑暗以及恒温条件下也呈这样的周期性变化，运动周期约为27h，因而确认它是一种内源性节奏。由于这种生命活动的内源性节奏的周期是20~28h，接近24h，因此称为近似昼夜节奏，亦称生物钟或生理钟。如有些花在清晨开放，为白天活动的昆虫提供了花粉和花蜜；菜豆、酢浆草、白车轴草等叶片在白天呈水平，这对吸收光能有利；有些藻类释放雌、雄配子在一天的同一时间发生，这样就增加了交配的机会。

(3)植物的极性与再生

植物的极性是指植物细胞、细胞群、组织或个体所表现的沿着一个方向的、各部分彼此相对、两端具有某些不同的形态特征或者生理特征的现象。从受精卵一直延续到新植物体均能够明显表现出极性。如将柳树枝条悬挂在潮湿的空气中，无论柳树枝条如何悬挂，其形态学上端总是长芽，而形态学下端则总是长根，即使倒置过来，这种极性现象也不会改变。植物体的根、茎、叶等不同器官的极性强弱不一样，茎的极性最强，根次之，叶最弱。一般认为，极性产生可能与生长素的运输有关。

在适宜的条件下，植物的离体部分能长出失去的部分，从而形成一个新个体，这种现象称为再生。在生产上采用压条、扦插、组织培养等技术进行繁殖，就是利用了植物的再生能力。但在扦插、嫁接以及组织培养时，必须分辨其形态学的上、下端，不可倒置。

(4)植物生长的相关性

植物体是由各种器官组成的一个有机体，每个器官之间既相互独立，又存在着相互依赖、相互制约的关系。植物各部分间这种相互制约与协调的关系称为相关性。

①顶端优势　植物的顶端在生长上占优势并抑制侧枝生长的现象称为顶端优势。在一些植物中顶端优势十分明显，如草本植物中的向日葵、麻类、玉米、高粱、甘蔗等，植株没有或很少有分枝，而木本植物中松柏类植物的塔形和柳树的丛生状态是由于距离顶端越

近的侧枝受顶芽的抑制越强，而距顶端越远的侧枝受顶芽的抑制越弱。在植物的地下部分也可观察到主根抑制侧根生长的现象。

农、林业生产上，常用消除或维持顶端优势的方法控制作物、果树和花木的生长，以达到增产和控制花木株形的目的。如松、杉等用材树种需要高大笔直的茎干，因而要保持顶端优势；麻类、烟草、玉米、甘蔗、高粱等作物，也要保持顶端优势。有时则需要打破顶端优势，促进侧枝的发育，如树的修剪整形、棉花的摘心整枝、番茄的打顶等。有时也可利用植物生长调节剂代替打顶，如用三碘苯甲酸处理大豆，可解除顶端优势，增加分枝，促进开花结荚。

②地上部(根)与地下部(冠)的相关性　正常情况下，植物地上部与地下部的生长是一种相互促进、相互协调的关系，以水分、营养物质和激素为双向供求纽带，将地上与地下部分有机地联系起来。因此，地上部分与地下部分之间必须保持良好的协调和平衡关系，才能确保整个植株的健康发育。

本固枝荣、根深叶茂，正是说明植物地上部分与地下部分存在相互依存和相互制约的辩证关系。根能合成少量有机物和细胞分裂素(根尖中合成)供地上部利用。同时，根还可在逆境下产生 ABA(根冠中合成)，将信号传递给地上部。因此，根系的生理功能是否活跃将在很大程度上影响地上部生长。当然，地上部所合成的大量同化物和激素也将运到地下部，促进根系的生长。所以植物的根系生长良好，其地上部分的枝叶也较茂盛；同样，地上部分生长良好，也会促进根系的生长。

另外，地上部与地下部的生长还存在相互制约的一面，主要表现在它们对水分和营养的竞争上。这种竞争关系可从根冠比(R/T)的变化上反映出来。根冠比是指地下部根系总重量与地上部茎叶等总重量的比值。影响植物根冠比的因素较多，主要有土壤水分状况、光照条件、矿质营养供应情况、温度、栽培措施等。

土壤水分缺乏对地上部的影响远大于对地下部的影响。这是因为根生活在土壤中容易得到水分，而地上部的水分是要靠根来供应的，缺水时地上部更难得到水分，生长容易受到抑制，致使根的相对重量增加而地上部的相对重量减少，根冠比增加。当土壤水分较多时，由于土壤通气性不良，根的生长受到一定程度的影响，地上部则由于水分供应充足而保持旺盛生长，因而根冠比下降。水稻生产上出现"旱长根、水长苗"的现象，就是这个道理。

植物地上部分需要的氮素主要是依靠根吸收并运送的，当土壤中氮素缺乏时，地上部分更容易因缺氮而生长受抑制，使根冠比增大；当土壤中氮肥充足时，有利于地上部蛋白质的合成，茎叶生长旺盛，同时消耗较多糖类，使运送到地下部的糖类减少，因而根的生长受到抑制，根冠比下降。

地下部的生长适宜温度低于地上部，因而低温可使根冠比增加。例如，在冬季，小麦地上部已停止生长时，根仍在生长；有些春播作物在早春温度较低时，根系生长较快，而地上部生长则较慢。

光照增强常使根冠比增加，因为在一定范围内光照增强，光合产物积累增多，地下部可得到较充足的糖类物质供应。

在生产上，常用水肥措施来调控植物的根冠比，促进收获器官的生长，以达到增产的目的。对于收获器官是地下部分的作物(如甘薯)，前期应保证充足的水肥供应，以促进茎叶的生长，加强光合作用；而在后期则应减少氮肥和水分的供应，增施磷、钾肥，以利于光合产物向地下部运输和积累，从而促进薯块的膨大。

③营养生长与生殖生长的相关性　植物的营养生长与生殖生长既互相依赖，又互相制约。主要表现在以下两个方面：

依赖关系　生殖生长需要以营养生长为基础，花芽必须在一定的营养生长的基础上才能分化。生殖器官生长所需的养料，大部分是由营养器官供应的，营养器官生长不好，生殖器官的发育自然也不好。

制约关系　如果营养生长和生殖生长之间不协调，则造成对立。主要有两个方面的表现：一是营养器官生长过于旺盛会对生殖器官的形成和发育有影响。二是生殖生长抑制营养生长。苹果、梨、荔枝、龙眼等果树具有"大小年"现象，当年产量高，次年产量低。这主要是由于营养生长与生殖生长相互制约造成的。大年时，果树开花结实过多，消耗了大量的养分，植株体内所积累的养分不足，将影响来年花芽的分化，使花果减少；小年时的情况则正好相反。因此，在果树生产中，可采取疏花疏果等措施，调节营养生长与生殖生长的矛盾，达到年年丰产的目的。

在生产上，可根据收获对象采取相应措施，协调营养生长与生殖生长的关系，获得优质高产。若以收获营养器官为主，则应增施氮肥，促进营养器官的生长，抑制生殖器官的生长；若以收获生殖器官为主，则在前期应促进营养器官的生长，为生殖器官的生长打下良好的基础，后期则应注意增施磷、钾肥及各种微量元素，以促进生殖器官的生长。

6.4.3　环境因素对植物生长的影响

植物的生长发育除了受到内在自身因素的影响外，还与植物生长的环境条件有关，主要包括温度、光照、水分和土壤矿质等因子。植物必须在适宜的环境条件下，才能够正常地生长发育。

(1)温度

植物本身属于变温生物，其一系列的生理生化活动均受温度的影响。温度影响着植物的光合作用、呼吸作用、矿质与水分的吸收及物质的合成和运输等代谢活动，所以影响着植物种子的发芽、生长发育和开花结果。植物的生长发育都有其最适温度、最高温度与最低温度，超过这个界限，它的生长发育、开花、结果和其他一切生命活动都会受到影响。而植物的生长温度的三基点因植物原产地不同而有很大差异。原产地为热带或亚热带的植物，温度三基点较高，分别为10℃、30~35℃和45℃左右；而原产地为寒带的植物，温度三基点较低，如北极的植物在0℃或0℃以下仍能生长，最适温度一般不超过10℃；大部分温带植物最适温度通常为25~35℃，不可超过40℃。表6-4为几种常见农作物生长的温度三基点。

表 6-4　几种常见农作物生长的温度三基点　　　　　　　℃

作物	最低温度	最适温度	最高温度
水稻	10~12	30~32	40~44
小麦	0~5	25~30	31~37
大麦	0~5	25~30	31~37
向日葵	5~10	31~35	37~44
玉米	5~10	27~33	40~50
大豆	10~12	27~33	33~40
南瓜	10~15	37~40	44~50
棉花	15~18	25~30	31~38

此外，同一植物的不同器官、不同生长发育阶段，生长的温度三基点也不一样。如根系能活跃生长的温度范围一般低于地上部分。

了解温度对植物生长的影响，对指导农业、林业等生产实践有重要的意义。如在温室栽培中，可以通过调节昼夜温度的变化，使栽种的作物正常生长发育，提高产量和质量。

（2）光照

光对植物生长有间接作用和直接作用。间接作用是指光是植物进行光合作用的必要条件。由于植物必须在较强的光照下生长一定的时间才能合成足够的光合产物供生长发育所需，所以说，光合作用对光能的需要是一种"高能反应"。

直接作用是指光对植物形态建成有直接影响。如光能促进需光种子的萌发、幼叶的展开、叶芽与花芽的分化等。此外，黄化植株的转绿、叶绿素的形成均受光影响。就生长而言，只要条件适宜，并有足够的有机养分供应，植物在黑暗中也能生长。与正常光照下生长的植株相比，其形态上存在着显著差异，如茎叶淡黄、茎秆细长、叶小而不伸展、组织分化程度低、

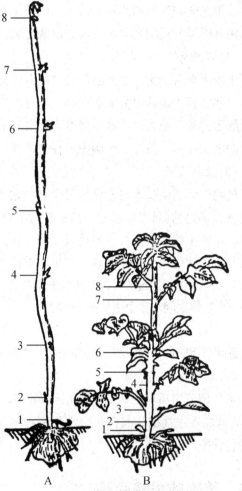

图 6-8　光对马铃薯生长的影响

（图中数字表示节数）

A. 黑暗中生长的黄化幼苗　B. 光下生长的正常幼苗

239

机械组织不发达等(图 6-8)。

黄化现象已被应用于栽培,例如,利用遮光培养柔嫩的韭黄、蒜黄和豆芽黄等,用培土方法培养葱白很长的大葱等。黄化植株每天只要在弱光下光照数十分钟就能使茎叶逐渐转绿。

此外,不同波长的光对植物的生长也有一定的影响。如蓝光、紫光对植物的生长均有明显的抑制作用,一般在高山上的植株都比较矮小,就是因为高山上大气稀薄,紫外光容易透过。生产上可利用有色(蓝色、绿色等)塑料薄膜培育壮苗。

(3)水分

植物的生长对水分供应最敏感,水分是植物生长发育的必需条件。水分对植物的生理生化活动有一定的影响,如原生质的代谢活动及细胞的分裂、生长与分化等,必须在细胞水分近饱和状态下才能顺利进行。因此,水分缺乏时,细胞的生长与分化受抑制,从而使植物的生长提早停止。在生产上,为使水稻、小麦抗倒伏,最基本和最有效的措施是控制第一、第二节间伸长期的水分供应,以防止基部节间过度伸长。又如,植物蒸腾作用、光合作用和呼吸作用的强弱也与水分盈缺有关。

(4)矿质营养

土壤中含有植物生长所必需的矿质营养元素。这些元素中一些是属于原生质的基本成分,一些是属于酶的组分或活化剂,还有的调节原生质膜透性,并参与缓冲体系以及维持细胞的渗透势。植物缺乏这些营养元素会造成生理活动失调,影响生长发育,并出现各种特定的缺素症状。另外,土壤中还存在某些有毒元素会抑制植物生长。

(5)生物因子

植物个体的生长不可避免地要受到与它生长在一起的植物和其他生物的影响。在寄生情况下,寄生物(可以是动物、植物和微生物)能引起植物的不正常生长,甚至能杀伤、杀死或抑制寄主植物的生长,如菟丝子寄生在大豆上会严重影响大豆植株的生长。此外,根瘤菌与豆类植物属于共生关系,共生双方的生长均得到促进。

生物体还可以通过改善生态环境来影响另一生物体。主要表现在相互竞争和相生相克两个方面。生物体之间的竞争主要是指对生长环境因素中光照、营养、水等的竞争。而相生相克,又称他感作用,是生物体通过分泌化学物质来促进或抑制周围植物的生长。这些化学物质主要是直链醇、脂肪酸、肉桂酸、生物碱等,对植物生理代谢及生长发育均能产生一定的影响。

(6)植物生长调节剂

生长调节物质对植物的生长有显著的调节作用。如 GA 能显著促进茎的伸长生长,用 GA_3 处理能促进抽穗,或在杂交水稻制种中调节花期以使父、母本花期相遇,促进抽穗,减少包颈率。

6.5 植物的成花生理

由营养生长转入生殖生长是植物生命周期中的一大转折,实现这一转折需要一些特殊的条件。不论是一年生、二年生或多年生植物,都必须达到一定的生理状态后,才能感受所要求的外界条件而开花。植物具有的这种能感受环境条件而诱导开花的生理状态称为花熟状态。花熟状态是植物从营养生长转入生殖生长的标志。通常将植物达到花熟状态之前的营养生长时期称为幼年期。幼年期的长短因植物种类不同而有很大的差异。如日本牵牛几乎没有幼年期，在种子萌发的第二天，当子叶完全展开时，在适宜的日照长度下就能形成花。蝴蝶兰的播种苗一般要 2~2.5 年开花。一般来说，木本植物具有较长的幼年期，民谚中"桃三、李四、杏五年，核桃白果公孙见"讲的就是这些果树花前幼苗期的长短。

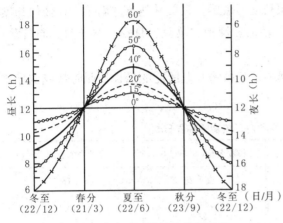

图 6-9 北半球不同纬度地区昼夜长短的季节性变化

在长期的环境适应和系统进化过程中，植物的成花还受到低温与昼夜长度的诱导。

6.5.1 光周期现象

地球上不同纬度地区的温度、昼夜长度随季节发生有规律的变化。从图 6-9 中可以知道，在北半球不同纬度地区，一年中白天最长、夜晚最短的一天是夏至，而且纬度越高，白天越长、夜晚越短；相反，冬至是一年中白天最短、夜晚最长的一天，而且纬度越高，白天越短、夜晚越长；春分与秋分的昼夜长度相等，各为 12h。一天中昼夜的相对长度称为光周期，许多植物必须经过一定时间的适宜光周期才能开花，否则就一直处于营养生长状态。这种一天中昼夜长短影响植物开花的现象称为光周期现象。

（1）植物对光周期反应的类型

根据植物开花对日照长度的要求，可将植物分为3 种类型（图 6-10）：

①长日照植物（短夜植物） 指在 24h 昼夜周期中，日照长度必须长于一定时数才能成花的植物。如白菜、甘蓝、甜菜、胡萝卜、金光菊、鸢尾、唐菖蒲、山茶、杜鹃花、桂花、木槿、天仙子等。它们常在春末夏初开花。对这些植物延长光照可促进或提早开花；相反，延长黑暗时间则推迟开花或不能成花。

②短日照植物（长夜植物） 指在 24h 昼夜周期中，日照长度必须短于一定时数才能成花的植物。如水稻、玉米、大豆、草莓、烟草、菊花、秋海棠、蜡梅、日本

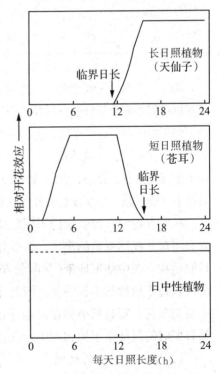

图 6-10 3 种主要光周期反应类型

牵牛、一品红等。它们常在夏末秋初开花。对这些植物适当延长黑暗时间或缩短光照时间可促进或提早开花；相反，延长日照时间则推迟开花或不能成花。

③日中性植物　这类植物的成花对日照长度不敏感，只要其他条件满足，在任何长度的日照下均能开花。如苍耳、黄瓜、茄子、番茄、辣椒、菜豆、月季、君子兰、向日葵、蒲公英以及四季花卉等。

严格地说，临界日长是指昼夜周期中诱导短日植物开花所需的最长日照时数或诱导长日植物开花所需的最短日照时数(表6-5)。

表6-5　一些长日植物和短日植物的临界日长

植物名称(长日植物)	24h 周期中的临界日长(h)	植物名称(短日植物)	24h 周期中的临界日长(h)
天仙子	11.5	菊花	15
菠菜	13	苍耳	15.5
小麦	12 以上	美洲烟草	14
大麦	10~14	一品红	12.5
木槿	12	晚稻	12
甜菜	13~14	红叶紫苏	约14
拟南芥	13	裂叶牵牛	14~15
红三叶草	12	甘蔗	12.5
毒麦	11	落地生根	12 以下
燕麦	9	草莓	10~11

除上述3种主要类型外，自然界还有少数植物如大叶落地生根、芦荟、夜来香等，它们的成花反应需要先在长日照下诱导，而花器官形成则要求短日照条件，在连续长日照或连续短日照下都不能开花，这类植物称为长—短日照植物。与长—短日照植物相反的还有一类植物称为短—长日照植物，如风铃草、白车轴草、鸭茅等，它们开花需在短日照诱导后，再在长日照条件下形成花器官。此外，有的植物要求中等长度的日照诱导才能开花，如甘蔗只有在12h 左右日照下才能开花，而在较长或较短的日照下都不能开花，此种植物称为中日性植物。

植物开花对日照长短的不同反应主要取决于其原产地生长季节的光周期变化。我国地处北半球，在纬度低的南方，缺少长日照，只有短日照，因此，起源于南方的植物多为短日照植物。在中纬度地带(我国北方)，夏季有长日照，秋季有短日照，同时夏、秋季的温度比较适于植物的生长发育，因此，长日照植物、短日照植物都有分布，长日照植物在春末夏初开花，短日照植物在秋季开花。在高纬度地带的东北，由于短日照时期温度较低，长日照时的温度适于植物的生长发育，因此，植物一般为长日照植物。

(2)光周期诱导的机理

①光周期诱导　对光周期敏感的植物只有在经过适宜的日照条件诱导后才能开花，

但这种光周期处理并不需要一直持续到花芽分化。植物在达到一定的生理年龄时，经过足够天数的适宜光周期处理，以后即使处于不适宜的光周期下，仍然能保持这种效果而开花，这称为光周期诱导。不同种类的植物光周期诱导的天数不同。

②暗期间断现象　指在足以引起短日植物开花和抑制长日植物开花的长暗期的中间，被一个足够强度的短时间闪光所间断，短日植物就不能开花，而长日植物开花暗期间断现象说明在植物的成花诱导中，暗期比光期更为重要。尤其是短日植物，要求超过一个临界值的连续暗期。短日植物对暗期中的光非常敏感，中断暗期的光不要求很强，低强度（日光的10^{-5}倍或月光的3~10倍）、短时间的光（闪光）即有效，说明这是不同于光合作用的高能反应，是一种涉及光信号诱导的低能反应（图6-11）。

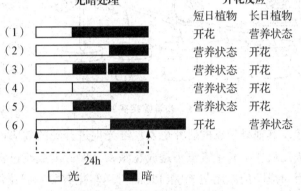

图6-11　暗期间断对开花的影响

③光周期刺激的感受和传递　若将短日植物菊花全株置于长日照条件下，则不开花而保持营养生长；置于短日照条件下，可开花；叶片处于短日照条件下而茎顶端给予长日照，可开花；叶片处于长日照条件下而茎顶端给予短日照，却不能开花（图6-12）。这个实验充分说明：植物感受光周期的部位是叶片，而与顶端的芽所处的光周期条件无关。

由于感受光周期的部位是叶片，而形成花的部位在茎顶端分生组织，因此，光周期诱导的效应从叶片传导

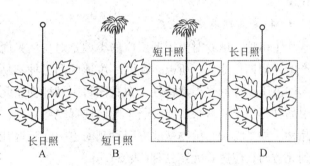

图6-12　叶片和枝条顶端的光周期处理对
菊花开花的影响

A. 在长日照条件下的菊花，不开花　B. 在短日照条件下，开花
C. 叶子短日照处理，开花　D. 叶子长日照处理，不开花

至茎顶端，引起花的发生。前苏联学者柴拉轩（Chailakhyan）用嫁接实验来证实这种推测：将5株苍耳嫁接串联在一起，只要其中一株的一片叶接受了适宜的短日光周期诱导，即使其他植株都在长日照条件下，最后所有植株也都能开花（图6-13）。这证明确实有刺激开花的物质通过嫁接在植株间传递并发挥作用。柴拉轩把光周期诱导产生的对开花起刺激作用的物质称为成花素（florigen）。

（3）光敏素在成花诱导中的作用

1945年Borthwick等用单色光研究了暗期光中断的作用光谱，发现用600~660nm波长的红光打断苍耳成花诱导的暗期最有效，说明存在着一种能吸收红光的色素参加光周期诱导反应。Borthwick等（1952）又研究光对需光种子发芽的作用，发现红光（波长650~

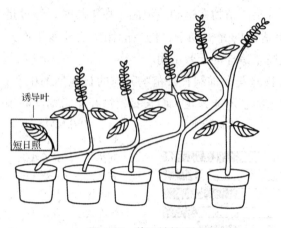

诱导叶

短日照

图6-13 苍耳嫁接实验

680nm)促进种子发芽,而远红光(波长710~740nm)逆转这个过程,红光与远红光多次交替照射时,对发芽的影响视最后一次照射光的性质而定,即最后一次照射红光的种子发芽,最后一次照射远红光的种子不发芽。于是提出,植物中有一种色素,它存在着可逆地吸收红光和远红光的两种形式。1959年Butler等成功地分离出这种色素,命名为光敏素,这是一种易溶于水的色素蛋白,有红光吸收型(Pr)和远红光吸收型(Pfr)两种类型。

其他科学家的研究也发现红光促进开花的效应可被远红光逆转。这表明光敏素参与了成花反应。光敏素虽不是成花激素,但影响成花过程。光的信号是由光敏素接收的。光敏素对成花的作用与Pr和Pfr的可逆转化有关,成花作用不是决定于Pr和Pfr的绝对量,而是决定于Pfr/Pr的比值。短日植物要求低的Pfr/Pr的比值,长日植物要求高的Pfr/Pr的比值。

(4)光周期现象的应用

①引种 植物对光周期反应的类型是对自然光周期长期适应的结果,植物的分布与原产地光周期相适应。所以,在同纬度地区间引种容易成功。在不同纬度地区间引种时,要了解被引品种的光周期特性,在我国将短日植物从北方引种到南方,会提前开花,如果所引品种是用于收获果实或种子,则应选择晚熟品种;而从南方引种到北方,则应选择早熟品种。如果将长日植物从北方引种到南方,会延迟开花,宜选择早熟品种;而从南方引种到北方时,应选择晚熟品种(表6-6)。

表6-6 不同地区植物引种的生长反应

引种方向	长日照植物			短日照植物		
	生育期	开花反应	应引品种	生育期	开花反应	应引品种
南种北引	缩短	提前	晚熟	延长	延迟	早熟
北种南引	延长	延迟	早熟	缩短	提前	晚熟

②育种 通过人工光周期诱导,可以加速良种繁育,缩短育种年限。根据我国气候多样的特点,可进行作物的南繁北育:短日植物水稻和玉米可在海南岛加快繁育种子;长日植物小麦夏季在黑龙江、冬季在云南种植,可以满足作物发育对光照和温度的要求,一年内可繁殖2~3代,加速了育种进程。

通过人工控制光周期,可使两亲本同时开花,有助于解决"花期不遇"问题,进行有性杂交育种。如早稻和晚稻杂交育种时,可在晚稻秧苗4~7叶期进行遮光处理,促使其提早开花,以便和早稻进行杂交授粉,培育新品种。在进行甘薯杂交育种时,可以人为地缩短光照,使甘薯开花整齐,以便进行有性杂交,培育新品种。

③控制花期　在花卉栽培中，已经广泛地利用人工控制光周期的办法来提前或推迟植物开花。例如，菊花是短日植物，在自然条件下秋季开花，若给予缩短光照处理，日照控制在 9~10h/d，则可提前至"五一""七一"开花。而对于杜鹃花、唐菖蒲、山茶等长日花卉植物，进行人工延长光照处理，则可提早开花。一品红一般在圣诞节前后开花，若人工缩短或延长光照，就可使一品红提前到国庆节或推迟到春节开花，从而提高经济和观赏价值。

④增加产量　对以收获营养体为主的植物，可通过控制光周期来抑制其开花。如短日植物烟草原产于热带或亚热带，引种至温带时，可提前至春季播种，利用夏季的长日照及高温多雨的气候条件，促进营养生长，提高烟叶产量。对于短日植物麻类，南种北引可推迟开花，使麻秆生长较长，提高纤维产量和质量。此外，利用暗期间断处理可抑制甘蔗开花，从而提高产量。

6.5.2　春化作用

(1)春化作用的概念及条件

早在 19 世纪人们就注意到低温对植物成花的影响。这种低温诱导促使植物开花的作用称为春化作用。需要春化的植物，主要是一些二年生植物，如白菜、萝卜、胡萝卜、芹菜、甜菜、甘蓝、天仙子、风信子、月见草、桂竹香等，以莲座状营养体过冬，第二年春末夏初开花；一些冬性一年生植物如冬小麦、冬黑麦、冬大麦等冬性禾谷类作物，秋播，幼苗越冬，第二年春末夏初开花；一些多年生草本植物如牧草、黑麦草、勿忘我、百合、鸢尾、郁金香、石竹、菊的某些品种，每年冬天都需低温诱导。

低温是春化作用的重要条件之一，对大多数要求低温的植物而言，最有效的春化温度是 1~7℃。植物的原产地不同，通过春化时所要求的温度和时间也不一样。如根据原产地的不同，可将小麦品种分为冬性、半冬性和春性 3 种类型，一般冬性越强，要求的春化温度越低，春化的时间越长(表 6-7)。

表 6-7　不同类型小麦通过春化需要的温度及天数

类　型	春化温度范围(℃)	春化时间(d)
冬　性	0~3	40~45
半冬性	3~6	10~15
春　性	8~15	5~8

在春化作用未完成前，把植物转移到较高温度下，春化作用的效果会被消除，这种现象称为去春化作用。春化作用除了需要一定时间的低温外，还需要适量的水分、充足的氧气和作为呼吸底物的营养物质。

大多数植物在感受低温后，还需经长日照诱导才能开花。如天仙子植株，在较高温度下不能开花，经低温春化后放在短日照下也不能开花，只有经低温春化后且处于长日照的条件下植株才能抽薹开花(图 6-14)。菊花是一个例外，它是需春化的短日植物。由此看来，春化过程只是对开花起诱导作用，还不能直接导致开花。

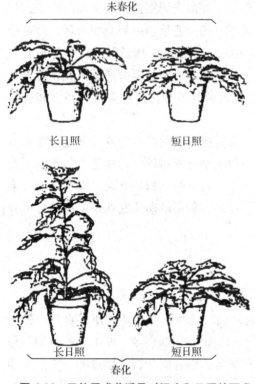

未春化

长日照　　　　　短日照

长日照　　　　　短日照

春化

图6-14 天仙子成花诱导对温度和日照的要求

（2）春化作用的时期及感受部位

一般植物在种子萌发后到营养体生长的苗期都可感受低温而通过春化。如冬小麦、冬黑麦等一年生冬性植物除了营养体生长时期外，在种子吸胀萌动时就能进行春化。但胡萝卜、甘蓝和芹菜等植物只有在幼苗长到一定大小时才能感受低温而通过春化。

芹菜等幼苗感受低温的部位是茎尖生长点，所以栽培于温室中的芹菜，只要对茎尖生长点进行低温处理，就能通过春化；如果把芹菜栽培在低温条件下，而茎尖却给予25℃左右的温度，植株则不能通过春化。某些植物的叶片感受低温的部位是在可进行细胞分裂的叶柄基部，如椴树的叶柄基部在适当低温处理后，可培养再生出花茎，但如果将叶柄基部0.5cm切除，再生的植株则不能形成花茎。由此可见，春化作用感受低温的部位是分生组织和某些能进行细胞分裂的部位。

（3）春化作用在生产中的应用

①缩短生育期　生产上对萌动的种子进行人为的低温处理，使之完成春化作用的措施称为春化处理。我国农民创造了闷麦法，即将萌动的冬小麦种子闷在罐中，放在0~5℃低温下40~50d，就可用于在春天补种冬小麦；在育种工作中利用春化处理，可以在一年中培育3~4代冬性作物，加速育种过程；为了避免春季倒春寒对春小麦的低温伤害，可以对种子进行人工春化处理后，适当晚播，缩短生育期。

②调种引种　不同纬度地区的温度有明显的差异，我国北方纬度高而温度低，南方纬度低而温度高。在南、北方地区之间引种时，必须了解品种对低温的要求，北方的品种引种到南方，就可能因当地温度较高而不能满足它对低温的要求，致使植物只进行营养生长而不开花结实，造成不可弥补的损失。

③控制花期　在园林生产上可用低温处理促进香石竹、百合、郁金香等花卉的花芽分化；低温处理还可使秋播的一、二年生草本花卉改为春播，当年开花。利用解除春化效应还能控制某些植物开花，如越冬贮藏的洋葱鳞茎在春季种植前用高温处理以解除春化，可防止它在生长期抽薹开花而获得大的鳞茎，以增加产量；我国四川种植的当归为二年生药用植物，当年收获的块根质量差，不宜入药，需第二年栽培，但第二年栽种时又易抽薹开花而降低块根品质，如果在第一年将其块根挖出，贮藏在高温下，就可减少第二年的抽薹率而获得较好的块根，提高产量和药用价值。

6.5.3　花芽分化

（1）花芽分化的概念

花原基形成、花芽各部分分化与成熟的过程，称为花芽分化。在花芽分化初期，茎端生长点在形态上和生理生化方面发生了显著的变化。

（2）影响花芽分化的因素

①内因

营养状况　营养是花芽分化以及花器官形成与生长的物质基础，其中糖类对花芽的形成尤为重要，它是合成其他物质的碳源和能源。花器官形成需要大量的蛋白质，氮素营养不足时，花芽分化缓慢且花少；氮素过多时，C/N 比失调，植株贪青徒长，花发育不好。

内源激素　花芽分化受内源激素的调控。GA 可抑制多种果树的花芽分化；CTK、ABA 和乙烯则促进果树的花芽分化；IAA 对花芽分化的作用比较复杂，低浓度起促进作用，而高浓度起抑制作用。在夏季对果树新梢进行摘心，则 GA 和 IAA 含量减少，CTK 含量增加，这样能改变营养物质的分配，促进花芽分化。也有报道认为，多胺能明显促进花芽分化。

②外因　主要是光照、温度、水分和矿质营养等。

光照　光对花器官形成的影响最大。植物花芽分化期间，若光照充足，有机物合成多，则有利于开花。如果在花器官形成时期多阴雨，则营养生长延长，花芽分化受阻。在农业生产中，果树的整形修剪、棉花的整枝打杈，可以避免枝叶的相互遮阴，使各层叶片都得到较强的光照，有利于花芽分化。

温度　一般植物在一定的温度范围内，随温度升高花芽分化加快。苹果的花芽分化最适温度为 22~30℃，若平均气温低于 10℃，花芽分化则处于停滞状态。

水分　不同植物的花芽分化对水分的需求不同。水稻、小麦等作物的孕穗期，尤其是在花粉母细胞减数分裂期对缺水最敏感，此时水分不足会导致颖花退化。而夏季的适度干旱可提高果树的 C/N 比，有利于花芽分化。

矿质营养　氮肥过少，不能形成花芽；氮肥过多，枝叶旺长，花芽分化受阻。增施磷肥，可增加花数，缺磷则抑制花芽分化。因此，在适量的氮肥条件下，如果能配合施用磷、钾肥，并注意补充锰、钼等微量元素，则有利于花芽分化。

【实践教学】

实训 6-3　春化处理及其效应观察

一、实训目的

通过对植株生长锥分化（以及拔节、抽穗）的观察来确定冬性作物是否已通过春化。

二、材料及用具

冰箱 1 台、解剖镜 1 台、镊子 1 把、解剖针 1 支、载玻片 2 片、培养皿 5 套；冬小麦种子。

三、方法及步骤

(1)选取一定数量的冬小麦种子(最好用强冬性品种),分别于播种前50d、40d、30d、20d和10d吸水萌动,置于培养皿内,放在0~5℃的冰箱中进行春化处理。

(2)于春季(在3月下旬或4月上旬)从冰箱中取出经不同天数处理的小麦种子和未经低温处理但使其萌动的种子,同时播种于花盆或实验地中。

(3)麦苗生长期间,给予各处理同样的肥水管理,随时观察植株生长情况。当春化处理天数最多的麦苗出现拔节时,在各处理中分别取一株麦苗,用解剖针剥出生长锥,并将其切下,放在载玻片上,加1滴水,然后在解剖镜下观察,并作简图。比较不同处理的生长锥有何区别。

(4)继续观察植株生长情况,直到处理天数最多的麦株开花。将观察情况记入表6-8。

表6-8 植株生长情况记录

品种名称:　　　　　　　　　春化温度:　　　　　　　　　播种时间:

观察日期	春化天数及植株生育情况					
	50d	40d	30d	20d	10d	未春化

四、实训作业

(1)讨论春化处理天数多与天数少的冬小麦抽穗时间有无差别,为什么?

(2)简述春化现象的研究在植物生产中有何意义,并举例说明。

6.6　植物的生殖、衰老与脱落

绿色开花植物都有开花的习性,但不同植物开花的时间和花期有很大差异。传粉是有性生殖不可缺少的环节,没有传粉,就不可能完成受精作用。掌握开花、传粉与受精的规律,有利于提高植物产量和质量、培育新品种。

6.6.1　开花

当植物生长发育到一定阶段，就能开花结实。当雄蕊的花粉粒和雌蕊的胚囊(或二者之一)发育成熟时，花萼和花冠常展开，露出雄蕊和雌蕊，有利于传粉，这种现象称为开花。开花时，雄蕊花丝挺立，花药呈现特有的颜色；柱头常分泌柱头液，或柱头有裂片、腺毛等。

植物初始开花的年龄、季节、开花期、花的寿命等因植物种类而异。一、二年生植物，一生中仅开花 1 次，开花后，整个植株枯萎凋谢；多年生植物第一次开花的年龄有明显差异，如桃 3~5 年、柑橘 6~8 年、桦木 10~12 年、椴树 20~25 年等，以后多年均可开花；少数多年生植物如毛竹，一生只开 1 次花，花后即死亡。多数植物在春、夏季开花，有的植物在早春先花后叶，如迎春、玉兰、桃、杨、柳等；有的植物深秋、初冬开花，如山茶；有的植物在晚上开花，如晚香玉；有的植物可终年开花，如月季等。

一株植物从第一朵花开放到最后一朵花开放所经历的时间称为植物的开花期。不同植物的开花期长短不同，它不仅与植物的遗传特性有关，还与肥料、温度、湿度等外界条件有关。有的仅几天到十几天，如小麦 3~6d，苹果 6~12d 等；也有持续 1~2 个月或更长，如番茄、蜡梅等。不同植物花的寿命也不同，如小麦 3~6min，昙花 1~2h，热带的兰科植物每朵花可开放 1~2 个月等。了解植物的开花规律，不仅有利于采取相应的措施提高产量和品质，而且便于进行人工有性杂交，创育新的品种。

6.6.2　传粉和受精

6.6.2.1　传粉

成熟花粉从花粉囊中散出，借助外力(地心引力、风、动物传播等)落到柱头上的过程，称为授粉。授粉是受精的前提，传粉是植物有性生殖不可缺少的环节。

（1）传粉的方式

植物传粉的方式有自花传粉和异花传粉两种。一朵花的花粉粒落到同一朵花的柱头上称为自花传粉。在生产实际上，自花传粉的范围相对要广泛些。在农作物生产中，指同株植物内的传粉；在果树栽培上，指同一品种内的传粉。一朵花的花粉粒传到另一朵花的柱头上称为异花传粉。在农作物生产中，指不同植株间的传粉；在果树栽培上，指不同品种间的传粉。

自花传粉的花具有以下特点：花为两性花；雄蕊的花粉粒和雌蕊的胚囊同时成熟；雌蕊的柱头对于本花的花粉萌发和花粉管中雄配子的发育没有任何阻碍。自花传粉会引起闭花受精现象，即在花蕾内就进行了传粉受精，如花生、豌豆等。连续的自花传粉是有害的，若干年后会逐渐衰退减产而变得毫无栽培价值。

异花传粉的花具有以下几种情况：①花为单性花。②雌、雄蕊异熟。花为两性花，但花中雄蕊和雌蕊的成熟时间不同，如油菜、向日葵。③雌、雄蕊异长。花为两性花，但花中雄蕊和雌蕊的长度不同，减少了自花传粉的机会，如荞麦。④雌、雄蕊异位。花为两性花，但雄蕊和雌蕊的空间排列不同，也可减少自花传粉的机会。⑤自花不孕。有两种情况，一种是花粉粒落到同一朵花的柱头上，根本不萌发；另一种是花粉粒虽能萌发，但花粉管生长缓慢，不能到达子房进行受精作用。由于异花传粉的精细胞和卵细胞差异较大，因此，异花传粉较自花传粉进化，受精后形成的后代较易产生变异，生活力更强，适应性更广。

（2）传粉的媒介

植物进行异花传粉，必须借助一定的媒介。植物传粉的媒介有风力、昆虫、鸟和水等，最为普遍的是风力和昆虫。

借助风力传粉的植物称为风媒植物，如杨、柳、玉米、水稻等。风媒植物的花称风媒花。风媒花一般花被小或退化，不具鲜艳颜色，常无香味、无蜜腺；常具柔软下垂的柔荑花序或穗状花序；雄蕊花丝细长，易随风摆动而散布花粉；能产生大量花粉，花粉粒小而轻，外壁光滑干燥，适于随风远播；雌蕊的柱头较大，呈羽毛状；花柱较长，开花时将柱头伸出花被以外，以增加接受花粉的机会。

借助昆虫传粉的植物称为虫媒植物，大多数有花植物属于虫媒植物，如桃、油菜、向日葵、毛泡桐等。虫媒植物的花称虫媒花。虫媒花的花被常较大，常具有鲜艳的色彩；具有蜜腺，多具特殊的气味；花粉粒常较大，有些还黏合成块，易于被昆虫携带等。常见的传粉昆虫有蜂类、蝶类、蚁类、蛾类、蝇类等，这些昆虫来往于花丛之间，或是以花朵为栖息地，或是为了采食花粉，或是为了产卵等，通过这些活动使花粉得以传播。

在自然界，除风媒和虫媒外，有的植物借助水传粉，称为水媒植物，如金鱼藻、茨藻。有的植物借助鸟类传粉，称为鸟媒植物，传粉的鸟类是一些小型的蜂鸟，头部有长喙，在摄取花蜜时传播花粉。在植物栽培及育种工作中，也可用人工辅助授粉的方法进行传粉。人工辅助授粉一般是先从雄蕊上采集花粉粒，然后将其撒到雌蕊柱头上，或是把采集的花粉粒在低温和干燥的条件下加以贮藏，待以后再用。人工辅助授粉可以克服因条件不足而使传粉得不到保证的缺陷，达到预期的产量。

（3）花粉的生理特点

花粉是花粉母细胞经减数分裂形成的。花粉最初形成时是一个单核细胞，称为小孢子。单核细胞继续分裂为一个营养细胞和一个生殖细胞，或一个营养细胞和两个精细胞，分别称为二细胞花粉和三细胞花粉。成熟花粉的壁可以明显区分为内壁和外壁。外壁较厚，由纤维素、角质和一种花粉细胞壁特有的物质——孢粉素构成；内壁较薄，其主要成分是果胶和纤维素。无论外壁还是内壁都含有活性蛋白质，它在花粉和柱头的相互识别中起重要作用。

成熟的花粉体积虽小，但贮存了丰富的营养物质，其中最主要是淀粉（风媒植物的花粉）、脂肪（虫媒植物的花粉），还有各种氨基酸和蛋白质、核酸、维生素、矿质元素、植物激素、色素等，供花粉萌发和花粉管生长，也为传粉动物提供食物。

由于花粉中维生素含量高（其中 B 族维生素较多）以及富含蛋白质和糖类，花粉制品已成为时尚的保健食品。

（4）花粉的寿命与贮藏

成熟的花粉自花药散发出来，在一定时间内有生活力，即有一定的寿命。植物花粉的寿命因植物而异。一般三细胞花粉（禾本科、灯芯草科、菊科、茜草目、石竹目、蓼目）寿命比二细胞花粉（核桃科、桦木科、壳斗科、荨麻科、玉兰目、豆目等）寿命短，这与它们的代谢比较活跃、贮藏物质较少和外壁较薄有关。在自然状态下，水稻花粉寿命只有 5~10min，小麦 15~30min，玉米 1d，梨、苹果 70~210d。一般花粉生活力随时间延长而下降，但在适宜的环境中贮藏，可延长寿命。在人工辅助授粉和杂交育种中，为了解决亲本花期不遇或异地杂交，需要将花粉收集并暂时保存起来。干燥、低温、低氧分压有利于花粉贮存。通常相对湿度在 6%~40%（禾本科花粉要 40% 以上相对湿度），温度控制在 1~5℃。如苹果花粉在 3℃、相对湿度 10%~25% 环境中保存 350d，仍有 60% 以上的发芽率。

当前在花粉贮藏上也有用真空干燥法的，如苜蓿花粉在 -21℃ 下真空贮藏，11 年后尚有一定的生活力，其他如豌豆、马铃薯、番茄、桃、李、柑橘等植物花粉，也都有贮藏 1~3 年的记录。

（5）外界条件对授粉的影响

授粉是结实的先决条件，了解外界条件对授粉的影响，具有重要的实践意义。

①温度　影响花药开裂，也影响花粉的萌发和花粉管的生长。温度对水稻授粉影响很大。水稻抽穗开花期的最适温度是 25~30℃，在 15℃ 时花药不能开裂，开花授粉极难进行，绝大部分颖花不能授粉结实。超过 40~45℃，花药干枯，柱头已失活，无法受精。

②湿度　花粉萌发需要一定的湿度，空气相对湿度太低会影响花粉生活力和花丝的生长，并使雌蕊花柱干枯。但如果相对湿度太大或雨天开花，花粉又会过度吸水而破裂。一般来说，70%~80% 的相对湿度对授粉较为合适。

此外，硼能显著促进花粉萌发和花粉管伸长。虫媒花植物的授粉和受精受昆虫数量的影响。风对风媒花的授粉也有较大影响，无风或大风都不利于植物授粉。

6.6.2.2　受精

（1）花粉和柱头的相互识别

一般认为，落在柱头上的花粉与柱头之间存在某种识别反应过程。当花粉落到柱头上，花粉壁蛋白（一种糖蛋白）与柱头及花柱内细胞表面的蛋白质相互识别，对亲和性好的花粉，柱头提供水分、营养物质及刺激花粉萌发生长的物质，花粉内壁突出，同时分泌角质酶，溶解与柱头接触处的柱头表皮细胞的角质膜，以利于花粉管伸长并穿过柱头，沿花柱引导组织生长并进入胚囊受精。如果是不亲和的花粉，则产生"拒绝"反应，柱头乳突细胞产生胼胝质，将萌发孔阻塞，阻断花粉的萌发和花粉管的生长。因此，花粉与柱头的识别作用对于完成受精作用有决定性意义。

（2）花粉的萌发与花粉管的伸长

营养细胞的吸胀作用使花粉内壁以及营养细胞的质膜在萌发孔处外突，形成花粉管的

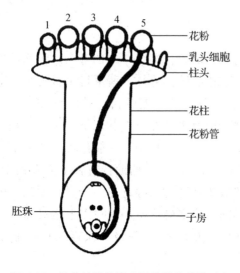

图 6-15 雌蕊的结构模式及花粉的萌发过程

1. 花粉落在柱头上　2. 吸水　3. 萌发
4. 侵入花柱细胞　5. 花粉管伸长至胚囊

乳状顶端，此过程称为花粉萌发。传粉后，花粉粒传到雌蕊的柱头上，经过柱头的识别与选择，生理上相适应的花粉粒在柱头液的影响下开始萌发。花粉粒内壁从萌发孔突出并逐渐伸长形成花粉管，内含物也随着流入花粉管内；花粉管不断伸长，侵入柱头细胞间隙进入花柱的引导组织，经花柱进入子房，最后直达胚囊（图 6-15、图 6-16）。

花粉管在生长过程中，除耗用花粉本身的贮藏物质外，还从花柱介质中吸收营养供花粉管的生长和新壁的合成。Ca^{2+} 参与了花粉管生长的调控，硼对花粉萌发也有显著的促进效应。在花粉培养基中加入硼和 Ca^{2+} 则有助于花粉的萌发。

花粉萌发和花粉管生长表现出"集体效应"，即在一定面积内，花粉数量越多，萌发和生长越好。这可能是花粉本身带有激素和营养物质的缘故。人工辅助授粉增加了柱头上的花粉密度，有利于花粉萌发的集体效应的发挥，因此能提高受精率。

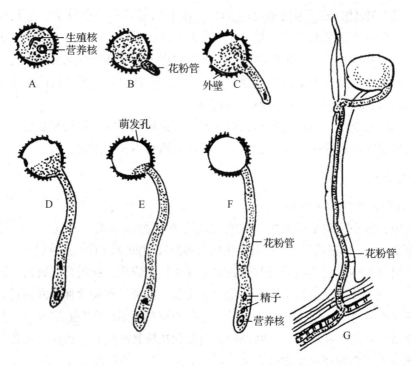

图 6-16 花粉管进入胚囊的过程

A~G. 花粉萌发形成花粉管的过程

（3）双受精的过程

花粉管进入胚囊的方式有 3 种：一是花粉管进入子房后，通过珠孔进入珠心，再进入胚囊，称为珠孔受精，大多数植物属于此种类型；二是花粉管进入子房后，沿着子房壁内表皮经过合点进入胚囊，称为合点受精，如核桃、桦木；三是花粉管从珠被中部或珠柄处进入胚珠，然后经珠孔进入胚囊，称为中部受精，如南瓜。

花粉管到达胚囊后，先端破裂，其内的内含物、营养细胞及两个精细胞都进入胚囊。这时，营养细胞已逐渐解体并很快消失。而进入胚囊的两个精细胞，一个与卵细胞融合，形成二倍体的受精卵（合子），将来发育成种子中的胚；另一个与两个极核融合，形成三倍体的初生胚乳核，将来发育成种子中的胚乳。这种两个精细胞分别与卵细胞和极核相融合的过程，称为双受精作用（图 6-17）。

（4）双受精的意义

被子植物的双受精具有特殊的生物学意义。一方面，精细胞与卵细胞相融合，形成二倍体的合子，合子发育成胚，恢复了植物原有的染色体数目，保持了物种遗传的相对稳定性；同时，通过父本、母本

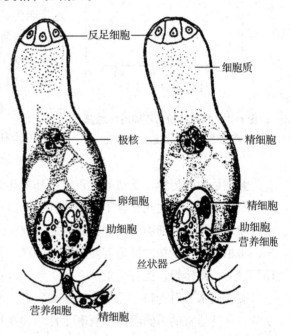

图 6-17　棉花的双受精

具有差异的遗传物质重新组合，使合子具有双重遗传性，既加强了后代个体的生活力和适应性，又为后代中可能出现新的遗传性状、新变异提供了基础。另一方面，另一个精细胞与两个极核（或一个中央细胞）相融合，形成三倍体的初生胚乳核，初生胚乳核发育为胚乳，同样结合了父本、母本的遗传特性，生理上更为活跃，在胚的发育或种子萌发过程中作为营养物质供胚吸收。这样，可以使子代的变异性更大，生活力更强，适应性更为广泛。因此，双受精作用是植物界有性生殖的最进化、最高级的形式，也是植物杂交育种的理论基础。在杂交育种过程中，应尽量选择差异大的杂交组合，使其后代更易选育出新的优良品种或新的植物类型。

（5）受精对雌蕊代谢的影响

受精后，花粉与雌蕊间不断地进行着信息与物质的交换，并对雌蕊的代谢产生激烈的影响。主要表现在：

呼吸速率急剧变化　受精后雌蕊的呼吸速率一般要比受精前高，并有起伏变化。如棉花受精时雌蕊的呼吸速率提高 2 倍；百合的呼吸速率在受精后出现两次高峰，一次在精细胞与卵细胞发生融合时，另一次是在胚乳游离核分裂旺盛期。

生长素含量显著增加　烟草授粉后 20h，花柱中生长素的含量增加 3 倍多，而且合成部

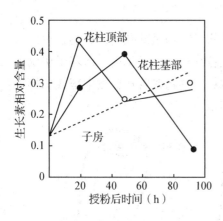

图 6-18 烟草授粉后不同时间雌蕊细胞各部分生长素含量变化

位从花柱顶端向子房转移(图 6-18)。子房中促进生长类激素的提高会促进营养物质向子房运输。在生产上可模拟这一作用,如用 2,4-D、NAA、GAs 和 CTK 处理未受精的子房,使养分向子房输送,产生无籽果实。

受精不仅影响雌蕊的代谢,而且影响到整个植株。这是因为,受精是新一代生命的开始,随着新一代的发育,各种物质要从营养器官源源不断地向子房输送,这就带动了根系对水分与矿质营养的吸收,促进了叶片光合作用的进行以及物质的运输和转化。

6.6.2.3 影响传粉和受精的外界条件

传粉和受精过程中,会受到许多外界因子如温度、湿度、土壤肥力、大气污染等的影响。

温度是影响传粉、受精的最重要的外界环境因素。低温不仅使花粉粒的萌发和花粉管的生长减慢,甚至使花粉管不能到达胚囊,而且加速卵细胞和中央细胞的退化,使精细胞接近卵细胞和中央细胞的过程受到抑制,或精细胞与卵细胞接触和融合的时间延长等。例如,水稻传粉、受精的最适温度为 26~30℃,如果日平均气温在 20℃ 以下、最低气温在 15℃ 以下,则传粉、受精受阻。

湿度或水分对传粉、受精也有很大影响。干旱、高温易导致柱头和花柱干枯。在开花季节,保持适宜的田间湿度,有利于传粉和受精;但开花季节雨水过多,易导致花粉粒吸水破裂,此外,雨水的淋洗或稀释柱头分泌物,不适合花粉粒的萌发,降低结实率。

氮肥过多或过少影响植株的发育,影响受精持续时间;大风、大气污染等都影响授粉和受精。因此,结合当地气候,加强栽培管理,提高营养水平,在植物的传粉和受精期间减少不良环境条件的影响,有助于植物的优质高产。

6.6.3 种子与果实的成熟

6.6.3.1 种子与果实成熟时的生理变化

(1)种子成熟时的生理变化

种子成熟期间的物质变化,大体上与种子萌发时的变化相反。植株营养器官的养料,以可溶性的低分子化合物状态(如蔗糖、氨基酸等形式)运往种子,逐渐转化为不溶性的高分子化合物(如淀粉、蛋白质和脂肪等),并且积累起来。伴随着物质的转化和积累,种子逐渐脱水,原生质由溶胶状态转变为凝胶状态。

①主要有机物质的变化

糖类的变化　淀粉种子(以贮藏淀粉为主的种子,如小麦、玉米等)在其成熟过程中,可溶性糖含量逐渐降低,而不溶性糖含量不断提高。例如,小麦种子成熟时胚乳中的蔗糖、还原糖含量迅速减少,而淀粉的含量迅速增加,同时也可积累少量的蛋白质、脂肪和各种矿质元素等。

蛋白质的变化　蛋白质种子(如豆类种子)在其成熟过程中,首先是由叶片或其他营养器官的氮素以氨基酸或酰胺的形式运到荚果,在荚果中氨基酸或酰胺合成蛋白质,成为暂时的贮藏状态;然后暂存的蛋白质分解,以酰胺状态运至种子,转变为氨基酸,最后由氨基酸转变为蛋白质,用于贮藏。

脂肪的变化　油料种子在成熟时,先在种子内积累糖分(包括可溶性糖及淀粉),然后糖分转化为游离的饱和脂肪酸,最后形成不饱和脂肪酸。油料种子完成这些转化过程后才充分成熟。若种子未完全成熟就收获,种子不仅含油量低,而且油脂的质量也差。另外,在油料作物的种子中也含有由其他部位运来的氨基酸及酰胺合成的蛋白质。

②其他生理变化

呼吸速率的变化　在有机物累积迅速时,呼吸作用也旺盛。种子接近成熟时,呼吸作用逐渐减弱。如在水稻谷粒成熟过程中,谷粒的呼吸速率发生显著变化,呈单峰曲线,在乳熟期最强,之后迅速下降,这个变化规律与淀粉等有机物积累有关。

内源激素的变化　种子成熟过程中激素不断发生变化。例如,玉米素在小麦受精之前含量很低,在受精末期达到最大值,然后减少;赤霉素在受精后 3 周达最大值,然后减少;生长素在收获前一周鲜重达最大值之前达到最高峰,籽粒成熟时生长素基本消失。此外,脱落酸在籽粒成熟期含量大增。上述情况表明,小麦成熟过程中,首先出现的是玉米素,可能是调节籽粒建成和细胞分裂;其次是赤霉素和生长素,可能是调节光合产物向籽粒运输与积累;最后是脱落酸,可能控制籽粒的成熟与休眠。

(2)果实成熟时的生理变化

果实成熟过程包括果实的生长发育及其内部发生的一系列生理生化变化。

①果实的生长模式　果实生长也有生长大周期,主要有两种生长模式:单"S"形生长模式和双"S"形生长模式(图 6-19)。属于单"S"形生长模式的果实有苹果、梨、香蕉、板栗、核桃、石榴、柑橘、枇杷、菠萝、草莓、番茄、无籽葡萄等。这一类型的果实在开始生长时速度较慢,以后逐渐加快,达到高峰后又渐变慢,最后停止生长。属于双"S"形生长模式的果实有桃、李、杏、梅、樱桃、有籽葡萄、柿、山楂和无花果等。这一类型的果实在生长中期出现一个缓慢生长期,表现出慢—快—慢—快—慢的生长节奏。果实第二次缓慢生长期是果肉暂时停

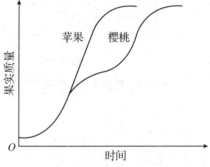

图 6-19　果实的生长模式

注:苹果为单"S"形生长模式,樱桃为双"S"形生长模式。

止生长,而内果皮木质化、果核变硬和胚迅速发育的时期。果实第二次迅速增长的时期,主要是中果皮细胞的膨大和营养物质的大量积累。

②呼吸跃变　当果实成熟到一定程度时,呼吸速率先是降低,然后突然升高,之后又下降的现象,便称为呼吸跃变(图 6-20)。跃变型果实有苹果、梨、香蕉、桃、李、杏、柿、无花果、猕猴桃、杧果、番茄、西瓜、甜瓜、哈密瓜等;非跃变型果实有柑橘、橙

子、葡萄、樱桃、草莓、柠檬、荔枝、可可、菠萝、橄榄、腰果、黄瓜等。非跃变型果实在成熟期呼吸速率逐渐下降，不出现高峰。

跃变型果实和非跃变型果实的主要区别是，前者含有复杂的贮藏物质(淀粉或脂肪)，在摘后达到完全可食状态前，贮藏物质强烈水解，呼吸加强，而后者并不如此。跃变型果实成熟比较迅速，非跃变型果实成熟比较缓慢。在跃变型果实中，不同果实的呼吸跃变差异也很大。香蕉呼吸高峰值几乎是初始速率的10倍，淀粉水解过程很迅速，成熟也快；苹果呼吸高峰值是初始速率的2倍，淀粉水解较慢，成熟也慢一些(图6-21)。多数果实的跃变可发生在未脱离母体植株时，而鳄梨和杧果的一些品种连体时不完熟，离体后才出现呼吸跃变和成熟变化。

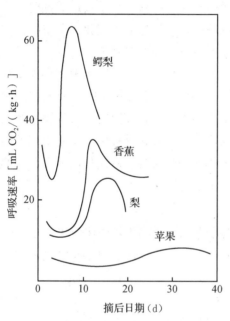

图 6-20 果实成熟过程中的呼吸跃变

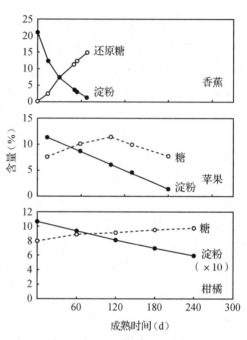

图 6-21 香蕉、苹果、柑橘在成熟
过程中淀粉的水解作用

③肉质果实成熟时的色、香、味变化

果实变甜 在未成熟的果实中贮存许多淀粉，到成熟后期，呼吸跃变出现后，淀粉水解产生可溶性糖如蔗糖、葡萄糖和果糖等，使果实变甜。

酸味减少 未成熟的果实中，在果肉细胞的液泡中积累很多有机酸。如柑橘、菠萝含柠檬酸，仁果类(苹果、梨)和核果类(如桃、李、杏、梅)含苹果酸，葡萄中含有酒石酸，番茄中含柠檬酸、苹果酸。随着果实的成熟，一些酸转变成糖；一些被呼吸作用氧化成CO_2和H_2O；一些与K^+、Ca^{2+}等阳离子结合生成盐。因此，酸味明显减轻。从图6-22可看出苹果成熟期淀粉转化为糖及有机酸含量降低的情况。

涩味消失 未成熟的柿子、香蕉、李子等有涩味，这是由于细胞液中含有单宁等物质。随果实的成熟，单宁可被过氧化物酶氧化成无涩味的过氧化物，或凝结成不溶性的单宁盐，还有一部分可以水解转化成葡萄糖，因而涩味消失。

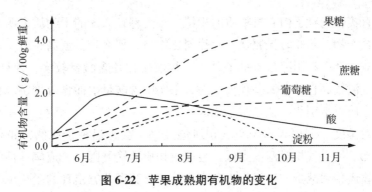

图 6-22　苹果成熟期有机物的变化

香味产生　果实成熟时产生一些具有香味的物质如芳香酯或醛，如苹果中含有乙酸丁酯、乙酸己酯、辛醇等挥发性物质，香蕉的特色香味是乙酸戊酯，橘子的香味主要来自柠檬醛。

果实变软　果实成熟过程中，细胞胞间层的不溶性原果胶分解成可溶性的果胶或果胶酸，果肉细胞相互分离，所以果肉变软。此外，果肉细胞中淀粉粒的消失也是果实变软的一个原因。

色泽变艳　随着果实的成熟，果皮中的叶绿素被逐渐分解，而类胡萝卜素较稳定，故呈现黄色，或由于形成花青素而呈现红色。光照可促进花青素的形成，因此，果实向阳面往往颜色鲜艳一些。

维生素的变化　随着果实发育成熟，各种维生素特别是维生素 C 含量显著增加。

④激素的变化　果实成熟期间，生长素、细胞分裂素、赤霉素、脱落酸、乙烯都是有规律地参与代谢反应的。例如，苹果、柑橘等果实在幼果期，生长素、赤霉素和细胞分裂素的含量高，以后逐渐下降，果实成熟时降到最低点；乙烯、脱落酸的含量则在后期逐渐上升。如苹果在成熟时，乙烯含量达最高峰，而柑橘、葡萄在成熟时，脱落酸含量达到最高。

6.6.3.2　外界条件对种子与果实成熟的影响

种子与果实的化学成分和粒重、饱满度、成熟期等生物学特性主要受遗传因素的控制，但又受外界环境条件的影响。

①温度　影响种子化学成分的含量。如我国北方大豆种子成熟时，温度低，种子含油量高，蛋白质含量较低；而南方情况正好相反（表 6-9）。温度高低直接影响油料种子的含油量和油分性质。成熟期适当低温有利于油脂的积累，而低温、昼夜温差大有利于不饱和脂肪酸的形成；反之，则利于饱和脂肪酸的形成。因此，最好的干性油是从纬度较高或海拔较高的地区生长的油料种子中获得的。

表 6-9　不同地区大豆的品质　　　　　　　　　　　　　　　　　　%

不同地区品种	干重中蛋白质含量	干重中脂肪含量
北方春大豆	39.9	20.8
黄淮海流域夏大豆	41.7	18.0
长江流域春、夏、秋大豆	42.5	16.7

②光照　直接影响种子内有机物质的积累。小麦籽粒 2/3 的干物质来源于抽穗后叶片及穗本身的光合产物，若此时光照强，叶片同化物多，那么产量就高；若小麦灌浆期连遇阴天，则会造成减产。在阴凉多雨的条件下，果实中往往含酸量较多，而糖分相对较少；若阳光充足，气温较高且昼夜温差较大，那么果实中含酸量少而糖分增多。新疆吐鲁番的葡萄和哈密瓜之所以特别甜，就是这个原因。

③空气相对湿度　阴雨天多，空气相对湿度高，会延迟种子成熟；如果空气湿度较低，则加速成熟。但空气相对湿度太低，会造成物质运输受阻，合成酶活性降低，水解酶活性增高，干物质积累减少，种子瘦小且产量低。在我国北方出现的干热风常会造成风旱不实现象，使籽粒灌浆不足，就是因为土壤干旱和空气湿度低时叶片发生萎蔫，同化物不能顺利流向正在灌浆的籽粒，妨碍了贮藏物质的积累。

④土壤含水量　土壤水分供应不足时，种子灌浆较困难，通常淀粉含量少，而蛋白质含量高。我国北方降水量及土壤含水量比南方少，所以北方栽种的小麦比南方栽种的小麦蛋白质含量高。用同一品种试验，杭州、济南、北京和黑龙江的小麦蛋白质含量分别为 11.7%、12.9%、16.1% 和 19.0%。若土壤水分过多，则会由于缺氧而造成根系损伤，种子不能正常成熟。

⑤营养条件　植物营养条件对种子的化学成分也有显著影响。氮是蛋白质组分之一，适当施氮肥能提高淀粉种子的蛋白质含量。钾能促进糖类的运输，增加籽粒或其他贮存器官的淀粉含量。合理施用磷肥对脂肪的形成有良好作用。但在种子灌浆、成熟期过多施用氮肥会使大量光合产物流向茎、叶，引起植株贪青迟熟而导致减产，油料种子则含油率降低。

6.6.4　衰老与脱落

6.6.4.1　植物的衰老

(1) 衰老的概念与类型

植物的衰老通常指植物的器官或整个植株的生理功能衰退，最终趋于死亡，这是植物发育的正常过程。

根据植株与器官死亡的情况将植物衰老分为 4 种类型(图 6-23)：

①整体衰老　如一年生或二年生植物，在开花结实后，整株植物就衰老死亡。

②地上部衰老　多年生草本植物地上部每年死亡，而根系和其他地下器官仍然继续生存多年。

③落叶衰老　多年生落叶木本植物发生季节性的叶片同步衰老脱落。

④顺序衰老　如多年生常绿木本植物的茎和根能生活多年，而叶片和繁殖器官则渐次衰老脱落。

衰老有其积极的生物学意义，不仅能使植物适应不良环境条件，而且对物种进化起重要作用。温带落叶树的叶片在冬前全部脱落，从而降低蒸腾作用，有利于安全越冬。通常植物在衰老时，其营养器官中的物质降解、撤退，并再分配到种子、块茎和球茎等新生器官中去。如花的衰老及其衰老部分的养分撤离，能使受精胚珠正常发育；果实成熟衰老使得种子充实，有利于繁衍后代。

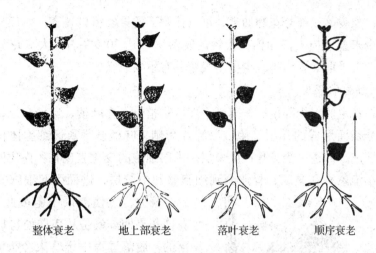

整体衰老　　　地上部衰老　　　落叶衰老　　　顺序衰老

图 6-23　植物衰老的表现形式

（2）环境因素对衰老的影响

①光　适度的光照能延缓小麦、燕麦、菜豆、烟草等多种作物连体叶片或离体叶片的衰老，而强光对植物有伤害作用，会加速衰老。不同光质对衰老作用不同，红光能延缓衰老，远红光可消除红光的作用；蓝光显著地延缓绿豆叶片衰老；紫外光促进衰老。短日照促进衰老，长日照延缓衰老。

②水分　干旱促使叶片衰老，水涝会导致缺氧而引起根系坏死，最后使地上部衰老。

③矿质营养　营养亏缺会促进衰老，其中 N、P、K、Ca、Mg 的缺乏对衰老影响很大。

④温度　低温和高温都会加速叶片衰老，可能是由于蛋白质降解，叶绿体功能衰退，叶片黄化。

⑤植物激素　延缓衰老是细胞分裂素特有的作用。细胞分裂素可以显著延长离体叶片的保绿时间，赤霉素也能延缓叶片衰老、蛋白质降解，生长延缓剂如 CCC 和 B$_9$ 等也有延缓衰老的效应。脱落酸能促进叶片衰老，乙烯能促进花、果等器官衰老。

生产上可通过改变环境条件来调控衰老。如通过合理密植和科学的肥水管理来延长水稻、小麦上部叶片的功能期，以利于籽粒充实；在果蔬的贮藏保鲜中常以低 O_2（2% ~ 4%）、高 CO_2（5% ~ 10%），并结合低温来延长果蔬的贮藏期。

6.6.4.2　植物器官的脱落

（1）脱落的概念与类型

脱落是指植物细胞、组织或器官脱离母体的过程。脱落可分为 3 种：①由于衰老或成熟引起的正常脱落，如果实和种子的成熟脱落；②因植物自身的生理活动而引起的生理脱落，如营养生长与生殖生长的竞争、光合产物运输受阻或分配失调等引起的脱落；③因逆境条件（水涝、干旱、高温、低温、盐渍、病害、虫害、大气污染等）而引起的胁迫脱落。生理脱落和胁迫脱落都属于异常脱落。

脱落有其特定的生物学意义：有利于物种的保存，尤其是在不适宜生长的条件下。如种子、果实的脱落，有利于保存植物种子来繁殖后代；部分器官的脱落有益于留存下来的器官发育成熟，如脱落一部分花和幼果，可以让剩下的果实得以发育。然而异常脱落也常常给农业生产带来重大损失，如棉花蕾铃的脱落率可达70%左右，大豆花荚脱落率也很高。因此，生产上采取必要措施减少器官脱落具有重要意义。

（2）脱落的细胞学原理

脱落发生在特定的组织部位——离区。离区是指分布在叶柄、花柄和果柄等基部一段区域中经横向分裂而形成的几层细胞。以叶片为例，叶柄基部离区细胞体积小，排列紧密。以后在离区范围内进一步分化产生离层。离层细胞的变化表现在：内质网、高尔基体和小泡增多，小泡聚积在质膜，释放酶到细胞壁和中胶层，进而引起细胞壁和中胶层分解、膨大，致使离层细胞彼此分离。叶柄、花柄和果柄等就是从离层处与母体断离而脱落的。脱落过程中维管束会折断（图6-24）。多数植物器官在脱落之前已形成离层，只是处于潜伏状态，一旦离层活化，即引起脱落。但也有例外，如禾本科植物叶片不产生离层，因而不会脱落；花瓣脱落也没有离层形成。

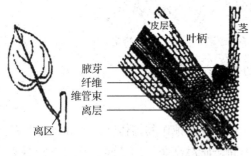

图6-24 双子叶植物叶柄基部离区结构示意

（3）影响脱落的因素

①植物激素

生长素类 既可以抑制脱落，也可以促进脱落，它对器官脱落的效应与生长素使用的浓度、时间和施用部位有关。将生长素施在离区近轴端（离区靠近茎的一面）促进脱落；施于远轴端（离区靠近叶片的一侧），则抑制脱落。这表明脱落与离区两侧的生长素含量密切相关。

乙烯 是与脱落有关的重要激素。乙烯可诱发离层细胞中纤维素酶和果胶酶的合成，并能提高这两种酶的活性，使离层细胞壁溶解，引起器官溶解。此外，乙烯还能增加细胞膜的透性，提高脱落酸的含量，促进脱落。

脱落酸 在正常生长的叶片中脱落酸含量极低，只有在衰老的叶片中才含有大量的脱落酸。秋天短日照促进脱落酸合成，所以能导致季节性落叶。

各种激素的作用不是彼此孤立的，器官的脱落也并非受某一种激素的单独控制，而是多种激素相互协调、平衡作用的结果。

②外界因素

光 强光能抑制或延缓脱落，弱光则促进脱落；短日照促进落叶，而长日照延迟落叶；不同光质对脱落也有不同影响，远红光增加组织对乙烯的敏感性，促进脱落，而红光则延缓脱落。

温度 温度过高或过低都会促进脱落，如四季豆叶片在25℃下，棉花在30℃下，脱落最快。在田间，高温常引起土壤干旱而加速脱落。低温也会导致脱落，如霜冻引起棉株落叶。

水分 干旱、涝淹会影响内源激素水平，进而影响植物器官脱落。

氧气 氧气浓度影响脱落，氧气浓度在10%～30%范围内时，增加氧气浓度会增加棉花叶柄脱落。高氧促进脱落的原因可能是促进了乙烯的合成。低氧抑制呼吸作用，降低根系对水分及矿质营养的吸收，造成花果发育不良，也会导致脱落。

矿质营养　缺乏 N、P、K、Ca、Mg、S、Zn、B、Mo 和 Fe 都会引起器官脱落。B 缺乏常使花粉败育，引起不孕或果实退化脱落；Ca 是中胶层的组成成分，Ca 缺乏会引起严重的脱落。

此外，大气污染、紫外线、盐害、病虫等对脱落也有影响。

（4）脱落的调控

器官脱落对生产影响很大，所以常常需要采取措施对脱落进行适当调控。

①应用植物生长调节剂　给叶片施用生长素类化合物可延缓果实脱落。如用 10～25mg/L 2,4-D 溶液喷施，可防止番茄落花、落果；在棉花结铃盛期施用 20mg/L 赤霉素溶液，可防止和减少棉铃脱落。生产上有时需要促进器官脱落，例如，应用脱叶剂（如乙烯利、2,3-二氯异丁酸、氯酸镁、硫氰化铵等）促进叶片脱落，有利于机械收获作物（如棉花、豆科植物）。为了机械采收葡萄或柑橘等果实，常用氟代乙酸、亚胺环己酮等先使果实脱离母体枝条。此外，也可用萘乙酸或萘乙酰胺使梨、苹果疏花疏果，以避免坐果过多而影响果实的品质。

②改善肥水条件　增加水肥供应和适当修剪，可使花、果得到足够养分，减少脱落。例如，用 0.05mol/L 醋酸钙能减轻柑橘和金橘因施用乙烯利而造成的落叶和落果。

③基因工程调控　可通过调控与衰老有关的基因的表达，进而影响脱落。

【实践教学】

实训 6-4　花粉生活力的观察

一、实训目的

掌握花粉生活力的快速测定方法，为进行雄性不育株的选育、杂交技术的改良以及揭示内外因素对花粉育性和结实率的影响奠定基础。

二、材料及用具

显微镜、恒温箱、培养皿、棕色试剂瓶、烧杯、量筒、天平、玻璃棒、滤纸、镊子、载玻片、盖玻片；0.5%TTC 溶液、I$_2$-KI 溶液；成熟花药、植物花粉。

0.5%TTC 溶液：称取 0.5g 氯化三苯基四氮唑（TTC）放在烧杯中，加入少许 95%乙醇使其溶解，然后用蒸馏水定容至 100mL，溶液避光保存，若变红色，即不能再使用。

I$_2$-KI 溶液：称取 2g 碘化钾（KI）溶于 5～10mL 蒸馏水中，加入 1g 碘（I$_2$），待完全溶解后，再加蒸馏水至 300mL，贮于棕色瓶中备用。

三、方法及步骤

1. 花粉萌发测定法

（1）制片

采集丝瓜、南瓜或其他葫芦科植物刚开放或将要开放的成熟花朵，将花粉洒落在滴有清水的载玻片上，制成简易片。

（2）培养

将载玻片放置于垫有湿滤纸的培养皿中，在25℃左右的恒温箱（或室温20℃）中培养5~10min。

（3）观察

用显微镜检查5个视野，统计萌发花粉粒数，计算萌发率。

2. 氯化三苯基四氮唑法（TTC 法）

（1）取少数花粉于载玻片上加1~2滴0.5%TTC溶液，盖上盖玻片。

（2）将制片于35℃恒温箱中放置15min，然后置于低倍显微镜下观察。被染为红色的花粉生活力强，淡红色的次之，无色者为没有生活力的花粉或不育花粉。

（3）观察2~3个制片，每个制片取5个视野，统计100粒，然后计算花粉的生活力百分率。

3. I_2-KI 染色法

多数植物正常的成熟花粉呈圆球形，积累较多的淀粉，I_2-KI溶液可将其染成蓝色。发育不良的花粉常畸形，往往不含淀粉或积累淀粉较少，I_2-KI溶液染色不呈蓝色，而呈黄褐色。因此，可用I_2-KI溶液染色来测定花粉生活力。

（1）花粉采集

将水稻、小麦或玉米可育和不育植株的充分成熟将要开花的花朵带回室内，采集成熟花药。

（2）镜检

取一枚花药置于载玻片上，加1滴蒸馏水，用镊子将花药充分捣碎，使花粉释放，再加1~2滴I_2-KI溶液，盖上盖玻片，置于低倍显微镜下观察。被染成蓝色的为含有淀粉的生活力较强的花粉，呈黄褐色的为发育不良的花粉。观察2~3个制片，每个制片取5个视野，统计花粉的染色率，以染色率表示花粉的育性。

注意：此法不能准确表示花粉的生活力，也不适用于研究某一处理对花粉生活力的影响。因为三核期退化的花粉已有淀粉积累，遇I_2-KI呈蓝色反应。另外，含有淀粉而被杀死的花粉遇I_2-KI也呈蓝色。

四、实训作业

（1）记录实验结果，统计不同植物花粉的生活力百分率。

（2）讨论哪一种方法能更准确地反映花粉的活力，以及一种方法是否适合于所有植物花粉生活力的测定。

【自测题】

1. 名词解释

植物生长物质，植物激素，植物生长调节剂，极性运输，乙烯"三重效应"，生长抑制剂，生长延缓剂，生长大周期，生长相关性，根冠比（R/T），顶端优势，传粉，自花传粉，异花传粉，风媒花，虫媒花，双受精，单性结实，春化作用，长日照植物，短日照植物，光周期诱导，呼吸跃变，休眠。

2. 填空题

(1)公认的植物激素有_____、_____、_____、_____。

(2)在高等植物中，生长素的运输方式有两种：_____和_____。

(3)植物激素中，促进插条生根的是_____，促进气孔关闭的是_____，促进细胞壁松弛的是_____，促进愈伤组织芽的分化的是_____，促进果实成熟的是_____，打破马铃薯休眠的是_____，促进菠萝开花的是_____，促进大麦籽粒淀粉酶形成的是_____，促进无核葡萄果粒增大的是_____。

(4)不同植物激素组合，影响着输导组织的分化。当 IAA/GA 比值低时，促进_____部分分化。比值高时，促进_____部分分化。

(5)不同器官对生长素的敏感性不同，通常_____<_____<_____。

(6)常见的生长促进剂有_____、_____、_____等，常见的植物生长抑制剂有_____、_____、_____、_____等，常见的植物生长延缓剂有_____、_____、_____、_____。

(7)种子萌发的自身条件是指种子必须是_____的，而且胚必须是_____的。

(8)种子萌发时，种子里的淀粉由原来不溶于水转变成简单的能溶于水的糖以后，胚就能_____和_____。这种物质的转变，只有在_____和_____适宜时才能进行。

(9)目前已知的 3 种光受体是_____、_____和_____。

(10)信号传导的过程包括_____、_____、_____和生理生化变化 4 个步骤。

(11)土壤干旱时，植物根尖合成脱落酸，引起保卫细胞内的一系列信号转导。

(12)植物在春化作用中感受低温影响的部位为_____。

(13)要想使菊花提前开花，可对菊花进行_____处理；要想使菊花延迟开花，可对菊花进行_____处理。

(14)影响花诱导的主要外界条件是_____和_____。

(15)花粉管进入胚珠的方式有_____、_____和_____3 种。

(16)影响叶片脱落的环境因子有_____、_____、_____。

(17)影响衰老的外界条件有_____、_____、_____、_____。

(18)叶片衰老时，_____被破坏，光合速率下降。

3. 判断题

(1)吲哚乙酸仅存在于高等植物体中。　　　　　　　　　　　　　　　　(　　)

(2)生长素是一种最早被发现的植物激素。　　　　　　　　　　　　　　(　　)

(3)结合态的赤霉素才具有生理活性。　　　　　　　　　　　　　　　　(　　)

(4)细胞分裂素广泛分布于细菌、真菌、藻类和高等植物中。　　　　　　(　　)

(5)物体内乙烯生物合成的前体物质是蛋氨酸。　　　　　　　　　　　　(　　)

(6)植物体中根、茎、叶、果实及种子都可以合成脱落酸。　　　　　　　(　　)

(7)绿色植物组织中的吲哚乙酸含量比黄化幼苗中的含量要高。　　　　　(　　)

(8)激动素是最先被发现的植物体内天然存在的细胞分裂素类物质。　　　(　　)

(9)种子中含有抑制物质并不意味着种子一定不能发芽。　　　　　　　　（　　　）

(10)种子的休眠特性对植物本身来说是不利的。　　　　　　　　　　　（　　　）

(11)在一定温度范围内种子的呼吸作用随着温度的升高而降低。　　　　（　　　）

(12)干燥种子在低温条件下贮藏,其生命活动极为微弱。　　　　　　　（　　　）

(13)在24h周期条件下,暗期越长,越能促进短日植物开花。　　　　　（　　　）

(14)对植物进行光周期诱导,其光照强度必须低于正常光合作用所需要的光照强度。

　　　　　　　　　　　　　　　　　　　　　　　　　　　　　　　　（　　　）

(15)在大田条件下,春季播种的冬小麦不能开花。　　　　　　　　　　（　　　）

(16)在任何日照条件下都可以开花的植物称为日中性植物。　　　　　　（　　　）

(17)以日照长度12h为界限,可区分为长日照植物和短日照植物。　　　（　　　）

(18)花粉落在雌蕊柱头上能否正常萌发,导致受精,决定于双方的亲和性。（　　　）

(19)花粉的识别物质是内壁蛋白。　　　　　　　　　　　　　　　　　（　　　）

(20)授粉后,雌蕊中的生长素含量明显减少。　　　　　　　　　　　　（　　　）

(21)植物在适当光周期诱导下,会增加开花刺激物的形成,这种物质是可以运输的。

　　　　　　　　　　　　　　　　　　　　　　　　　　　　　　　　（　　　）

(22)适当降低氧气的浓度,可以延迟呼吸跃变的出现,使果实成熟延缓。（　　　）

(23)未成熟的果实有酸味,是因为果肉中含有很多抗坏血酸的缘故。　　（　　　）

4. 选择题

(1)具有极性运输的植物激素是(　　　)。

　　A. 吲哚乙酸　　　B. 赤霉素　　　C. 细胞分裂素　　　D. 乙烯

(2)与植物向光性有关的植物激素是(　　　)。

　　A. 吲哚乙酸　　　B. 赤霉素　　　C. 细胞分裂素　　　D. 乙烯

(3)生长素在每克鲜重植物体中的含量通常在(　　　)。

　　A. 10～100mg　　B. 10～100ng　　C. 100～1000mg　　D. 1～10mg

(4)被认为是细胞分裂素特有作用的是(　　　)。

　　A. 延缓叶片衰老　　B. 诱导生根　　C. 促进脱落　　　D. 促进开花

(5)植物激素和植物生长调节剂最根本的区别是(　　　)。

　　A. 二者的分子结构不同　　　　　B. 二者的生物活性不同

　　C. 二者合成的方式不同　　　　　D. 二者在体内的运输方式不同

(6)生长素促进枝条切段根原再发生的主要作用是(　　　)。

　　A. 促进细胞伸长　　　　　　　　B. 刺激细胞分裂

　　C. 引起细胞分化　　　　　　　　D. 促进物质运输

(7)下列植物激素中,(　　　)的作用是促进果实成熟,促进叶、花脱落与衰老。

　　A. 生长素　　　B. 乙烯　　　C. 赤霉素　　　D. 细胞分裂素

(8)向植物喷施B_9等生长延缓剂可以(　　　)。

　　A. 增加根冠比　　B. 降低根冠比　　C. 不改变根冠比　　D. 加快生长

(9)在顶端优势形成过程中,哪两种激素相互颉颃? (　　　)

A. 生长素、赤霉素　　　　　　B. 生长素、细胞分裂素

C. 赤霉素、脱落酸　　　　　　D. 赤霉素、乙烯

(10)生长延缓剂的主要作用是(　　)。

A. 促进乙烯合成　　　　　　　B. 抑制生长素合成

C. 抑制细胞分裂素合成　　　　D. 抑制赤霉素合成

(11)种子萌发的外部条件是(　　)。

A. 水分、空气和温度　　　　　B. 适当的水分、空气和适宜的温度

C. 土壤、空气和水　　　　　　D. 水分、土壤、空气、阳光和适宜的温度

(12)种子萌发时，首先伸出种皮的是(　　)。

A. 胚芽　　　　　B. 胚轴　　　　　C. 胚根　　　　　D. 子叶

(13)将颗粒饱满的种子分为甲、乙两组，在25~30℃温度下分别播种，甲组种在潮湿肥沃的土壤里，乙组种在潮湿贫瘠的土壤里，这两组种子的发芽状况是(　　)。

A. 甲先发芽　　　B. 乙先发芽　　　C. 同时发芽　　　D. 都不发芽

(14)被虫蛀过的种子，一般都不能萌发成幼苗，其原因往往是(　　)。

A. 种子感染了病毒，失去了萌发能力

B. 萌发时外界条件不适宜

C. 种子的胚被虫子蛀咬破坏，失去生活力

D. 种皮被破坏，失去保护作用

(15)早春播种以后，用地膜覆盖的方法可以促进早出苗的原因是(　　)。

A. 防止害虫破坏　　　　　　　B. 保温、保湿，有利于萌发

C. 防止鸟类取食种子　　　　　D. 种子萌发需要避光

(16)波长为400~800nm的光谱中，对于植物的生长和发育不太重要的波段是(　　)光区。

A. 红　　　　　　B. 远红　　　　　C. 蓝　　　　　　D. 绿

(17)光敏色素是在(　　)年被美国一个研究组发现的。

A. 1930　　　　　B. 1949　　　　　C. 1959　　　　　D. 1976

(18)促进莴苣种子萌发和诱导白芥幼苗弯钩张开的光是(　　)。

A. 蓝光　　　　　B. 绿光　　　　　C. 红光　　　　　D. 黄光

(19)黄化植物幼苗的光敏色素含量比绿色幼苗(　　)。

A. 少　　　　　　B. 多许多倍　　　C. 差不多　　　　D. 不确定

(20)甘蔗只有在日照时长12.5h下才开花，它属于(　　)。

A. 短日植物　　　B. 长日植物　　　C. 日中性植物　　　D. 中日性植物

(21)在植物的光周期反应中，光的感受器官是(　　)。

A. 根　　　　　　B. 茎　　　　　　C. 叶　　　　　　D. 根、茎、叶

(22)开花期是指(　　)。

A. 一朵花开放的时间

B. 一个花序开放的时间

C. 一株植物在一个生长季节内从第一朵花开放到最后一朵花开毕所经历的时间

D. 一株植物一生中从第一次开花开始到最后一次开花结束所经历的时间

(23)花粉落在柱头上称为(   )。

A. 授粉   B. 受精作用   C. 花粉的萌发   D. 识别作用

(24)长日植物南种北移时,其生育期(   )。

A. 延长   B. 缩短

C. 既可能延长,也可能缩短   D. 不变

(25)雄配子与雌配子结合成合子的过程称为(   )。

A. 授粉   B. 受精作用   C. 种子的形成   D. 坐果

(26)在淀粉种子成熟过程中,可溶性糖的含量(   )。

A. 逐渐降低   B. 逐渐增高   C. 变化不大   D. 不确定

(27)油料种子成熟过程中,糖类的含量(   )。

A. 不断下降   B. 不断上升   C. 变化不大   D. 不确定

(28)在果实呼吸跃变开始之前,果实内含量明显升高的植物激素是(   )。

A. 生长素   B. 脱落酸   C. 赤霉素   D. 乙烯

(29)香蕉的特殊香味是(   )。

A. 柠檬醛   B. 乙酸戊酯   C. 乙烯   D. 柠檬酸

5. 问答题

(1)举例说明植物激素之间的相互作用。

(2)常见生长抑制物质有哪些?其生理作用如何?

(3)举例说明生长素类物质在生产上的应用。

(4)种子萌发的不同阶段对水分、温度、氧气有哪些要求?

(5)用所学知识解释本固枝荣、根深叶茂。

(6)说明双受精的过程及生物学意义。列表说明双受精后花各部分的变化。

(7)解释果树的大小年现象。

(8)肉质果实成熟时有哪些生理生化变化?

(9)北方的苹果引种到华南地区种植,苹果仅进行营养生长而不开花结果,试分析原因。

(10)春化作用与光周期理论在生产上有哪些应用?

(11)生产实践中如何调控植物器官的衰老与脱落?

单元 7 植物的抗逆生理

◇ **知识目标**

(1)了解植物各种逆境条件及其对植物的影响。

(2)理解植物的抗性机理。

(3)掌握提高植物抗逆性的方法和途径。

◇ **技能目标**

(1)会用电导法测定寒害对植物的影响。

(2)能利用植物的抗逆性原理,在生产中运用科学合理的栽培管理措施,最大限度地挖掘植物的抗逆潜力。

◇ **理论知识**

植物在自然界经常会遇到不适于正常生长的环境条件,如严寒、酷热、干旱、水涝、病虫害和环境污染等。这些不良环境条件称为逆境。逆境的种类很多,包括生物因素和理化因素(图 7-1)。

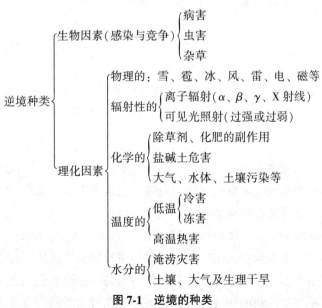

图 7-1 逆境的种类

植物在逆境下的生理反应，称为逆境生理。处于逆境下的植物，常常因为反常生理过程的出现而受害。但是，不同种类的植物处于同样程度的逆境时受害程度并不相同，同一植物在不同的生长发育时期对逆境的敏感性也有差异。因此，当逆境来临时，有些植物无法继续生存，而有些还能基本正常地生活下去。植物对不良环境的适应性和抵抗力称为抗逆性或抗性。

　　植物的抗逆性可以分为避逆性和耐逆性两种类型。避逆性指植物通过对生育周期的调整来避开或部分避开逆境的干扰，在相对适宜的环境中完成其生活史。例如，沙漠中的植物在雨季快速生长，通过生育期的调整来避开不良气候的影响；仙人掌通过肉质茎这种特殊的形态结构贮存大量水分，以避免干旱的伤害等。这些方式在植物进化上是十分重要的。耐逆性指植物组织虽经受逆境对它的影响，但它可通过代谢反应阻止、降低或者修复由逆境造成的伤害，使其仍保持正常的生理活动。例如，有些北方针叶树种在冬季可以忍受-70~-40℃的低温；有些植物遇到干旱或低温时，细胞内的渗透物质会增加，以提高细胞抗逆性等。

　　抗逆性是植物在对环境的逐步适应过程中形成的，这种适应性形成的过程，称为抗性锻炼。通过抗性锻炼可以提高植物对某种逆境的抵抗能力。因此，研究植物在不良环境下的生命活动规律及忍耐或抵抗机制，对于提高植物的抗逆性和生产力具有十分重要的意义。

7.1　植物的抗寒性

　　低温对植物造成的伤害称为寒害。按照低温程度的不同和植物受害情况，可分为冷害和冻害两大类。植物对低温的适应和抵抗的能力称为抗寒性，同样抗寒性也可分为抗冷性和抗冻性。

7.1.1　冷害

　　我国的大片土地处于热带和亚热带地区，每年初冬到早春是一段持续时间很长的寒冷季节，再加上日照短、土层缺水等因素，对植物的生长极为不利，其中以低温的影响最大。

7.1.1.1　冷害概念

　　很多热带和亚热带植物不能忍受0~10℃的低温。0℃以上低温对植物所造成的危害，称为冷害。冷害是一种全球性的自然灾害，是限制农业生产的主要因素之一，严重地威胁着作物的生长发育，常常造成严重的减产。

　　在我国，冷害常发生于早春和晚秋季节，主要危害发生在植物的苗期和籽粒或果实成熟期。如水稻、棉花、玉米和春播的花卉、蔬菜幼苗常常会遇到冰点以上低温的危害，造成烂籽、死苗或僵苗不发；正在长叶或开花的果树遇到冷害时会引起大量落花，使结实率降低。一般来说，冷害对植物的伤害除与低温的程度和持续时间有直接关系外，还与植物组织的生理年龄、生理状况及对冷害的相对敏感性有关。温度低、持续时间长，植物受害严重；反之则轻。在同等冷害条件下，幼嫩组织和器官比老的组织和器官受害严重。

7.1.1.2　冷害类型

（1）根据植物不同生育期遭受低温伤害的情况划分

冷害分为 3 种类型：

①延迟型冷害　指植物在营养生长期遇到低温，使生育期延迟的一种冷害。其特点是植物在生长时间内遭受低温危害，使生长、抽穗、开花延迟，虽能正常受精，但由于不能充分灌浆与成熟，不但产量降低，而且品质明显下降（使水稻青米粒高、高粱秕粒多、大豆青豆多、玉米含水量高）。

②障碍型冷害　指植物在生殖生长期间（花芽分化到抽穗开花期），遭受短时间的异常低温，使生殖器官的生理功能受到破坏，造成完全不育或部分不育而减产的一种冷害。例如，水稻在孕穗期尤其是花粉母细胞减数分裂期（大约抽穗前 15d）对低温极为敏感，如果遇到持续 3d 的日平均气温为 17℃ 以下的低温，便发生障碍型冷害。为避免冷害，可在寒潮来临之前深灌，加厚水层，当气温回升后再恢复适宜水层。水稻在抽穗开花期遇 20℃ 以下低温，如阴雨连绵温度低的天气，会破坏授粉与受精过程，形成秕粒。

③混合型冷害　指在同一年里同时发生延迟型冷害和障碍型冷害，即在营养生长时期遇到低温致使抽穗延迟，在生殖生长时期遇到低温造成不育，最终导致产量大幅度下降。

（2）根据植物对冷害反应的速度划分

冷害可分为两类：一种是直接伤害，即植物在短时间内（几小时甚至几分钟）受低温的影响，伤害出现较快，至多在 1d 内即出现伤斑，说明这种影响已侵入胞间，直接破坏原生质活性；另一种是间接伤害，即植物缓慢受到降温的影响，植株形态上表现正常，至少要在几天甚至几周后才出现组织柔软、萎蔫等症状。这是因为低温引起代谢失调的缓慢变化而造成对细胞的伤害，并不是低温直接造成的损伤，这种伤害现象极普遍，称为次级伤害，即某一器官因低温胁迫而使其主要功能减弱甚至丧失后而引起的伤害。

7.1.1.3　冷害症状

冷害可以引起植物细胞剧烈的生理生化变化，主要表现为水分平衡失调、光合作用和呼吸作用发生变化、输导组织遭到破坏、代谢紊乱等。植物遭受冷害之后，最明显的症状是生长速度变慢，叶片变色，有时出现色斑。例如，水稻遇到低温后，幼苗叶片从尖端开始变黄，严重时全叶变为白色，幼叶生长极为缓慢或者不生长，称为"僵苗"和"小老苗"。作物遭受冷害后籽粒灌浆不足引起空壳和秕粒，产量明显下降。

7.1.1.4　冷害机理

1973 年，莱昂斯（Lyons）根据生物膜结构功能和温度的关系提出"膜质相变"的原理来解释植物的冷害机理。他认为冷害首先是损害生物膜，当温度降到一定程度时，细胞的生物膜（包括质膜、液泡膜和细胞器膜）先发生膜质的相变，使膜脂由正常的液晶态变为凝胶态，膜的结构和厚度发生变化，膜上可能出现孔道或龟裂。当冷害的效应发展到使膜质发生降解时，便造成组织的死亡；如果尚未达到使膜质发生降解的程度，寒潮解除后，膜的功能仍能逐渐恢复，正常的代谢也会重新建立。所以，莱昂斯将膜质降解作为冷害的不可逆指标。

由于冷害引起的一系列有害效应归因于膜质的相变，所以膜质的相变温度与抗冷性有密切关系。实验证明，相变温度受膜质中脂肪酸成分的影响，膜质中不饱和脂肪酸成分的增加能有效地降低膜质的相变温度。低温有利于不饱和脂肪酸的形成，这有助于说明有些植物的抗冷性可以通过低温锻炼而提高。

7.1.1.5 植物的抗冷性及其提高途径

抗冷性是指植物对0℃以上的低温的抵抗和适应能力。在生产中提高植物的抗冷性，一般采用以下途径。

(1)低温锻炼

低温锻炼是提高植物抗冷性的有效途径，对提高抗寒性具有重要意义。因为植物对低温的抵抗是一个适应锻炼的过程，经过锻炼的幼苗，细胞膜内不饱和脂肪酸含量提高，膜结构和功能更稳定。因此，许多植物如果预先给予适当的低温处理，以后即可经受更低温度的影响而不致受害。例如，黄瓜、茄子等幼苗由温室移栽大田前若先经过2~3d 10℃的低温处理，则移栽后可抵抗3~5℃的低温。春播的玉米种子，播前浸种并经过适当的低温处里，也可提高苗期的抗寒力。

(2)化学药剂处理

使用化学药剂可以提高植物的抗冷性。如玉米、棉花的种子播种前用福美双处理，可提高植株的抗冷性；水稻、玉米苗期喷施矮壮素、抗坏血酸，也可提高抗冷性。此外，一些植物生长物质如细胞分裂素、脱落酸等也能提高植物的抗冷性。

(3)培育抗寒早熟品种

培育抗寒早熟品种是提高植物抗冷性的根本办法。通过遗传育种，选育出具有抗寒特性或开花期能够避开冷害季节的作物品种，可减轻冷害对植物的伤害。

此外，营造防护林，增施有机肥，增加磷、钾肥的比例也能明显地提高植物的抗冷性。

7.1.2 冻害

7.1.2.1 冻害概念

冰点以下的低温使植物组织内结冰引起的伤害，称为冻害。冰冻有时伴随霜降，因此也称霜冻。植物受冻害的一般症状为：叶片犹如烫伤，细胞失去膨压，组织变软，叶色变褐。冻害在我国南方和北方均有发生，以西北、东北的早春和晚秋以及江淮地区的冬季与早春危害严重。

引起冻害的温度因植物种类、器官、生育时期和生理状态而异。通常，越冬作物可忍受-12~-7℃低温，休眠的白桦可耐受-45℃左右的低温。种子的抗冻性最强，短期内可经受-100℃以下冰冻而仍保持发芽能力；植物的愈伤组织在液氮中于-196℃下保存4个月仍有生活力。植物受冻害的程度，主要取决于降温的幅度、降温持续时间、化冻速度等因素。当降温幅度大、霜冻时间长、化冻速度快时，植物受害严重；如果缓慢结冻并缓慢化冻，植物受害则较轻。

7.1.2.2　冻害机理

冻害对植物的危害主要是由于组织或细胞结冰引起的。由于温度下降的程度和速度不同，植物体内结冰的方式不同，受害的情况也有所不同。

（1）胞间结冰伤害

当环境温度缓慢降低，使植物组织内温度降到冰点以下时，细胞间隙的水结冰，称为胞间结冰。胞间结冰对植物造成的伤害包括：

①原生质脱水　由于胞间结冰降低了细胞间隙的水势，细胞内的水分向胞间移动，随着低温的持续，原生质会发生严重脱水，造成蛋白质变性和原生质不可逆的凝固变性。

②机械损伤　随着低温的持续，胞间的冰晶不断增大，当其体积大于细胞间隙的空间时，就会对周围的细胞产生机械性的损伤。

③融冰伤害　当温度骤然回升时，冰晶迅速融化，细胞壁迅速吸水恢复原状，而原生质会因为来不及吸水膨胀，可能被撕裂致伤。

胞间结冰不一定使植物死亡，大多数植物胞间结冰后经缓慢解冻仍能恢复正常生长。

（2）胞内结冰伤害

当环境温度骤然降低时，不仅细胞间隙结冰，细胞内也会同时结冰。一般先在原生质内结冰，而后在液泡内结冰。细胞内冰晶体积小、数量多，它们的形成会对生物膜、细胞器和基质结构造成不可逆的机械伤害。原生质具有高度精细结构，复杂而又有序的生命活动与这些结构密切相关，原生质结构的破坏必然导致代谢紊乱和细胞死亡。细胞内结冰在自然条件下一般不常发生，一旦发生植物就很难存活。

7.1.2.3　植物的抗冻性及其提高途径

（1）植物的抗冻性

植物对0℃以下低温逐渐形成的一种适应能力称为抗冻性（freezing resistance）。植物在长期进化过程中，在生长习性方面对冬季的低温有各种特殊的适应方式。例如，一年生植物主要以干燥种子形式越冬；大多数多年生草本植物越冬时地上部死亡，而以埋藏于土壤中的延存器官（如鳞茎、块茎等）度过冬天；大多数木本植物越冬前形成或加强保护组织（如芽鳞片、木栓层等）和落叶。除了生长习性外，植物在生理生化方面也会对低温冷冻产生一系列的适应性变化。

①植株含水量下降　随着温度下降，植株吸水较少，总含水量逐渐下降，同时由于植株细胞在适应低温的过程中亲水性物质含量的增多，束缚水与自由水的相对比值增大。由于束缚水不易结冰和蒸腾，所以，总含水量的减少和束缚水含量的相对增多，有利于植物抗寒性的加强。

②呼吸代谢减弱　植物的呼吸随着温度的下降而逐渐减弱，很多植物在冬季的呼吸速

率仅为生长期中正常呼吸的 1/200。细胞呼吸代谢减弱，消耗的糖分少，有利于糖分积累，从而有利于对冷冻环境的抵抗。一般来说，抗冻性弱的植物呼吸代谢减弱得较快，而抗冻性强的则减弱得较慢，比较平稳。

③激素含量变化　多年生树木(如桦树等)的叶片，随着秋季日照变短、气温降低，逐渐形成较多的脱落酸，并将其运到生长点(芽)，抑制茎的伸长，而生长素与赤霉素的含量则减少。已有许多实验证实，植物体内的脱落酸水平与其抗冻性呈正相关。

④生长停止，进入休眠　冬季来临之前，植株生长变得很缓慢，甚至停止生长，进入休眠状态。

⑤保护物质增多　在温度下降的过程中，淀粉水解加剧，可溶性糖含量增加，从而使细胞液的浓度增高，冰点降低，可减轻细胞的过度脱水，保护原生质胶体不致遇冷凝固。越冬期间，北方树木枝条特别是越冬芽中脂类化合物集中在细胞质表层，水分不易透过，代谢降低，细胞内不易结冰，亦能防止过度脱水。此外，细胞内还大量积累小分子蛋白质、核酸、山梨醇等保护性物质，也可以提高植物的抗寒性。

植物对低温冷冻的适应性和抵抗能力是逐步形成的。在冬季来临之前，随着气温的逐渐降低，植物体内发生一系列适应低温的形态和生理生化变化，其抗寒力才能得到提高，这就是所谓的抗寒锻炼。例如，冬小麦在夏天 20℃ 时，抗寒能力很弱，只能抗 -3℃ 的低温；秋天 15℃ 时开始能抗 -10℃ 的低温；冬天 0℃ 以下时可抗 -20℃ 的低温。春天温度上升变暖，抗寒能力又下降。

(2)提高植物抗冻性的措施

①抗冻锻炼　不仅是植物适应冷冻的主要方式，也是提高抗冻能力的主要途径。通过抗冻锻炼，植物会发生前述各种生理生化变化，使植物的抗冻能力显著提高。抗冻锻炼需要满足两个基本的条件：一是必须具备抗冷冻的遗传特性，例如，水稻无论怎样锻炼，也不可能像小麦那样抗冻；二是环境条件，越冬植物抗冻锻炼要求在一定的光周期阶段和低温阶段下进行，例如，我国北方秋季短日照条件是严冬即将到来的信号，越冬植物经过一定时期的短日照后，就开始进入冬眠状态，提高了其抗冻能力。如果人为地改短日照为长日照处理就影响抗冻锻炼，使抗冻能力下降。

②化学调控　一些植物生长物质可以用来提高植物的抗冻性。例如，用生长延缓剂 Amo1618 与 B_9 处理，可提高槭树的抗冻性；脱落酸对提高植物抗冻性也得到比较肯定的证明；细胞分裂素对许多植物如玉米、梨、甘蓝、菠菜等都有增强其抗冻性的作用；用矮壮素与其他生长延缓剂来提高小麦抗冻性已开始应用于生产。通过化学调控手段以抵抗逆境(包括冻害)已成为现代农业的一个重要手段。

③农业措施　采取有效农业措施，加强田间管理，能在一定程度上提高植物抗寒性，防止冻害的发生。具体措施有：及时播种、培土、控肥、通气，促进幼苗健壮，防止徒长，增强秧苗质量；寒流霜冻到来前进行冬灌、熏烟、盖草，以抵御强寒流袭击；进行合理施肥，可提高钾肥比例，也可用厩肥与绿肥压青，提高越冬或早春作物的御寒能力；早春育秧，采用薄膜苗床、地膜覆盖等，对防止寒害都很有效。

【实践教学】

实训 7-1 测定寒害对植物的影响(电导法)

一、实训目的

根据低温伤害的植物细胞浸液的电导率变化来测定细胞受害的程度。

二、材料及用具

冰箱、烧杯、天平、剪刀、电导率测定仪、真空泵、量筒、镊子、干燥器、塑料小袋、打孔器等;蒸馏水(或无离子水);柳树、杨树枝条(或其他植物组织)。

三、方法及步骤

1. 材料的处理

(1)取材

称取事先洗净的植物材料两份。若是枝条每份称取 3g,并剪成 1cm 左右长的小段;如果用叶片,每份为 2g,并用打孔器打成等面积的小片与打孔后的残体放在一起备用。

(2)漂洗

将两份材料分别放入烧杯中,先用自来水冲洗 3~4 次,再用蒸馏水或无离子水冲洗 3~4 次,备用。

(3)处理材料

将漂洗后的两份材料分别放入塑料小袋内,封口。其中一袋放入冰箱内 2~24h,把另一袋放入温室的干燥器内 2~24h,备用。

(4)测前准备

取容量为 200mL 的烧杯两个,编号,用量筒各注入 100mL 蒸馏水或无离子水;将冰箱内的材料放入 1 号烧杯内,将温室干燥器内的材料放入 2 号烧杯内;将 1 号、2 号烧杯一并放入干燥器内并用真空泵减压,直至材料全部浸到溶液内为止;浸泡 1h,备用。

2. 电导率的测定

(1)电导率测定仪的测试

测试电导率测定仪使其单位为 $\mu S/cm^2$。

(2)电导率值的测定

将 1 号、2 号烧杯内的浸泡液各取出 50mL 作为测定液,置于电导率测定仪上测定电导率值,受冻的为 A,未受冻的为 B;将测定液倒回原烧杯内并置于同温度下,煮沸相同时间(1~2min),静置 1h 后再测定其电导率值,此时,受冻的为 C,未受冻的为 D。

3. 计算结果

(1)受冻材料的相对电导率 $=A/C\times100\%$

(2)未受冻材料的相对电导率 $=B/D\times100\%$

(3)植物受害的百分率 $=(A-B)/(C-B)\times100\%$

四、实训作业

讨论当测定出的电导率 C 与 D 的值相差较大时,说明了什么问题。

7.2 植物的抗热性

7.2.1 高温对植物的伤害

由高温引起植物伤害的现象称为热害。高温天气会对植物的生长及产量产生威胁。例如,水稻如果在开花灌浆期遇到35℃以上的高温天气,将导致空壳及秕粒,降低产量;玉米在温度高于32~35℃、空气湿度接近30%时,散粉后1~2h花粉即迅速干枯,失去发芽力;大豆在开花时遇到33℃高温,则无花朵开放,等等。

产生热害的温度很难界定,因为不同植物对高温的忍耐程度有很大差异。根据不同植物对温度的反应,可将植物分为下列几类:喜冷植物,如某些藻类、细菌和真菌在0℃以上低温环境中生长发育,当温度在20℃以上即受高温伤害。中生植物,如水生和耐阴的高等植物(地衣和苔藓等),在中等温度10~30℃环境下生长和发育,温度超过35℃就会受伤害。喜温植物,可在30~100℃中生长,其中有一些在45℃以上就受伤害,称为适度喜温植物;有些植物则在65~100℃才受害,称为极度喜温植物,如蓝绿藻、某些真菌和细菌等。

高温对植物的危害是复杂的、多方面的,归纳起来可分为直接伤害和间接伤害两个方面。

7.2.1.1 直接伤害

直接伤害是指高温直接影响细胞质的结构,在短期(几秒到0.5h)高温后就迅速呈现热害症状,并可从受热部位向非受热部位传递蔓延,如树木的"日灼病"就是典型的直接伤害。高温对植物造成直接伤害可能表现为以下两个方面。

(1)蛋白质变性

高温直接破坏蛋白质的空间构型,使蛋白质失去二级与三级结构,引起植物体内蛋白质变性。高温对蛋白质最初的影响是可逆的,如果短时间内恢复到正常温度,变性蛋白质又可以恢复到原来的状态,使代谢正常。但是如果高温持续影响,变性蛋白质就转变为不可逆的凝聚状态。

(2)脂类液化

在正常条件下,生物膜的脂类和蛋白质之间是靠静电或疏水键相互联系的。高温时,生物膜中的这些功能键断裂,膜脂分子被释放并形成液化的小囊泡,从而破坏了膜结构,使细胞的正常生理功能不能进行,最终导致细胞死亡。

植物抗热性的强弱与生物膜膜脂中脂肪酸饱和程度有关。饱和程度越高,越不容易液化,抗热性就越强。研究表明,耐热藻类的不饱和脂肪酸含量显著比中生藻类的低,而饱和脂肪酸的含量高于中生藻类。

7.2.1.2 间接伤害

间接伤害是指高温导致代谢的异常,渐渐使植物受害,其过程是缓慢的。高温常引起植物过度蒸腾失水，此时同旱害相似，细胞因失水而造成一系列代谢失调，导致生长不良。高温持续时间越长或温度越高，伤害程度越严重。间接伤害主要表现在以下几个方面。

（1）代谢性饥饿

植物光合作用的最适温度一般低于呼吸作用的最适温度。所以，当植株处于温度补偿点以上的温度条件下时，呼吸作用大于光合作用，就会消耗体内贮存的养料，使淀粉与蛋白质等的含量显著减少。高温时间过长，植株就会呈现饥饿，甚至死亡。除此之外，饥饿的产生也可能是由于运输受阻或接纳能力降低所致。

（2）毒性物质增加

高温使氧气的溶解度减小，抑制植物的有氧呼吸，同时积累无氧呼吸所产生的有毒物质（如乙醇、乙醛等）而毒害细胞。氨（NH_3）毒也是高温的常见现象，高温抑制含氮化合物的合成，促进蛋白质的降解，使植株体内氨过度积累。

（3）蛋白质合成减弱

蛋白质合成减弱表现在蛋白质合成速度缓慢和降解加剧两个方面。高温一方面使细胞产生了自溶的水解酶类，或溶酶体破裂释放出水解酶使蛋白质分解；另一方面破坏了氧化磷酸化的偶联，因而丧失了为蛋白质生物合成提供能量的能力。此外，高温还破坏核糖体和核酸的生物活性，从根本上降低蛋白质的合成能力。

（4）某些代谢物质缺乏

高温使某些生化环节发生障碍，使得植物生长所必需的活性物质（如维生素、核苷酸）缺乏，从而引起植物生长不良或出现伤害。

7.2.2　植物的抗热性机理

植物对高温胁迫的适应和抵抗能力称为抗热性。一般抗热性强的植物在形态及生理生化上有很多适应特点，耐热性强的植物在高温下能维持正常代谢，对不正常代谢也有较大的忍耐能力。

7.2.2.1　形态适应特点

从形态上来看，耐热性强的植物一般叶片较薄，蒸腾作用较快，有利于降低叶温，减少热害。叶片多为垂直排列，比平展排列少受阳光照射。叶片表面发白，有利于反射光线，降低热能，避免叶片被灼伤。此外，大多数抗热性强的植物体外覆茸毛、鳞片或较厚的栓皮，以起到遮阴的作用，保护活细胞。

7.2.2.2　生理生化适应特点

抗热性强的植物在生理上的适应机制主要包括以下几个方面。

（1）具有较高的温度补偿点

一般生长于干燥和炎热环境的植物，其抗热性高于生长在潮湿和冷凉环境的植物。与

C_3 植物比较，C_4 植物起源于热带或亚热带地区，故抗热性一般高于 C_3 植物；C_3 植物光合作用最适温度在 $20 \sim 30℃$，而 C_4 植物光合作用最适温度可达 $35 \sim 45℃$。因此，两者温度补偿点不同，C_3 植物温度补偿点高，在 $40℃$ 以上高温仍有光合产物积累，而 C_4 植物温度补偿点低，当温度升高达到 $30℃$ 以上时已无净光合生产。所以，温度补偿点高或者在高温下光合速度下降缓慢的植物相对而言抗热性较强。

（2）形成较多的有机酸

植物抗热性与有机酸的代谢强度有关。在高温下植物体内产生较多的有机酸，能够与 NH_3 结合，从而消除 NH_3 的毒害，以增强植物耐热性。例如，生长在沙漠和干热山谷中的植物有机酸代谢旺盛，抗热能力较强。

（3）具有稳定的蛋白质结构

植物抗热性最重要的生理基础就是蛋白质的热稳定性。一般抗热性强的植物，其蛋白质都能忍受高温。蛋白质热稳定性主要取决于内部化学键的牢固程度和键能大小。疏水键、二硫键越多的蛋白质在高温下越不易发生不可逆的变性与凝聚，其抗热性就越强。

7.2.3 提高植物抗热性的途径

（1）高温锻炼

高温锻炼，即将植物置于高温条件下，经过一定时间的适应，提高其抗热能力的过程。例如，将鸭跖草栽培在 $28℃$ 下 35d，其叶片耐热性与对照（生长在 $20℃$ 下 35d）相比，分别为 $47℃$ 和 $51℃$，提高了 $4℃$。将组织培养材料进行高温锻炼，也能提高其耐热性。将萌动的种子放在适当高温下锻炼一定时间，然后播种，可以提高植株的抗热性。高温锻炼提高植物的抗热性可能与高温诱导植物形成热激蛋白有关。

（2）化学调控

喷洒氯化钙、硫酸锌、磷酸二氢钾等物质可增加生物膜的热稳定性；使用生长素、细胞分裂素等生理活性物质，能够防止高温造成损伤。把有机酸（如柠檬酸、苹果酸）引入植物体内，在代谢过程中因形成酰胺而使氨含量减少，热害症状便大大减轻。肉质植物抗热性强，其原因就是它具有旺盛的有机酸代谢。

（3）改善栽培措施

植物抗热性的形成也与各种环境条件有关，例如，湿度高低、矿质营养、温度变幅等都可影响抗热性的强弱。矿质营养与抗热性的关系较复杂。通过对白花酢浆草等植物的测定得知，氮素过多，其抗热性降低，其原因可能是氮素充足增加了植物细胞含水量；而营养缺乏的植物其热死温度反而提高。此外，采用高秆与矮秆、耐热作物与不耐热作物间作套种，采用人工遮阴等措施，都可有效提高作物抗热性。

7.3　植物的抗旱性

7.3.1　旱害对植物的伤害

7.3.1.1　干旱的类型

干旱可分为土壤干旱和大气干旱两种类型。土壤干旱是指土壤中缺乏有效水，根系无法获得维持其正常生理活动所需的水分。大气干旱是指植物在光照强、温度高、湿度低、风速大的条件下蒸腾过强，根系吸收的水分不能补偿蒸腾的消耗而发生水分亏缺。除上述两种干旱外，有时还因为土壤通气不良、土温过低或土壤溶液渗透势太低而妨碍根系吸水，使植物发生水分亏缺，称为生理干旱。

7.3.1.2　干旱的危害

干旱发生时，植物发生萎蔫，由于植株缺水，体内的许多生理过程不能正常进行。如细胞膨压降低，使细胞的伸长生长和细胞分裂受到抑制，再加上光合作用受阻，导致生长减慢甚至停止。植物对缺水的生长反应还表现在根冠比的变化上。不少植物在遇到缓慢发展的干旱时，会自动调整根部和冠部的生长速率，使根冠比提高，以增强吸水能力，维持植物体内的水分平衡。

(1) 光合作用受阻

缺水使气孔关闭，CO_2 供应减少，叶绿体中 CO_2 的固定也减慢，叶绿素的合成受抑制，叶色变黄，光合速率因此下降。

(2) 水分在不同器官之间重新分配

植株缺水时，水势低的部位从水势高的部位夺取水分，例如，幼叶从老叶夺取水分，促使老叶枯萎甚至脱落；叶片从花果夺取水分，造成落花、落果。

(3) 呼吸作用先强后弱

细胞在缺水的情况下，呼吸速率在一段时间内显著加强，随后下降。这主要是因为缺水时，水解酶的代谢方向以水解占优势，从而增加了直接的呼吸基质的缘故。例如，多糖分解成双糖，双糖分解成单糖，等等。虽然干旱时呼吸速率很高，但由于光合磷酸化解偶联，能量仍供应不足。剧烈的呼吸消耗了大量的有机物，使呼吸基质迅速减少，细胞处于饥饿状态，呼吸作用随后减弱，最终导致各种代谢紊乱。

(4) 细胞结构被破坏

植物细胞脱水时，原生质膜因收缩而出现孔隙和龟裂，选择透性受到破坏，细胞内的电解质(如 K^+)和可溶性有机物大量向外泄漏，因而提高了细胞内的水势，进一步引起水分外渗，造成严重脱水。细胞因干旱脱水时，细胞壁和原生质都脱水而收缩，但因液泡收缩对原生质产生向内的拉力，而细胞壁较硬，收缩程度较原生质体小得多，在细胞壁不能再收缩而原生质继续向内收缩时，细胞壁就对原生质产生向外的拉力。当原生质受到细胞壁和液泡的相反的作用力时，结构就受到破坏。在幼嫩的细胞中，细胞壁弹性较大，当原生质向内收缩时，细胞壁也向内收缩而发生折叠，可能会使原生质受到机械挤压而损伤。

如果植物细胞在干旱脱水过程中没有受到伤害，当细胞脱水后再进行吸水时，尤其是灌水或降雨后骤然大量吸水，由于细胞壁吸水膨胀比原生质快，膨胀较快的细胞壁有可能把原生质撕破，也会引起细胞死亡。体积大的细胞更容易发生这种受害现象。

7.3.2 植物的抗旱性机理

干旱对植物的危害有多种，而植物对干旱的适应与抗旱的能力也是多种多样的。植物抵御干旱的能力称为抗旱性。

根据植物对水分的需要，可将植物分成3类：水生植物、中生植物和旱生植物。水生植物不能在水势为-0.5MPa以下的环境中生长，中生植物不能在水势-2.0MPa以下的环境中生长，旱生植物不能在水势低于-4.0MPa的环境中生长。抗旱性强的植物能够抗旱的原因，是它们具有抗旱的形态结构和生理基础。

（1）旱生植物的形态特点

旱生植物叶细胞较小；气孔较密，有的气孔凹陷；输导组织发达；细胞壁较厚，机械组织细胞较多；角质层和蜡质层较厚；根系发达，根冠比高。这些特点都有利于植物减少蒸腾和对水分的吸收。

（2）旱生植物的生理特点

旱生植物植株上部叶片的含水量低，积累糖分较多，细胞液的浓度较高，因此，上层叶片的水势较低，容易从下部叶片吸取水分。在干旱来临时，叶片含水量稍有下降，气孔就能灵敏地做出反应而迅速关闭，以减少水分蒸腾。灵敏的气孔反应使抗旱植物在早晨能主动把气孔张开，吸收CO_2，有效地进行光合作用；但在干旱时，气孔能自动闭合起来，减少水分蒸腾。例如，冬青比杜鹃花抗旱，就是由于冬青的气孔关闭迅速而且角质层较厚，水分通过角质层的蒸腾量小。

植物散失水分主要是通过气孔蒸腾和角质层蒸腾，而且角质层蒸腾通常远远低于气孔蒸腾。但对于植物的抗旱性来说，不同植物之间的角质层蒸腾速率的差异，比气孔蒸腾速率的差异更为重要。在干旱条件下，由于气孔会关闭，气孔蒸腾作用减弱，因此角质层蒸腾作用的强弱决定了植物的抗旱性。

植物适应干旱的另一种形式是在水分亏缺到一定程度时，叶片脱落以减小蒸腾表面积，这是沙漠中的木本植物适应干旱的一种极为重要的方式。叶片脱落后的水分蒸腾大为减少。许多草本植物在干旱时将叶片卷起，减少蒸腾表面积。

肉质植物如仙人掌、景天、瓦松等，是典型的旱生植物。它们的茎或叶片都有发达的贮水组织，能贮存大量的水分，所以能在极端干旱的环境里生存。另外，它们的气孔昼闭夜开，在昼夜不同的两段时间内进行CO_2的吸收和有机物的制造。这对它们在干旱环境中生存十分有利。因为晚上正是空气湿度高的时候，气孔开放，可使蒸腾量大大减少。抗旱性强的植物在干旱条件下，仍能保持较强的同化能力。

7.3.3　提高植物抗旱性的途径

（1）抗旱锻炼

抗旱锻炼就是使植物处于适当缺水的条件下，经过一定时间，使之适应干旱环境的方法。例如，蹲苗就是使植物在一定时期内处于比较干旱的条件下，这是有意识地减少水分供应，抑制植物生长。经过这样处理的植物，根系往往比较发达，体内干物质积累较多，经过一段时间的恢复期，营养体得到充分发展后，植物就有较强的抗旱能力。

另一种抗旱锻炼的方法，是在播种前让种子吸水，然后风干，如此反复 2～3 次。经过这样锻炼的种子，播种后长成的植株抗旱能力比较强，这种方法是使已开始萌动的种子适应干旱的条件，不但形态结构上可能发生变化（如叶细胞较小、气孔较小等），原生质的亲水性也可能增强。

（2）化学试剂诱导

用化学试剂处理种子或植株，可提高植物的抗旱性。如用 0.25%$CaCl_2$ 溶液浸种 20h，或用 0.05%$ZnSO_4$ 喷洒叶面，都有提高植物抗旱性的作用。使用黄腐酸也可提高植物的抗旱性。

（3）适宜的矿质营养

合理施肥可使植物抗旱性提高。磷、钾肥能促进根系生长，提高保水力。如在小麦生殖器官的形成与发育阶段，未施钾肥的植株含水量为 65.9%，而播前施钾肥的植株含水量可达73.2%。凡是枝叶徒长的植物，蒸腾失水较多，易受旱害，因此，氮素过多对植物抗旱不利。

一些微量元素也有助于植物抗旱。硼在提高植物的保水能力与增加糖分含量方面与钾类似，同时硼还可提高有机物的运输能力，使蔗糖迅速地流向结实器官，这对解决因干旱而引起的运输停滞问题有重要意义。铜能显著改善糖与蛋白质代谢，这在土壤缺水时效果更为明显。

（4）使用生长调节剂

ABT 生根粉可促进植物根系生长，提高植物的吸水能力；矮壮素、B_9 等可使植物矮化并能增加细胞的保水力，故有提高植物抗旱力的作用。

（5）使用抗蒸腾剂

使用抗蒸腾剂可降低植物的蒸腾速率、提高植物的保水能力，从而提高植物的抗旱力。

7.4　植物的抗涝性

7.4.1　水涝对植物的伤害

土壤积水或土壤过湿会对植物造成伤害。实际上，水分过多的危害并不在于水分，而是由于水分过多引起缺氧，从而产生一系列的危害。如果有适宜的氧气供应，植物即使在水溶液中也能正常生长，植物的溶液培养就是一个典型的例子。

水涝对植物的伤害一般可分为湿害和涝害两种类型。

（1）湿害

土壤含水量超过田间最大持水量，根系完全生长在沼泽化的泥浆中，这种涝害称为湿害。湿害常常使植物生长发育不良，根系生长受抑，甚至腐烂死亡；地上部分叶片萎蔫，严重时整个植株死亡。其原因：一是土壤全部空隙充满水分，土壤缺乏氧气，根部呼吸困难，导致吸水和吸肥都受到阻碍；二是由于土壤缺乏氧气，使土壤中的好气性细菌（如氨化细菌、硝化细菌和硫细菌等）的正常活动受阻，影响矿质营养的供应；三是厌气性细菌（如丁酸细菌等）特别活跃，增大土壤溶液酸度，影响植物对矿质营养的吸收，与此同时，还产生一些有毒的还原产物，如硫化氢和氨等，会直接毒害根部。

（2）涝害

陆地植物的地上部分如果全部或局部被水淹没，即发生涝害。涝害使植物生长发育不良，甚至导致死亡。其主要原因是：由于淹水而缺氧，抑制有氧呼吸，致使无氧呼吸代替有氧呼吸，贮藏物质大量消耗，并同时积累酒精使植物中毒；无氧呼吸使根系缺乏能量，从而减少对水分和矿质营养的吸收，使正常代谢不能进行。此时，地上部分光合作用下降或停止，使分解大于合成，植物的生长受到抑制，发育不良，轻者导致产量下降，重者引起植株死亡，颗粒无收。

7.4.2　植物的抗涝性机理

植物对水分过多的适应能力或抵抗能力称为抗涝性。不同植物忍受涝害的程度不同，如油菜比番茄、马铃薯耐涝，柳树比杨树耐涝。植物在不同的发育时期抗涝能力不同，如水稻在孕穗期抗涝性最弱，拔节抽穗期次之，分蘖期和乳熟期抗涝性最强。另外，涝害与环境条件有关，静水受害大，流水受害小；污水受害大，清水受害小；高温受害大，低温受害小。

不同植物耐涝程度之所以不同，一方面在于各种植物忍受缺氧的能力不同；另一方面在于地上部对地下部输送氧气的能力不同。例如，水稻耐涝性之所以较强，是由于地上部所吸收的氧气有相当大的一部分能输送到根系，在二叶期和三叶期的幼苗，其叶鞘、茎和叶所吸收的氧气有50%以上往下运输到处于水中的根系，最多时可达70%。而小麦在生育期向根运氧只有30%。由此可见，水稻比小麦耐涝。

有些生长在非常潮湿土壤中的植物，能够在体内逐渐出现通气组织，以保证根部得到充足的氧气供应，如大豆。从生理特点看，抗涝植物在淹水时，不发生无氧呼吸，而是通过其他呼吸途径，如形成苹果酸、莽草酸，从而避免根细胞中毒。

7.4.3　预防植物涝害的途径

（1）培育抗涝品种

利用常规育种、遗传工程等方法培育抗涝品种是最有效的途径之一。国外报道已培育出不少抗涝作物品种，如小麦、玉米、高粱以及一些果树品种。

（2）采用农业措施

采取有效的农业措施，加强田间管理，能在一定程度上提高植物的抗涝性，减轻涝害的发生。涝害造成土壤缺氧和淋溶而使某些矿质元素亏缺,因此,施入矿质肥料可以预防和补偿矿质元素的损失,田间试验也证明这是一种有效的措施。例如,玉米株高在 76cm 时淹水 24h,减产 14%;淹水 96h,减产 30%;如果土壤中含有较多的矿质元素,则涝害减轻,在玉米抽丝期,淹水后减产 16%,在高氮水平下,可以不减产。

采用防涝种植方式,如高垄种植,既能提高地温,又保墒保苗,排水解涝;台田栽培,即在一定面积上,四周开沟排水,沟土作高畦,作物以带状种于高畦上,既避免地段积水,又通风透光;加速排水,争取作物顶部及早露出,以免窒息死亡;耙松土壤增大土壤透气性,尽快恢复作物正常生长。

7.5 植物的抗盐性

在气候干燥的干旱、半干旱地区,由于降水量少而蒸发强烈,盐分不断积累于地表,或沿海地区由于咸水灌溉、海水倒灌等因素造成土壤含盐量较高,或农业生产中长期不合理施用化肥及用污水灌溉,都会造成土壤盐渍化(土壤表层的盐分升高到 1% 以上)。土壤中可溶性盐过多对植物的不利影响称为盐害。

通常钠盐是造成盐分过高的主要盐类,习惯上把盐类以 Na_2CO_3 和 $NaHCO_3$ 为主的土壤称为碱土,把盐类以 $NaCl$ 和 Na_2SO_4 为主的土壤称为盐土,但二者往往同时存在,因此统称为盐碱土。一般来说,土壤含盐量在 0.2%~0.5% 即不利于植物的生长,而盐碱土的含盐量却高达 0.6%~10%,可严重地伤害植物。

世界上盐碱土面积很大,达 4 亿 hm^2,约占灌溉农田的 1/3。我国盐碱土主要分布在西北、华北、东北和滨海地区,约 2000 万 hm^2,另外,还有 700 万 hm^2 的盐化土壤。这些地区多为平原,土层深厚,如果能改造开发,对发展农、林业有着巨大的潜力。

7.5.1 土壤盐分过多对植物的危害

盐害对植物的危害主要表现在以下方面:

(1)渗透胁迫

由于高浓度的盐分降低了土壤的水势,使植物不能吸水,甚至体内的水分外渗,因而盐害通常表现为生理干旱,使植物的生长、光合作用等生理过程都受到影响。

(2)离子失调

盐碱土中 Na^+、Cl^-、Mg^{2+}、SO_4^{2-} 等的含量过高,会引起 K^+、HPO_4^{2-}、NO_3^- 等离子的缺乏;Na^+ 浓度过高时,植物对 K^+ 的吸收减少,同时也易发生 PO_4^{3-} 和 Ca^{2+} 的缺乏症;若磷酸盐过多,会导致植物缺 Zn^{2+}。植物对离子的不平衡吸收,不仅使植物发生营养失调,抑制了生长,而且还会产生单盐毒害作用。

(3)光合作用下降

盐分过多使 PEP 羧化酶和 RuBP 羧化酶活性下降,叶绿素和胡萝卜素的含量降低,气孔开度减小,导致植物的光合速率明显下降。

（4）呼吸作用不稳

盐分过多对呼吸的影响与盐的浓度有关，低盐促进呼吸，高盐抑制呼吸。如紫花苜蓿，在5g/L NaCl营养液培养时呼吸速率比对照高40%，而在12g/L NaCl中呼吸速率比对照低10%。

（5）蛋白质合成受阻

盐分过多使许多植物蛋白质的合成受阻，而降解过程加快。其原因一方面是盐分过多使核酸的分解大于合成，从而抑制蛋白质的合成；另一方面是高盐下氨基酸的合成受阻。

（6）有毒物质的积累

盐分过多使植物体内积累有毒的代谢产物。如大量氮代谢中间产物，包括NH_3和某些游离氨基酸(异亮氨酸、鸟氨酸和精氨酸)转化成的具有一定毒性的腐胺与尸胺，它们又可氧化为NH_3和H_2O_2。所有这些有毒物质都会对植物细胞造成一定的伤害。

7.5.2　植物的抗盐性机理

植物对土壤盐分过多的适应能力或抵抗能力称为抗盐性。根据植物抗盐性可以将植物分为盐生植物和淡土(甜土)植物。在栽培植物中没有真正的盐生植物，都属于淡土植物，但它们对盐碱有一定的适应能力。植物的抗盐方式有如下几种：

（1）避盐

植物以某种途径或方式来避免盐分过多的伤害，称为避盐。避盐又可分为聚盐、泌盐、稀盐和拒盐。

①聚盐　有些植物细胞能将根吸收的盐排入液泡(盐泡)，并抑制外出。一方面可减轻毒害；另一方面由于细胞内积累大量盐分，提高了细胞液浓度，降低水势，促进吸水，因此能在盐碱土上生长，如盐角草、碱蓬等。

②泌盐　有些植物吸收盐分后不存留在体内，而是通过植物的茎叶表面由盐腺分泌到体外，可被风吹落或雨淋洗，因此不易受害。如柽柳、匙叶草、大米草等。此外，有些盐生植物将吸收的盐转运到老叶中，最后随老叶脱落，避免了盐分的过度积累。

③拒盐　有些植物的细胞原生质选择透性强，不让外界的盐分进入植物体内，从而避免盐害。如碱地凤毛菊等。

（2）耐盐

植物在盐分胁迫下，通过自身的生理代谢变化来适应或抵抗进入细胞的盐分的危害，称为耐盐性。具有以下几种方式。

①稀盐　有些植物代谢旺盛、生长快，根系吸水也快，植物组织含水量高，能将根系吸收的盐分稀释，从而降低细胞内盐浓度以减轻危害。

②耐渗透胁迫　通过细胞的渗透调节以适应由盐分多而产生的水分逆境。例如，小麦在受到盐胁迫时，可以将吸收的盐分积累于液泡中，降低细胞的水势来防止脱水；另外，有些植物可以通过积累蔗糖、脯氨酸、甜菜碱等有机物来降低渗透势和水势，从而防止脱水。

③耐营养缺乏 有些植物在盐分过多时能增加对 K^+ 的吸收；某些蓝绿藻能在吸收 Na^+ 的同时增加对氮素的吸收。因此，可以维持营养元素的平衡，耐营养缺乏。

④代谢稳定性 某些植物在较高的盐浓度中仍能保持一定的酶活性，维持正常的代谢过程。如大麦幼苗在盐分过多时仍保持丙酮酸激酶的活性。

⑤具有解毒作用 有些植物在盐分过多的环境中能诱导形成二胺氧化酶以分解有毒的二胺化合物（如腐胺、尸胺等），消除其毒害作用。

7.5.3 预防植物盐害的途径

通过常规育种手段或采用组织培养及转基因等新技术选育抗盐突变体、培育抗盐新品种，都是提高植物抗盐性的有效手段。此外，植物抗盐性还可以通过一定的生产措施来提高。

（1）抗盐锻炼

植物的抗盐性是在个体发育中形成的，因此，利用植物幼龄期可塑性高、适应力强的特点，用一定浓度的盐溶液处理种子，可明显提高抗盐性。具体方法是：播种前先让种子吸水膨胀，然后放在适宜浓度的盐溶液中浸泡一段时间。

（2）使用生长调节剂

利用生长调节剂促进生长，稀释体内盐分。例如，在含有 $0.15\%Na_2SO_4$ 的土壤中，小麦生长不良，但在播种前用 IAA 浸种，小麦的生长良好。

（3）改造盐碱土

措施有合理灌溉、泡田洗盐、增施有机肥、盐土种稻以及种植耐盐绿肥、耐盐树种（白榆、沙枣、紫穗槐等）和耐盐碱作物（向日葵、甜菜）等。

（4）选育抗盐品种

采用组织培养等新技术选择抗盐突变体，培育抗盐新品种，成效显著。

7.6 植物的抗病性

病害引起植物伤亡，对产量影响很大。病原微生物如细菌、真菌和病毒等寄生在植物体内，对植物产生的危害称为病害。植物对病原微生物侵染的抵抗力，称为植物的抗病性。植物是否患病，取决于植物与病原微生物之间的竞争情况，植物取胜则不发病，植物失败则发病。了解植物的抗病生理，对防治植物病害有重要作用。

7.6.1 病害对植物生理生化的影响

植物感染病害后，其代谢过程发生一系列的生理生化变化。

（1）水分平衡失调

植物受病菌侵染后，首先表现出水分平衡失调，以萎蔫或猝倒状表现出来。造成水分失调的原因很多，主要是：根被病菌损坏，不能正常吸水；维管束堵塞，水分向上运输中断，有些是细菌或真菌本身堵塞茎部，有些是微生物或植物产生胶质或黏液沉积在导管，有些是导管形成胼胝体而使导管不通；病菌破坏了原生质结构，原生质透性加大，蒸腾失水过多。上述3个原因中的任何1个，都可以引起植物萎蔫。

（2）呼吸作用增强

植物受病菌侵染后，呼吸速率往往比健康植株高10倍。呼吸作用加强的原因，一方面是病原微生物本身具有强烈的呼吸作用；另一方面是寄主的呼吸速率加快。因为健康组织的酶与底物在细胞里是分区隔开的，病害侵染后间隔被打开，酶与底物直接接触，使呼吸作用加强；与此同时，染病部位附近的糖类都集中到染病部位，呼吸底物增多，也使呼吸作用加强。

（3）光合作用下降

植物感病后，染病组织的叶绿体被破坏，叶绿素含量减少，光合速率减慢，光合作用减弱。随着感染的加重，光合作用更弱，甚至完全失去同化 CO_2 的能力。

（4）同化物运输受干扰

植物感病后，大量的碳同化物运向病区，糖输入增加和病区组织呼吸作用提高是一致的。水稻、小麦的功能叶感病后，严重妨碍光合产物的输出，影响籽粒饱满。大麦黄矮病敏感的小麦品种感病后，病叶内干物质反而增加42%。

7.6.2　植物的抗病机理

植物对病原菌侵染有多方面的抵抗能力，这种抗病机理主要表现在下列几个方面。

（1）增强氧化酶活性

氧化酶活性提高，促使植物呼吸作用加强，其抗病能力也增强。当病原菌侵入植物体时，该部分组织的氧化酶活性增强，以抵抗病原微生物。凡是叶片呼吸旺盛、氧化酶活性强的马铃薯品种，对晚疫病的抗性较大；凡是过氧化酶、抗坏血酸氧化酶活性强的甘蓝品种，对真菌病害的抵抗能力也较强。呼吸作用能减轻病害的原因是：

①分解毒素　病原菌侵入植物体后，会产生毒素，把细胞毒死。旺盛的呼吸作用能把这些毒素氧化分解为二氧化碳和水，或转化为无毒物质。

②促进伤口愈合　有的病菌侵入植物体后，植株表面可能出现伤口。呼吸作用能促进伤口附近形成木栓层，伤口愈合快，把健康组织和受害部分隔开，不让伤口发展。

③抑制病原菌水解酶活性　病原菌靠本身水解酶的作用把寄主的有机物分解，供其本身生活之需。寄主呼吸旺盛，可抑制病原菌的水解酶活性，因而防止寄主体内有机物分解，病原菌得不到充分养料，病情就受到抑制。

（2）促进组织坏死

有些病原真菌只能寄生在活的细胞里，在死细胞里不能生存。抗病品种的细胞与这类病原菌接触时，受感染的细胞或组织很迅速地坏死，使病原菌没有合适的生长环境而死亡，病害就被局限于某个范围而不能发展。因此，组织坏死是一个保护性反应。

（3）存在病菌抑制物

植物本身含有的一些物质对病菌有抑制作用，使病菌无法在寄主中生长。如儿茶酚对洋葱鳞茎炭疽病菌具有抑制作用，绿原酸对马铃薯疮痂病、晚疫病和黄萎病有抑制作用等。

(4) 产生植保素

植保素是指寄主被病原菌侵染后才产生的一类对病原菌有毒的物质。最早发现的是从豌豆荚内果皮中分离出来的避杀酊，随后在蚕豆中分离出非小灵，后来在马铃薯中分离出逆杀酊，以后又在豆科、茄科及禾本科等多种植物中陆续分离出一些具有杀菌作用的物质。

7.6.3　植物抗病性反应的类型

植物的抗病性是植物形态结构和生理生化等方面在时间和空间上综合表现的结果，它是建立在一系列物质代谢基础上，通过有关抗病基因表达和产生抗病调控物质来实现的。

(1) 避病

避病指由于病原物的感发期和寄主的感病期相互错开，寄主避免受害。如雨季葡萄炭疽病孢子大量产生时，早熟葡萄已经采收或接近采收，因而避开危害。

(2) 抗侵入

抗侵入指由于寄主具有形态、解剖及生理生化的某些特点，可阻止或削弱某些病原物的侵染。如植物叶表皮的茸毛、刺、蜡质和角质层等。

(3) 抗扩展

寄主的某些组织结构或生理生化特征使侵入寄主的病原物的进一步扩展受阻或被限制。如厚壁组织、木栓层及角质层均可限制病菌扩展。

(4) 过敏性反应

过敏性反应又称保护性坏死反应，即病原物侵染后，侵染点及附近的寄主细胞和组织很快死亡，使病原物不能进一步扩展的现象。

7.6.4　减少植物病害的措施

培育抗病品种是防止病害的重要手段，既经济有效，又不产生污染。改进耕作制度，如水旱轮种、轮作，可减少某些病害发生。改善栽培技术，如通风透光、合理施肥和降低地下水位等，使植株生长健壮，增强其抗病能力。外源水杨酸、茉莉酸甲酯等物质可提高植物的免疫能力，成为植物逆境或抗性生理学领域重视和研究的热点之一。

【自测题】

1. 名词解释

逆境，抗逆性，盐害，涝害，冷害，冻害，热害，病害，大气干旱，土壤干旱。

2. 填空题

(1) 逆境是对植物生存生长不利的各种环境因素的总称，植物对逆境的忍耐和抵抗能力称为植物的_____性，可以分为_____性和_____性两种类型。

(2)生物膜的_____对逆境的反应是比较敏感的，如在干旱、冰冻、低温、高温、盐渍、污染和病害发生时，质膜_____都增大，内膜系统出现膨胀、收缩或破损。在正常条件下，生物膜的膜脂呈_____态，当温度下降到一定程度时，膜脂变为晶态。

(3)过度水分亏缺的现象称为干旱。因土壤水分缺乏引起的干旱称为_____干旱；因大气相对湿度过低引起的干旱称为_____干旱；由于土温过低、土壤溶液浓度过高或积累有毒物质等原因，妨碍根系吸水，造成植物体内水分亏缺的现象称为_____干旱。干旱对植物的危害称为_____害。植物抵抗旱害的能力称为_____性。

(4)ABA是一种_____激素，它在调节植物对逆境的适应中显得最为重要。ABA主要通过关闭_____，保持组织内的水分_____，增强根的透性等来增加植物的抗性。

(5)冻害主要是_____的伤害。植物组织结冰可分为两种方式：_____结冰与_____结冰。

(6)根据对水分的需求，把植物分为3种生态类型：需在水中完成生活史的植物称为_____植物；在陆生植物中适应于不干不湿环境的植物称为_____植物；适应干旱环境的植物称为_____植物。

(7)提高植物抗旱性的途径有：_____锻炼；_____诱导；合理_____；合理使用_____剂与_____剂等。

(8)水分过多对植物的危害称为涝害，涝害一般有两种类型，即_____害和_____害。植物对积水或土壤过湿的适应力和抵抗力称为植物的_____性。

(9)土壤中可溶性盐过多对植物的不利影响称为_____害。植物对盐分过多的适应能力称为_____性。盐的种类决定土壤的性质，土壤中盐类以碳酸钠和碳酸氢钠为主时，此土壤称为_____土；以氯化钠和硫酸钠等为主时，则称其为_____土。因盐土和碱土常混合在一起，盐土中常有一定量的碱土，故习惯上把这种土壤称为_____土。根据植物的耐盐能力，可将植物分为_____植物和_____植物。

3. 判断题
(1)在多数逆境条件下植物体内脱落酸含量会增加。 （   ）
(2)植物抗涝性的强弱取决于对缺氧的适应能力。 （   ）
(3)高温的直接伤害是呼吸作用大于光合作用，植物发生饥饿。 （   ）
(4)干旱伤害植物的根本原因是原生质脱水。 （   ）
(5)经过低温锻炼后，植物组织内可溶性糖含量降低。 （   ）

4. 选择题
(1)植物受到干旱胁迫时，光合速率会（   ）。
A. 上升　　　　　　B. 下降　　　　　　C. 变化不大　　　　D. 无法判断
(2)可作为选择抗旱品种的生理指标为（   ）。
A. 光合速率　　　　B. 蒸腾速率　　　　C. 根冠比　　　　　D. 叶绿素含量
(3)植物对冰点以上低温的适应能力称为（   ）。
A. 抗寒性　　　　　B. 抗冷性　　　　　C. 抗冻性　　　　　D. 耐寒性

(4)涝害的根源是细胞(　　)。

A. 乙烯含量增加　　B. 缺氧　　　　　C. 无氧呼吸　　　　　D. 营养失调

(5)以下哪种途径不是提高植物抗性的正确途径? (　　)

A. 低温锻炼可提高植物的抗冷性

B. 植物适应盐胁迫的关键问题是排盐

C. 增施氮肥能提高植物的抗性

D. 合理使用生长延缓剂与抗蒸腾剂可提高植物的抗旱性

(6)造成盐害的主要原因为(　　)。

A. 渗透胁迫　　　　B. 膜透性改变　　C. 代谢紊乱　　　　D. 机械损伤

(7)通过吸收水分或加快生长速率来稀释细胞内盐分浓度的抗盐方式称为(　　)。

A. 拒盐　　　　　　B. 排盐　　　　　C. 稀盐　　　　　　D. 耐盐

(8)植物受病菌侵染后,呼吸作用往往比健康植株(　　)。

A. 高　　　　　　　B. 低　　　　　　C. 相等　　　　　　D. 无法判断

5. 问答题

(1)什么是逆境? 逆境的种类有哪些?

(2)植物对逆境的适应性表现在哪些方面?

(3)冷害和冻害对植物的伤害有何不同?

(4)植物抗旱的形态特征和生理特征表现在哪些方面? 如何提高植物抗旱性?

(5)简述植物的抗盐性及提高途径。

参 考 文 献

卞勇，杜广平，2007. 植物与植物生理[M]. 北京：中国农业大学出版社.

崔爱萍，李永文，林海，2011. 植物与植物生理[M]. 武汉：华中科技大学出版社.

崔玲华，2005. 植物学基础[M]. 北京：中国林业出版社.

陈忠辉，2007. 植物与植物生理[M]. 北京：中国农业出版社.

方炎明，2009. 植物与植物生理[M]. 北京：中国林业出版社.

方彦，2002. 园林植物[M]. 北京：高等教育出版社.

顾立新，2011. 植物与植物生理[M]. 北京：化学工业出版社.

何国生，2006. 森林植物[M]. 北京：中国林业出版社.

李合生，2006. 现代植物生理学[M]. 北京：高等教育出版社.

李扬汉，1984. 植物学[M]. 上海：上海科学技术出版社.

林纬，潘一展，杨卫韵，2009. 植物与植物生理[M]. 北京：化学工业出版社.

路文静，2011. 植物生理学[M]. 北京：中国林业出版社.

潘瑞炽，2013. 植物生理学[M]. 7版. 北京：高等教育出版社.

裴保华，2003. 植物生理学[M]. 北京：中国林业出版社.

齐颜君，孙喜林，林丹，等，2012. 常用植物生产调节剂种类及其在农林生产中的应用[J]. 现代农作科技(23)：166-167.

秦静远，2006. 植物及植物生理[M]. 北京：化学工业出版社.

宋松泉，傅家瑞，1993. 种子萌发和休眠的调控[J]. 植物学通报，10(4)：1-10.

王忠，2009. 植物生理学[M]. 北京：中国农业出版社.

王建书，2013. 植物学[M]. 北京：中国农业科学技术出版社.

王沙生，高荣孚，吴贯明，2003. 植物生理学[M]. 北京：化学工业出版社.

徐汉卿，2000. 植物学[M]. 北京：中国农业大学出版社.

郑彩霞，2013. 植物生理学[M]. 北京：中国林业出版社.

郑湘如，王丽，2001. 植物学[M]. 北京：中国农业大学出版社.

张凤云，2013. 植物的运动概述[J]. 生物学教学，11(38)：2-3.

张继树，2006. 植物生理学[M]. 北京：高等教育出版社.

张庆山，2011. 解读植物感性运动与向性运动[J]. 课外阅读(11)：289.

张舒，郁文彬，王红，2008. 高山植物花的向日运动及其适应意义[J]. 武汉植物学研究，26(2)：197-202.

张新中，章玉平，2011. 植物生理学[M]. 北京：化学工业出版社.